U0306008

# 呼伦贝尔市野生植物

◎ 王伟共　编著

中国农业科学技术出版社

图书在版编目（CIP）数据

呼伦贝尔市野生植物 / 王伟共编著 . —北京：中国农业科学技术
出版社，2018.1
ISBN 978-7-5116-3211-1

Ⅰ . ①呼…　Ⅱ . ①王…　Ⅲ . ①野生植物—介绍—呼伦贝尔市
Ⅳ . ① Q948.522.63

中国版本图书馆 CIP 数据核字（2017）第 189422 号

责任编辑　姚　欢
责任校对　贾海霞
出 版 者　中国农业科学技术出版社
　　　　　北京市中关村南大街 12 号　邮编：100081
电　　话　（010）82106636（编辑室）（010）82109704（发行部）
　　　　　（010）82109702（读者服务部）
传　　真　（010）82106631
网　　址　http ://www.castp.cn
经 销 者　各地新华书店
印 刷 者　固安县京平诚乾印刷有限公司
开　　本　889 毫米 ×1194 毫米 1 /16
印　　张　43
字　　数　1700 千字
版　　次　2018 年 1 月第 1 版　2018 年 1 月第 1 次印刷
定　　价　398.00 元

# 《呼伦贝尔市野生植物》
# 编著委员会

| | |
|---|---|
| **主任委员** | 朝克图 |
| **主 编 著** | 王伟共 |
| **副主编著** | 高海滨　　义如格勒图　　潘　英　　哈斯巴特尔 |
| **编著人员** | 朝克图　　王伟共　　高海滨　　义如格勒图 |
| | 潘　英　　胡高娃　　蒋立宏　　樊金峰 |
| | 王　华　　伟　军　　迟晓雪　　郭明英 |
| | 呼斯勒　　李海山　　赵国强　　朱树声 |
| | 赵永富　　靳玉平　　杨　仁　　草　原 |
| | 朗巴达拉呼　　岳额尔敦加布　　陈　香 |
| | 邵云鹏　　邹志和　　演　龙　　张冬梅 |
| | 王春艳　　曹丽霞　　蔚树东　　邵慧敏 |
| | 巴德玛嘎日布　　高显颖　　其力格尔 |

# 前　言

　　《呼伦贝尔市野生植物》，是根据呼伦贝尔市草地资源调查、标本采集、整理、鉴定、分类以及参考《中国呼伦贝尔草地》《内蒙古植物志》《东北草本植物志》《中国植物志》等著作编写而成的，该书详细记录了呼伦贝尔森林、草原各种植被环境条件下的野生植物，并对其生境、分布、形态特征等进行了全面描述，这是全体编著人员共同努力才予以完成的重要成果。

　　《呼伦贝尔市野生植物》共记录了野生植物 107 科，394 属，821 种，其中，新记录种葫芦藓、地钱、露蕊乌头、平卧棘豆、白花兴安杜鹃、白花桔梗 6 种，外来种黑心金光菊、夜来香、凤仙花、芒麦草、锦葵、五叶地锦 6 种。全书均为彩色图片，图片由王伟共、义如格勒图、胡高娃、蒋立宏、陈香等同志拍摄。

　　本书的植物学名主要以《内蒙古植物志》为准，其中，《内蒙古植物志》无记录的植物，学名以《东北草本植物志》和《中国植物志》为准。

　　在编写过程中，我们十分荣幸的请到了内蒙古农业大学王六英教授担任植物鉴定人，我们对王六英教授给与的支持和帮助表示衷心的感谢！

　　《呼伦贝尔市野生植物》自 2004 年春季开始拍摄植物图片，历经 12 年。在本书的编写过程中，我们对内蒙古自治区农牧业厅，内蒙古农业大学，内蒙古自治区草原工作站等单位给与的支持和帮助，表示诚挚的谢意。

　　由于我们的水平有限，难免出现不妥之处，敬请读者批评指正。

《呼伦贝尔市野生植物》编著委员会

2016 年 10 月 30 日

# 目　录

# 裸子植物门 Gymnospermae ·············································· 22

# 苔藓植物门 Bryophyta

## 一、葫芦藓科 Funariaceae

### 葫芦藓属 *Funaria*

葫芦藓 *Funaria hygrometrica* Hedw.（图 1）

形态特征：一年至二年生，矮小丛集土生藓类。茎短而细。叶多丛集成芽苞形，卵圆形、舌形、倒卵圆形、卵状披针形或椭圆状披针形，先端渐尖或急尖；叶边缘平滑或具细齿；中肋及顶或稍突出，少数在叶尖稍下处即消失。叶细胞呈长方形或椭圆状菱形，叶基细胞稍狭长。雌雄同株。雄苞呈花苞形，顶生。雌苞生于雄苞下的短侧枝上，当雄枝萎缩后即成为主枝。孢蒴长梨形，对称或不对称，往往弯曲呈葫芦形，直立或垂倾，大多具明显台部。蒴齿两层、单层或缺如；外齿层齿片呈狭长披针形，黄红色或棕红色，向左斜旋；内齿层等长或略短，黄色，具基膜或有时缺如，齿条与齿片相对着生。蒴盖圆盘状，平顶或微凸，稀呈钝端圆锥形。蒴帽往往呈兜形而膨大，先端具长喙。孢子圆球形，棕黄色，外壁具细密疣或粗疣。

生于林下和草甸。

产　　地：呼伦贝尔全市。

（图 1）葫芦藓 *Funaria hygrometrica* Hedw.

## 二、地钱科 Marchantiaceae

### 地钱属 *Marchantia*

地钱 *Marchantia polymorpha* L.（图 2）

别　　名：小地钱。

形态特征：叶状体深绿色，宽 7~15 毫米，长 3~10 厘米；多回叉状分枝。气孔烟囱形，桶状口部具 4 个细胞，高 4~6 个细胞。腹面鳞片 4~6 列；紫色，弯月形；先端附片宽卵形或宽三角形，边缘具密集齿突；常具大形黏液细胞及油细胞。芽胞杯边缘粗齿上具多数齿突。雌雄异株。雄托圆盘形，7~8 浅裂；托柄长 1~3 厘米。雌托 6~10 瓣深裂，裂瓣指状；托柄长 3~6 厘米。孢子表面具网纹，直径 13~17 微米。弹丝直径 3~5 微米，长 300~500 微米，具 2 列螺纹加厚。

生于耕地、公园、路边或墙基部。

产　　　地：海拉尔区、鄂温克旗、陈巴尔虎旗、额尔古纳市。

（图 2）地钱 *Marhchantia polymorpha* L.

（图 3）杉曼石松 *Lycopodium annotinum* L.

# 蕨类植物门 Pteridophyta

## 三、石松科 Lycopodiaceae

### 石松属 *Lycopodium* L.

**杉蔓石松** *Lycopodium annotinum* L.（图 3）

**别　　名**：单穗石松、伸筋草。

**形态特征**：主茎匍匐，地上生，长可达 150 厘米，粗 1.5~2 毫米，坚韧，疏生叶。分枝斜升直立，高 16~20 厘米，枝连叶宽 10~13 毫米，常不分枝或二叉分枝。叶密生，螺旋状排列，水平伸展，常向下反折，披针形，长 5~6 毫米，宽 1~1.3 毫米，先端长锐尖，基部稍狭，上部边缘具疏锯齿，稍具光泽，质较硬。孢子囊穗单生于枝端，圆柱形，长 1.5~2.5 厘米，粗 4~5 毫米，无柄；孢子叶宽卵形，长 3~3.5 毫米，宽 2~2.5 毫米，边缘干膜质，具不整齐的钝齿，先端长尾状；孢子囊圆肾形，单生于叶腋；孢子球状四面形，表面具粗网纹。

生于落叶松林下。

**产　　地**：根河市、额尔古纳市。

### 扁枝石松属 *Diphasiastrum* Holub

**扁枝石松** *Diphasiastrum complanatum*（L.）Holub（图 4）

**形态特征**：主茎匍匐，疏生叶；分枝直立或上升，不规则多次二歧式分枝呈扇形，高 10~15 厘米；小枝扁平，有背腹之分。叶 4 列，交互对生，基部贴生于枝，枝连叶宽约 2.5 毫米，侧叶 2 列，近菱形，较大，长 2~2.5 毫米，先端具向腹面弯曲的刺尖；背叶 1 列，夹于 2 侧叶间，条状披针形，长 1.5~2 毫米，先端锐尖；腹叶很小，约为背叶的 1/2，条形，先端短刺尖。孢子囊穗圆柱形，长约 2 厘米，有小柄，每 2~4 个生于由中央枝伸出的细长总梗上，梗上具疏生的叶；孢子叶宽卵形，先端渐尖，基部具极短的柄，边缘透明膜质，具不整齐的齿；孢子囊肾形，单生叶腋；孢子球状四面形，有网纹。

生于疏林下。

**产　　地**：额尔古纳市、根河市。

（图 4）扁枝石松 *Diphasiastrum complanatum*（L.）Holub

地刷子 *Diphasiastrum complanatum*（L.）Holub var. *anceps*（Wallr.）Ching（图 5）

形态特征：本变种与正种的主要区别在于：分枝开展，中央枝不育，仅侧枝产生细长总梗，囊穗长 2~2.5 厘米，单生于总梗上，无短柄。

生于兴安落叶松 ~ 杜香林下。

产　　地：额尔古纳市。

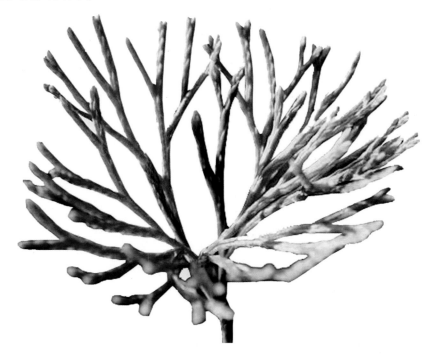

（图 5）地刷子 *Diphasiastrum complanatum*（L.）Holub var. *anceps*（Wallr.）Ching

# 四、卷柏科 Selaginellaceae

## 卷柏属 *Selaginella* Spring

卷柏 *Selaginella tamariscina*（Beauv.）Spring（图 6）

别　　名：还魂草、长生不死草。

形态特征：植株高 5~10 厘米。主茎短而直立，顶端丛生多数小枝，呈莲座状，干时内卷如拳。叶厚革质，4 列，交互对生，覆瓦状排列；背叶 2 列，长卵圆形，斜展超出腹叶，长 2.5~3 毫米，宽 1~1.5 毫米，外侧具膜质狭边，有微齿，内侧具膜质宽边，近于全缘或具不明显微齿，先端具白色长芒；腹叶 2 列，卵状矩圆形，斜展，长约 2 毫米，宽约 1 毫米，具膜质狭边，有微齿，先端具白色长芒。孢子囊穗生于小枝顶端，四棱形，长 5~15 毫米，粗约 0.5 毫米；孢子叶卵状三角形，背部具龙骨状凸起，锐尖，具膜质白边，有微齿；孢子囊肾形，孢子异型。

生于山坡岩面、峭壁石缝。

产　　地：大兴安岭。

中华卷柏 *Selaginella sinensis*（Desv.）Spring（图 7）

形态特征：植株平铺地面。茎坚硬，圆柱形，二叉分枝。主茎和分枝下部的叶疏生，螺旋状排列，鳞片状，椭圆形，黄绿色，贴伏茎上，长 1.5~2 毫米，宽 0.9~1 毫米，边缘具厚膜质白边，一侧有长纤毛，另一侧具短纤毛或近于全缘，先端钝尖。分枝上部的叶 4 行排列，背叶 2 列，矩圆形，长约 1.5 毫米，宽约 1 毫米，先端圆形，边缘具厚膜质白边；腹叶 2 列，矩圆状卵形，长 1~1.5 毫米，宽 0.8~1 毫米，叶缘同侧叶，先端钝尖，基部宽楔形。孢子囊穗四棱形，无柄，单生于枝顶，长 3~7 毫米，径 1~1.5 毫米；孢子叶卵状三角形或宽卵状三角形，具厚膜质白边，有纤毛状锯齿，背部龙骨状凸起，先端长渐尖，大孢子叶鞘大于小孢子叶；孢子囊单生于叶腋，大孢子囊少数，常生于穗下部。

生于石质山坡。

产　　地：莫力达瓦达斡尔族自治旗。

（图 6）卷柏 *Selaginella tamariscina*（Beauv.）Spring

（图 7）中华卷柏 *Selaginella sinensis*（Desv.）Spring

# 五、木贼科 Equisetaceae

## 木贼属 *Equisetum* L.

问荆 *Equisetum arvense* L.（图 8）

别　　名：土麻黄。

形态特征：根状茎匍匐，具球茎，向上生出地上茎。茎二型，生殖茎早春生出，淡黄褐色，无叶绿素，不分枝，高 8~25 厘米，粗 1~3 毫米，具 10~14 条浅肋棱；叶鞘筒漏斗形，长 5~17 毫米，叶鞘齿 3~5，棕褐色，质厚；孢子叶球有柄，长椭圆形，钝头，长 1.5~3.3 厘米，粗 5~8 毫米；孢子叶六角盾形，下生 6~8 个孢子囊。孢子成熟后，生殖茎渐枯萎，营养茎由同一根茎生出，绿色，高 25~40 厘米，粗 1.5~3 毫米，中央腔径约 1 毫米，具肋棱 6~12，沿棱具小瘤状凸起，槽内气孔 2 纵列，每列具 2 行气孔；叶鞘筒长 7~8 毫米，具膜质白边，背部具 1 浅沟。分枝轮生，3~4 棱，斜升挺直，常不再分枝。

生于草地、河边、沙地。

产　　地：全市。

（图 8）问荆 *Equisetum arvense* L.

林问荆 *Equisetum sylvaticum* L.（图 9）

形态特征：根状茎黑褐色，具块茎，向上生出地上主茎。主茎黄褐色，不分枝，高 18~30 厘米，粗 2.5~4 毫米，具肋棱 14~16 条，沿棱具 2 列刺状凸起，槽内气孔 2 列，每列有 2~3 行气孔；叶鞘筒长 15~25 毫米，灰绿色，鞘齿 2~4，膜质，红棕色，卵状三角形，长 1~1.5 厘米，每齿由 3~6 个小齿合生而成，宿存；孢子叶球顶生，有柄，长椭圆形，长 18~22 毫米，粗 5~8.5 毫米，顶端钝圆。孢子成熟后，主茎的节上轮生绿色侧枝，高 25~50 厘米，粗 2~3 毫米，中央腔径 1.5~2 毫米；侧枝再数次分枝，小枝水平伸展，先端稍下垂，实心，叶鞘齿常为 3，披针形。随着轮生分枝的产生，孢子叶球渐枯萎。

中生植物。生于林下草地、灌丛、湿地。

产　　　地：根河市、额尔古纳市。

饲用价值：中等饲用植物；全草可供饲用。

（图 9）林问荆 *Equisetum sylvaticum* L.

草问荆 *Equisetum pratense* Ehrh.（图 10）

形态特征：根状茎棕褐色，无块茎，向上生出地上主茎。主茎淡黄色，无叶绿素，不分枝，高 9~30 厘米，粗约 2.5 毫米；孢子叶球顶生，有柄，长约 1.2 厘米，径约 5 毫米，先端钝头。孢子成熟后，主茎节上长出轮生绿色侧枝，孢子叶球渐枯萎。营养茎高 30~40 厘米，粗 1.5~3 毫米，中央腔径 0.7~0.9 毫米，具肋棱 14~16，沿棱具 1 行刺状凸起，槽内气孔 2 列，每列有气孔 1 行；叶鞘筒长 6~8 毫米，鞘齿分离，14~16，长三角形，顶端长渐尖，边缘具宽的膜质白边，中脉棕褐色，基部有一圈褐色环；侧枝水平伸展，实心，叶鞘齿 3~4，三角形，先端锐尖，常不再分枝。

中生植物。生于林下草地、林间灌丛。

产　　　地：根河市、额尔古纳市、莫力达瓦达斡尔族自治旗、扎兰屯市、鄂伦春自治旗、牙克石市。

饲用价值：中等饲用植物，牛乐食。

犬问荆 *Equisetum palustre* L. Sp. Pl.（图 11）

形态特征：根状茎细长，黑褐色，具块茎。地上主茎绿色，高 15~30 厘米，粗 1.5~3 毫米，中央腔径 0.2~0.3 毫米，具锐肋棱 6~10 条，近于平滑，槽内气孔多行，中部以上轮生多数侧枝，斜升内曲，常不再分枝；叶鞘筒长 5~12 毫米，鞘齿狭条状披针形，黑褐色，背部具浅沟，具白色膜质宽边，向顶端延伸为易脱落的白色长芒。孢子叶球有长柄，早期黑褐色，成熟时变棕色，长椭圆形，长 1.5~2.3 厘米，钝头。

生于林下湿地、水沟边。

产　　地：额尔古纳市、根河市、牙克石市、鄂伦春自治旗。

（图 10）草问荆 *Equisetum pratense* Ehrh.

（图 11）犬问荆 *Equisetum palustre* L. Sp. Pl.

节节草 *Equisertum ramosissim* Desf.（图 12）

别　　名：土麻黄、草麻黄。

根状茎黑褐色，地上茎灰绿色、粗糙，高 25~75 厘米，粗 1.5~4.5 毫米，中央腔径 1~3.5 毫米；节上轮生侧枝 1~7，或仅基部分枝，侧枝斜展；主茎具棱 6~16 条，沿棱脊有疣状凸起 1 列，槽内气孔 2 列，每列具 2~3 行气孔；叶鞘筒长 4~12 毫米，鞘齿 6~16 枚，披针形或狭三角形，背部具浅沟，先端棕褐色，具长尾，易脱落，孢子叶球顶生，无柄，矩圆形或长椭圆形，长 5~15 毫米，径 3~4.5 毫米，顶端具小突尖。

产　　地：新巴尔虎右旗、新巴尔虎左旗、鄂温克族自治旗、陈巴尔虎旗。

（图 12）节节草 *Equisertum ramosissim* Desf.

水木贼 *Equisetum fluviatile* L.（图 13）

根状茎红色、地上主茎高 40~60 厘米，粗 3~6 毫米，中央腔径 2.5~5 毫米，茎上部无槽沟，具平滑的浅肋棱 14~16 条，槽内气孔多行，叶鞘筒长 7~10 毫米，贴生茎上，鞘齿 14~16，黑褐色，狭三角状披针形，渐尖、具狭的膜质白边；中部以上的节生出轮生侧枝，每轮一至多数，叶鞘齿狭三角形，4~8 枚，先端渐尖，孢子叶球无柄，长椭圆形，长 1~1.2 厘米，径 9~7 毫米，先端钝圆。

产　　地：海拉尔区、额尔古纳市、根河市、牙克石市、鄂伦春自治旗、鄂温克族自治旗。

# 六、阴地蕨科 Botrychiaceae

## 阴地蕨属 *Botrychium* Sw.

扇羽阴地蕨 *Botrychium lunaria*（L.）Sw.（图 14）

别　　名：扇叶阴地蕨。

形态特征：植株高 5~10 厘米，根状茎极短直立，具暗褐色肉质的根。叶单生，总叶柄长 3~8 厘米，基部有棕褐色鞘状苞片，营养叶从总柄中部以上的部位伸出，矩圆形或矩圆状披针形，长约 2 厘米，宽约 1 厘米，具长约 5 毫米的短柄，一回羽状全裂，羽片扇形，3~4 对，长约 5 毫米，宽约 6 毫米，先端圆形，波状，基部楔形，叶脉羽状分离，不明显。孢子叶靠近不育叶基部抽出，柄长 1~3 厘米，远高于营养叶，1~2 次分枝；孢子囊穗长约 1 厘米，狭圆锥形，复总状；孢子囊球形；孢子极面观为三角形，赤道面观为半圆形或超半圆形，外壁具粗而明显的疣状纹饰。

生于草甸或山沟阴湿处及林下。

产　　地：牙克石市。

（图 13）水木贼 *Equisetum fluviatile* L.

（图 14）扇羽阴地蕨 *Botrychium lunaria*（L.）Sw.

# 七、蕨科 Pteridiaceae

## 蕨属 *Pteridium* Scop.

蕨 *Pteridium aquilinum*（L.）Kuhn var. *latiusculum*（Desv.）Underw.ex Heller.（图 15）

别　　名：蕨菜。

形态特征：植株高可达 1 米。根状茎长而横走。叶远生，近革质；叶片卵状三角形或宽卵形，长 25~40 厘米，宽 20~30 厘米，三回羽状，羽片约 8 对，互生或近对生，基部 1 对最大，卵状三角形，长 20~30 厘米，宽 10~15 厘米；小羽片约 10 对，互生，三角状披针形或披针形，长 5~10 厘米，宽 1~2 厘米；末回小羽片或裂片，互生，矩圆形，长约 1 厘米，宽约 5 毫米，先端圆钝，全缘；叶脉羽状，侧脉 2 叉，下面隆起。孢子囊群条形，沿叶缘边脉着生，连续或间断；囊群盖条形，薄纸质，又有叶缘变质反卷而成的假盖；孢子周壁表面具颗粒状纹饰，颗粒排列不均匀，有时排列较紧密而形成狭条形。

生于山坡草丛或林缘阳光充足处。

产　　地：额尔古纳市、根河市、鄂伦春自治旗、扎兰屯市、阿荣旗。

（图 15）蕨 *Pteridium aquilinum*（L.）Kuhn var. *latiusculum*（Desv.）Underw.ex Heller.

# 八、中国蕨科 Sinopteridaceae

## 粉背蕨属 *Aleuritopteris* Fée

银粉背蕨 *Aleuritopteris argentea*（Gmel.）Fée（图 16）

别　　名：五角叶粉背蕨。

形态特征：植株高 15~25 厘米。根状茎直立或斜升，叶簇生，厚纸质，叶片五角形，长 5~6 厘米，宽约相等，三出；羽片近菱形，先端羽裂，渐尖，基部楔形下延有柄或无柄，羽状，羽片条形，基部以狭翅彼此相连，基部一对最大，两侧或仅下侧有几个短裂片；叶脉羽状，侧脉 2 叉，不明显。孢子囊群生于小脉顶端，成熟时汇合成条形；囊群盖条形连续，厚膜质，全缘或略有细圆齿。孢子圆形，周壁表面具颗粒状纹饰。

生于石灰岩石缝中。

产　　地：扎兰屯市、额尔古纳市、鄂伦春自治旗。

（图 16）银粉背蕨 *Aleuritopteris argentea*（Gmel.）Fée

# 九、裸子蕨科 Hemionitidaceae

## 金毛裸蕨属 *Gymnopteris* Bernh.

耳羽金毛裸蕨 *Gymnopteris bipinnata* Christ var. *auriculata*（Franch.）Ching（图 17）

别　　　名：耳形川西金毛裸蕨。

形态特征：植株高 20~40 厘米。根状茎横走，密被锈棕色狭披针形鳞片。叶簇生；叶柄栗褐色，长 5~12 厘米，连同羽轴密被长柔毛，基部最密；叶片厚纸质，椭圆状披针形，长 14~35 厘米，宽 1~4 厘米，一回羽状；羽片 6~11 对，互生，有短柄，卵状三角形或卵形，长（6）10~25 毫米，宽 5~12 毫米，先端圆钝，基部为不对称的心形，两面伏生淡棕黄色长柔毛，下面较密，顶生羽片最大，三角状卵形，基部圆形偏斜，或有时两侧具耳状小裂片；侧脉多回分叉，小脉分离或在叶边偶有联结成狭长网眼。孢子囊群沿叶脉着生，被毛覆盖，无囊群盖。孢子三角状圆形，周壁具明显的粗网状纹饰。

生于岩壁干山坡或林下石缝中。

产　　　地：扎兰屯市。

# 十、蹄盖蕨科 Athyriaceae

## 蹄盖蕨属 *Athyrium* Roth

中华蹄盖蕨 *Athyrium sinense* Rupr.（图 18）

别　　　名：狭叶蹄盖蕨。

形态特征：植株高 50~65 厘米。根状茎短，斜升。叶簇生，草质；叶片矩圆状披针形，二回羽状；羽片

18~20 对，互生或上部的近对生，相距 1~4 厘米，披针形，斜展，近无柄，下部 2~3 对羽片渐缩短，中部的较大，长 8~15 厘米，宽 18~23 毫米，羽状深裂；小羽片 15~20 对，对生，彼此以狭等间隔分开，狭矩圆形，长10~15 毫米，宽 3~4 毫米，边缘浅裂成粗齿状的小裂片，顶端有 2~3 个尖锯齿；叶脉羽状，在小裂片上 2~3 叉，伸达锯齿顶端。孢子囊群矩圆形，生于裂片上侧的小脉下部，每裂片有一枚；囊群盖同形，膜质，淡棕色，边缘啮蚀状。

生于林下。

产　　地：额尔古纳市、根河市、牙克石市、扎兰屯市。

（图 17）耳羽金毛裸蕨 *Gymnopteris bipinnata* Christ var. *auriculata*（Franch.）Ching

（图 18）中华蹄盖蕨 *Athyrium sinense* Rupr.

## 冷蕨属 *Cystopteris* Bernh.

冷蕨 *Cystopteris fragilis*（L.）Bernh.（图 19）

形态特征：植株高 13~30 厘米。根状茎短而横卧，密被宽披针形鳞片。叶近生或簇生，叶片披针形、矩圆状披针形或卵状披针形、长 10~22（32）厘米，宽（4）5~8 厘米，二回羽状或三回羽裂；羽片 8~12 对，一至二回羽状；小羽片 4~6 对，卵形或矩圆形，长 5~9（12）毫米，宽 3~9 毫米，先端钝，基部不对称，下延，彼此相连，羽状深裂或全裂；末回小裂片矩圆形，边缘有粗锯齿；叶脉羽状，每齿有小脉 1 条。孢子囊群小，圆形，生于小脉中部；囊群盖卵圆形，膜质、基部着生，幼时覆盖孢子囊群，成熟时被压在下面；孢子具周壁，表面具刺状纹饰。

生于山沟、阴坡石缝中或林下暗壁阴湿处。

产　　地：额尔古纳市、鄂伦春自治旗、扎兰屯市。

（图 19）冷蕨 *Cystopteris fragilis*（L.）Bernh.

## 短肠蕨属 *Allantodia* R. Br.

黑鳞短肠蕨 *Allantodia crenata*（Sommerf.）Ching（图 20）

别　　名：圆齿蹄盖蕨。

形态特征：植株高 40~70 厘米。根状茎长而横走，粗约 2 毫米。叶疏生，二列，纸质，叶片长 20~35 厘米，宽 13~26 厘米，卵形或卵状三角形，三回羽状；羽片 8~12 对，互生，斜展，有短柄，相距 1.5~4.5 厘米，矩圆状披针形，长 9~18 厘米，宽 3~7 厘米，先端渐狭呈尾状，二回羽状；一回小羽片 12~15 对，披针形，长 1.5~4 厘米，宽 7~10 毫米，渐尖，基部平截，对称无柄，羽裂；末回裂片矩圆形，长约 3 毫米，顶端圆钝，基部与小羽轴合生，近全缘或有小圆齿；叶脉羽状分叉，伸达叶边。孢子囊群矩圆形，每末回裂片上有 2~3 对；囊群盖膜质，边缘啮蚀，宿存。

生于林下或山沟阴湿处。

产　　地：额尔古纳市、根河市、扎兰屯市。

（图 20）黑鳞短肠蕨 *Allantodia crenata*（Sommerf.）Ching

## 羽节蕨属 *Gymnocarpium* Newman

羽节蕨 *Gymnocarpium disjunctum*（Rupr.）Ching（图 21）

形态特征：植株高 25~50 厘米。根状茎细长而横走。叶远生，草质，光滑，叶片卵状三角形，长宽近相等，长 15~33 厘米，渐尖头，三回羽状；羽片 7~9 对，对生，斜向上，相距 2~7 厘米，基部一对最大，长三角形，有短柄，长 7~15 厘米，宽 4~10 厘米，二回羽状；一回小羽片 7~9 对，斜向上，羽轴下侧小羽片较上侧的稍大，基部一对最大，三角状披针形或矩圆状披针形，尖头，基部圆截形，长 3~6 厘米，宽 12~25 毫米，羽状深裂；裂片矩圆形，先端圆钝，边缘具浅圆齿或全缘，叶脉羽状，分叉。孢子囊群小，圆形，背生于侧脉上部、靠近叶边，沿脉两侧各成 1 行；无囊群盖；孢子具半透明的周壁，具褶皱，表面具小穴状纹饰。

生于林下阴处或山沟石缝中。

产　　地：额尔古纳市、根河市、鄂伦春自治旗、扎兰屯市。

欧洲羽节蕨 *Gymnocarpium dryopteris*（L.）Newman（图 22）

别　　名：鳞毛羽节蕨。

形态特征：植株高 20~28 厘米。根状茎细长而横走。叶远生，薄草质；叶片五角形，长 7~10 厘米，宽相等或较过之，三回羽状深裂；羽片 5~6 对，斜展，相距 1~3 厘米，无柄，基部一对最大，长 6~8 厘米，宽 3~5 厘米，三角形，有长柄，二回羽状深裂；小羽片约 5 对，羽轴下侧的较上侧的稍大，三角状披针形或披针形，长 1.2~3 厘米，宽 10~15 毫米，羽裂；裂片矩圆形，长 5~10 毫米，宽 2~3 毫米，先端圆钝，边缘波状；叶脉羽状，侧脉单一。孢子囊群圆形，着生于侧脉中部或上部近叶边；无囊群盖；孢子具明显而透明的周壁，表面有网状纹饰，网眼较大。

生于阴暗针叶林下潮湿处。

产　　地：根河市、牙克石市。

（图 21）羽节蕨 *Gymnocarpium disjunctum*（Rupr.）Ching

（图 22）欧洲羽节蕨 *Gymnocarpium dryopteris*（L.）Newman

# 十一、金星蕨科 Thelypteridaceae

## 沼泽蕨属 *Thelypteris* Schmidel

沼泽蕨 *Thelypteris palustris*( Salisb. )Schott（图 23）

形态特征：植株高 40~70 厘米。根状茎细长横走，黑色，顶端疏被红色披针形鳞片。叶近生，厚纸质，有能育和不能育的区别，叶片及羽轴均被疏柔毛；叶柄长 10~30 厘米，禾秆色，基部褐色或黑褐色，近光滑；叶片长 20~35 厘米，宽 7~18 厘米，宽披针形，先端短尖并羽裂，基部不变狭，二回羽状深裂；羽片 18~21 对，互生或对生，相距 1~3 厘米，羽片平展，狭披针形，长 5~10 厘米，宽 7~15 毫米，渐尖头，基部截形，一回羽状深裂；裂片短圆形或卵状披针形，长 4~8 毫米，宽约 4 毫米，先端急尖，全缘，生孢子囊的裂片边缘反卷；叶脉羽状，侧脉通常二叉，伸达叶边。孢子囊群圆形，生于侧脉中部；囊群盖圆肾形、膜质，边缘啮蚀状，成熟后易脱落；孢子半圆形，周壁透明，具刺状凸起。

生于草甸及沼泽地。

产　　　地：扎兰屯市。

（图 23）沼泽蕨 *Thelypteris palustris*( Salisb. )Schott

# 十二、球子蕨科 Onocleaceae

## 荚果蕨属 *Matteuccia* Todaro

荚果蕨 *Matteuccia struthiopteris*( L. )Todaro（图 24）

别　　　名：黄瓜香、小叶贯众、野鸡膀子。

形态特征：植株高 50~90 厘米。根状茎短而直立，被棕色披针形的膜质鳞片。叶簇生，二型；营养叶草质，叶柄长 10~18 厘米；羽片 40~60 对，互生，相距 1~2 厘米，披针形或三角状披针形，中部的最大，长 7~10 厘米，宽 12~16 毫米，先端渐尖，羽片深裂达羽轴；裂片矩圆形，先端圆，全缘或有浅波状圆齿；叶脉羽状，分离；孢子叶较短，直立，有粗硬而较长的柄，叶片狭倒披针形，长 15~25 厘米，宽 5~7 厘米，一回羽状，羽片两侧向背面反卷成荚果状，深褐色；孢子囊群圆形，生叶脉背上凸起的囊托上；囊群盖膜质、白色、成熟后被裂消失。

生于林下、溪边疏林下。

产　　地：根河市、满归、鄂伦春自治旗。

（图 24）荚果蕨 *Matteuccia struthiopteris*（L.）Todaro

# 十三、岩蕨科 Woodsiaceae

## 岩蕨属 *Woodsia* R. Br.

岩蕨 *Woodsia ilvensis*（L.）R. BR.（图 25）

形态特征：植株高 12~20 厘米。根状茎短、直立。叶簇生、纸质，上面密被灰白色节状长柔毛，下面密被淡褐色节状长毛及狭披针形的鳞片；叶柄淡栗色，有光泽，长 5~12 厘米；叶片矩圆状披针形，长 7~13（17）厘米，宽 1.5~3 厘米，渐尖头，二回羽状深裂；羽片 15~20 对，互生，相距 3~9 毫米，下部 2~3 对羽片稍缩小，中部羽片长 10~17 毫米，宽 5~7 毫米，三角状披针形或矩圆状披针形，先端钝，基部截形，对称，羽状深裂；裂片矩圆形，全缘；叶脉羽状，侧脉单 1，不达叶边。孢子囊群圆形，生于侧脉顶端；囊群盖下位，浅碟形，不规则的 5~6 裂，边缘细裂成淡褐色长毛；孢子周壁具褶皱，形成明显大网状，表面有小刺。

生于山坡石缝中。

产　　地：根河市、额尔古纳市、鄂温克族自治旗、牙克石市、大兴安岭。

（图 25）岩蕨 *Woodsia ilvensis*（L.）R. BR.

# 十四、鳞毛蕨科 Dryopteridaceae

## 鳞毛蕨属 *Dryopteris* Adans.

**香鳞毛蕨** *Dryopteris fragrans*（L.）Schott（图 26）

别　　名：香叶鳞毛蕨。

形态特征：植株高 20~30 厘米。根状茎短粗，直立或斜升，先端密被褐色三角状披针形的鳞片。叶簇生，草质，两面均光滑无毛，而有金黄色腺体；叶柄长 5~13 厘米；叶片倒披针形或长椭圆形，长 13~20 厘米，宽 2.5~3.5 厘米，二回羽状全裂；羽片 20~25 对，互生；小羽片 5~7 对，矩圆形，长约 3 毫米，宽约 1.5 毫米，先端圆钝，基部下延至羽轴呈狭翅，边缘具圆锯齿，下部多对羽片逐渐缩小，基部有 1~2 对呈耳状；叶脉羽状分枝。孢子囊群圆形，生于侧脉中下部以下或近基部；囊群盖圆肾形，膜质，灰白色，边缘啮蚀状；孢子周壁具褶皱，形成瘤块状凸起。

生于碎石山坡或砬子上。

产　　地：额尔古纳市、根河市、牙克石市、扎兰屯市、莫力达瓦达斡尔族自治旗。

# 十五、水龙骨科 Polypodiaceae

## 多足蕨属 *Polypodium* L.

**小多足蕨** *Polypodium virginianum* L.（图 27）

别　　名：东北水龙骨、小水龙骨。

形态特征：植株高 12~18 厘米。根状茎长而横走，密被披针形或卵状披针形的棕色鳞片。叶近生，厚纸质；

叶柄长 3~6 厘米，禾秆色；叶片矩圆状披针形，长（5）8~17 厘米，宽 2~3.5 厘米，先端渐尖，一回羽状深裂几达叶轴；裂片 13~24 对，矩圆形或披针形，长 1~2 厘米，宽 3~5 毫米，先端圆钝，边缘浅波状或向顶端有缺刻状浅锯齿；叶脉羽状分叉，不明显。孢子囊群圆形，在主脉和叶边之间各成一行排列，靠近叶边，无盖；孢子较大，外壁具较大的疣状纹饰。

生于林下、林缘石缝中。

产　　地：根河市、牙克石市、扎兰屯市。

（图 26）香鳞毛蕨 *Dryopteris fragrans*（L.）Schott

（图 27）小多足蕨 *Polypodium virginianum* L.

# 十六、槐叶苹科 Salviniaceae

## 槐叶苹属 *Salvinia* Adans.

槐叶苹 *Salvinia natans*（L.）All.（图 28）

形态特征：小型漂浮植物。茎纤细，横走，密被淡褐色节状毛，无根。叶三片轮生；上面 2 片漂浮水面，在茎的两侧水平排列，下面一片细裂成丝状，悬垂于水中成假根，密被毛，水面叶片矩圆形，长 6~9 毫米，宽 3~5 毫米，全缘，上面绿色，在侧脉间有 5~6 个乳头状凸起，凸起上生有一簇短硬毛，下面密被褐色短毛；有 1~2 毫米长被毛的短叶柄，或无柄。孢子囊果 4~8 个，簇生于水下叶的基部；大孢子果小，生少数有短柄的大孢子囊，囊中有 1 个大孢子；小孢子果略大，生多数有柄的小孢子囊，囊中有 64 个小孢子；小孢子为球形或近球形，3 裂缝，外壁较薄光滑；大孢子很大，为花瓶状，瓶颈向内收缩，3 裂缝位于孢子的顶端瓶口处，外壁表面有很浅的小洼，大小孢子均无周壁。

生于池塘、水田或静水溪河中。

产　　地：额尔古纳河浅水中。

（图 28）槐叶苹 *Salvinia natans*（L.）All.

# 裸子植物门 Gymnospermae

## 十七、松科 Pinaceae

### 落叶松属 *Larix* Mill.

兴安落叶松 *Larix gmelinii*（Rupr.）Rupr.（图 29）

别　　名：落叶松。

形态特征：乔木，高达 35 米，胸径 90 厘米；树皮暗灰色或灰褐色，纵裂成鳞片状剥落，剥落后内皮呈紫红色。一年生长枝纤细，径约 1 毫米，淡黄褐色或淡褐色，有毛或无毛，基部常有毛；二或三年生枝褐色、灰褐色或灰色，短枝径约 2~3 毫米，顶端叶枕之间有黄白色长柔毛。叶条形或倒披针状条形，柔软，长 1.5~3 厘米，宽在 1 毫米以内，先端尖或钝尖，上面平，中脉不隆起，有时两侧各有 1~2 条气孔线，下面中脉隆起，每侧各有 2~3 条气孔线。球果幼时紫红色，成熟前卵圆形或椭圆形，成熟时上端种鳞张开，球果呈倒卵状球形，黄褐色、褐色或紫褐色。花期 5~6 月，球果成熟 9 月。

生于海拔 300~（1 200~1 670）米山地的各种立地环境条件。

产　　地：大兴安岭地区。

（图 29）兴安落叶松 *Larix gmelinii*（Rupr.）Rupr.

华北落叶松 *Larix principis-rupprechtii* Mayr.（图 30）

别　　名：雾灵落叶松。

形态特征：乔木高达 30 米，胸径达 1 米；树皮灰褐色或棕褐色。一年生长枝淡褐色或淡褐黄色，二或三年生枝灰褐色或暗灰褐色。叶窄条形，先端尖或钝，长 1.5~3 厘米，宽约 1 毫米，上面平，稀每边有 1~2 条气孔线，下面中肋隆起，每边有 2~4 条气孔线。球果卵圆形或矩圆状卵形，长 2~4 厘米，径约 2 厘米，成熟时淡褐色，种鳞 26~45 枚，背面光滑无毛，不反曲，中部种鳞近五角状卵形，先端截形或微凹，边缘有不规则细齿；苞鳞暗紫色，条状矩圆形，不露出；种子斜倒卵状椭圆形，灰白色，长 3~4 毫米，连翅长 10~12 毫米。花期

4—5 月，球果成熟 9~10 月。

生于海拔 1 400~1 800 米山地的阴坡、阳坡及沟谷边，常与青扦、白扦、山杨、白桦成混交林。

产　　地：扎兰屯。

（图 30）华北落叶松 *Larix principis-rupprechtii* Mayr.

## 云杉属 *Picea* Dietr.

**白扦** *Picea meyeri* Rehd.et Wils.（图 31 ）

别　　名：红扦。

**形态特征**：乔木，高达 30 米，胸径约 60 厘米；树皮灰褐色；一年生小枝淡黄褐色，二年或三年生枝黄褐色或淡褐色；冬芽圆锥形；芽鳞先端微向外反曲；小枝基部芽鳞宿存，先端向外反曲。叶四棱状锥形，长 1~2 厘米，宽 1.2~1.8 毫米，先端微钝或钝，横断面四棱形，上面有气孔线 6~9 条，下面有气孔线 3~5 条；小枝上面的叶伸展，两侧和下面的叶向上弯伸；一年生叶淡灰蓝绿色，二或三年生叶暗绿色。球果矩圆状圆柱形，微有树脂，长 6~9 厘米，径 2.5~3.5 厘米，幼球果紫红色，直立，成熟前绿色，下垂，成熟时褐黄色。种子倒卵形，暗褐色。花期 5 月，球果成熟 9 月。

生于海拔 1 400~1 700 米的山地阴坡或半阳坡。

产　　地：牙克石市。

**红皮云杉** *Picea koraiensis* Nakai（图 32 ）

别　　名：红皮臭。

乔木，高达 35 厘米，胸径达 80 厘米；树皮灰褐色或灰色。一年生枝淡红褐色或淡黄褐色，有光泽；二或三年生枝淡红褐色或淡褐色；冬芽圆锥形，红褐色，微有树脂。叶四棱状锥形，长 1~1.25 厘米，宽 1~1.5 毫米；横断面四棱形，上面每侧有气孔线 5~8 条，下面每侧有气孔线 3~5 条；于小枝上面的叶直上伸展，下面和两侧的叶向两侧平展或微向上弯伸。球果卵状圆柱形或长卵状矩圆形，长 5~8 厘米，径 2.5~3.5 厘米，成熟前绿色；

中部种鳞倒卵形或三角状倒卵形，先端圆形，基部宽楔形，鳞背露出部分平滑；苞鳞条形；种子倒卵形。暗褐色，长约 4 毫米，连翅长 13~16 毫米。花期 5—6 月，球果成熟 9 月。

生于山地河谷低湿地、河流两旁，见于兴安北部。

产　　　地：根河市、额尔古纳市。

（图 31）白扦 *Picea meyeri* Rehd.et Wils.

（图 32）红皮云杉 *Picea koraiensis* Nakai

# 松属 *Pinus* L.

樟子松 *Pinus sylvestris* L. var. *mongolica* Litv.（图 33）

别　　名：海拉尔松。

形态特征：乔木，高达 30 米，胸径可达 1 米；树干下部树皮黑褐色或灰褐色，深裂成不规则的鳞状块片脱落，裂缝棕褐色，上部树皮及枝皮黄色或褐黄色。一年生枝淡黄绿色，二或三年生枝灰褐色；冬芽褐色或淡黄褐色；种子长卵圆形或倒卵圆形，微扁，黑褐色，长 4~5.5 毫米，连翅长 11~15 毫米；花期 6 月，球果成熟于次年 9—10 月。

生于海拔 400~900 米山地的山脊、山顶和阳坡以及较干旱的砂地及石砾砂土地区。

产　　地：海拉尔区、鄂温克族自治旗、陈巴尔虎旗、新巴尔虎左旗。

（图 33）樟子松 *Pinus sylvestris* L. var. *mongolica* Litv.

西伯利亚红松 *Pinus sibirica* Du Tour（图 34）

别　　名：新疆五针松。

形态特征：乔木，高达 20 米，胸径达 50 厘米；树皮灰褐色，裂成不规则鳞状块片。小枝粗壮，黄褐色，密被淡黄色柔毛；冬芽淡褐色圆锥形。针叶 5 针一束，长（6）8~10 厘米，径 1~1.2（1.4）毫米，上面无气孔线，下面每侧有 3~4（5）条气孔线，横断面近三角形，树脂道 3 或 2，2 个生于上面，中生，稀边生，1 个生在下面角部。球果直立，圆锥状卵形，长 5~8 厘米，径 3~4.5 厘米，鳞脐明显，褐色；种子生于种鳞腹面基部的凹槽中，不脱落，倒卵圆形，长 8~10 毫米，径 5~8 毫米，无翅。花期 6 月下旬，球果成熟翌年 9—10 月。

生于海拔 900~1 300 米冷湿的山顶及山坡坡麓地带，常单株散生在偃松—兴安落叶松林内。

产　　地：额尔古纳市境内奇乾和莫尔道嘎、根河市、满归。

（图 34）西伯利亚红松 *Pinus sibirica* Du Tour

**偃松** *Piuns pumila*（ Pall. ）Regel（ 图 35 ）

    **别　　名**：爬松。

    **形态特征**：灌木、稀小乔木，高 3~6 厘米，径可达 15 厘米，树干常伏卧状，先端斜上，生于山顶则近直立丛生状；树皮灰褐色或暗褐色。一年生枝褐色，二年生或三年生枝，暗红褐色；冬芽红褐色。针叶 5 针一束，长 4~6 厘米，径约 1 毫米，横断面近梯形，树脂道 2 个，稀一个，边生；叶鞘早落。球果直立，圆锥状卵形或卵球形，成熟后淡紫褐色，或红褐色，种鳞不张开或微张开，长 3~5 厘米，径 2.3~3 厘米；种子生于种鳞腹面下部的凹槽中，不脱落，暗褐色，三角状倒卵形，微扁，长 7~10 毫米，径 5~7 毫米，无翅。花期 6—7 月，球果成熟于翌年 9 月。

    生于兴安北部海拔 1 200 米以上的山顶，在兴安落叶松林下形成茂密的矮林。

    **产　　地**：鄂伦春自治旗、额尔古纳市、根河市。

# 十八、柏科 Cupressaceae

## 刺柏属 *Juniperus* L.

**西伯利亚刺柏** *Juniperus sibirica* Burgsd.（ 图 36 ）

    **别　　名**：高山桧、山桧。

    **形态特征**：匍匐灌木，高 0.3~0.7 米；树皮灰色，小枝密，枝皮红褐色或紫褐色。刺叶 3 叶轮生，披针形或卵状披针形，质薄，通常稍成镰状弯曲，长 7~13 毫米，宽约 1.5 毫米，先端急尖或上部渐窄或锐尖头，上面微凹，不成深槽，白粉带较绿色边带为宽，下面具棱脊。球花单生于一年生枝的叶腋。球果圆球形，径 5~7 毫米，成熟时褐黑色或红褐色，被白粉，内有 3 粒种子，间或 1~2 粒，种子卵球形，黄褐色，顶端尖，有棱角，长约 5 毫米。花期 6 月，球果成熟于翌年 8 月。

中生植物。生于海拔 600~1 700 米的干燥石砾质山地或疏林下。

产　　地：鄂伦春自治旗、根河市、额尔古纳市。

（图 35）偃松 *Piuns pumila*（Pall.）Regel

（图 36）西伯利亚刺柏 *Juniperus sibirica* Burgsd.

## 圆柏属 *Sabina* Mill.

兴安圆柏 *Sabina davurica*（Pall.）Ant.（图 37）

形态特征：匍匐灌木；枝皮紫褐色，裂成薄片剥落。叶二型，刺叶常出现在壮龄及老龄植株上，壮龄植株上的刺叶多于鳞叶，交叉对生，排列疏松，窄披针形或条状披针形，长 3~6 毫米，先端渐尖，上面凹陷，有宽白粉带，下面拱圆，有钝脊，近基部有腺体；鳞叶交叉对生，排列紧密，菱状卵形或斜方形，长 1~3 毫米，先端急尖、渐尖或钝，叶背中部有椭圆形或矩圆形腺体。雄球花卵圆形或近矩圆形，雄蕊 6~9 对。雌球花与球果着生于向下弯曲的小枝顶端，球果常呈不规则球形，较宽，长 4~6 毫米，径 6~8 毫米，成熟时暗褐色至蓝紫色，被白粉，内有 1~4 粒种子；种子卵圆形，扁，顶端急尖，有不明显的棱脊。花期 6 月，球果成熟于翌年 8 月。

生于海拔 400~1 400 米的多石山地或山峰岩缝中或生于砂丘，常和偃松伴生。

产　　　地：鄂伦春自治旗、牙克石市、额尔古纳市、根河市。

（图 37）兴安圆柏 *Sabina davurica*（Pall.）Ant.

# 十九、麻黄科 Ephedraceae

## 麻黄属 *Ephedra* L.

草麻黄 *Ephedra sinica* Stapf（图 38）

别　　　名：麻黄。

形态特征：草本状灌木，高达 30 厘米，稀较高。由基部多分枝，丛生；木质茎短或成匍匐状。叶 2 裂。雄球花为复穗状，长约 14 毫米，具总梗，梗长 2.5 毫米，苞片常为 4 对，淡黄绿色，雄蕊 7~8（10），花丝合生或顶端稍分离；雌球花单生，顶生于当年生枝，腋生于老枝，具短梗，幼花卵圆形或矩圆状卵圆形，苞片 4 对，下面的或中间的苞片卵形，先端锐尖或近锐尖，雌球花成熟时苞片肉质，红色，矩圆状卵形或近圆球形。种子通常 2 粒，包于红色肉质苞片内，长卵形，深褐色，一侧扁平或凹，一侧凸起，具二条槽纹，较光滑。花期 5—6 月，种子 8—9 月成熟。

生于丘陵坡地、平原、砂地。

产　　地：新巴尔虎左旗、新巴尔虎右旗、满洲里市、陈巴尔虎旗。

（图 38）草麻黄 *Ephedra sinica* Stapf

**单子麻黄** *Ephedra monosperma* Gmel. ex Mey.（图 39）

别　　名：小麻黄。

形态特征：矮小草本状灌木，高 3~10 厘米。木质茎短小，埋于地下，有节部生根，地上部枝丛生。叶 2 裂，裂片短三角形，长 0.5 毫米。雄球多呈复穗状，单生枝顶或对生节上，苞片 3~4 对；雄蕊 7~8，花丝完全合生；雌球花单生枝顶，对生于节上，具短而弯曲的梗，梗长 0.9 毫米；苞片 3 对，下面的一对基部合生，宽卵圆形，具膜质缘；雌花通常 1，稀 2，珠被管多为长而弯曲，稀较短直。雌球花成熟时苞片肉质，红色稍带白粉，卵圆形或矩圆状卵形，种子 1 粒，外露，三角状矩圆形，长约 5 毫米，径约 3 毫米，棕褐色，具不等长纵纹。花期 6 月，种子成熟期 8 月。

生于多石质山坡或干燥沙地。

产　　地：牙克石市。

**中麻黄** *Ephedra intermedia* Schrenk ex Mey.（图 40）

形态特征：灌木，高 20~50（100）厘米。木质茎短粗，灰黄褐色，直立或匍匐斜上，基部多分枝，茎皮干裂后呈现细纵纤维；小枝直立或稍弯曲，灰绿色或灰淡绿色，具细浅纵槽纹，槽上具白色小瘤状凸起。叶 3 裂及 2 裂混生，裂片钝三角形或先端具长尖头的三角形，长 1~2 毫米，中部淡褐色，具膜质缘，鞘长 2~3 毫米。雄球花常数个（稀 2~3）密集于节上成团状，几无梗，苞片 5~7 对交叉对生或 5~7 轮（每轮 3 片），雄蕊 5~8，花丝全合生，花药无梗；雌球花 2~3 生于节上，具短梗。雌球花成熟时苞片肉质，红色，椭圆形、卵圆形或矩圆状卵圆形。种子通常 3（稀 2）粒，包于红色肉质苞片内，不外露，卵圆形或长卵圆形，长 5~6 毫米，径约 3 毫米。花期 5—6 月，种子成熟 7—8 月。

　　生于干旱与半干旱地区的沙地、山坡及草地上。

　　产　　　地：新巴尔虎左旗。

（图 39）单子麻黄 *Ephedra monosperma* Gmel. ex Mey.

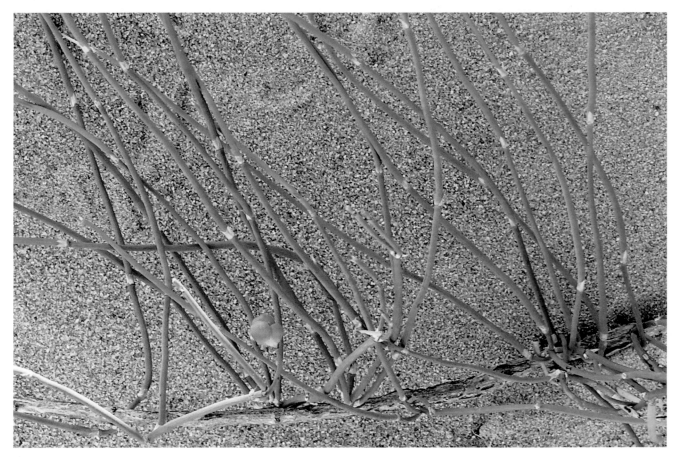

（图 40）中麻黄 *Ephedra intermedia* Schrenk ex Mey.

# 被子植物门 Angiospermae

## 二十、杨柳科 Salicaceae

### 杨属 *Populus* L.

山杨 *Populus davidiana* Dode（图 41）

别　　名：火杨。

形态特征：乔木，高 20 米；树冠圆形或近圆形。树皮光滑，淡绿色或淡灰色；老树基部暗灰色。小枝无毛，光滑，赤褐色。叶芽顶生，卵圆形，光滑、微具胶黏，褐色。短枝叶为卵圆形，圆形或三角状圆形，长 3~8 厘米，宽 2.5~7.5 厘米，基部圆形、宽圆形或截形，边缘具波状浅齿，初被疏以柔毛，后变光滑；萌发枝叶大，长达 13.5 厘米；叶柄扁平，长 1.5~5.5 厘米。雄花序轴被疏柔毛；苞片深裂，褐色，具疏柔毛；雄蕊 5~12，花药带红色，雄花苞片淡褐色，被长柔毛；花盘杯状，边缘波形，柱头 2 裂，每裂又 2 深裂，呈红色，近无柄。蒴果椭圆状纺锤形，通常 2 裂。花期 4—5 月，果期 5—6 月。

生于山地阴坡或半阴坡，在森林气候区生于阳坡。

产　　地：全市。

（图 41）山杨 *Populus davidiana* Dode

### 钻天柳属 *Chosenia* Nakai

钻天柳 *Chosenia arbutifolia*（Pall.）A. Skv.（图 42）

别　　名：上天柳、朝鲜柳。

形态特征：大乔木，高可达 30 余米，胸径可达 1 米左右。树皮灰色，不规则纵裂。在冬春季节，一、二年生枝呈紫红色，夏、秋季节呈黄绿色或黄褐色。叶互生，倒披针状矩圆形、披针状矩圆形或披针形，长 3~6 厘米，宽 5~12 毫米，上面深绿色，下面苍白；无托叶；叶柄长 5~7 毫米。雄花序细圆柱形，下垂，长 1.5~3 厘米，径 3~4 毫米；苞片宽倒卵形或近圆形，淡紫色，边缘具疏毛；雄蕊 5，花丛基部与苞片连合；无腺体；雌花序斜展，长 2~4 厘米，径 4~5 毫米；雌花在花序轴上稀疏排列；苞片矩圆形；子房有短柄，花柱 2，离生，柱头 2 裂。蒴果长 3~4 毫米，2 瓣开裂。花期 5 月，果期 6 月。

生于河流两岸及低湿地。

产　　地：鄂伦春自治旗、牙克石市、扎兰屯市。

（图 42 ）钻天柳 *Chosenia arbutifolia*（ Pall. ）A. Skv.

## 柳属 *Salix* L.

小红柳 *Salix microstachya* Turcz. apud Trautv. var. *bordensis*（ Nakai ）C. F. Fang （ 图 43 ）

形态特征：灌木。高 1~2 米，小枝细长，常弯曲或下垂，红色或红褐色，幼时被绢毛，后渐脱落。叶条形或条状披针形，长 1.5~4.5 厘米，宽 2~5 毫米，先端渐尖，基部楔形，边缘全缘或有不明显的疏齿，幼时两面密被绢毛，后脱落；叶柄长 1~3 毫米。花序与叶同时开放，细圆柱形，长 1~2 厘米，径 3~4 毫米；苞片淡褐色或淡绿色，倒卵形或卵状椭圆形；腺体 1，腹生；雄蕊 2，花丝完全合生，花丝无毛，花红色；子房卵状圆锥形，无毛，花柱明显，柱头二裂。蒴果 3~4 毫米，无毛。

生沙丘间低地、河谷。

产　　地：新巴尔虎左旗、新巴尔虎右旗、鄂温克族自治旗、陈巴尔虎旗、额尔古纳市、莫力达瓦达斡尔族自治旗、扎兰屯市。

筐柳 *Salix linearistipularis*（ Franch. ）Hao（ 图 44 ）

形态特征：灌木，高 1~2 米，树皮淡黄白色，不裂，一年生枝黄色，有光泽，当年幼枝黄褐色，细长，无毛；芽长圆形，无毛或微被毛。叶狭条形，长 3~8 厘米，宽 3~5 毫米，先端渐尖，基部楔形，边缘具细蜜腺齿

（叶幼时腺齿不明显），上面深绿色，下面苍白色，两面光滑无毛；托叶条形，长3~5毫米，边缘腺点，脱落；叶柄长2~5毫米，花序先叶开放，矩圆形，长1.5~2.5厘米，无总梗；苞片倒卵形或卵形，长1.5~2毫米，具柔毛，先端黑褐色；腺体1，腹生；雄花具雄蕊2，分离，花丝无毛；子房矩圆形，长2~3毫米，疏被柔毛，花柱极短，柱头2裂，蒴果长3~4毫米。花期4—5月，果期5—6月。

生森林草原及干草原地带的固定、半固定沙地。

产　　　地：海拉尔西山、新巴尔虎左旗、鄂温克族自治旗、陈巴尔虎旗。

（图43）小红柳 *Salix microstachya* Turcz. apud Trautv. var. *bordensis*（Nakai）C. F. Fang.

（图44）筐柳 *Salix linearistipularis*（Franch.）Hao

兴安柳 Salix hsinganica Chang et Skv.（图 45）

**形态特征：**灌木高约 1 米。当年枝绿色或带褐色，有柔毛，二年生枝褐色或紫褐色；芽卵形。叶椭圆形、倒卵状椭圆形或卵形，长 1~5 厘米，宽 5~20 毫米，上面绿色，下面苍白色，网脉在下面明显隆起，幼叶两面被柔毛，后则逐渐脱落；叶柄长 2~6 毫米，被柔毛；托叶斜卵形，长 2~4 毫米，花序先叶开放或与叶同时开放，椭圆形或短圆柱形，长 1~2.5 厘米；雄花序无梗，雄蕊 2，分离，花丝下面疏生长柔毛，花药黄色；苞片矩圆形，黄绿色，两面有长毛，腹腺 1；雌花序基部有柄，有 2~3 片小叶，果期时可伸长达 5 厘米；子房卵状圆锥形，密被柔毛，有明显的子房柄，花柱短，柱头 2~4 裂；苞片矩圆形，淡黄色；腺体 1，腹生。蒴果长 4~6 毫米，被短柔毛。花期 5—6 月，果期 6—7 月。

生沼泽或较湿润的山坡。

产　　地：根河市、额尔古纳市、牙克石市、扎兰屯市。

（图 45）兴安柳 Salix hsinganica Chang et Skv.

五蕊柳 Salix pentandra L.（图 46）

**形态特征：**灌木或小乔木，高可达 3 米，树皮灰褐色；一年生小枝淡黄褐色或淡黄绿色，无毛，有光泽。叶片倒卵状矩圆形、矩圆形或长椭圆形，长 3~7 厘米，宽 1~3.5 厘米，上面亮绿色，下面苍白色；叶柄长 5~12 毫米；花序轴密被白色长毛；雄花序圆柱形，长 3~5 厘米，径 8~10 毫米；雄花有雄蕊 4~9，多为 5，花药圆球形，黄色；苞片倒卵形或卵状椭圆形，淡黄褐色；腺体 2，背腹各 1，常叉裂，雌花序圆柱形，子房卵状圆锥形，具短柄，无毛，花柱短，柱头 2 裂，苞片椭圆形，黄褐色，具疏长柔毛；腺体 2，背腹各 1，腹腺常 2~3 裂。蒴果长 5~7 毫米，光滑无毛。花期 5 月下旬至 6 月上旬，果期 7—8 月。

生于林区积水草甸、沼泽地或林缘及较湿润的山坡。

产　　地：根河市、额尔古纳市、鄂伦春自治旗、牙克石市。

（图46）五蕊柳 *Salix pentandra* L.

**三蕊柳 *Salix triandra* L.（图47）**

**形态特征：** 灌木或小乔木，高3米，树皮灰褐色；小枝黄绿色或淡黄褐色，幼时有长柔毛。叶披针形或倒披针形，长3~10厘米，宽5~12毫米，先端渐尖，基部圆形或楔形，上面深绿色，下面苍白色，有白粉，无毛或幼时有疏毛，后光滑，边缘有细腺齿；托叶卵形或卵状披针形，脱落；叶柄长约1厘米。花序与叶同放，圆柱形，长3~5厘米，径4~7毫米；花序梗长1~1.5厘米，其上生有3~4片小叶，全缘或具稀疏腺齿；雄花苞片淡黄色，矩圆形或倒卵状矩圆形，外侧被疏毛；腺体2，背腹各1，长为苞片的1/3；雄蕊3，花药金黄色，花丝基部具疏毛；雌花苞片淡黄色，倒卵状矩圆形，背部及边缘被疏毛；腹腺1；子房具短柄，柄为苞片长的1/3，花柱不明显，柱头2裂。蒴果无毛。花期5月，果期6月。

多生于河流两岸及沟塘边。

**产　　地：** 扎兰屯市。

**越橘柳 *Salix myrtilloides* L.（图48）**

**形态特征：** 直立小灌木，高30~80厘米；树皮灰色；枝无毛或有疏柔毛。叶质薄，椭圆形或椭圆状卵形，长1~3.5厘米，宽5~15毫米，先端钝圆或微尖，基部圆形，全缘，稀有浅齿，上面深绿色，下面苍白色，干后变为黑色，两面光滑无毛或仅在幼时疏生柔毛；托叶小，披针形或卵状披针形，脱落；叶柄短，长2~4毫米，花与叶同时开放，雄花序顶生于小枝先端，圆柱状，长1~1.5厘米，基部具几片小叶，雄蕊2，分离，花丝无毛；苞片近于圆形，两面疏生长柔毛，腹腺1，长为苞片的1/2；雌花序卵形，花序梗上也有小叶；子房矩圆形，光滑，具柄，长可达3毫米，花柱短，具2裂的柱头；苞片与子房柄等长，黄褐色，两面疏生毛；腹腺1，圆柱形，与子房柄近等长。蒴果长6~8毫米。

生于甸子及较湿润的地方。

**产　　地：** 根河市、额尔古纳市、鄂伦春自治旗、牙克石市。

（图 47）三蕊柳 *Salix triandra* L.

（图 48）越橘柳 *Salix myrtilloides* L.

**细叶沼柳** *Salix rosmarinifolia* L.（图 49）

别　　名：西伯利亚沼柳。

形态特征：灌木，高 50~100 厘米，老枝褐色或灰褐色，无毛，当年枝黄色或黄绿色，被短柔毛；芽卵圆形，被短柔毛。叶互生或近于对生，长椭圆形或披针状椭圆形，长 1.5~4 厘米，宽 3~6 毫米，先端急尖或短尖，基部钝圆或楔形，全缘，上面深绿色，无毛，下面有白绒毛；叶柄长 2~4 毫米，被短柔毛。花先叶开放；雄花序近无柄，基部无小叶，卵圆形；雄蕊 2，离生，花丝无毛，花药金黄色；苞片椭圆形，先端尖，两面被长柔毛，淡黄色；腹腺 1，圆柱形，雌花序圆柱形，长 1.5~2 厘米；子房短圆锥状卵形，柱头 2 裂；苞片长椭圆形，褐色或先端黑褐色，两面被毛；腹腺 1。蒴果长 6~8 毫米，被柔毛。

耐水湿，生于有积水的沟塘附近、较湿润的灌丛和草甸。

产　　地：鄂伦春自治旗、牙克石市、海拉尔区。

（图 49）细叶沼柳 *Salix rosmarinifolia* L.

**沼柳** *Salix rosmarinifolia* L. var. *brachypoda*（Trautv.et Mey.）Y. L. Chou（图 50）

形态特征：本变种与正种主要区别为：幼枝、叶及刚开放的雌花序被金黄色或黄绒毛，叶多为披针形或条状披针形，干后常不变为黑色。

生境同正种。

产　　地：根河市、牙克石市、扎兰屯市。

**砂杞柳** *Salix kochiana* Trautv.（图 51）

形态特征：灌木，高 1~2 米，老枝灰褐色，一年生枝淡黄色，光滑无毛，有光泽。叶倒卵状椭圆形或椭圆形，基部宽楔形，上面深绿色，下面被白霜，苍白色，两面光滑无毛；叶柄长 2~4 毫米；托叶小，早落。花序圆柱形，长 2~3 厘米，径 6~8 毫米，其上有小形叶；雄花有 2 雄蕊，花丝中下部连合或几乎完全分离，光滑无毛，花药圆球形，黄色；苞片倒卵形，淡黄色，背面疏生长柔毛；腹腺 1，圆柱形，比苞片稍短；子房密被短绒毛，具短柄，花柱极短，柱头4裂；苞片淡黄色，椭圆形，背部及先端具长柔毛，腹腺1，几与子房柄等长，先端常叉裂。蒴果长约5毫米，被短绒毛。花期5月，果期6月。

生于沙丘间低湿地及林区灌丛沼泽。

产　　　地：海拉尔区、牙克石市。

（图50）沼柳 Salix rosmarinifolia L. var. brachypoda（Trautv.et Mey.）Y. L. Chou

（图51）砂杞柳 Salix kochiana Trautv.

# 二十一、桦木科 Betulaceae

## 桦木属 Betula L.

白桦 Betula platyphylla Suk.（图 52）

别　　名：粉桦、桦木。

形态特征：乔木，高 10~20（30）米。树皮白色，成层少剥裂，内皮呈赤褐色，枝灰红褐色，光滑，密生黄色树脂状腺体，小枝红褐色，幼时稍有毛，后无毛，有时密生黄色树脂状腺体或无；冬芽卵形或椭圆状卵形。叶柄细，长 1.5~2.0 厘米。果序单生，圆柱形，下垂或斜展；果苞长 4~6（7）毫米。花期 5—6 月，果期 8—9 月。

生于原始林被采伐后或火烧迹地上，常与山杨混生构成次生林，成纯林或散生在其他针、阔叶林中。

产　　地：根河市、额尔古纳市、鄂伦春自治旗、牙克石市、鄂温克族自治旗、扎兰屯市。

（图 52）白桦 Betula Platyphylla Suk.

黑桦 Betula dahurica Pall.（图 53）

别　　名：棘皮桦、千层桦。

形态特征：乔木，高 5~18（20）米。树皮黑褐色，龟裂，有深沟，或稍剥裂。枝红褐色或灰紫褐色，具光泽，无毛，小枝红褐色，幼时疏被长柔毛，后渐脱落或稍有毛，密生黄白色树脂状腺体；冬芽长卵形。叶较厚，纸质，长卵形、卵形、宽卵形、菱状卵形或椭圆形，边缘具不规则的粗重锯齿。果序矩圆状圆柱形，单生，直立或斜伸。小坚果宽椭圆形或稀倒卵形。花期 5—6 月，果期 8—9 月。

生于土层较薄而干燥的阳坡或平坦的小丘陵上，常散生于落叶松林中，有时也和蒙古栎混生。

产　　地：根河市、额尔古纳市、鄂伦春自治旗、牙克石市、扎兰屯市。

（图 53）黑桦 *Betula dahurica* Pall.

**柴桦** *Betula fruticosa* Pall.（图 54）

别　　　名：柴桦条子、枝丛桦。

形态特征：丛生灌木，高 0.5~2.5 米。树皮暗褐色。枝黑紫褐色，有时为灰黑色，密生树脂状腺体，光滑，小枝紫褐色，有时为锈褐色，密被短柔毛，密生黄色树脂状腺体；冬芽卵圆形。叶稍厚，近革质，卵形、宽卵形或卵圆形。果序单生于短枝顶，矩圆形或短圆柱形；序梗长 2~5 毫米；果苞长 4~6 毫米；小坚果宽椭圆形，长约 2 毫米，宽约 1.5 毫米，顶部被柔毛。花期 5—6 月，果期 8—9 月。

生于老林林缘的沼泽地或水甸子，在本区兴安落叶松被采伐后，常形成较密的灌丛。

产　　　地：鄂伦春自治旗、根河市、额尔古纳市、牙克石市、扎兰屯市。

## 桤木属 *Alnus* Mill.

**水冬瓜赤杨** *Alnus sibirica* Fisch. ex Turcz.（图 55）

别　　　名：辽东桤木、水冬瓜。

形态特征：小乔木或乔木，高 3~12（18）米。树皮灰褐色，少剥裂，树干不圆，有粗棱。枝暗灰色或灰紫褐色，无毛，具纵棱，小枝紫褐色或淡青褐色，密被锈黄色短柔毛间有长柔毛，稀无毛；冬芽具有长柔毛的柄，卵形或矩圆形。果序 2~8（14）枚排列成总状或圆锥状；果苞木质，长 2~3（4）毫米，先端钝圆，基部楔形，顶部具 5 枚浅裂片。小坚果倒卵形或椭圆形，长 2~3 毫米，宽约 1.5 毫米，膜质翅窄厚。花期 5 月中下旬，果期 8—9 月。

生于山坡林中，水湿地及沿河两岸。

产　　　地：根河市、鄂伦春自治旗、牙克石市。

（图 54）柴桦 *Betula fruticosa* Pall.

（图 55）水冬瓜赤杨 *Alnus sibirica* Fisch. ex Turcz.

## 榛属 *Corylus* L.

榛 *Corylus heterophylla* Fisch. ex Trautv.（图 56 ）

别　　名：榛子、平榛。

形态特征：灌木或小乔木，高 1~2 米，常丛生，多分枝。树皮灰褐色，具光泽。枝暗灰褐色，光滑，具细裂纹，散生黄色皮孔，小枝黄褐色，密被短柔毛间有疏生长柔毛，有时稍生红色刺毛状腺体或无；冬芽卵球形；叶圆卵形或倒卵形，长 3~9 厘米，宽 2.2~8 厘米，先端平截或凹缺；叶柄较细，长 1~1.8 厘米；雌雄同株，先叶开放；雄柔荑花序 2~3 个生于叶腋，圆柱形，下垂，长 4~6 厘米，雄蕊 8，花药黄色；雌花无柄，着生枝顶，鲜红色，花柱 2，外露，子房无毛。果单生或 2~3（5）枚簇生或头状；果苞（由 1~2 苞片组成）钟状；坚果近球形，长约 15 毫米。花期 4—5 月，果期 9 月。

产　　地：鄂伦春自治旗、牙克石市。

（图 56 ）榛 *Corylus heterophylla* Fisch. ex Trautv.

# 二十二、榆科 Ulmaceae

## 榆属 *Ulmus* L.

大果榆 *Ulmus macrocarpa* Hance（图 57 ）

别　　名：黄榆、蒙古黄榆。

形态特征：落叶乔木或灌木，高可达 10 余米。树皮灰色或灰褐色，浅纵裂；一、二年生枝黄褐色或灰褐色。叶厚革质，粗糙，倒卵状圆形、宽倒卵形或倒卵形，叶的大小变化甚大，长 3~10 厘米，宽 2~6 厘米；叶柄长 3~10 毫米，被柔毛。花 5~9 朵簇生于去年枝上或生于当年枝基部；花被钟状，上部 5 深裂，裂片边缘具长毛，宿存。翅果倒卵形、近圆形或宽椭圆形，长 2~3.5 厘米，宽 1.5~2.5 厘米，两侧及边缘具柔毛，果核位于翅果中部；果柄长 2~4 毫米，被柔毛。花期 4 月，果熟期 5—6 月。

生于海拔 700~1 800 米的山地、沟谷及固定沙地。

产　　地：全市。

（图 57）大果榆 *Ulmus macrocarpa* Hance

**家榆** *Ulmus pumila* L.（图 58）

别　　名：白榆、榆树。

形态特征：乔木，高可达 20 米，胸径可达 1 米。树皮暗灰色，不规则纵裂，粗糙；小枝黄褐色，灰褐色或紫色。叶矩圆状卵形或矩圆状披针形，长 2~7 厘米，宽 1.2~3 厘米；叶柄长 2~8 毫米；花先叶开放，两性，簇生于去年枝上；花萼 4 裂，紫红色，宿存；雄蕊 4，花药紫色。翅果近圆形或卵圆形，长 1~1.5 厘米；果柄长 1~2 毫米。花期 4 月，果熟期 5 月。

生于森林草原及草原地带的山地、沟谷及固定沙地。

产　　地：全市。

**春榆** *Ulmus davidiana* Planch. var. *japonica*（Rehd.）Nakai（图 59）

别　　名：沙榆。

形态特征：乔木。树皮浅灰色，不规则开裂；幼枝被疏或密的柔毛，小枝周围有时有全面膨大而不规则纵裂的木栓层。叶倒卵形或倒卵状椭圆形，长 3~10 厘米，宽 1.5~4 厘米，先端尾状渐凸尖，基部歪斜，叶面散生硬毛，后脱落，常留有毛迹，不粗糙或粗糙，叶缘具较整齐的重锯齿；叶柄长 5~10 毫米，被毛。花簇生于去年枝上，萼钟状，4 浅裂。翅果倒卵形或倒卵状椭圆形，长 1~1.5 毫米，宽 7~10 毫米，果核深褐色，位于翅果的中上部，先端接近缺口，果翅较薄，色淡，果核、果翅均无毛；果核长约 2 毫米。花期 4—5 月，果熟期 5—6 月。

中生植物。生于河岸、沟谷及山麓。

产　　地：根河市、牙克石市、扎兰屯市。

（图 58）家榆 *Ulmus pumila* L.

（图 59）春榆 *Ulmus davidiana* Planch. var. *japonica*（Rehd.）Nakai

## 二十三、壳斗科 Fagaccae

### 栎属 *Quercus* L.

蒙古栎 *Quercus mongolica* Fisch. ex Turcz.（图 60）

别　　名：柞树。

形态特征：落叶乔木，高达 30 米。树皮暗灰色，深纵裂。当年生枝褐色，二年生枝灰紫褐色；冬芽钜圆形或长卵形。叶革质，稍厚硬，倒卵状椭圆形或倒卵形，长 6~14（17）厘米，宽 3~8.5（11.5）厘米，叶自中部渐窄；叶柄长 2~8 厘米。雄花为柔荑花序，下垂，花期延长，长 6~8 厘米，花被常为 6~7 裂，雄蕊 8；黄色；雌花具 6 裂花被坚果长卵形或椭圆形，长 2~3 厘米，直径 1~1.8 厘米，单生或 2~3 枚集生，顶部稍凹呈圆形，密被黄色短绒毛，花柱宿存；壳斗浅碗状，包围果实 1/2~1/3，苞片小，三角状卵形，背面瘤状凸起，最上面的苞片薄，渐尖，构成不整齐的齿状边缘。花期 6 月，果期 10 月。

生于土壤深厚，排水良好的坡地，常与杨、桦混生。

产　　地：扎兰屯市、阿荣旗、牙克石市、鄂伦春自治旗。

（图 60）蒙古栎 *Quercus mongolica* Fisch. ex Turcz.

## 二十四、桑科 Moraceae

### 桑属 *Morus* L.

蒙桑 *Morus mongolica* Schneid.（图 61）

别　　名：刺叶桑、崖桑。

形态特征：灌木或小乔木，高 3~8 米；树皮灰褐色，呈不规则纵裂、冬芽暗褐色，矩圆状卵形。当年生枝，初为暗绿褐色，后变为褐色，光滑；小枝浅红褐色。单叶互生；叶柄长 2~6 厘米，无毛；托叶早落。花单性，雌雄异株，腋生下垂的穗状花序；雄花序长约 3 厘米，早落，花被片暗黄绿色与雄蕊均为 4，花丝内曲，开花时以弹直伸，有不育雄蕊；雌花序短，长约 1.5 厘米，雌花花被片 4，花柱明显，高出子房，柱头 2 裂。聚花果圆柱形，长 8~10 毫米，成熟时红紫色至紫黑色。花期 5 月，果期 6—7 月。

中生植物。生于向阳山坡，沟谷或疏林中、山麓、丘陵、低地。

产　　地：扎兰屯市、阿荣旗。

（图 61）蒙桑 *Morus mongolica* Schneid.

## 葎草属 *Humulus* L.

**葎草** *Humulus scandens*（Lour.）Merr.（图 62）

别　　名：勒草、拉拉秧。

形态特征：一年生或多年生缠绕草本；茎长达数米，淡黄绿色，较强韧，表面具 6 条纵棱，棱上生倒刺，棱间被短柔毛。叶纸质，对生，轮廓为肾状五角形，直径 7~10 厘米；叶柄长 3~14 厘米。花单性，雌雄异株，花序腋生；雄花穗为圆锥花序，总柄长约 10 厘米，花序长 15~30 厘米，具多数小花，淡黄绿色，具萼片及雄蕊各 5，苞片披针形；雄蕊花药大，矩圆形，长约 2 毫米；雌花穗由 10 余朵沟成短穗状，下垂，每 2 朵花外具 1 卵形、有白刺毛和黄色小腺点的苞片，花被退化为 1 全缘的膜质片；子房 1，花柱 2，褐红色。瘦果卵圆形，淡黄色长 5 毫米，径 4 毫米，坚硬，花期 7—8 月。果期 8—9 月。

中生植物。生于沟边和路旁荒地。

产　　地：牙克石市。

## 大麻属 *Cannabis* L.

**野大麻**（变型）*Cannabis sativa* L. f. *ruderalis*（Janisch.）Chu.（图 63）

本变型与正种之区别；植株较矮小，叶及果实均较小，瘦果长约 3 毫米，径约 2 毫米，成熟时表面具棕色大理石纹，基部具关节。

生于草原及向阳干山坡，固定沙丘及丘间低地。

产　　　地：牙克石市。

（图 62）葎草 *Humulus scandens*（Lour.）Merr.

（图 63）野大麻（变型）*Cannabis sativa* L. f. ruderalis（Janisch.）Chu.

# 二十五、荨麻科 Urticaceae

## 荨麻属 *Urtica* L.

麻叶荨麻 *Urtica* cannabina L.（图 64 ）

别　　名：焮麻。

形态特征：多年生草本，全株被柔毛和螫毛；具匍匐根茎。茎直立，高 100~200 厘米，丛生，通常不分枝，具纵棱和槽。叶片轮廓五角形，掌状 3 深裂或 3 全裂。叶柄长 1.5~8 厘米；花单生，雌雄同株或异株；穗状聚伞花序丛生于茎上部叶腋间，分枝，长达 12 厘米，雄蕊 4，花丝扁，长于花被裂片，花药椭圆形，黄色，退化子房杯状，浅黄色；雌花花被 4 中裂，裂片椭圆形，背生 2 枚裂片花后增大，宽椭圆形，较瘦果长，包着瘦果，侧生 2 枚裂片小，瘦果宽椭圆形状卵形或宽卵形，长 1.5~2 毫米，稍扁，光滑，具少数褐色斑点。花期 7—8 月，果期 8—9 月。

生于人和畜经常活动的干燥山坡、丘陵坡地、沙丘坡地、山野路旁、居民点附近。

产　　地：海拉尔区、牙克石市、新巴尔虎右旗、鄂伦春自治旗、扎兰屯市。

（图 64 ）麻叶荨麻 *Urtica cannabina* L.

狭叶荨麻 *Urtica angustifolia* Fisch. ex Hornem.（图 65 ）

别　　名：螫麻子。

形态特征：多年生草本，具匍匐根状茎。茎直立，高 40~150 厘米。叶对生，矩圆状披针形、披针形或狭卵状披针形，上面绿色，下面淡绿色，主脉 3 条。花单性，雌雄异株；花序在茎上部叶腋丛生，穗状或多分枝成狭圆锥状；雄蕊 4，花丝细而稍扁，花药宽椭圆形，退化雌蕊杯状；雌花无柄，花被片 4，矩圆形或椭圆形，背生 2 枚花被片花后增大，宽椭圆形，紧包瘦果，比瘦果稍长；子房矩圆形或长卵形，成熟后黄色，长 1~1.2 毫米，被包于宿存花被内。花期 7~8 月，果期 8~9 月。

生于山地林缘、灌丛间、溪沟边、湿地，也见于山野阴湿处、水边沙丘灌丛间。

产　　地：牙克石市、鄂伦春自治旗、鄂温克族自治旗、根河市、扎兰屯市。

（图 65）狭叶荨麻 *Urtica angustifolia* Fisch. ex Hornem.

## 墙草属 *Parietaria* L.

小花墙草 *Parietaria micrantha* Ledeb.（图 66）

别　　名：墙草。

形态特征：一年生草本，全株无螫毛。茎细而柔弱，稍肉质，直立或平卧，高 10~30 厘米，长达 50 厘米，多分枝。叶互生，卵形、菱状卵形或宽椭圆形，长 5~30 毫米，宽 3~20 毫米。花杂性，在叶腋组成具 3~5 花的聚伞花序，两性花生于花序下部，其余为雌花；花梗短，有毛；苞片狭披针形，与花被近等长，有短毛；两性花花被 4 深裂，极少 5 深裂，裂片狭椭圆形，雄蕊 4，与花被裂片对生；雌花花被筒状钟形，先端 4 浅裂，极少 5 浅裂，花后成膜质并宿存；子房椭圆形或卵圆形，花柱极短，柱头较长。瘦果宽卵形或卵形，长 1~1.5 毫米，稍扁平，具光泽，成熟后黑色，略长于宿存花被；种子椭圆形，两端尖。花期 7—8 月，果期 8—9 月。

产　　地：扎兰屯市、牙克石市。

# 二十六、檀香科 Santalaceae

## 百蕊草属 *Thesium* L.

百蕊草 *Thesium chinense* Turcz.（图 67）

别　　名：珍珠草。

形态特征：多年生草本。根直生。茎直立或近直立，高 15~45 厘米，丛生或有时单生，上部多分枝。叶互生，条形，长 1.5~4.5 厘米，宽 1~2 毫米，单生叶腋；苞片 1，叶状，条形，小苞片 2，狭条形；雄蕊 5，生于花被筒近喉部或花被裂片的基部，与其对生，花丝短，不伸出花被之外；子房下位，花柱极短，不超出雄蕊，近圆锥形。坚果球形、椭圆形或椭圆状球形，长 2~3 毫米，径约 1.5~2 毫米，绿色或黄绿色，顶端具宿存花被，表面具明显的网状脉棱，果梗长不超过 4 毫米。花期 5—6 月，果期 6—7 月。

　　旱生植物。生于砾石质坡地、干燥草坡、山地草原、林缘、灌丛间、沙地边缘及河谷干草甸等地上。

　　产　　　地：扎兰屯市、鄂伦春自治旗。

（图 66）小花墙草 *Parietaria micrantha* Ledeb.

（图 67）百蕊草 *Thesium chinense* Turcz.

长叶百蕊草 *Thesium longifolium* Turcz.（图 68 ）

形态特征：多年生草本。根直生。茎丛生，直立或外围者基部斜，高 15~50 厘米。叶互生，条形或条状披针形，长 2~4.5 厘米，宽 1~2.5 毫米，无叶柄。花单生叶腋，长 4~5 毫米；苞片 1 枚，叶状，条形；小苞片 2 枚，狭披针形；雄蕊 5，生于花被裂片基部，与其对生，短于或等长于花被裂片，花丝细而短，花药矩圆形、淡黄色；子房下位，倒圆锥形，长约 2 毫米，无毛，子房柄长 0.5 毫米，花柱内藏柱头圆球形，浅黄色。坚果近球形或椭圆状球形，长 3.5~4 毫米，通常黄绿色，顶端有宿存花被及花柱；果实表面具 5~8 条明显的纵脉棱和少数分叉的侧脉棱，但绝不形成网状脉棱；果梗长 4~14 毫米；种子 1，球形，浅黄色。花期 5—7 月，果期 7—8 月。

生于沙地、沙质草原、山坡、山地草原、林缘、灌丛中，也见于山顶草地、草甸上。

产　　地：全市。

（图 68 ）长叶百蕊草 *Thesium longifolium* Turcz.

急折百蕊草 *Thesium refractum* C. A. Mey.（图 69 ）

形态特征：多年生草本。根直生。茎数条至多条丛生，高 20~45 厘米，叶互生，条形或条状披针形，全缘；无叶柄。花长 4~6 毫米，在茎枝上部集成总状花序或圆锥花序；总花梗呈之字形曲折；花梗长 5~8 毫米；苞片 1 枚，小苞片 2 枚；雄蕊 5，内藏；子房椭圆形，长约 3 毫米，无毛，子房柄长 0.2~0.3 毫米，花柱圆柱形，比花被裂片短。坚果椭圆形或卵形，长约 3 毫米，宽 2~2.5 毫米，常黄绿色，顶端具宿存花被及花柱，宿存花被长 1.5~2.5 毫米；果实表面具 4~10 条不明显的纵脉棱和少数分叉的侧脉棱；但不形成网状棱脉；果梗长达 1 厘米，熟时反折；种子 1，椭圆形或球形，黄色。花期 6—7 月，果期 7—9 月。

生于山坡草地、多砂砾的坡地、草原、林缘、沙地及草甸上。

产　　地：根河市、鄂温克族自治旗、陈巴尔虎旗、新巴尔虎右旗、新巴尔虎左旗、牙克石市、莫力达瓦达斡尔族自治旗。

（图 69）急折百蕊草 *Thesium refractum* C. A. Mey.

# 二十七、桑寄生科 Loranthaceae

## 槲寄生属 *Viscum* L.

槲寄生 *Viscum coloratum*（Kom.）Nakai（图 70）

别　　名：北寄生。

形态特征：半寄生常绿小灌木。茎枝圆柱状，高 30~90 厘米，绿色或黄绿色。单叶对生于枝端，两面无毛，有光泽。花单性，雌雄异株，黄绿色或淡黄色，无梗；苞杯状；雌花 3~5 朵簇生，雄蕊与花被裂片同数而着生于花被裂片上，无花丝，花药多室，花粉黄色；雌花 3~5 朵簇生于粗短的总花梗上，花被钟形，下部与子房合生，顶端 4 裂，裂片卵形或宽卵形，长 2.5~3.5 毫米，先端稍尖；子房下位，1 室，无花柱，柱头头状；胚珠 1。浆果球形，直径 6~8 毫米，成熟后淡黄色或橙红色，半透明，有光泽，具宿存花柱，果皮内黏液质丰富；种子 1，有胚乳。花期 4—5 月，果期 8—9 月。

常寄生于杨树、柳树、榆树、栎树、梨树、桦木、桑树等上。

产　　地：扎兰屯市、阿荣旗。

# 二十八、蓼科 Polygonaceae

## 大黄属 *Rheum* L.

波叶大黄 *Rheum undulatum* L.（图 71）

形态特征：植株高 0.6~1.5 米。根肥大。茎直立，粗壮，具细纵沟纹，无毛，通常不分枝。基生叶大，叶片三角状卵形至宽卵形，长 10~16 厘米，宽 8~14 厘米；茎生叶较小，具短柄或近无柄，叶片卵形，边缘呈波状；托叶鞘长卵形，暗褐色，下部抱茎，不脱落。圆锥花序直立顶生；苞片小，肉质通常破裂而不完全，内含 3~5

（图 70）槲寄生 *Viscum coloratum*（Kom.）Nakai

朵花；花梗纤细，中部以下具关节；花白色，直径 2~3 毫米，花被片 6，卵形或近圆形，排成 2 轮，外轮 3 片较厚而小，花后向背面反曲；雄蕊 9；子房三角状卵形，花柱 3，向下弯曲；极短，柱头扩大，稍呈圆片形。瘦果卵状椭圆形，长 8~9 毫米，宽 6.5~7.5 毫米，具 3 棱，沿棱有宽翅，先端略凹陷，基部近心形，具宿存花被。

　　散生于针叶林区、森林草原区山地的石质山坡、碎石坡麓以及富含砾石的冲刷沟内。

产　　地：全市。

华北大黄 *Rheum franzenbachii* Munt.（图 72）

别　　名：山大黄、土大黄、子黄、峪黄。

形态特征：植株高 30~85 厘米。根肥厚。茎粗壮，直立，具细纵沟纹，不分枝。基生叶大，叶柄长 7~12 厘米，紫红色；茎生叶较小。圆锥花序直立顶生；苞小，肉质，通常破裂而不完全，内含 3~5 朵花；花梗纤细，长 3~4 毫米，中下部有关节；花白色，较小，直径 2~3 毫米，花被片 6，卵形或近圆形，排成 2 轮，外轮 3 片较厚而小；雄蕊 9；花柱 3。瘦果宽椭圆形，长约 10 毫米，宽 9 毫米，具 3 棱，沿棱生翅，顶端略凹陷，基部心形，具宿存花被。花期 6—7 月，果期 8—9 月。

　　多散生于阔叶林区和山地森林草原地区的石质山坡和砾石坡地。

产　　地：额尔古纳市、陈巴尔虎旗、鄂温克族自治旗、新巴尔虎左旗、海拉尔区。

## 酸模属 *Rumex* L.

小酸模 *Rumex acetosella* L.（图 73）

形态特征：多年生草本，高 15~50 厘米。根状茎横走。茎直立细弱，常呈之字形曲折。茎下部叶柄长 2~5 厘米，全缘，无毛，茎上部叶无柄或近无柄；托叶鞘白色，撕裂。花序总状，构成疏松的圆锥花序；花单性，雌雄异株，2~7 朵簇生在一起，花梗长 2~2.5 毫米，无关节，花被片 6，2 轮；雄花花被片直立，外花被片较狭，

（图 71）波叶大黄 *Rheum undulatum* L.

椭圆形，内花被片宽椭圆形，长约 1.5 毫米，宽约 1 毫米，雄蕊 6，花丝极短，花药较大，长约 1 毫米；雌花之外花被片椭圆形，内花被片菱形或宽卵形长 1~2 毫米，宽 1~1.8 毫米，有隆起的网脉，果时内花被片不增大或稍增大，子房三棱形，柱头画笔状。瘦果椭圆形，有 3 棱，长不超过 1 毫米，淡褐色，有光泽。花期 6—7 月，果期 7—8 月。

生于草甸草原及典型草原地带的砂地、丘陵坡地、砾石地和路旁。

产　　地：全市。

（图 72）华北大黄 *Rheum franzenbachii* Munt.

（图 73）小酸模 *Rumex acetosella* L.

酸模 *Rumex acetosa* L.（图 74）

别　　名：山羊蹄、酸溜溜、酸不溜。

形态特征：多年生草本、高 30~80 厘米。须根。茎直立，中空，通常不分枝，有纵沟纹，无毛。基生叶与茎下部具长柄，全缘；茎上部叶较狭小，披针形，无柄抱茎；托叶鞘长 1~2 厘米，后则破裂。花序狭圆锥状，顶生，纤细，弯曲，花单性；雌雄异株；苞片三角形，膜质，褐色，具乳头状凸起；花梗中部具关节；花被片 6，2 轮，红色；雄花花被片直立，椭圆形，外花被片较狭小，内花被片长约 2 毫米，宽约 1 毫米，雄蕊 6，花丝甚短，花药大，长约 1.5 毫米；雌花之外花被片椭圆形；子房三棱形，柱头画笔状，紫红色。瘦果椭圆形，有 3 棱，暗褐色，有光泽。花期 6—7 月，果期 7—8 月。

生于山地、林缘、草甸、路旁等处。

产　　地：全市。

（图 74）酸模 *Rumex acetosa* L.

毛脉酸模 *Rumex gmelinii* Turcz.（图 75）

形态特征：多年生草本，高 30~120 厘米。根状茎肥厚。茎直立，粗壮，具沟槽，无毛，微红色或淡黄色，中空。基生叶与茎下部叶具长柄，柄长达 30 厘米；茎上部叶较小。圆锥花序，通常多少具叶，直立；花两性，多数花朵簇状轮生，花簇疏离；花梗较长，长 2~8 毫米，中下部具关节；花被片 6，外花被片卵形，长约 2 毫米，内花被片果时增大，椭圆状卵形，宽卵形或圆形，长 3.5~6 毫米，宽 3~4 毫米，圆头，基部圆形，全缘或微波状，背面无小瘤；雄蕊 6，花药大，花丝短；花柱 3，侧生，柱头画笔状。瘦果三棱形，深褐色，有光泽。花期 6—8 月，果期 8—9 月。

多散生于森林区和草原区的河岸、林缘、草甸或山地，为草甸、沼泽化草甸群落的伴生种。

产　　地：额尔古纳市、牙克石市、陈巴尔虎旗、鄂温克族自治旗、新巴尔虎左旗、新巴尔虎右旗、海拉尔区、鄂伦春自治旗、莫力达瓦达斡尔族自治旗。

（图 75）毛脉酸模 *Rumex gmelinii* Turcz.

皱叶酸模 *Rumex crispus* L.（图 76）

别　　名：羊蹄、土大黄。

形态特征：多年生草本，高 50~80 厘米。根粗大，断面黄棕色，味苦。茎直立，单生。叶柄比叶片稍短；茎上部叶渐小，披针形或狭披针形，具短柄；托叶鞘筒状，常破裂脱落。花两性，多数花簇生于叶腋，或在叶腋形成短的总状花序，合成 1 狭长的圆锥花序；花梗细，长 2~5 毫米，果时稍伸长，中部以下具关节；花被片 6，外花被片椭圆形，长约 1 毫米，内花被片宽卵形，先端锐尖或钝，基部浅心形，边缘微波状或全缘，网纹明显，各具 1 小瘤；小瘤卵形，长 1.7~2.5 毫米；雄蕊 6，花柱 3，柱头画笔状。瘦果椭圆形，有 3 棱，角棱锐，褐色，有光泽，长约 3 毫米。花果期 6—9 月。

生于阔叶林区及草原区的山地、沟谷、河边，也进入荒漠区海拔较高的山地。

产　　地：新巴尔虎左旗、新巴尔虎右旗、牙克石市、莫力达瓦达斡尔族自治旗、鄂伦春自治旗。

（图 76）皱叶酸模 *Rumex crispus* L.

狭叶酸模 *Rumex stenophyllus* Ledeb.（图 77）

形态特征：多年生草本，高 40~100 厘米。茎直立，带红紫色。叶柄长 1~4 厘米，叶片椭圆形或狭椭圆形，长 4~15 厘米，宽 0.6~4 厘米，先端渐尖，基部楔形，边缘有波状小齿牙。茎上部叶较狭小，狭披针形或条状披针形，具短柄或几无柄。托叶鞘筒状，膜质，常易破裂。花两性，多数花簇轮生于叶腋，组成顶生具叶的圆锥花序；花梗长 3~5 毫米，果时稍伸长，且向下弯曲，基部具关节；花被片 6，成 2 轮，外花被片矩圆形；内花被片三角状心形，长 3~4 毫米，宽 4 毫米，先端锐尖，边缘有锐尖齿牙，齿牙短于花被片的宽度，全部有小瘤。瘦果有锐三棱，长约 3 毫米，淡褐色。花期 6—7 月。

湿中生植物。生长于低湿草甸。

产　　地：全市。

（图 77）狭叶酸模 *Rumex stenophyllus* Ledeb.

**巴天酸模 *Rumex patientia* L.（图 78）**

别　　名：山荞麦、羊蹄叶、牛西西。

形态特征：多年生草本，高 1~1.5 米，根肥厚。茎直立，粗壮，具纵沟纹，基生叶与茎下部叶有粗壮的叶柄，叶片矩圆状披针形或长椭圆形；茎上部叶狭小，矩圆状披针形，具短柄；托叶鞘筒状，长 2~4 厘米，圆锥花序大型，顶生并腋生；花两性，多数花朵簇状轮生；花被片 6，2 轮，外花被片矩圆状卵形，膜质，棕褐色，有凸起的网纹，只 1 片具小瘤，小瘤长卵形，其余 2 片无小瘤或发育较差。瘦果卵状三棱形，渐尖头，基部圆形，棕褐色，有光泽，长约 5 毫米。花期 6 月，果期 7—9 月。

生长于阔叶林区、草原区的河流两岸、低湿地、村边、路旁等处。

产　　地：额尔古纳市、牙克石市、新巴尔虎左旗、扎兰屯市、莫力达瓦达斡尔族自治旗。

**长刺酸模 *Rumex maritimus* L.（图 79）**

形态特征：一年生草本，高 15~50 厘米。茎直立，分枝。叶具短柄，叶片披针形或狭披针形，长 1.5~9 厘米，宽 3~15 毫米。花两性，多数花簇轮生于叶腋，圆锥花序；花被片 6，绿色，花时内外花被片几等长，雄蕊突出于花被片外；外花被片狭椭圆形，长约 1 毫米，果时外展；内花被片卵状矩圆形或三角状卵形，长 2.5~3 毫米，宽 1~1.3 毫米，边缘具 2 个针刺状齿，长近于或超过内花被片，背面各具 1 矩圆形或矩圆状卵形的小瘤，小瘤长 1~1.5 毫米，有不甚明显的网纹；雄蕊 9；子房三棱状卵形，花柱 3，纤细，柱头画笔状，瘦果三棱状宽卵形，长约 1.5 毫米，尖头，黄褐色，光亮。果果期 6—9 月。

耐盐中生植物。生长于河流沿岸及湖滨盐化低地。

产　　地：额尔古纳市、牙克石市、鄂温克族自治旗、新巴尔虎右旗海拉尔区、鄂伦春自治旗。

饲用价值：低等饲用植物。

（图 78）巴天酸模 *Rumex patientia* L.

（图 79）长刺酸模 *Rumex maritimus* L.

盐生酸模 *Rumex marschallianus* Rchb.（图 80）

别　　名：马氏酸模。

形态特征：一年生草本，高 10~30 厘米。具须根。茎直立、细弱，具纵沟纹，紫红色，有分枝。叶片披针形或椭圆状披针形，长 1~3 厘米，宽 5~7 毫米。托叶鞘通常破裂脱落。花两性，多数花簇轮生于叶腋，组成具叶的圆锥花序；花具小梗，梗长 1~1.5 毫米，基部具关节；花被片 6，外花被片椭圆，内花被片果时增大，宽卵形或三角状宽卵形，长 1.6~2.1 毫米，宽 0.8~1.2 毫米，先端渐尖，基部圆形，边缘具 2~3 对针状长刺，长约 1.5~3 毫米，具网纹，仅 1 枚内花被片具 1 小瘤，瘤椭圆形，长 1 毫米，其他 2 枚无瘤，但各具长刺 3 对，较前者短。瘦果三棱状卵形，长约 1 毫米，黄褐色，有光泽。花果期 7—8 月。

生于草原区湖滨及河岸低湿地或泥泞地，为盐化草甸。草甸和沼泽化草甸群落的伴生种。

产　　地：新巴尔虎右旗。

（图 80）盐生酸模 *Rumex marschallianus* Rchb.

## 木蓼属 *Atraphaxis* L.

东北木蓼 *Atraphaxis manshurica* Kitag.（图 81）

别　　名：东北针枝蓼。

形态特征：灌木、植株高 1 米左右，上部多分枝，有匍匐枝；老枝灰褐色，外皮条状剥裂，嫩枝褐色，有光泽。叶互生，披针状矩圆形或条形，长 1.5~4 厘米，宽 2~12 毫米；托叶鞘筒状，褐色。总状花序顶生或侧生；苞片矩圆状卵形，淡褐色或白色，膜质；常 2~4 朵花生于 1 苞腋内，花梗长 2~3 毫米，在中部以上具关节；花淡红色，花被片 5，2 轮，内轮花被片果时增大，卵状椭圆形或宽椭圆形，外轮花被片椭圆形，水平伸展；雄蕊 8；子房长卵形，具 3 棱，柱头 3 裂，头状。瘦果卵形，长 3~4 毫米，具 3 棱，先端尖，基部宽楔形，暗褐色，略有光泽。花果期 7—9 月。

生于典型草原地带东半部的沙地和碎石质坡地。

产　　地：新巴尔虎右旗。

（图 81）东北木蓼 *Atraphaxis manshurica* Kitag.

# 蓼属 *Polygonum* L.

**萹蓄** *Polygonum aviculare* L.（图 82）

**别　　名：**萹竹竹、异叶蓼。

**形态特征：**一年生草本，高 10~40 厘米，茎平卧或斜升，稀直立，由基部分枝，绿色，具纵沟纹，无毛，基部圆柱形，幼具棱角。叶具短柄或近无柄；叶片狭椭圆形，全缘，蓝绿色，两面均无毛，侧脉明显，叶基部具关节；托叶鞘下部褐色，上部白色透明，先端多裂，有不明显的脉纹。花几遍生于茎上，常 1~5 朵簇生于叶腋；花梗细而短，顶部有关节；花被 5 深裂，裂片椭圆形，长约 2 毫米，绿色，边缘白色或淡红色；雄蕊 8，比花被片短；花柱 3，柱头头状。瘦果卵形，具 3 棱，长约 3 毫米，黑色或褐色，表面具不明显的细纹和小点，无光泽，微露出于宿存花被之外。花果期 6—9 月。

生于田野、路旁、村舍附近或河边湿地等处，为盐化草甸和草甸群落的伴生种。

**产　　地：**全市。

**两栖蓼** *Polygonum amphibium* L.（图 83）

**形态特征：**多年生草本，为水陆两生植物。生于水中者；茎横走，节部生不定根，叶浮于水面；托叶鞘筒状，长约 1.5 厘米，平滑，顶端截形。生于陆地者：茎直立或斜升，分枝或不分枝，被长硬毛，绿色稀为淡红色；叶有短柄或近无柄，矩圆状披针形，长 5~14 厘米，宽 1~2 厘米，先端渐尖，两面及叶缘均被伏硬毛，上面中心常有 1 暗色斑迹。花序通常顶生，椭圆形或圆柱形，为紧密的穗状花序，长 2~4 厘米，总花梗较长，有时在总花梗基部侧生 1 个较小的花穗；苞片三角形，内含 3~4 朵花；花梗极短；花被粉红色，稀白色，5 深裂，长约 4 毫米，裂片卵状匙形，覆瓦状排列；雄蕊通常 5，与花被片互生而包于其内，花药粉红色；花柱 2，基部合生，露出于花被外；子房倒卵形，略扁平。

中生—水生植物。生于河溪岸边、湖滨、低湿地以至农田。

**产　　地：**全市。

（图 82）萹蓄 *Polygonum aviculare* L.

（图 83）两栖蓼 *Polygonum amphibium* L.

桃叶蓼 *Polygonum persicaria* L.（图 84）

**形态特征：** 一年生草本，高 20~60 厘米。茎直立或基部斜升。叶柄短或近于无柄，下部者较明显，长不超过 1 厘米，被硬刺毛；叶片披针形或条状披针形，长 2~10 厘米，宽 0.2~2 厘米；托叶鞘紧密包围茎，疏生伏毛，先端截形，具长缘毛，圆锥花序由多数花穗组成，顶生或腋生，直立，紧密，较细，长 1.5~5 厘米，总花梗近无毛或被稀疏柔毛，有时具腺；苞漏斗状，长约 1.5 毫米，紫红色，先端斜形，疏生缘毛；花梗比苞短，花被粉红色或白色，微有腺，长约 3 毫米，通常 5 深裂；雄蕊通常 6，比花被短；花柱 2，稀 3，向外弯曲，瘦果宽卵形，两面扁平或稍凸，稀三棱形，长 1.8~2.5 毫米，黑褐色，有光泽，包于宿存的花被内。花果期 7—9 月。

生长于草原区的河岸和低湿地。

**产　　地：** 鄂温克族自治旗、牙克石市、新巴尔虎左旗、满洲里市、扎兰屯市、鄂伦春自治旗。

（图 84）桃叶蓼 *Polygonum persicaria* L.

水蓼 *Polygonum hydropiper* L.（图 85）

**别　　名：** 辣蓼。

**形态特征：** 一年生草本，高 30~60 厘米。茎直立或斜升。叶具短柄，叶片披针形，长 3~7 厘米；宽 5~15 毫米，全缘；托叶鞘筒状，长约 1 厘米，褐色，被稀疏短伏毛。苞漏斗状，先端斜形，具腺点及睫毛或近无毛；花通常 3~5 朵簇生于 1 苞内，花梗比苞长；花被 4~5 深裂，淡绿色或粉红色，密被褐色腺点，裂片倒卵形或矩圆形，大小不等；雄蕊通常 6，稀 8，包于花被内；花柱 2~3，基部稍合生，柱头头状。瘦果卵形，长 2~3 毫米，通常一面平另一面凸，稀三棱形，暗褐色，有小点，稍有光泽，外被宿存花被；花果期 8—9 月。

生于森林带、森林草原带、草原带的低湿地、水边或路旁。

**产　　地：** 全市。

（图 85）水蓼 *Polygonum hydropiper* L.

**酸模叶蓼** *Polygonum lapathifolium* L.（图 86 ）

别　　名：旱苗蓼、大马廖。

形态特征：一年生草本，高 30~80 厘米。茎直立分枝，通常紫红色，节部膨大。叶柄短，叶片披针形、矩圆形或矩圆状椭圆形；托叶鞘筒状，长 1~2 厘米，淡褐色，无毛，具多数脉。圆锥花序由数个花穗组成，花穗顶生或腋生，长 4~6 厘米，近乎直立，具长梗，侧生者梗较短，密被腺；苞漏斗状，边缘斜形并具稀疏缘毛，内含数花；花被淡绿色或粉红色，长 2~2.5 毫米，通常 4 深裂，被腺点，外侧 2 裂片各具 3 条明显凸起的脉纹；雄蕊通常 6 ；花柱 2 ，近基部分离，向外弯曲。瘦果宽卵形，扁平，微具棱，长 2~3 毫米，黑褐色，光亮，包于宿存的花被内。花期 6—8 月。果期 7—10 月。

生于阔叶林带、森林草原、草原以及荒漠带的低湿草甸、河谷草甸和山地草甸。

产　　地：全市。

**西伯利亚蓼** *Polygonum sibiricum* Laxm.（图 87 ）

别　　名：剪刀股、醋蓼。

形态特征：多年生草本，高 5~30 厘米。具细长的根状茎。茎斜升或近直立，基部分枝；节间短；叶有短柄，矩圆形、披针形、长椭圆形或条形，全缘，两面无毛，具腺点；花序为顶生的圆锥花序，由数个花穗相集而成，花穗细弱，花簇着生间断，不密集；苞宽漏斗状，上端截形或具小尖头，无毛，通常内含花 5~6 朵；花具短梗，中部以上具关节，时常下垂；花被 5 深裂，黄绿色，裂片近矩圆形，长约 3 毫米；雄蕊 7~8 ，与花被近等长；花柱 3 ，甚短，柱头头状。瘦果卵形，具 3 棱，棱钝，黑色，平滑而有光泽，长 2.5~3 毫米，包于宿存花被内或略露出。花期 6—7 月，果期 8—9 月。

生于草原和荒漠地带的盐化草甸、也散见于路旁、田野、为农田杂草。

产　　地：鄂温克族自治旗、新巴尔虎左旗、新巴尔虎右旗、阿荣旗、牙克石市。

（图 86）酸模叶蓼 *Polygonum lapathifolium* L.

（图 87）西伯利亚蓼 *Polygonum sibiricum* Laxm.

细叶蓼 *Polygonum angustifolium* Pall.（图 88）

形态特征：多年生草本，高 15~70 厘米。茎直立，多分枝，开展，稀少量分枝，具细纵沟纹，通常无毛。叶狭条形至矩圆状条形，长 2~6 厘米，宽 0.5~3 毫米，先端渐尖或锐尖，基部渐狭，边缘常反卷，稀扁平，两面通常无毛，稀具疏长毛，下面主脉显著隆起，营养枝上部的叶常密生；托叶鞘微透明，脉纹明显，常破裂。圆锥花序无叶或于下部具叶，疏散，由多数腋生和顶生的花穗组成；苞卵形，膜质，褐色，内含 1~3 花；花梗无毛，上端具关节，长 1~2 毫米；花被白色或乳白色，5 深裂，长 2~2.5 毫米；果实长 3 毫米左右，裂片倒卵形或倒卵状披针形，大小略相等，开展；雄蕊 7~8，比花被短；花柱 3，柱头头状。瘦果卵状菱形，具 3 棱，长约 2.5 毫米，褐色，有光泽，包于宿存花被内。花果期 7—8 月。

生于森林、森林草原的林缘草甸和山地草甸草原。

产　　地：鄂温克族自治旗、陈巴尔虎旗、新巴尔虎左旗、新巴尔虎右旗。

（图 88）细叶蓼 *Polygonum angustifolium* Pall.

叉分蓼 *Polygonum divaricatum* L.（图 89）

别　　名：酸不溜。

形态特征：多年生草本，高 70~150 厘米。茎直立或斜升，中空，节部通常膨胀，多分枝，常呈叉状。叶片披针形、椭圆形以至矩圆状条形；托叶鞘褐色，脉纹明显，有毛或无毛，常破裂而脱落。花序顶生，大型，为疏松开展的圆锥花序；苞卵形，长 2~3 毫米，膜质，褐色，内含 2~3 朵花；花梗无毛，上端有关节，长约 2~2.5 毫米；花被白色或淡黄色，5 深裂，长 2.5~4 毫米，裂片椭圆形，大小略相等，开展；雄蕊 7~8，比花被短；花柱 3，柱头头状。瘦果卵状菱形或椭圆形，具 3 锐棱，长 5~6（7）毫米，比花被长约 1 倍，黄褐色，有光泽。花期 6—7 月，果期 8—9 月。

生于森林草原、山地草原的草甸和坡地，以至草原区的固定沙地。

产　　地：全市。

（图 89）叉分蓼 *Polygonum divaricatum* L.

拳参 *Polygonum bistorta* L.（图 90）

别　　名：紫参、草河车。

形态特征：多年生草本，高 20~80 厘米。根状茎肥厚。茎直立，较细弱，不分枝。茎生叶具长柄，叶片矩圆状披针形、披针形至狭卵形；托叶鞘筒状，长 3~6 厘米，上部锈褐色，下部绿色，无毛或有毛，茎上部叶较狭小，条形或狭披针形，无柄或抱茎。花序穗状，顶生，圆柱状，通常长 3~9 厘米，宽 1~1.5 厘米，花密集；苞片卵形或椭圆形，淡褐色，膜质，内含 4 朵花；花梗纤细，顶端具关节，较苞片长；花被白色或粉红色，5 深裂，裂片椭圆形；雄蕊 8，与花被片近等长；花柱 3。瘦果椭圆形，具 3 棱，长约 3 毫米，红褐色或黑色，有光泽，常露出宿存花被外。花期 6—7 月，果期 8—9 月。

中生草甸种。多散生于山地草甸和林缘。

产　　地：扎兰屯市、海拉尔区。

耳叶蓼 *Polygonum manshuriense* V. Petr. ex Kom.（图 91）

形态特征：多年生草本，高 50~80 厘米。根状茎较粗短，黑褐色。茎直立，不分枝，有细条纹，无毛，具 8~9 节。基生叶具长柄，长约 15 厘米，叶片草质，较薄，矩圆形或披针形，上面绿色，下面灰蓝色，无毛，叶片下延至叶柄上，茎下部叶具短柄或无柄，披针形，茎中部和上部叶三角状披针形，叶形大小幅度变化很大，无柄，基部抱茎，叶耳明显。托叶鞘锈色，筒状，较长，先端斜形，茎上部者浅绿色。花序穗状，顶生，长 4~7.5 厘米；苞棕色，膜质，近边缘色浅，几乎透明，椭圆形或矩圆形，长约 4 毫米，宽约 2 毫米，略呈尾尖。花被粉红色或白色，5 深裂，裂片椭圆形；雄蕊 8；花柱 3。瘦果卵状三棱形，长约 3 毫米，尖头，浅棕色，有光泽。花果期 7—9 月。

生于森林草原带的山地林缘草甸、灌丛及河谷草甸。

产　　地：牙克石市、额尔古纳市、扎兰屯市。

（图 90）拳参 *Polygonum bistorta* L.

（图 91）耳叶蓼 *Polygonum manshuriense* V. Petr. ex Kom.

穿叶蓼 *Polygonum perfoliatum* L.（图 92）

别　　名：杠板归、贯叶蓼、犁头刺。

形态特征：多年生草本。茎攀缘，长可达 2 米左右，具棱角，棱上有倒生钩刺，无毛。叶柄长 2~6 厘米，疏具倒生钩刺，盾状着生；叶片正三角形，长 2~6 厘米，底边宽 3~8 厘米，先端微尖或钝，基部截形或微心形，全缘，质薄，上面无毛，下面沿叶脉疏生钩刺；托叶鞘叶状，近圆形，抱茎。花序短穗状，顶生或腋生，苞片圆形，内有 2~4 花；花具短梗；花被 5 深裂，白色或粉红色，裂片在果期稍增厚，近肉质，变蓝色；雄蕊 8；花柱 3。瘦果球形，径约 3 毫米，黑色，有光泽，包于宿存花被内。花期 6—8 月。

为山地草甸和河谷草甸的伴生种。

产　　地：扎兰屯市。

（图 92）穿叶蓼 *Polygonum perfoliatum* L.

箭叶蓼 *Polygonum sieboldii* Meisn.（图 93）

形态特征：一年生草本。茎蔓生或近直立，长达 1 米，有分枝，具 4 棱，沿棱具倒生钩刺。叶具短柄，长 1~2 厘米，柄上具 1~4 排钩刺，有时近无柄；叶片长卵状披针形，长 2~10 厘米，宽（0.8）1~2.5 厘米，先端锐尖或微钝，基部箭形，具卵状三角形的叶耳，上面无毛或疏生长伏毛，下面沿中脉疏生钩刺；托叶鞘膜质，长 5~10 毫米，棕色，有明显的纵脉，无毛，开裂。花序头状，成对顶生或腋生，花密集，但数目不多，总花梗无毛；苞长卵形，锐尖；花被 5 深裂，白色或粉红色；雄蕊 8；花柱 3。瘦果三棱形，长约 3 毫米，黑色，包于宿存花被内。

生于山间谷地、河边和低湿地，为草甸、沼泽化草甸的伴生种。

产　　地：牙克石市、扎兰屯市、鄂温克族自治旗、莫力达瓦达斡尔族自治旗、鄂伦春自治旗。

（图 93）箭叶蓼 *Polygonum sieboldii* Meisn.

卷茎蓼 *Polygonum convolvulus* L.（图 94）

别　　名：荞麦蔓。

形态特征：一年生草本，茎缠绕，常分枝。叶有柄，长达 3 厘米，棱上具极小的钩刺；叶片三角状卵心形或戟状卵心形；托叶鞘短，斜截形，褐色，长达 4 毫米，具乳头状小凸起。花聚集为腋生之花簇，向上而成为间断具叶的总状花序；苞近膜质，具绿色的脊，表面被乳头状凸起，通常内含 2~4 朵花；花梗上端具关节，花被淡绿色，边缘白色，长达 3 毫米，5 浅裂，果时稍增大，里面的裂片 2，宽卵形，外面的裂片 3；雄蕊 8，比花被短；花柱短，柱头 3，头状。瘦果椭圆形，具 3 棱，两端尖，长约 3 毫米，黑色，表面具小点，无光泽，全体包于花被内。花果期 7—8 月。

生于阔叶林带、森林草原带和草原带的山地、草甸和农田。

产　　地：额尔古纳市、牙克石市、陈巴尔虎旗、鄂温克族自治旗、海拉尔区。

## 荞麦属 *Fagopyrum* Gaertn.

苦荞麦 *Fagopyrum tataricum*（L.）Gaertn.（图 95）

别　　名：野荞麦、胡食子。

形态特征：一年生草本，高 30~60 厘米。茎直立，分枝或不分枝，具细沟纹，绿色或微带紫色，光滑，小枝具乳头状凸起。下部茎生叶具长柄，叶片宽三角形或三角状戟形，长 2~7 厘米，宽 2.5~8 厘米，先端渐尖，基部微心形，裂片稍向外开展，尖头，全缘或微波状，两面沿叶脉具乳头状毛；上部茎生叶稍小，具短柄；托叶鞘黄褐色，无毛。总状花序，腋生和顶生，细长，开展，花簇疏松；花被白色或淡粉红色，5 深裂，裂片椭圆形，长 1.5~2 毫米，被稀疏柔毛；雄蕊 8，短于花被；花柱 3，较短，柱头头状。瘦果圆锥状卵形，长 5~7 毫米，灰褐色，有沟槽，具 3 棱，上端角棱锐利，下端圆钝成波状。花果期 6—9 月。

中生田间杂草，多呈半野生状态生长在田边、荒地、路旁和村舍附近，亦有栽培者。

产　　地：全市。

（图 94）卷茎蓼 *Polygonum convolvulus* L.

（图 95）苦荞麦 *Fagopyrum tataricum*（L.）Gaertn.

# 二十九、藜科 Chenopodiaceae

## 驼绒藜属 *Ceratoides*（Tourn.）Gagnebin

驼绒藜 *Ceratoides latens*（J. F. Gmel.）Reveal et Holmgren（图 96）

形态特征：半灌木，植株高 0.3~1 米，分枝多集中于下部。叶较小，条形，条状披针形、披针形或矩圆形，长 1~2 厘米，宽 2~5 毫米，先端锐尖或钝，基部渐狭，楔形或圆形，全缘，1 脉，有时近基部有 2 条不甚显著的侧脉，极稀为羽状，两面均有星状毛。雄花序较短而紧密，长达 4 厘米；雌花管椭圆形，长 3~4 毫米，密被星状毛，花管裂片角状，其长为管长的 1/3，叉开，先端锐尖，果实管外具 4 束长毛，其长约与管长相等；胞果椭圆形或倒卵形，被毛；果期 6—9 月。

生于草原区西部和荒漠区沙质、砂砾质土壤。

产　　地：新巴尔虎右旗、新巴尔虎左旗。

（图 96）驼绒藜 *Ceratoides latens*（J. F. Gmel.）Reveal et Holmgren

## 猪毛菜属 *Salsola* L.

刺沙蓬 *Salsola pestifer* A. Nelson（图 97）

别　　名：沙蓬、苏联猪毛菜。

形态特征：一年生草本，高 15~50 厘米。茎直立或斜升，由基部分枝。叶互生，条状圆柱形，肉质。花 1~2 朵生于苞腋；花被片 5；全部翅（包括花被）直径 4~10 毫米；花被片的上端为薄膜质，聚集在中央部，形成圆锥状，高出于翅，基部变厚硬包围果实；雄蕊 5，花药矩圆形，顶部无附属物；柱头 2 裂，丝形，长为花柱的 3~4 倍。胞果倒卵形，果皮膜质；种子横生。花期 7—9 月。果期 9—10 月。

生于砂质或砂砾质土壤，农田。

产　　地：全市。

（图 97）刺沙蓬 *Salsola pestifer* A. Nelson

猪毛菜 *Salsola collina* Pall.（图 98）

别　　名：山叉明棵、札蓬棵、沙蓬。

形态特征：一年生草本，高 30~60 厘米。茎近直立，通常由基部分枝。叶条状圆柱形。花通常多数，生于茎及枝上端，排列为细长的穗状花序，稀单生于叶腋；苞片卵形，具锐长尖，绿色；小苞片狭披针形，先端具针尖，花被片披针形膜质透明，直立，长约 2 毫米，较短于苞，果时背部生有鸡冠状革质凸起，有时为 2 浅裂；雄蕊 5，稍超出花被，花丝基部扩展，花药矩圆形，顶部无附属物；柱头丝状，长为花柱的 1.5~2 倍。胞果倒卵形，果皮膜质；种子倒卵形，顶端截形。花期 7—9 月，果期 8—10 月。

生于草原和荒漠，亦为农田、撂荒地杂草，可形成群落或纯群落。

产　　地：全市。

## 地肤属 *Kochia* Roth

木地肤 *Kochia prostrata*（L.）Schrad.（图 99）

别　　名：伏地肤。

形态特征：小半灌木，高 10~60 厘米。根粗壮，木质。茎基部木质化，浅红色或黄褐色；分枝多而密。叶于短枝上呈簇生状，叶片条形或狭条形。花单生或 2~3 朵集生于叶腋，或于枝端构成复穗状花序，花无梗，不具苞，花被壶形或球形，密被柔毛；花被片 5，密生柔毛，果时变革质，自背部横生 5 个干膜质薄翅，翅菱形或宽倒卵形，顶端边缘有不规则钝齿，基部渐狭，具多数暗褐色扇状脉纹，水平开展；雄蕊 5，花丝条形，花药卵形；花柱短，柱头 2，有羽毛状凸起。胞果扁球形，果皮近膜质，紫褐色；种子横生，卵形或近圆形，黑褐色，直径 1.5~2 毫米。花果期 6—9 月。

生于草原区和荒漠区东部的栗钙土和棕钙土上。

产　　地：鄂温克族自治旗、陈巴尔虎旗、新巴尔虎左旗、新巴尔虎右旗。

（图 98）猪毛菜 *Salsola collina* Pall.

（图 99）木地肤 *Kochia prostrata*（L.）Schrad.

地肤 *Kochia scoparia*（L.）Schrad.（图 100）

别　　名：扫帚菜。

形态特征：一年生草本，高 50~100 厘米。茎直立，具条纹，淡绿色或浅红色，至晚秋变为红色。叶片无柄，叶片披针形至条状披针形，长 2~5 厘米，宽 3~7 毫米，扁平，先端渐尖，基部渐狭成柄状，全缘，无毛或被柔毛，边缘常有白色长毛，逐渐脱落，淡绿色或黄绿色，通常具 3 条纵脉。花梗无，通常单生或 2 朵生于叶腋，于枝上排成稀疏的穗状花序；花被片 5，基部合生，黄绿色，卵形，背部近先端处有绿色隆脊及横生的龙骨状凸起，果时龙骨状凸起发育为横生的翅，翅短，卵形，膜质，全缘或有钝齿。胞果扁球形，包于花被内；种子与果同形，直径约 2 毫米，黑色。花期 6—9 月，果期 8—10 月。

生于夏绿阔叶林区和草原区的撂荒地、路旁、村边，散生或群生，亦为常见农田杂草。

产　　地：全市。

（图 100）地肤 *Kochia scoparia*（L.）Schrad.

碱地肤 *Kochia scoparia*（L.）Schrad. var. *sieversiana*（Pall.）Ulbr. ex Aschers. et Graebn.（图 101）

别　　名：秃扫儿。

形态特征：本变种与正种的区别在于：花下有较密的束生柔毛。耐一定盐碱的旱中生植物，广布于草原带和荒漠地带，多生长在盐碱化的低湿地和质地疏松的撂荒地上，亦为常见农田杂草和居民点附近伴人植物。

产　　地：鄂温克族自治旗、陈巴尔虎旗、新巴尔虎左旗、新巴尔虎右旗、满洲里市。

# 盐爪爪属 *Kalidium* Moq.

盐爪爪 *Kalidium foliatum*（Pall.）Moq.（图 102）

别　　名：着叶盐爪爪、碱柴、灰碱柴。

形态特征：半灌木，高 20~50 厘米。茎直立或斜升，多分枝；枝灰褐色，幼枝稍为草质，带黄白色。叶圆

（图 101）碱地肤 *Kochia scoparia*（L.）Schrad. var. *sieversiana*（Pall.）Ulbr. ex Aschers. et Graebn.

（图 102）盐爪爪 *Kalidium foliatum*（Pall.）Moq.

柱形，长 4~6 毫米，宽 0.7~1.5 毫米，先端钝或稍尖，基部半抱茎，直伸或稍弯，灰绿色。花序穗状，圆柱状或卵形，长 8~20 毫米，直径 3~4 毫米；每 3 朵花生于 1 鳞状苞片内。胞果圆形，直径约 1 毫米，红褐色；种子与果同形。花果期 7—8 月。

盐生半灌木，广布于草原区和荒漠区的盐碱土上，尤喜潮湿疏松的盐土，经常在湖盆外围，盐湿低地和盐化沙地上形成大面积的盐湿荒漠，也以伴生种或亚优势种的形式出现于芨芨草盐化草甸中。

产　　　地：新巴尔虎右旗、新巴尔虎左旗、陈巴尔虎旗。

**尖叶盐爪爪** *Kalidium cuspidatum*（Ung.-Sternb.）Grub.（图 103）

别　　　名：灰碱柴。

形态特征：半灌木，高 10~30 厘米。茎多由基部分枝，枝斜升，老枝灰褐色，幼枝较细弱，黄褐色或带黄白色。叶卵形，长 1.5~3 毫米，先端锐尖，边缘膜质，基部半抱茎，灰蓝色。花序穗状，圆柱状或卵状，长 5~15 毫米，直径 1.5~3 毫米；每 3 朵花生于 1 鳞状苞片内。胞果圆形，直径约 1 毫米；种子与果同形。花果期 7—8 月。

生于草原区和荒漠区的盐土或盐碱土上。在湖盆外围，盐渍低地常形成单一的群落。

产　　　地：新巴尔虎左旗。

（图 103）尖叶盐爪爪 *Kalidium cuspidatum*（Ung.-Sternb.）Grub.

## 滨藜属 *Atriplex* L.

**滨藜** *Atriplex patens*（Litv.）Iljin（图 104）

别　　　名：碱灰菜。

形态特征：一年生草本，高 20~80 厘米。茎直立，有条纹，上部多分枝；枝细弱，斜生。叶互生，在茎基部的近对生，柄长 5~15 毫米，叶片披针形至条形，长 3~9 厘米，宽 4~15 毫米，先端尖或微钝，基部渐狭，边缘有不规则的弯锯齿或全缘，两面稍有粉粒。花单性，雌雄同株；团伞花簇形成稍疏散的穗状花序，腋生；雄花花被片 4~5，雄蕊和花被片同数；雌花无花被，有 2 个苞片，苞片中部以下合生，果实为三角状菱形，表面疏生粉粒或有时生有小凸起，上半部边缘常有齿，下半部全缘。种子近圆形，扁，红褐色或褐色，光滑，直径 1~2 毫米。花果期 7—10 月。

生于草原区和荒漠区的盐渍化土壤上。

产　　地：鄂伦春自治旗、满洲里市、鄂温克族自治旗、新巴尔虎左旗、新巴尔虎右旗。

（图 104）滨藜 *Atriplex patens*（Litv.）Iljin

**西伯利亚滨藜 *Atriplex sibirica* L.（图 105）**

别　　名：刺果粉藜、麻落粒。

形态特征：一年生草本，高 20~50 厘米。茎直立，钝四棱形；枝斜生，有条纹，叶互生，具短柄；叶片菱状卵形、卵状三角形或宽三角形，上面绿色，平滑或稍有白粉，下面密被粉粒，银白色，花单性，雌雄同株，簇生于叶腋，成团伞花序，于茎上部构成穗状花序；雄花花被片 5，雄蕊 3~5，生花托上；雌花无花被，为 2 个合生苞片包围；果时苞片膨大，木质，宽卵形或近圆形，两面凸，膨大，成球状，顶端具牙齿，基部楔形，有短柄，表面被白粉，生多数短棘状凸起。胞果卵形或近圆形，果皮薄，贴附种子；种子直立，圆形，两面凸，稍呈扁球形，红褐色或淡黄色，直径 2~2.5 毫米。花期 7—8 月，果期 8—9 月。

生于草原区和荒漠区的盐土和盐化土土壤上，也散见于路边及居民点附近。

产　　地：新巴尔虎左旗、新巴尔虎右旗、陈巴尔虎旗、鄂温克族自治旗、海拉尔区。

**野滨藜 *Atriplex fera*（L.）Bunge（图 106）**

别　　名：三齿滨藜、三齿粉藜。

形态特征：一年生草本，高 30~60 厘米。茎直立或斜升，钝四棱形，具条纹，黄绿色；叶互生，上面稍被粉粒，下面被粉粒，后期渐脱落，花单性，雌雄同株，簇生于叶腋，成团伞花序；雄花 4~5 基数，早脱落；雌花无花被，有 2 个苞片，苞片的边缘全部合生，果时两面膨胀，包住果实，呈卵形、宽卵形成椭圆形，木质化，

（图 105）西伯利亚滨藜 *Atriplex sibirica* L.

（图 106）野滨藜 *Atriplex fera*（L.）Bunge

具明显的梗，顶端具 3 齿，中间的 1 齿稍尖，两侧者稍短而钝，表面被粉状小膜片，不具棘状凸起，或具 1~3 个棘状凸起。果皮薄膜质，与种子紧贴，种子直立，圆形，稍压扁，暗褐色，直立 1.5~2 毫米。花期 7—8 月，果期 8—9 月。

生于草原区的湖滨、河岸，低湿的盐化土及盐碱土上，也生于居民点、路旁及沟渠附近。

产　　地：新巴尔虎左旗、新巴尔虎右旗、陈巴尔虎旗。

## 碱蓬属 *Suaeda* **Forsk.**

碱蓬 *Suaeda glauca*（Bunge）Bunge（图 107）

别　　名：猪尾巴草、灰绿碱蓬。

形态特征：一年草本，高 30~60 厘米。茎直立，圆柱形，浅绿色，具条纹。叶条形，半圆柱状或扁平，灰绿色，长 1.5~3（5）厘米，宽 0.7~1.5 毫米，先端多或稍尖，光滑或被粉粒，通常稍向上弯曲；茎上部叶渐变短。花两性，单生或 2~5 朵簇生于叶腋的短柄上，或呈团伞状，通常与叶具共同之柄；小苞片短于花被，卵形，锐尖；花被片 5，矩圆形，向内包卷，果时花被增厚，具隆脊，呈五角星状。胞果有 2 型，其一扁平，圆形，紧包于五角星形的花被内；另一呈球形，上端稍裸露，花被不为五角星形，种子近圆形，横生或直立，有颗粒状点纹，直径约 2 毫米，黑色。花期 7—8 月，果期 9 月。

生于盐渍化和盐碱湿润的土壤上。

产　　地：鄂温克族自治旗、新巴尔虎左旗、新巴尔虎右旗、阿荣旗、陈巴尔虎旗。

（图 107）碱蓬 *Suaeda glauca*（Bunge）Bunge

角果碱蓬 *Suaeda corniculata*（C. A. Mey.）Bunge（图 108）

形态特征：一年生草本，高 10~30 厘米，全株深绿色，秋季变紫红色，晚秋常变黑色，无毛。茎粗壮，由基部分枝，斜升或直立，有红色条纹，枝细长，开展，叶条形，半圆柱状，长 1~2 厘米，宽 0.7~1.5 毫米，先端渐尖，基部渐狭，常被粉粒。花两性或雌性，3~6 朵簇生于叶腋，呈团伞状；小苞片短于花被；花被片 5，肉质或稍肉质，向上包卷，包住果实，果时背部生不等大的角状凸起，其中之一发育伸长成长角状；雄蕊5，花药极小，近圆形；柱头2。花柱不明显，胞果圆形，稍扁；种子横生或斜生，直径1~1.5毫米，黑色或黄褐色，有光泽，具清晰的点纹。花期8—9月，果期9—10月。

　　生于盐碱或盐湿土壤，形成群落或层片，在盐湖、水泡子外围形成优势群落。

　　产　　地：鄂温克族自治旗、陈巴尔虎旗、新巴尔虎左旗、新巴尔虎右旗、海拉尔区。

（图108）角果碱蓬 Suaeda corniculata（C. A. Mey.）Bunge

**盐地碱蓬 Suaeda salsa（L.）Pall.（图109）**

　　别　　名：黄须菜、翅碱蓬。

　　形态特征：一年生草本，高10~50厘米，绿色，晚秋变红紫色或墨绿色。茎直立。有红紫色条纹；上部多分枝或由基部分枝，枝细弱，有时茎不分枝。叶条形，半圆柱状。团伞花序，通常含3~5花，腋生，在分枝上排列成间断的穗状花序，花两性或兼有雌性，小苞片短于花被，卵形或椭圆形，膜质，白色；花被半球形，花被片基部合生，果时各花被片背显著隆起，成为兜状或龙骨状，基部具大小不等的翅状凸起；雄蕊5，花药卵形或椭圆形；柱头2，丝状有乳头，花柱不明显。种子横生，双凸镜形或斜卵形，直径0.8~1.5毫米，黑色，表面有光泽，网点纹不清晰或仅边缘较清晰。花果期8—10月。

　　生于盐碱或盐湿土壤上。在盐碱湖宾、河岸、洼地常形成群落。

　　产　　地：鄂温克族自治旗、陈巴尔虎旗、新巴尔虎左旗、新巴尔虎右旗、满洲里市。

## 沙蓬属 Agriophyllum M. Bieb.

**沙蓬 Agriophyllum pungens（Vahl）Link ex A. Dietr.（图110）**

　　别　　名：沙米、登相子。

　　形态特征：一年生，植株高15~50厘米。茎坚硬，浅绿色，具不明显条棱；多分枝，最下部枝条通常对生或轮生，平卧，上部枝条互生，斜展。叶无柄，披针形至条形。花序穗状，紧密，宽卵形或椭圆状，无梗，通常1（3）个着生叶腋；苞片宽卵形，先端急缩具短刺尖，后期反折；花被片1~3，膜质，雄蕊2~3，花丝扁平，锥形，花药宽卵形；子房扁卵形，被毛，柱头2。胞果圆形或椭圆形，两面扁平或背面稍凸，除基部外周围有翅，

（图 109）盐地碱蓬 *Suaeda salsa*（L.）Pall.

（图 110）沙蓬 *Agriophyllum pungens*（Vahl）Link ex A. Dietr.

顶部具果喙，果喙深裂成 2 个条状扁平的小喙，在小喙先端外侧各有 1 小齿；种子近圆形，扁平，光滑。花果期8—10 月。

生于流动、半流动沙地和沙丘。在草原区沙地和沙漠中分布极为广泛。

产　　地：鄂温克族自治旗、陈巴尔虎旗、新巴尔虎左旗、新巴尔虎右旗、海拉尔区。

（图 111）蒙古虫实 *Corispermum mongolicum* Iljin

## 虫实属 *Corispermum* L.

**蒙古虫实 *Corispermum mongolicum* Iljin**（图 111）

**形态特征**：植株高 10~35 厘米。茎直立，圆柱形，被星状毛，通常分枝集中于基部，最下部分枝较长，平卧或斜升，上部分枝较短，斜展。叶条形或倒披针形，长 1.5~2.5 厘米，宽 0.2~0.5 厘米，先端锐尖，具小尖头，基部渐狭，1 脉。穗状花序细长，圆柱形，苞片条状披针形至卵形，被星状毛，具宽的白色膜质边缘，全部包被果实；花被片 1，矩圆形或宽椭圆形，顶端具不规则细齿；雄蕊 1~5，超出花被片。果实宽椭圆形至矩圆状椭圆形，长 1.5~2.25（3）毫米（通常 2 毫米），宽 1~1.5 毫米，顶端近圆形，基部楔形，背部具瘤状突起，腹面凹入；果核与果同形，黑色、黑褐色到褐色，有光泽，通常具瘤状突起，无毛；果喙短，喙尖为喙长的 1/2；翅极窄，几近于无翅，浅黄色，全缘。花果期 7—9 月。

生于草原区的砂质土壤和沙丘上。

产　　地：新巴尔虎右旗。

**兴安虫实 *Corispermum chinganicum* Iljin**（图 112）

**形态特征**：植株高 10~50 厘米。茎直立，圆柱形，绿色或红紫色，由基部分枝，下部分枝较长，斜升，上部分枝较短，斜展。叶条形。穗状花序圆柱形，长（1.5）4~5 厘米，直径 3~8 毫米，通常约 5 毫米；苞片披针形至卵形或宽卵形，先端渐尖或骤尖，1~3 脉，具较宽的白色膜质边缘，全部包被果实；花被片 3，近轴花被片 1，宽椭圆形，顶端具不规则的细齿；雄蕊 1~5，稍超过花被片。果实矩圆状倒卵形或宽椭圆形，长 3~3.5（3.75）毫米，宽 1.5~2 毫米，顶端圆形，基部近圆形或近心形，背部凸起，腹面扁平，无毛；果核椭圆形，灰绿色至橄榄色，后期为暗褐色，有光泽，常具褐色斑点或无，无翅或翅狭窄，为果核的 1/8~1/7，浅黄色，不透明，全缘；小喙粗短，为喙长的 1/4~1/3。花果期 6—8 月。

生于草原和荒漠草原的沙质土壤上，也出现于荒漠区湖边沙地和干河床。

产　　　地：新巴尔虎左旗、新巴尔虎右旗、陈巴尔虎旗、海拉尔区。

（图 112）兴安虫实 *Corispermum chinganicum* Iljin

**绳虫实 *Corispermum declinatum* Steph. ex Stev.（图 113）**

**形态特征：** 植株高 15~50 厘米。茎直立，分枝多，绿色或带红色，具条纹。叶条形，长 2~3（6）厘米，宽 1.5~3 毫米，先端渐尖，具小尖头，基部渐狭，1 脉。穗状花序细长，稀疏；苞片较狭，条状披针形至狭卵形，长 3~7 毫米，宽约 3 毫米，先端渐尖，具小尖头，1 脉，边缘白色膜质，除上部萼片较果稍宽外均较果窄。花被片 1，稀 3，近轴花被片宽椭圆形，先端全缘或啮蚀状；雄蕊 1~3，花丝长为花被长的 2 倍。果实倒卵状椭圆形，长 3~4 毫米，宽 1.5~2 毫米，中部以上较宽，顶尖锐尖，稀近圆形，基部圆楔形，背面中央稍扁平，腹面凹入，无毛；果核狭倒卵形，平滑或稍具瘤状凸起；果喙长约 0.5 毫米，喙尖为喙长的 1/3，直立；边缘具狭翅，翅宽为果核的 1/3~1/8。花果期 6—9 月。

生于草原区砂质土壤和固定沙丘上。

产　　　地：新巴尔虎左旗、新巴尔虎右旗、鄂温克族自治旗。

## 轴藜属 *Axyris* L.

**轴藜 *Axyris amaranthoides* L.（图 114）**

**形态特征：** 植株高 20~80 厘米，茎直立，粗壮，圆柱形，稍具条纹，多分枝，常集中于中部以上，纤细，下部枝较长，愈向上愈短。叶具短柄，先端渐尖，全缘；茎生叶较大，披针形，长 3~7 厘米，宽 0.5~1.3 厘米；枝生叶及苞片较小，狭披针形或狭倒卵形，长约 1 厘米，宽 2~3 毫米，边缘通常内卷。雄花序呈穗状，花被片 3，膜质，狭矩圆形，背面密被星状毛，后期脱落，雄蕊 3，比花被片短或等长；雌花数朵构成短缩的聚伞花序，

（图 113）绳虫实 *Corispermum declinatum* Steph. ex Stev.

（图 114）轴藜 *Axyris amaranthoides* L.

位于枝条下部叶腋，花被片 3，膜质，背部密被星状毛，侧生的 2 个花被片较大，宽卵形或近圆形，近苞片处的花被片较小，矩圆形，果时均增大，包被果实。胞果长椭圆状倒卵形，侧扁，长 2~3 毫米，灰黑色，顶端有 1 冠状附属物，其中央微凹。花果期 8—9 月。

生于沙质撂荒地和居民点周围。

产　　地：全市。

杂配轴藜 *Axyris hybrida* L.（图 115）

形态特征：植株高 5~40 厘米。茎直立，由基部分枝，枝通常斜升，幼时被星状毛，后期脱落。叶具短柄，叶片卵形、椭圆形或矩圆状披针形，长 0.5~3.5 厘米，宽 0.2~1 厘米，先端钝或渐尖，具小尖头，基部楔形，全缘，下面叶脉明显，两面均密被星状毛。雄花序穗状，花被片 3，膜质，矩圆形，背面密被星状毛，后期脱落，雄蕊 3，伸出花被外；雌花无梗，通常构成聚伞花序生于叶腋，苞片披针形或卵形，背面密被星状毛，花被片 3，背部密被星状毛。胞果宽椭圆状倒卵形，长 1.5~2 毫米，宽约 1.5 毫米，侧面具同心圆状皱纹，顶端有 2 个小的三角状附属物。花果期 7—8 月。

生于沙质撂荒地，也见于固定沙地、干河床。

产　　地：鄂伦春自治旗、牙克石市、新巴尔虎右旗、海拉尔区。

（图 115）杂配轴藜 *Axyris hybrida* L.

## 雾冰藜属 *Bassia* All.

雾冰藜 *Bassia dasyphylla*（Fisch.et Mey.）O. Kuntze（图 116）

别　　名：巴西藜、肯诺藜、五星蒿、星状刺果藜。

形态特征：一年生草本，高 5~30 厘米，全株被灰白色长毛。茎直立，具条纹，黄绿色或浅红色，多分枝，开展，细弱，后变硬。叶肉质，圆柱状或半圆柱状条形，长 0.3~1.5 厘米，宽 1~5 毫米，先端钝，基部渐狭，花单生或 2 朵集生于叶腋，但仅 1 花发育；花被球状壶形，草质，5 浅裂，果时在裂片背侧中部生 5 个锥状附属物，呈五角星状。胞果卵形；种子横生，近圆形，压扁，直径 1~2 毫米，平滑，黑褐色。花果期 8—10 月。

生于草原区和荒漠区的沙质和沙砾质土壤上，也见于沙质撂荒地和固定沙地。

产　　地：新巴尔虎左旗、新巴尔虎右旗、陈巴尔虎旗。

（图 116）雾冰藜 *Bassia dasyphylla*（Fisch.et Mey.）O. Kuntze

## 藜属 *Chenopodium* L.

刺藜 *Chenopodium aristatum* L.（图 117）

别　　名：野鸡冠子花、刺穗藜、针尖藜。

形态特征：一年生草本，高 10~25 厘米。茎直立，圆柱形，具条纹，淡绿色，或老时带红色，多分枝，开展，下部枝较长，上部者较短。叶条形或条状披针形，长 2~5 厘米，宽 3~7 毫米，先端锐尖或钝，基渐狭成不明显之叶柄，全缘，两面无毛，秋季变成红色，中脉明显。二歧聚伞花序，分枝多且密，枝先端具刺芒，花近无梗，生于刺状枝腋内；花被片 5，矩圆形，长 0.5 毫米，先端钝圆或尖，背部绿色，稍具隆脊，边缘膜质白色或带粉红色，内曲；雄蕊 5，不外露，胞果上下压扁，圆形，果皮膜质，不全包于花被内。种子横生，扁圆形，黑褐色，有光泽，直径约 0.5 毫米；胚球形。花果期 8—10 月。

生于砂质地或固定沙地上。

产　　地：全市。

灰绿藜 *Chenopodium glaucum* L.（图 118）

别　　名：水灰菜。

形态特征：一年生草本，高 15~30 厘米。茎通常由基部分枝，有沟槽及红色或绿色条纹。叶有短柄，柄长 3~10 毫米，叶片稍厚，带肉质，矩圆状卵形、披针形或条形，长 2~4 厘米，宽 7~15 毫米，边缘具波状牙齿，稀近全缘，上面深绿色，下面灰绿色或淡紫红色，密被粉粒，中脉黄绿色。花序穗状或复穗状，顶生或腋生；花被片 3~4，稀为 5，狭矩圆形，先端钝，内曲，背部绿色，边缘白色膜质，无毛；雄蕊通常 3~4，稀 1~5，花丝

（图 117）刺藜 *Chenopodium aristatum* L.

（图 118）灰绿藜 *Chenopodium glaucum* L.

较短；柱头 2，甚短。胞果不完全包于花被内，果皮薄膜质；种子横生，稀斜生，扁球形，暗褐色，有光泽，直径约 1 毫米。花期 6—9 月，果期 8—10 月。

生于居民点附近和轻度盐渍化农田。

产　　地：全市。

尖头叶藜 *Chenopodium acuminatum* Willd.（图 119）

别　　名：绿珠藜、渐尖藜、由杓杓。

形态特征：一年生草本，高 10~30 厘米。茎直立，具条纹，有时带紫红色。叶具柄，长 1~3 厘米；叶片卵形、长卵形或菱状卵形，全缘，上面无毛，淡绿色，下面被粉粒，灰白色或带红色；茎上部叶渐狭小。花每 8~10 朵聚生为团伞花簇，花簇紧密地排列于花枝上，形成有分枝的圆柱形花穗；花被片 5，宽卵形，背部中央具绿色龙骨状隆脊，边缘膜质，白色，向内弯曲，疏被膜质透明的片状毛，果时包被果实，全部呈五角星状；雄蕊 5，花丝极短。胞果扁球形，近黑色，具不明显放射状细纹及细点，稍有光泽；种子横生，直径约 1 毫米，黑色，有光泽，表面有不规则点纹。花期 6—8 月，果期 8—9 月。

生于盐碱地、河岸砂质地、撂荒地和居民点的砂壤质土壤上。

产　　地：新巴尔虎左旗、新巴尔虎右旗、鄂温克族自治旗、满洲里市。

（图 119）尖头叶藜 *Chenopodium acuminatum* Willd.

狭叶尖头叶藜 *Chenopodium acuminatum* Willd. subsp. *virgatum*（Thunb.）Kitam.（图 120）

形态特征：本亚种与正种的区别在于叶较狭小，狭卵形、矩圆形至披针形，其长度明显大于宽度。

一年中中生杂草。生于湖边荒地。

产　　地：新巴尔虎左旗、新巴尔虎右旗。

（图 120）狭叶尖头叶藜 Chenopodium acuminatum Willd. subsp. *virgatum*（Thunb.）Kitam.

**东亚市藜** Chenopodium urbicum L. subsp. *sinicum* Kung et G. L. Chu（图 121）

**形态特征**：一年生草本，高 30~60 厘米。茎粗壮，直立，淡绿色，具条棱。叶具长柄，长 2~6 厘米；叶片菱状形或菱状卵形，长 5~12 厘米，宽 4~9（12）厘米，先端锐尖，基部宽楔形，边缘有不整齐的弯缺状大锯齿，有时仅近基部生 2 个尖裂片，自基部分生 3 条明显的叶脉，两面光绿色，无毛；上部叶较狭，近全缘。花序穗状圆锥状，顶生或腋生，花两性兼有雌性；花被 3~5 裂，花被片狭倒卵形，先端钝圆，基部合生，背部稍肥厚，黄绿色，边缘膜质淡黄色，果时通常开展；雄蕊 5，超出花被；柱头 2，较短，胞果小，近圆形，两面凸或呈扁球状，直径 0.5~0.7 毫米，果皮薄，黑褐色，表面有颗粒状凸起；种子横生、斜生、稀直立，红褐色，边缘锐，有点纹。花期 8—9 月。

生于盐化草甸和杂类草草甸较潮湿的轻度盐化土壤上，也见于撂荒地和居民点附近。

产　　　地：新巴尔虎右旗、扎兰屯市。

**杂配藜** Chenopodium hybridum L.（图 122）

**别　　　名**：大叶藜、血见愁。

**形态特征**：一年生草本，高 40~90 厘米。茎直立，粗壮，具 5 锐棱。叶具长柄，长 2~7 厘米；叶片质薄，宽卵形或卵状三角形，长 5~9 厘米，宽 4~6.5 厘米，两面无毛，下面叶脉凸起，黄绿色。花序圆锥状，较疏散，顶生或腋生；花两性兼有雌性；花被片 5，卵形，先端圆钝，基部合生，边缘膜质，背部具肥厚隆脊，腹面凹，包被果实，胞果双凸镜形，果皮薄膜质，具蜂窝状的 4~6 角形网纹；种子横生，扁圆形，两面凸，径 1.5~2 毫米，黑色，无光泽，边缘具钝棱，表面具明显的深洼点；胚环形。花期 8—9 月，果期 9—10 月。

生于林缘、山地沟谷、河边及居民点附近。

产　　　地：新巴尔虎左旗、新巴尔虎右旗、陈巴尔虎旗、根河市、鄂伦春自治旗。

（图 121）东亚市藜 *Chenopodium urbicum* L. subsp. *sinicum* Kung et G. L. Chu

（图 122）杂配藜 *Chenopodium hybridum* L.

藜 *Chenopodium album* L.（图 123）

别　　名：白藜、灰菜。

形态特征：一年生草本，高 30~120 厘米。茎直立，粗壮，圆柱形，具棱，有沟槽及红色或紫色的条纹。叶具长柄，叶片三角状卵形或菱状卵形，上面深绿色，下面灰白色或淡紫色，密被灰白色粉粒。花黄绿色，每8~15 朵花或更多聚成团伞花簇，多数花簇排成腋生或顶生的圆锥花序；花被片 5，宽卵形至椭圆形；雄蕊 5，伸出花被外，花柱短，柱头 2。胞果全包于花被内或顶端稍露，果皮薄，初被小泡状凸起，后期小泡脱落变成皱纹，和种子紧贴；种子横生，两面凸或呈扁球形，直径 1~1.3 毫米，光亮，近黑色，表面有浅沟纹及点洼；胚环形。花期 8—9 月，果期 9—10 月。

生长于田间、路旁、荒地、居民点附近和河岸低湿地。

产　　地：全市。

（图 123）藜 *Chenopodium album* L.

菱叶藜 *Chenopodium bryoniaefolium* Bunge（图 124）

形态特征：一年生草本，高 30~80 厘米，茎直立，绿色，具条纹，光滑无毛，不分枝或分枝，枝细长，斜升。叶具细长柄。叶片三角状戟形、长三角状菱形或卵状戟形，先端锐尖或稍钝，上部叶渐小。花无梗，单生于小枝或少数花聚为团伞花簇，再形成宽阔的疏圆锥花序；花被片 5，宽倒卵形或椭圆形，先端钝，背部具绿色的龙骨状隆脊，半包被果实。果皮薄，与种子紧贴，具不平整的放射状线纹；种子横生，暗褐色或近黑色，有光泽，直径 1.25~1.5 毫米，具放射状网纹。花期 7 月，果期 8 月。

中生杂草。生于湿润肥沃的土壤上，见于兴安北部、岭西、兴安南部。

产　　地：牙克石市、新巴尔虎右旗。

（图 124）菱叶藜 *Chenopodium bryoniaefolium* Bunge

## 蛛丝蓬属 *Micropeplis* Bunge

**蛛丝蓬** *Micropeplis arachnoidea*（Moq.）Bunge（图 125）

别　　名：蛛丝盐生草、白茎盐生草、小盐大戟。

形态特征：一年生草本，高 10~40 厘米。茎直立，自基部分枝；枝互生；灰白色，幼时被蛛丝状毛，毛以后脱落，叶互生，肉质，圆柱形，长 3~10 毫米，宽 1.5~2 毫米，先端钝，有时生小短尖，叶腋有绵毛。花小，杂性，通常 2~3 朵簇生于叶腋；小苞片 2，卵形，背部隆起，边缘膜质；花被片 5，宽披针形，膜质，先端钝或尖，全缘或有齿，果时自背侧的近顶部生翅；翅半圆形，膜质，透明；雄花的花被常缺；雄蕊 5，花药矩圆形；柱头 2，丝形。胞果宽卵形，背腹压扁，果皮膜质，灰褐色；种子圆形，横生，直径 1~1.5 毫米；胚螺旋状。花果期 7—9 月。

生于荒漠地带的碱化土壤或砾石戈壁滩上。

产　　地：新巴尔虎右旗。

# 三十、苋科 Amaranthaceae

## 苋属 *Amaranthus* L.

**凹头苋** *Amaranthus lividus* L.（图 126）

别　　名：人情菜、野苋菜。

形态特征：一年生草本植物。直根系，呈圆锥状，株高 30~80 厘米，茎粗 0.8~1.2 厘米，全体无毛，茎软伏卧而上升，基部分枝，单叶互生，无托叶，叶片卵形、卵状椭圆形或菱状卵形，因环境条件的差异和不同的发育阶段，叶片形状和大小变化较大，顶端凹缺。花期 7~8 月。胞果扁卵形，长 3 毫米，不开裂。种子细小，直径 10~12 毫米，黑褐色，边缘具环状边，果期 8—10 月。

生于田间路旁。

产　　　地：扎兰屯市、阿荣旗。

（图 125）蛛丝蓬 *Micropeplis arachnoidea*（Moq.）Bunge

（图 126）凹头苋 *Amaranthus lividus* L.

反枝苋 *Amaranthus retroflexus* L.（图 127）

别　　名：西风古、野千穗谷、野苋菜。

形态特征：一年生草本，高 20~60 厘米。茎直立，淡绿色，有时具淡紫色条纹。叶片椭圆状卵形或菱状卵形，长 5~10 厘米，宽 3~6 厘米；叶柄长 3~5 厘米，有柔毛。圆锥花序顶生及腋生，直立，由多数穗状序组成，顶生花穗较侧生者长；苞片及小苞片锥状，长 4~6 毫米，远较花被为长，顶端针芒状，背部具隆脊，边缘透明膜质；花被片 5，矩圆形或倒披针形，长约 2 毫米，先端锐尖或微凹，具芒尖，透明膜质，有绿色隆起的中肋；雄蕊 5，超出花被；柱头 3，长刺锥状。胞果扁卵形，环状横裂，包于宿存的花被内，种子近球形，直径约 1 毫米，黑色或黑褐色，边缘钝。花期 7—8 月，果期 8—9 月。

生于田间、路旁、住宅附近。

产　　地：全市。

（图 127）反枝苋 *Amaranthus retroflexus* L.

北美苋 *Amaranthus blitoides* S. Watson（图 128）

形态特征：一年生草本，高 15~30 厘米。茎平卧或斜升，通常由基部分枝，绿白色，具条棱，无毛或近无毛。叶片倒卵形、匙形至矩圆状倒披针形，长 0.5~2 厘米，宽 0.3~1.5 厘米，先端钝或锐尖，具小凸尖，基部楔形，全缘，具白色边缘，上面绿色，下面淡绿色，叶脉隆起，两面无毛；叶柄长 5~1~5 毫米。花簇小形，腋生，有少数花；苞片及小苞片披针形，长约 3 毫米；花被片通常 4，有时 5，雄花的卵状披针形，先端短渐尖，雌花的矩圆状披针形，长短不一，基部成软骨质肥厚。胞果椭圆形，长约 2 毫米，环状横裂；种子卵形，直径 1.3~1.6 毫米，黑色，有光泽。花期 8—9 月，果期 9—10 月。

生于田野、路旁等处。

产　　地：海拉尔区、鄂温克族自治旗。

（图 128）北美苋 *Amaranthus blitoides* S. Watson

白苋 *Amaranthus albus* L.（图 129）

**形态特征**：一年生草本，高 20~30 厘米。茎斜升或直立，由基部分枝，分枝铺散，绿白色，无毛或有时被糙毛。叶小而多，叶片倒卵形或匙形，长 8~20 毫米，宽 3~6 毫米，先端圆钝或微凹，具凸尖，基部渐狭，边缘微波状，两面无毛；叶柄长 3~5 毫米，花簇腋生，或成短穗状花序；苞片及小苞片钻形，长 2~2.5 毫米，稍坚硬，顶端长锥状锐尖，向外反曲，背面具龙骨；花被片 3，长约 1 毫米，稍呈薄膜状，雄花的矩圆形，先端长渐尖，雌花的矩圆形或钻形，先端短渐尖；雄蕊伸出花外；柱头 3。胞果扁平，倒卵形，长约 1.3 毫米，黑褐色，皱缩，环状横裂；种子近球形，直径约 1 毫米，黑色至黑棕色，边缘锐。花期 7~8 月，果期 9 月。

生于人家附近、路旁及杂草地上。

**产　　地**：新巴尔虎左旗、新巴尔虎右旗。

# 三十一、马齿苋科 Portulacaceae

## 马齿苋属 Portulaca L.

马齿苋 *Portulaca oleracea* L.（图 130）

**别　　名**：马齿草、马苋菜。

**形态特征**：一年生肉质草本，全株光滑无毛。茎平卧或斜升，长 10~25 厘米，多分枝，淡绿色或红紫色。叶肥厚肉质，倒卵状楔形或匙状楔形，长 6~20 毫米，宽 4~10 毫米。花小，黄色，3~5 朵簇生于枝顶，直径 4~5 毫米，无梗，总苞片 4~5，叶状，近轮生；萼片 2，对生，盔形，左右压扁，长约 4 毫米；花瓣 5，黄色，倒卵状矩圆形或倒心形，顶端微凹，较萼片长；雄蕊 8~12，长约 12 毫米，花药黄色；雌蕊 1，子房半下位，1 室，花柱比雄蕊稍长，顶端 4~6，条形。蒴果圆锥形，长约 5 毫米，自中部横裂成帽盖状，种子多数，细小，黑色，有光泽，肾状卵圆形。花期 7~8 月，果期 8~10 月。

中生植物。生于田间、路旁、菜园，为习见田间杂草。

**产　　地**：全市。

（图 129）白苋 *Amaranthus albus* L.

（图 130）马齿苋 *Portulaca oleracea* L.

# 三十二、石竹科 Caryophyllaceae

## 蚤缀属 *Arenaria* L.

**毛梗蚤缀** *Arenaria capillaris* Poir.（图 131）

别　　名：兴安鹅不食、毛叶老牛筋。

形态特征：多年生密丛生草本，高 8~15 厘米，全株无毛。主根圆柱状，黑褐色，顶部多头。基生叶簇生，丝状钻形，长 2~6 厘米，宽 0.3~0.5 毫米；茎生叶 2~4 对，与基生叶同形而较短，长 5~20 毫米，基部合生而抱茎。二歧聚伞花序顶生；花梗纤细，直立，长 5~15 毫米；花瓣白色，倒卵形，长 7~8 毫米，宽 4~5 毫米，先端圆形或微凹；雄蕊 2 轮，每轮 5，外轮雄蕊基部增宽且具腺体；子房近球形，花柱 3 条。蒴果椭圆状卵形，长 4~5 毫米，6 齿裂。种子近卵形，长 1.2~1.5 毫米，黑褐色，稍扁，被小瘤状凸起。花期 6—7 月，果期 8—9 月。

生于石质干山坡、山顶石缝间。

产　　地：根河市、额尔古纳市、新巴尔虎左旗、新巴尔虎右旗、鄂温克族自治旗。

（图 131）毛梗蚤缀 *Arenaria capillaris* Poir.

**灯心草蚤缀** *Arenaria juncea* Bieb.（图 132）

别　　名：毛轴鹅不食、毛轴蚤缀、老牛筋。

形态特征：多年生草本，高 20~50 厘米。主根圆柱形，褐色。茎直立，多数，丛生，基部包被多数褐黄色老叶残余物。基生叶狭条形，如丝状，长 7~25 厘米，宽 0.5~1 毫米；茎生叶与基生叶同行而较短，向上逐渐变短，基部合生而抱茎。二歧聚伞花序顶生；花梗直立，长 1~3 厘米，密被腺毛；萼片卵状披针形，长 4~5 毫米；花瓣白色，矩圆状倒卵形，长 7~10 毫米，宽 4~5 毫米，先端圆形；雄蕊 2 轮，每轮 5，外轮雄蕊基部增宽且具腺体；子房近球形，花柱 3 条，蒴果卵形，与萼片近等长，6 瓣裂；种子矩圆状卵形，长约 2 毫米，黑褐色，稍扁，被小瘤状凸起。花果期 6—9 月。

生于石质山坡、平坦草原。

产　　地：根河市、额尔古纳市、鄂伦春自治旗、莫力达瓦达斡尔族自治旗、鄂温克族自治旗。

（图 132）灯心草蚤缀 *Arenaria juncea* Bieb.

## 种阜草属 *Moehringia* L.

种阜草 *Moehringia lateriflora*（L.）Fenzl（图 133）

别　　名：莫石竹。

形态特征：多年生草本，高 5~20 厘米，具细长白色的根茎。叶椭圆形或矩圆状披针形，长 1~2 厘米，宽 0.5~1 厘米；叶柄极短，长约 1 毫米。聚伞花序具 1~3 朵花，顶生或腋生；花梗纤细，长 1~4 厘米，被短毛，中部有 1 对披针形膜质小苞片；萼片卵形或椭圆形，长约 2 毫米，先端钝，背面中脉常被短毛，边缘宽膜质；花瓣白色，矩圆状倒卵形，长约 4 毫米，全缘；雄蕊 10，花丝下部有细毛；子房卵形，花柱 3 条。蒴果长卵球形，长 3~3.5 毫米，6 瓣裂；种子亮黑色，肾状扁球形，长约 1.1 毫米，宽约 0.8 毫米，平滑，种脐旁有种阜。花果期 6—8 月。

生于山地林下、灌丛下、山谷溪边。

产　　地：根河市、额尔古纳市、鄂伦春自治旗、鄂温克族自治旗、扎兰屯市。

## 繁缕属 *Stellaria* L.

二柱繁缕 *Stellaria bistyla* Y. Z. Zhao（图 134）

形态特征：多年生草本，高 10~30 厘米。茎叉状分枝；叶狭矩圆状披针形、矩圆状披针形或宽矩圆状披针形，长 1~2 厘米，宽 2~10 毫米，先端锐尖头，基部渐狭，全缘，中脉 1 条，表面下陷，背面隆起，两面被腺毛，无柄，聚伞花序顶生，稀疏；苞片叶状，披针形。长约 5 毫米。两面被腺毛；花梗密被腺毛。长 3~20 毫米；萼片 5，矩圆状披针形，长 4~5 毫米，宽约 1 毫米，先端尖，边缘膜质，被腺毛；花瓣 5，白色，倒卵形，

（图 133）种阜草 *Moehringia lateriflora*（L.）Fenzl

（图 134）二柱繁缕 *Stellaria bistyla* Y. Z. Zhao

长约 3 毫米，宽约 2 毫米，比萼片短。先端 2 浅裂，基部楔形；雄蕊 10，长约 3 毫米；子房球形，花柱 2。蒴果倒卵形，长约 2.5 毫米，顶端 4 齿裂，含 1 种子；种子卵形，长约 1.5 毫米，黑褐色，表面具小疣状凸起．花期 7—8 月；果期 8—9 月。

生于山地林下、山坡石缝处。

产　　地：牙克石市、新巴尔虎右旗。

**垂梗繁缕** *Stellaria radians* L.（图 135 ）

别　　名：遂瓣繁缕。

形态特征：多年生草本，高 40~60 厘米，全株伏生绢毛，呈灰绿色。根状茎匍匐，分枝。茎直立或斜升，四棱形，上部有分枝。叶宽披针形或矩圆状披针形，长 3~9 厘米，宽 1~2.5 厘米，全缘，背面毛较密，中脉特别明显，无柄。二歧聚伞花序顶生；苞片叶状，较小；花梗 1~3 厘米，花后下垂；萼片长卵形，长 6~7 毫米，先端稍钝，背面密被绢毛，内侧者边缘膜质；花瓣白色，宽倒卵形，长 8~10 毫米，掌状 5~7 中裂，裂片条形；雄蕊 10，比花瓣短，花丝基部稍连生；子房卵形，花柱 3，蒴果卵形，有光泽，比萼片稍长；种子肾形，呈褐色，长约 2 毫米，表面具蜂巢状小穴，花期 6~8 月，果期 7—9 月。

生于沼泽草甸、河边、沟谷草甸、林下。

产　　地：根河市、额尔古纳市、鄂伦春自治旗、鄂温克族自治旗、新巴尔虎左旗、扎兰屯市。

（图 135）垂梗繁缕 *Stellaria radians* L.

**叉歧繁缕** *Stellaria dichotoma* L.（图 136 ）

别　　名：叉繁缕。

形态特征：多年生草本，全株呈扁球形，高 15~30 厘米。主根粗长，直径约 1 厘米。茎多数丛生，由基部开始多次二歧式分枝，节部膨大。叶无柄，卵形、卵状矩圆形或卵状披针形，长 4~15 毫米，宽 3~7 毫米，全缘；二歧聚伞花序生枝顶，具多数花；苞片和叶同形而较小；花梗纤细，长 8~16 毫米；花瓣白色，近椭圆形，长约 4 毫米，宽约 2 毫米，2 叉状分裂至中部，具爪；雄蕊 5 长，5 短；子房宽倒卵形，花柱 3 条。蒴果宽椭圆形，长约 3 毫米。直径约 2 毫米，含种子 1~3，稀 4 或 5；果梗下垂，长达 25 毫米；种子宽卵形，长 1.8~2.0 毫米，褐黑色，表面有小瘤状凸起。花果期 6—8 月。

生于向阳石质山坡、山顶石缝间、固定沙丘。

产　　　地：全市。

（图 136）叉歧繁缕 *Stellaria dichotoma* L.

银柴胡 *Stellaria dichotoma* L. var. *lanceolata* Bunge（图 137）

别　　　名：披针叶叉繁缕、狭叶歧繁缕。

形态特征：本变种与正种不同点在于：叶披针形、条状披针形、短圆状披针形，长 5~25 毫米，宽 1.5~5 毫米，先端渐尖；蒴果常含 1 种子。

生于固定或半固定沙丘、向阳石质山坡、山顶石缝间、草原。

产　　　地：鄂温克族自治旗、新巴尔虎左旗、新巴尔虎右旗、陈巴尔虎旗。

兴安繁缕 *Stellaria cherleriae*（Fisch. ex Ser.）Williams（图 138）

别　　　名：东北繁缕。

形态特征：多年生草本，高 10~25 厘米。主根常粗壮。茎基部常木质化。叶条形或披针状条形，长 10~25 毫米，宽 1~2 毫米，全缘，二歧状聚伞花序，顶生或腋生，花序分枝较长，呈伞房状；苞片条状披针形，长约 3 毫米，叶状，边缘膜质；花梗 3~14 毫米，被短柔毛；萼片矩圆状披针形，长 4~5 毫米，先端急尖，边缘宽膜质，中脉凸起；花瓣白色，长为萼片的 1/3~1/2，叉状 2 深裂，裂片条形；雄蕊 5 长，5 短，长者基部膨大；子房近球形，花柱 3 条。蒴果卵形，包藏在宿存花萼内，长比萼片短一半，6 瓣裂，常含 2 种子。种子黑褐色，椭圆状倒卵形，长 1~1.5 毫米，表面有小瘤状凸起。花果期 6—8 月。

生于向阳石质山坡、山顶石缝间。

产　　　地：额尔古纳市、牙克石市、新巴尔虎右旗、鄂温克族自治旗、满洲里市。

（图 137）银柴胡 *Stellaria dichotoma* L. var. *lanceolata* Bunge

（图 138）兴安繁缕 *Stellaria cherleriae*（Fisch. ex Ser.）Williams

长叶繁缕 *Stellaria longifolia* Muehl.（图 139）

别　　名：铺散繁缕、伞繁缕。

形态特征：多年生草本，高 10~25 厘米。茎自基部丛生，多分枝，四棱形；叶无柄，条形，长 1~4 厘米，宽 0.5~2 毫米，全缘；聚伞花序顶生或腋生；苞片膜质，披针形；花梗纤细；萼片卵状披针形或披针形，先端锐尖或渐尖，边缘膜质，具 3 脉；花瓣白色，比萼片稍长或长 1/3，2 深裂几达基部，裂片矩圆状条形，先端钝；雄蕊 10，花丝向基部变宽；子房近椭圆形，花柱 3 条。蒴果卵形或椭圆形，比萼片长半倍至 1 倍，成熟时通常变紫黑色，有光泽，很少为麦秆黄色，含多数种子。种子椭圆形或宽卵形，稍扁平，长约 1 毫米，棕褐色，表面被极细皱纹状凸起。花期 6—7 月，果期 7—8 月。

生于沼泽草甸、河滩湿草甸、沟谷湿草甸及沙丘林缘等处。

产　　地：额尔古纳市、根河市、鄂伦春自治旗、牙克石市、鄂温克族自治旗。

（图 139）长叶繁缕 *Stellaria longifolia* Muehl.

叶苞繁缕 *Stellaria crassifolia* Ehrh. var. *linearis* Fenzl（图 140）

形态特征：本变种与正种的区别是叶条状披针形或条形，宽 1~3 毫米。

生于河岸沼泽草甸。

产　　地：海拉尔区、额尔古纳市、鄂温克族自治旗。

## 卷耳属 *Cerastium* L.

六齿卷耳 *Cerastium cerastoides*（L.）Britton（图 141）

形态特征：多年生草本，高 5~20 厘米。茎基部伏卧，节上生根，分枝，然后上升而直立，下部通常无毛，上部被腺毛，往往节间一侧较多。叶长圆形、披针形或条形，长 1~2 厘米，宽 1~2.5（4）毫米，先端稍钝，无毛或上部叶被腺毛，下部叶通常具不育枝。花序顶生，呈三叉状；花梗长达 2.5 厘米，被腺毛，花后下倾；萼片长圆形，顶端钝，长 4~5.5 毫米，背面被腺毛；花瓣白色，比萼片长半倍至一倍半，顶端分裂达 1/4~1/3；花柱 3，及稀 4。蒴果长圆形，比萼片长半倍至一倍，6 齿裂，齿片向外弯；种子小，直径 0.5 毫米，花果期 6—8 月。

生于落叶松林中或林缘。

产　　地：牙克石市、根河市。

（图 140）叶苞繁缕 *Stellaria crassifolia* Ehrh. var. *linearis* Fenzl

（图 141）六齿卷耳 *Cerastium cerastoides*（L.）Britton

## 高山漆姑草属 *Minuartia* L.

高山漆姑草 *Minuartia laricina*（L.）Mattf.（图 142）

别　　名：石米努草。

形态特征：多年生草本，高 10~30 厘米。茎丛生，单一，上升，被细短毛。叶线状锥形，无柄，长 5~15 毫米，宽 0.5~1 毫米，具 1 条脉，叶腋内具叶簇，基部叶腋有时具短缩的分枝。花单生或成聚伞花序；花梗长 5~20 厘米，被细短毛；萼片矩圆状披针形，长 4~5 毫米，先端钝或稍钝，背面无毛，具 3 条脉，边缘膜质；花瓣白色，倒卵状矩圆形，长 6~10 毫米，宽 3~3.5 毫米，先端圆钝；雄蕊 10，花丝下部加宽；花柱 3；蒴果矩圆状锥形，长 7~10 毫米；种子近卵形，边缘具流苏状篦齿，成盘状，成熟时黑褐色，表面微具条状凸起，花期 6—8 月，果期 7—9 月。

生于山坡、林缘、林下及河岸柳林下。

产　　地：根河市、额尔古纳市、鄂伦春自治旗、牙克石市、莫力达瓦达斡尔族自治旗。

（图 142）高山漆姑草 *Minuartia laricina*（L.）Mattf.

## 剪秋罗属 *Lychnis* L.

狭叶剪秋罗 *Lychnis sibirica* L.（图 143）

形态特征：多年生草本，高 7~20 厘米，全株被短柔毛。直根，木质，根状茎多头。基生叶莲座状，倒披针形或矩圆状倒披针形，基部渐狭成柄，先端渐尖，早枯；茎生叶条状披针形或条形，长 1~4 厘米，宽 2~4 毫米。花小，1~7 朵或更多集生于茎顶成二歧聚散花序；花梗长 2~30 毫米；苞片叶状；花萼钟状棍棒形，长 5~7 毫米，被短腺毛，主脉 10 条，萼片三角状，钝头，边缘白膜质；雌雄蕊柄短，长约 1 毫米；花瓣白色或粉红色，比花萼长 0.5~1 倍，楔形，先端 2 叉状浅裂，裂达瓣片的 1/4~1/3，瓣片基部有 2 枚广椭圆形的鳞片状附属物；雄蕊 10，两轮；子房棍棒状，花柱 5。蒴果卵形，5 齿裂；种子肾形，褐色，长约 0.8 毫米，表面具短条形疣状凸起。花期 6—7 月，果期 7—8 月。

生于樟子松林下，丘顶，盐生草甸、山坡。

产　　地：根河市、额尔古纳市、牙克石市、鄂温克自治旗、海拉尔区。

（图 143）狭叶剪秋罗 *Lychnis sibirica* L.

**大花剪秋罗** *Lychnis fulgens* Fisch.（图 144）

别　　名：剪秋罗。

形态特征：多年生草本，高 50~80 厘米，全株被长柔毛。茎直立，单一，中空。叶无柄，卵状矩圆形或卵状披针形，长 4~10 厘米，宽 1.5~4 厘米。花通常 2~3 朵或更多，顶生，密集，成头状伞房花序；花萼筒状棍

（图 144）大花剪秋罗 *Lychnis fulgens* Fisch.

（图 145）女娄菜 *Melandrium apricum*（Turcz. ex Fisch. et Mey.）Rohrb.

棒形，长 1.5~2 厘米，具 10 条脉；雌雄蕊柄长约 3 毫米；花径 3.5~5 厘米，瓣片鲜深红色，2 叉状深裂，顶端有微齿，裂片两侧基部各有 1 丝状小裂片；雄蕊 10，两轮；子房棍棒形，花柱 5。蒴果长卵形，5 齿裂，齿片反卷；种子肾圆形，长约 1.2 毫米，黑褐色，表面具疣状凸起。花期 7—8 月，果期 8—9 月。

生于山地草甸、林缘灌丛、林下。

产　　地：额尔古纳市、鄂伦春自治旗、牙克石市、扎兰屯市、莫力达瓦达斡尔族自治旗。

## 女娄菜属 *Melandrium* Roehl.

女娄菜 *Melandrium apricum*（Turcz. ex Fisch. et Mey.）Rohrb.（图 145）

别　　名：桃色女娄菜。

形态特征：一年生或二年生草本，全株密被倒生短柔毛。茎直立，高 10~40 厘米，基部多分枝。叶条状披针形或披针形，长 2~5 厘米，宽 2~8 毫米，全缘。聚伞花序顶生和腋生；萼片椭圆形，长 6~8 毫米，密被短柔毛，具 10 条纵脉，果期膨大呈卵形，顶端 5 裂，裂片近披针形或三角形，边缘膜质；花瓣白色或粉红色，与萼近等长或稍长，瓣片倒卵形，先端浅 2 裂，基部渐狭成长爪，瓣片与爪间有 2 鳞片；花丝基部被毛；子房长椭圆形，花柱 3。蒴果卵形或椭圆状卵形，长 8~9 毫米，具短柄，顶端 6 齿裂，包藏在宿存花萼内。种子圆肾形，黑褐色，表面被钝的瘤状凸起。花期 5—7 月，果期 7—8 月。

生于石砾质坡地、固定沙地、疏林及草原中。

产　　地：陈巴尔虎旗、新巴尔虎左旗、鄂温克族自治旗、海拉尔区、阿荣旗。

## 麦瓶草属 *Silene* L.

狗筋麦瓶草 *Silene venosa*（Gilib.）Aschers.（图 146）

形态特征：多年生草本，高 40~100 厘米。茎直立，丛生，上部分枝。叶披针形至卵状披针形，长 3~8 厘米，宽 5~25 毫米，全缘。聚伞花序，大形，花较稀疏；花梗长短不等，长 5~25 毫米；萼筒宽卵形，膜质，膨大成囊泡状，无毛，长 14~16 毫米，宽 7~10 毫米，具 20 条纵脉，脉间由多数网状细脉相连，常带紫堇色，萼

（图 146）狗筋麦瓶草 *Silene venosa*（Gilib.）Aschers.

（图 147）兴安女娄菜 *Melandrium brachypetalum*（Horn.）Fenzl

齿宽三角形，边缘具白色短毛；雌雄蕊柄长约 2 毫米，无毛；花瓣白色，长 15~17 毫米，瓣片 2 深裂，爪上部加宽，基部渐狭，喉部无附属物；雄蕊超出花冠；子房卵形，长约 3 毫米，花柱 3，超出花冠。蒴果球形，直径约 8 毫米，平滑而有光泽，6 齿裂；种子肾形，黑褐色，长约 1.5 毫米，宽约 1.2 毫米，表面被乳头状凸起。花期 6—8 月，果期 7—9 月。

生于沟谷草甸。

产　　地：根河市、额尔古纳市、牙克石市、鄂伦春自治旗、鄂温克族自治旗。

兴安女娄菜 *Melandrium brachypetalum*（Horn.）Fenzl（图 147）

形态特征：多年生草本，高 20~50 厘米。茎丛生，直立。基生叶具长柄，叶片条状披针形，长 2~4 厘米，宽 4~10 毫米，全缘；茎生叶无柄，披针形或条状披针形，稍抱茎；聚伞状圆锥花序，具少数花，顶生或腋生，极少单花；花梗长 4~10 毫米；苞片叶状，披针状条形；花萼圆筒状，长 10~13 毫米，密被腺毛，具 10 纵脉，脉间白膜质，萼齿 5，三角形；花瓣粉红色至紫红色，瓣片倒宽卵形，先端 2 浅裂，爪倒披针形，瓣片与爪间有 2 鳞片；花丝基部或下部疏生长睫毛；子房矩圆状圆筒形，花柱 5 条；雌雄蕊柄长约 1 毫米。蒴果椭圆状圆筒形，长 10~13 毫米，10 齿裂，深黄色，有光泽；种子圆肾形，长约 0.9 毫米，稍扁，棕褐色，被较尖的小瘤状凸起。花期 6—7 月，果期 7—8 月。

生于山地、林缘、草甸。

产　　地：牙克石市、鄂伦春自治旗。

细叶毛萼麦瓶草 *Silene repens* Patr. var. *angustifolia* Turcz.（图 148）

形态特征：本变种与正种不同点在于：植株较矮小，高 10~20 厘米；叶狭小，条形至条状披针形，长 1~3 厘米，宽 1~2（3）毫米；花萼长 8~10（13）毫米，径 1.5~2.5 毫米。

生于平坦沙质地。

产　　地：鄂温克族自治旗、海拉尔区、新巴尔虎左旗、新巴尔虎右旗。

（图 148）细叶毛萼麦瓶草 *Silene repens* Patr. var. *angustifolia* Turcz.

旱麦瓶草 *Silene jenisseensis* Willd.（图 149）

别　　名：麦瓶草、山蚂蚱。

形态特征：多年生草本，高 20~50 厘米。直根粗长，直径 6~12 毫米。茎几个至 10 余个丛生。基生叶簇生，叶片披针状条形，长 3~5 厘米，宽 1~3 毫米，全缘；茎生叶 3~5 对。聚伞状圆锥花序顶生或腋生，具花 10 余朵；花梗长 3~6 毫米，花瓣白色，长约 12 毫米，瓣片 4~5 毫米，开展，2 中裂，裂片矩圆形，爪倒披针形，瓣片与爪间有 2 小鳞片；雄蕊 5 长，5 短；子房矩圆状圆柱形，花柱 3 条；雌雄蕊柄长约 3 毫米，被短柔毛。蒴果宽卵形，长约 6 毫米，包藏在花萼内，6 齿裂。种子圆肾形，长约 1 毫米，黄褐色，被条状细微凸起。花期 6—8 月，果期 7—8 月。

生于砾石质山地、草原及固定沙地。

产　　地：海拉尔区、陈巴尔虎旗、鄂温克自治旗、新巴尔虎左旗、新巴尔虎右旗。

（图 149）旱麦瓶草 *Silene jenisseensis* Willd.

小花旱麦瓶草 *Silene jenisseensis* Willd. f. *parviflora*（Turcz.）Schischk.（图 150）

形态特征：本变型与正种的区别是花萼长 6~7 毫米，蒴果长约 5 毫米。

生于沙质草原、丘陵性草原、沙丘、干山坡及石缝间。

产　　地：新巴尔虎右旗、鄂温克族自治旗。

## 丝石竹属 *Gypsophila* L.

草原丝石竹 *Gypsophila davurica* Turcz. ex Fenzl（图 151）

别　　名：草原石头花、北丝石竹。

形态特征：多年生草本，高 30~70 厘米，全株无毛。直根粗长；根茎分歧，灰黄褐色，木质化。茎多数丛生，直立或稍斜升，二歧式分枝。叶条状披针形，长 2.5~5 厘米，宽 2.5~8 毫米，全缘，聚伞状圆锥花序顶生或腋生，具多数小花；花梗长 2~4 毫米；花萼管状钟形，果期呈钟形，长 2.5~3.5 毫米，具 5 条纵脉；花瓣白

（图 150）小花旱麦瓶草 *Silene jenisseensis* Willd. f. parviflora（Turcz.）Schischk.

（图 151）草原丝石竹 *Gypsophila davurica* Turcz. ex Fenzl

色或粉红色，倒卵状披针形，长 6~7 毫米，先端微凹；雄蕊比花瓣稍短；子房椭圆形，花柱 2 条。蒴果卵状球形，长约 4 毫米，4 瓣裂；种子圆肾形，两侧压扁，直径约 1.2 毫米，黑褐色，两侧被矩圆状小凸起，背部被小瘤状凸起。花期 7—8 月；果期 8—9 月。

生于典型草原、山地草原。

产　　地：额尔古纳市、满洲里市、新巴尔虎右旗、海拉尔区、鄂温克族自治旗。

## 石竹属 *Dianthus* L.

瞿麦 *Dianthus superbus* L.（图 152）

形态特征：多年生草本，高 30~50 厘米。根茎横走。茎丛生，直立，无毛，上部稍分枝。叶条状披针形或条形，长 3~8 厘米，宽 3~6 毫米，全缘，中脉在下面凸起，聚伞花序顶生，有时成圆锥状，稀单生，苞片 4~6，倒卵形，长 6~10 毫米，宽 4~5 毫米，先端骤凸；萼筒圆筒形，长 2.5~3.5 厘米，直径约 4 毫米，常带紫色，具多数纵脉，萼齿 5，直立，披针形，长 4~5 毫米，先端渐尖；花瓣 5，淡紫红色，稀白色，长 4~5 厘米，瓣片边缘细裂成流苏状，基部有须毛，爪与萼近等长。蒴果狭圆筒形，包于宿存萼内，与萼近等长；种子扁宽卵形，长约 2 毫米，边缘具翅。花果期 7—9 月。

生于林缘、疏林下、草甸、沟谷溪边。

产　　地：扎兰屯市、阿荣旗、莫力达瓦达斡尔族自治旗、鄂伦春自治旗。

（图 152）瞿麦 *Dianthus superbus* L.

簇茎石竹 *Dianthus repens* Willd.（图 153）

形态特征：多年生草本，高达 30 厘米，全株光滑无毛。直根粗壮；根茎多分歧。茎多数，密丛生，直立或上升。叶条形或条状披针形，长 3~5 厘米，宽 2~3 毫米，叶脉 1 或 3 条，中脉明显。花顶生，单一或有时 2 朵；萼下苞片 1~2 对，外面 1 对条形，叶状，比萼长或近等长，内面 1 对卵状披针形，比萼短，先端具长凸尖，边缘膜质；萼筒长 12~16 毫米，粗 4~5 毫米，有时带紫色，萼齿直立，披针形，具凸尖，长 3~4 毫米；雌雄蕊柄长约 1 毫米；花瓣倒卵状楔形，紫红色，长 22~30 毫米，上部宽 8~10 毫米，上缘具不规则的细长牙齿。蒴果狭圆筒形，包于宿存萼内，比萼短；种子圆盘状，中央凸起，径约 1.5 毫米，边缘具翅。花期 6—8 月，果期 8—9 月。

生于山地草甸。

产　　地：新巴尔虎左旗、新巴尔虎右旗、扎兰屯市、鄂伦春自治旗。

（图 153）簇茎石竹 *Dianthus repens* Willd.

**石竹** *Dianthus chinensis* L.（图 154）

别　　名：洛阳花。

形态特征：全年生草本，高 20~40 厘米，全株带粉绿色。茎常自基部簇生，上部分枝。叶披针状条形或条形，长 3~7 厘米，宽 3~6 毫米，全缘。花顶生，单一或 2~3 朵成聚伞花序；花下有苞片 2~3 对，花萼圆筒形，长 15~18 毫米，直径 4~5 毫米，具多数纵脉，萼齿披针形，长约 5 毫米，先端锐尖；花瓣瓣片平展，卵状三角形，长 13~15 毫米，边缘有不整齐齿裂，通常红紫色、粉红色或白色，具长爪，爪长 16~18 毫米；雄蕊 10；子房矩圆形，花柱 2 条。蒴果矩圆状圆筒形，与萼近等长，4 齿裂。种子宽卵形，稍扁，灰黑色，边缘有狭翅，表面有短条状细凸起。花果期 6—9 月。

生于山地草甸及草甸草原。

产　　地：额尔古纳市、鄂伦春自治旗、阿荣旗、牙克石市、扎兰屯市、新巴尔虎右旗。

**兴安石竹** *Dianthus chinensis* L. var. *veraicolor*（Fisch.ex Link）Ma（图 155）

形态特征：本变种与正种不同点在于：茎多少被短糙毛或近无毛而粗糙，叶通常粗糙，植株多少密丛生。

生于草原、草甸草原。

产　　地：根河市、额尔古纳市、鄂伦春自治旗、牙克石市、满洲里市、海拉尔区、鄂温克族自治旗、扎兰屯市、新巴尔虎左旗、牙克石市、陈巴尔虎旗、莫力达瓦达斡尔族自治旗。

（图 154）石竹 *Dianthus chinensis* L.

（图 155）兴安石竹 *Dianthus chinensis* L. var. *veraicolor*（Fisch.ex Link）Ma

蒙古石竹 *Dianthus chinensis* L. var *subulifolius*（Kitag.）Ma（图 156）

别　　名：丝叶石竹。

形态特征：本变种与正种不同点在于：茎和叶稍粗糙，叶条状锥形，斜向上，花较小。

生于山地草原、典型草原。

产　　地：根河市、额尔古纳市、牙克石市、海拉尔区、满洲里市、陈巴尔虎旗、新巴尔虎左旗、新巴尔虎右旗、扎兰屯市。

（图 156）蒙古石竹 *Dianthus chinensis* L. var *subulifolius*（Kitag.）Ma

## 王不留行属 *Vaccaria* Medic

王不留行 *Vaccaria segetailis*（Neck.）Garcke（图 157）

别　　名：麦蓝菜。

形态特征：一年生草本，高 25~50 厘米，全株平滑无毛。茎直立，圆筒形，中空，上部 2 叉状分枝。叶卵状披针形或披针形，长 3~7 厘米，宽 1~2 厘米，全缘；无叶柄。聚伞花序顶生，呈伞房状，具多数花；花梗细长，长 1~4 厘米；苞片叶状，较小；萼筒卵状圆筒形，长 1~1.3 厘米，直径 3~4 毫米，具 5 条翅状凸起的脉棱，萼齿 5，三角形，先端锐尖，边缘膜质；花瓣淡红色，长 14~17 毫米，瓣片倒卵形，顶端有不整齐牙齿；雄蕊 10，隐于萼筒内；子房椭圆形，花柱 2 条。蒴果卵形，顶端 4 裂，包藏在宿存花萼内。种子球形，黑色，直径约 2 毫米，表面密被小瘤状凸起。花期 6—7 月，果期 7—8 月。

生于田边路旁。

产　　地：扎兰屯市、阿荣旗。

（图 157）王不留行 *Vaccaria segetailis*（Neck.）Garcke

# 三十三、睡莲科 Nymphaeaceae

## 睡莲属 *Nympaea* L.

睡莲 *Nymphaea tetragona* Georgi（图 158）

**形态特征**：多年生水生草本；根状茎短，肥厚。叶浮于水面，叶片卵圆形或肾圆形，近似马蹄状，长 5~14 厘米，宽 4~11 厘米，全缘，基部具深弯缺，约占叶片全长的 1/3 或 1/2，裂片急尖，分离或彼此稍遮盖，上面绿色，有光泽，下面通常带紫色，两面皆无毛；叶柄细长，圆柱形；花梗基生，细长，顶生 1 花，花径 3~6 厘米，漂浮水面；萼片 4，绿色，草质，长卵形或卵状披针形，长 2~3.5 厘米，宿存，花托四方形；花瓣 8~12，白色或淡黄色，矩圆形、宽披针形或长卵形，先端钝，比萼片稍短，内轮花瓣不变成雄蕊；雄蕊多数，3~4 层，花丝扁平，外层花丝宽披针形，内层渐狭；子房短圆锥状，柱头盘状，具 5~8 辐射线。浆果球形，包于宿存萼片内；种子椭圆形，黑色。花期 7—8 月，果期 9 月。

生于池沼及河弯内。

产　　地：鄂伦春自治旗、牙克石市、鄂温克族自治旗。

## 萍蓬草属 *Nuphar* J. E. Smith

萍蓬草 *Nuphar pumilum*（Timm）DC.（图 159）

**别　　名**：萍蓬莲、水栗子。

**形态特征**：多年生水生草本；根状茎横生，肥厚肉质，径达 2~3 厘米；叶生于根状茎先端，漂浮水面，叶片椭圆形或卵形，质厚，长 6~17 厘米，宽 6~10 厘米，深心形；叶柄细长，扁柱形，疏被柔毛。花直径 2.5~4 厘米；花梗长，扁圆柱形，疏被柔毛，顶生 1 花；萼片 5，矩圆形或椭圆形，长 1~2 厘米，顶端钝圆，黄色，背部中央绿色，呈花瓣状；花瓣多数，短小，倒卵状楔形，长 5~7 毫米，有时微凹；雄蕊多数，花丝扁平；子房宽卵形，柱头盘状，通常 10 浅裂。浆果卵形，具宿存的柱头及萼片，长约 3 厘米；种子多数，矩圆形，长约 5 毫米，褐色。花期 7—8 月，果期 8—9 月。

生于湖沼中。

产　　　地：鄂伦春自治旗。

（图 158）睡莲 *Nymphaea tetragona* Georgi

（图 159）萍蓬草 *Nuphar pumilum*（Timm）DC.

# 三十四、金鱼藻科 Ceratophyllaceae

## 金鱼藻属 *Ceratophyllum* L.

**金鱼藻** *Ceratophyllum demersum* L.（图 160）

**别　　名**：松藻。

**形态特征**：多年生沉水草本；茎细长，多分枝。叶 4~10 片轮生，一至二回二歧分叉，裂片条形或丝状条形，长 10~15 毫米，宽 0.1~0.4 毫米，边缘仅一侧有疏细锯齿，齿尖常软骨质。花微小，直径约 2 毫米，具短花梗；花被片 8~12，矩圆形或条状矩圆形，长 1.5~2 毫米，顶端有 2~3 尖齿；雄花有雄蕊 10~16，雌花有 1 雌蕊，子房宽卵形，花柱钻形。坚果扁椭圆形，长 4~5 毫米，宽约 2 毫米，黑色，有 3 刺，顶端刺长 8~10 毫米，基部两侧有 2 刺，长 4~7 毫米。花果期 6—9 月。

生于池沼、湖泡、河流中。

**产　　地**：鄂伦春自治旗、阿荣旗。

（图 160）金鱼藻 *Ceratophyllum demersum* L.

**五刺金鱼藻** *Ceratophyllum oryzetorum* Kom.（图 161）

**别　　名**：五针金鱼藻。

**形态特征**：多年生沉水草本。茎细长，多分枝，节间长 1~2.5 厘米，枝顶端者较短。叶常 10 片轮生，二回二歧分叉，裂片狭条形或丝状条形，长 1~2 厘米，宽 0.3~0.5 毫米，边缘有疏细锯齿。花单性，单生叶腋，微小；花被片 8~12；雄花具多数雄蕊；雄花具 1 雌蕊。坚果扁椭圆形，长 4~5 毫米，宽 1~1.5 毫米，黑褐色，平滑，边缘无翅，有 5 针刺，1 个顶生刺，长 7~10 毫米，2 个侧生刺，长 2~4 毫米，2 个基生刺，长 6~8 毫米。花果期 7—9 月。

生于湖泊、池塘、河流中。

产　　地：陈巴尔虎旗、新巴尔虎左旗、新巴尔虎右旗、鄂温克族自治旗、海拉尔区、满洲里市。

（图 161）五刺金鱼藻 *Ceratophyllum oryzetorum* Kom.

# 三十五、毛茛科 Ranunculaceae

## 驴蹄草属 *Caltha* L.

驴蹄草 *Caltha palustris* L.（图 162）

**形态特征：**多年生草本，高 20~50 厘米，全株无毛。根状茎缩短，具多数粗壮的须根。茎直立或上升，单一或上部分枝。基生叶丛生，具条柄，柄长达 30 厘米；叶片圆形或圆肾形，长 2~5 厘米，宽 3~7 厘米，顶端圆形，基部深心形，边缘全部具齿；茎生叶向上渐小，叶柄短或近无柄。单歧聚伞花序，花 2 朵；花梗长 2~10 厘米；萼片 5，黄色，倒卵形或倒卵状椭圆形，长 1~1.8 厘米，宽 0.6~1.2 厘米，先端钝圆，脉纹明显；雄蕊长 5~7 毫米；心皮 5~15，无柄，有短花柱。蓇葖果长 1~1.5 厘米；种子多数，卵状矩圆形，长 1.5~2 毫米，黑褐色。花期 6—7 月，果期 7 月。

生于沼泽草甸、河岸、溪边。

产　　地：鄂温克自治旗、扎兰屯市、阿荣旗、莫力达瓦达斡尔族自治旗、鄂伦春自治旗。

三角叶驴蹄草 *Caltha palustris* L. var. *sibirica* Regel（图 163）

别　　名：西伯利亚驴蹄草。

**形态特征：**本变种与正种的区别是：叶多为三角状肾形，边缘只在下部有齿，其他部分微波状或近全缘。

生于沼泽草甸、盐化草甸、河岸。

产　　地：额尔古纳市、根河市、牙克石市、海拉尔区。

（图 162）驴蹄草 *Caltha palustris* L.

（图 163）三角叶驴蹄草 *Caltha palustris* L. var. *sibirica* Regel

## 金莲花属 *Trolius* L.

短瓣金莲花 *Trolius chinensis* Bunge（图 164）

形态特征：多年生草本，高达 110 厘米，全株无毛。根状茎短粗。茎直立，单一或上部稍分枝。基生叶 2~3，具长柄，叶柄基部加宽，抱茎；叶片轮廓五角形，长 4~7 厘米，宽 8~13 厘米，基部心形，3 全裂，中央全裂片菱形，3 中裂；叶柄长 10~30 厘米；茎生叶与基生叶相似。花单生或 2~3 朵生于茎顶或分枝顶端；花橙黄色，开展，直径 3~5 厘米；萼片 5~10 片，花瓣状，黄色；花瓣 10~22 个，比雄蕊长，但比萼片短，条形，长 1~1.5 厘米，宽约 1 毫米；雄蕊长达 9 毫米，花药长 3.5 毫米。蓇葖果 20~30，长约 8 毫米，喙长约 1 毫米；种子多数，黑褐色，长 1.2~1.5 毫米。花期 6—7 月，果期 7—8 月。

生于河滩草甸、沟谷湿草甸及林缘草甸。

产　　地：额尔古纳市、根河市、鄂伦春自治旗、牙克石市、鄂温克族自治旗。

（图 164）短瓣金莲花 *Trolius chinensis* Bunge

## 升麻属 *Cimicifuga* L.

兴安升麻 *Cimicifuga dahurica*（Turcz.）Maxim.（图 165）

别　　名：升麻、窟窿牙根。

形态特征：多年生草本，高 1~2 米。根状茎粗大，黑褐色。茎直立，单一。叶为二至三回三出或三出羽状复叶，小叶菱形或狭卵形，长 5~12 厘米，宽 3~12 厘米。雌雄异株，复总状花序，多分枝，雄花序长达 30 厘米，雌花序稍短；萼片 5，花瓣状长约 3 毫米；退化雄蕊 2~4，上部 2 叉状中裂至深裂，先端各具 1 枚圆形乳白色空花药；雄蕊多数，心皮 3~7，被短柔毛或近无毛，无柄或具短柄。蓇葖果卵状椭圆形或椭圆形，长 7~10 毫米，宽 3~5 毫米，被短柔毛或无毛，具短柄；种子棕褐色，椭圆形，长约 3 毫米，宽约 2 毫米，周围具膜质鳞片，两侧者宽而长。花期 7—8 月，果期 8—9 月。

生于山地林下、灌丛或草甸中。

产　　地：根河市、鄂伦春自治旗、牙克石市。

（图 165）兴安升麻 *Cimicifuga dahurica*（Turcz.）Maxim.

单穗升麻 *Cimicifuga simplex* Woromsk.（图 166）

**形态特征**：多年生草本，高达 1 米余。根状茎粗大，黑褐色，具多数须根。茎直立，单一。叶大形，二至三回三出羽状复叶；小叶狭卵形或菱形，长 3~7 厘米，宽 1.5~4 厘米，上面绿色，无毛，下面灰绿色，沿脉疏被毛；总状花序不分枝或仅基部稍分枝，长达 35 厘米；花序轴和花梗密生腺毛和短柔毛；花两性，萼片 4~5，白色，宽卵形，长约 5 毫米，宽约 3.5 毫米，花瓣状；退化雄蕊 2，椭圆形或卵形；雄蕊多数，比花的其他部分长；心皮 2~7，密被灰白色短柔毛，具短梗，果期伸长。蓇葖果具长梗，梗长约 4 毫米，果长椭圆形或椭圆形，长 6~9 毫米，宽 4~5 毫米，果喙弯曲呈小钩状，种子椭圆形，长约 3.5 毫米，四周被膜质鳞片。花期 7—8 月，果期 8—9 月。

生于山地灌丛，林缘草甸及林下。

产　　地：根河市、鄂伦春自治旗。

## 耧斗菜属 *Aquilegia* L.

耧斗菜 *Aquilegia viridiflora* Pall.（图 167）

**别　　名**：血见愁。

**形态特征**：多年生草本，高 20~40 厘米。茎直立。基生叶多数，有长柄，长达 15 厘米，二回三出复叶。单歧聚伞花序；花梗长 2~5 厘米；花黄绿色；花瓣瓣片长约 1.4 厘米，上部宽达 1.5 厘米，先端圆状截形，两面无毛，距细长，长约 1.8 厘米，直伸或稍弯；雄蕊多数，比花瓣长，伸出花外，花丝丝状，花药黄色；退化雄蕊白色膜质，条状披针形，长 7~8 毫米；心皮 4~6，通常 5，密被腺毛和柔毛，花柱细丝状，明显超出花的其他部分。蓇葖果直立，被毛，长约 2 厘米，相互靠近，宿存花柱细长，与果近等长，稍弯曲；种子狭卵形，长约 2 毫米，宽约 0.7 毫米，黑色，有光泽，三棱状，其中有 1 棱较宽，种皮密布点状皱纹，花期 5—6 月，果期 7 月。

生于石质山坡的灌丛间与基岩露头上及沟谷中。

产　　地：根河市、牙克石市、海拉尔区、满洲里市。

（图 166）单穗升麻 *Cimicifuga simplex* Woromsk.

（图 167）楼斗菜 *Aquilegia viridiflora* Pall.

## 蓝堇草属 *Leptopyrum* Reichb.

蓝堇草 *Leptopyrum fumarioides*（L.）Reichb.（图 168）

**形态特征：** 一年生小草本，高 5~30 厘米。茎直立或上升，通常从基部分枝。基生叶多数，丛生，通常为二回三出复叶，具长柄，叶片轮廓卵形或三角形，长 2~4 厘米，宽 1.5~3 厘米；茎上部叶对生至轮生，具短柄，几乎全部加宽成鞘，叶片二至三回三出复叶。单歧聚伞花序具 2 至数花；花瓣 4~5，漏斗状，长约 1 毫米，与萼片互生，比萼片显著短，2 唇形，下唇比上唇显著短，微缺，上唇全缘；雄蕊 10~15，花丝丝状，长约 2.5 毫米，花药近球形；心皮 5~20，无毛。蓇葖果条状矩圆形，长达 1 厘米，宽约 2 毫米，内含种子多数，果喙直伸；种子暗褐色，近椭圆形或卵形，长 0.6~0.8 毫米，宽 0.4~0.6 毫米，两端稍尖，表面密被小瘤状凸起。花期 6 月，果期 6—7 月。

生于田野、路边或向阳山坡。

**产　　地：** 根河市、海拉尔区、新巴尔虎左旗、扎兰屯市。

（图 168）蓝堇草 *Leptopyrum fumarioides*（L.）Reichb.

## 唐松草属 *Thalictrum* L.

翼果唐松草 *Thalictrum aquilegifolium* L. var. *sibiricum* Regel et Tiling（图 169）

**别　　名：** 唐松草、土黄连。

**形态特征：** 多年生草本，高 50~100 厘米。根茎短粗，须根发达。茎圆筒形。基生叶具长柄，长约 12 厘米，二至三回三出复叶；茎生叶三至四回三出复叶；小叶倒卵形或近圆形，长 1.5~3 厘米，宽 1.2~2.8 厘米，上面绿色，下面淡绿色。复聚伞花序，多花；花直径约 1 厘米；雄蕊多数，花丝白色，长 5~8 毫米，花药长矩圆形，长约 1 毫米，黄白色；心皮 5~10，稀较多。果梗细长，长约 5 毫米，基部细弱；瘦果下垂，倒卵形或倒卵状椭圆形，长 5~8 毫米，宽 3~5 毫米，具 3~4 条纵棱翼，基部渐狭，先端钝，顶端具斜生的短喙，喙长约 0.5 毫米。花期 6—7 月，果期 7—8 月。

中生植物。生于山地林缘及林下。

产　　　地：额尔古纳市、鄂伦春自治旗、鄂温克族自治旗、扎兰屯市。

（图 169）翼果唐松草 *Thalictrum aquilegifolium* L. var. *sibiricum* Regel et Tiling

瓣蕊唐松草 *Thalictrum petaloideum* L.（图 170）

别　　　名：肾叶唐松草、花唐松草、马尾黄连。

形态特征：多年生草本，高 20~60 厘米，全株无毛。茎直立，具纵细沟。基生叶通常 2~4，有柄，三至四回三出羽状复叶，小叶近圆形、宽倒卵形或肾状圆形；茎生叶通常 2~4，上部者具短柄至近无柄，叶柄两侧加宽成翼状鞘。花多数，较密集，生于茎顶部，呈伞房状聚伞花序；萼片 4，白色，卵形，长 3~5 毫米，先端圆，早落；无花瓣；雄蕊多数，长 5~12 毫米，花丝中上部呈棍棒状，狭倒披针形，花药黄色，椭圆形；心皮 4~13，无柄，花柱短，柱头狭椭圆形，稍外弯。瘦果无梗，卵状椭圆形，长 4~6 毫米，宽约 2~3 毫米，先端尖，呈喙状，稍弯曲，具 8 条纵肋棱。花期 6—7 月，果期 8 月。

生于草甸、草甸草原及山地沟谷中。

产　　　地：根河市、额尔古纳市、鄂伦春自治旗、牙克石市、扎兰屯市、新巴尔虎左旗。

香唐松草 *Thalictrum foetidum* L.（图 171）

别　　　名：腺毛唐松草。

形态特征：多年生草本，高达 20~50 厘米，根茎较粗。茎具纵槽。茎生叶三至四回三出羽状复叶。圆锥花序疏松；花小，直径 5~7 毫米，通常下垂；花梗长 0.5~1.2 厘米；萼片 5，淡黄绿色，稍带暗紫色；无花瓣；雄蕊多数，比萼片长 1.5~2 倍，花丝丝状，长 3~5 毫米，花药黄色，条形，长 1.5~3 毫米；心皮 4~9 或更多，子房无柄，柱头具翅，长三角形。瘦果扁，卵形或倒卵形，长 2~5 毫米，具 8 条纵肋，被短腺毛，果喙长约 1 毫米，微弯。花期 8 月，果期 9 月。

生于山地草原及灌丛中。

产　　　地：根河市、牙克石市、扎兰屯市、新巴尔虎左旗。

（图 170）瓣蕊唐松草 *Thalictrum petaloideum* L.

（图 171）香唐松草 *Thalictrum foetidum* L.

**展枝唐松草** *Thalictrum squarrosum* Steph. ex Willd.（图 172）

别　　名：叉枝唐松草、歧序唐松草、坚唐松草。

形态特征：多年生草本，高达 1 米。茎呈"之"字形曲折，常自中部二叉状分枝。叶集生于茎下部和中部，为三至四回三出羽状复叶，上面绿色，下面色淡。圆锥花序近二叉状分枝，呈伞房状，花梗长 1.5~3 厘米，基部具披针形小苞；花直径 5~7 毫米；萼片 4，淡黄绿色，稍带紫色；无花瓣；雄蕊 7~10，花丝细，长 2~5 毫米，花药条形，长约 3 毫米，比花丝粗，先端渐尖；心皮 1~3，无柄，柱头三角形，有翼。瘦果新月形或纺锤形，一面直，另一面呈弓形弯曲，长 5~8 毫米，宽 1.2~2 毫米，两面稍扁，具 8~12 条凸起的弓形纵肋，果喙微弯，长约 1.5 毫米。花期 7—8 月，果期 8—9 月。

生于典型草原、沙质草原群落中。

产　　地：全市。

（图 172）展枝唐松草 *Thalictrum squarrosum* Steph. ex Willd.

**箭头唐松草** *Thalictrum simplex* L.（图 173）

别　　名：水黄连、黄唐松草。

形态特征：多年生草本，高 50~100 厘米。茎直立。基生叶为二至三回三出羽状复叶；下部茎生叶为二回三出羽状复叶，中部茎生叶为二回三出羽状复叶；上部茎生叶为一回三出羽状复叶，上面深绿色，下面灰绿色，叶脉隆起。圆锥花序生于茎顶，分枝向上直展；花多数，花梗长 2~3 毫米，花直径约 6 毫米；萼片 4，淡黄绿色，卵形或椭圆形，长 2~3 毫米；无花瓣；雄蕊多数，花丝丝状，长 2~3 毫米，花药黄色，长约 2 毫米；心皮 4~12，柱头箭头状，宿存。瘦果椭圆形或狭卵形，长约 2 毫米，宽约 1.5 毫米，具 3~9 条明显的纵棱；心皮梗长约 1 厘米。花期 7—8 月，果期 8—9 月。

生于河滩草甸及山地灌丛、林缘草甸。

产　　地：全市。

（图 173）箭头唐松草 *Thalictrum simplex* L.

**锐裂箭头唐松草（变种）***Thalictrum simplex* L. var. *affine*（Ledeb）Regel（图 174）

形态特征：本变种与正种的区别在于，小叶楔形或狭楔形，基部狭楔形，小裂片狭三角形，顶端锐尖。花梗长 4~7 毫米。

生于河岸草甸、山地草甸。

产　　地：额尔古纳市、牙克石市、鄂伦春自治旗、鄂温克族自治旗。

**欧亚唐松草** *Thalictrum minus* L.（图 175）

别　　名：小唐松草。

形态特征：多年生草本，高 60~120 厘米。茎直立，具纵棱。下部叶为三至四回三出羽状复叶，上部叶为二至三回三出羽状复叶，上面绿色，下面淡绿色。圆锥花序长达 30 厘米；花梗长 3~8 毫米；萼片 4，淡黄绿色，外面带紫色，狭椭圆形，长约 3.5 毫米，宽约 1.5 毫米，边缘膜质；无花瓣；雄蕊多数，长约 7 毫米，花药条形，长约 3 毫米，顶端具短尖头，花丝丝状；心皮 3~5，无柄，柱头正三角状箭头形。瘦果狭椭圆球形，稍扁，长约 3 毫米，有 8 条纵棱。花期 7—8 月，果期 8—9 月。

生于山地林缘、林下、灌丛及草甸中。

产　　地：根河市、额尔古纳市、鄂伦春自治旗、鄂温克族自治旗。

# 银莲花属 *Anemone* L.

**二歧银莲花** *Anemone dichotoma* L.（图 176）

别　　名：草玉梅。

形态特征：多年生草本，高 20~70 厘米。花葶直立，被贴伏柔毛。基生叶 1，早脱落，总苞片 2，位于茎上部分枝处，对生，无柄，苞片 3 深裂，裂片狭楔形、矩圆形至矩圆状披针形；花序 2~3 回二歧分枝；花单生于

（图 174）锐裂箭头唐松草（变种）*Thalictrum simplex* L. var. *affine*（Ledeb）Regel

（图 175）欧亚唐松草 *Thalictrum minus* L.

分枝顶端，自总苞间抽出花梗，花梗长达 9 厘米，密被贴伏短柔毛；萼片通常 5~6，白色或外面稍带淡紫红色，不等大，倒卵形或椭圆形，长 0.7~1.2 厘米。外面被短柔毛，里面无毛；无花瓣；雄蕊多数，花丝条形，长约 4 毫米；心皮约 30，无毛。聚合果近球形，径约 1.2 厘米；瘦果狭卵形，两侧扁，长 5~7 毫米，宽 2~2.5 毫米。花期 6 月，果期 7 月。

生于林下、林缘草甸及沟谷、河岸草甸。

产　　　地：额尔古纳市、根河市、牙克石市、鄂伦春自治旗、扎兰屯市。

（图 176）二歧银莲花 Anemone dichotoma L.

**大花银莲花 Anemone silvestris L.（图 177）**

别　　　名：林生银莲花。

形态特征：多年生草本，高 20~60 厘米。基生叶 2~5，叶柄长 3~10 厘米，被长柔毛；叶片轮廓近五角形，长 1~5.5 厘米，宽 2~8 厘米，3 全裂，中央全裂片菱形或倒卵状菱形，又 3 中裂，侧全裂片不等 2 深裂。总苞片 3，具柄；花单生于顶端，花梗长达 20 厘米，被柔毛；花大形；萼片 5，椭圆形或倒卵形，里面白色，无毛，外面白色微带紫色；雄蕊多数，长约 4 毫米，花丝丝形，花药近球形；心皮多数（180~240），长约 1 毫米，子房密被短柔毛，柱头球形，无柄。聚合果直径约 1 厘米，密集呈棉团状；瘦果长约 2 毫米，密被白色长棉毛。花期 6—7 月，果期 7—8 月。

生于山地林下、林缘、灌丛及沟谷草甸。

产　　　地：额尔古纳市、牙克石市、陈巴尔虎旗、海拉尔区。

**长毛银莲花 Anemone crinita Juz.（图 178）**

形态特征：多年生草本，高 30~60 厘米。植株基部密被枯叶柄纤维，基生叶多数，有长柄，柄长 10~30 厘米，密被白色开展的长柔毛；叶片轮廓圆状肾形，长 3~5.5 厘米，宽 4~9 厘米，3 全裂，全裂片 2~3 回羽状细裂，末回裂片披针形或条形，宽 2~5 毫米，两面疏被长柔毛；花葶 1 至数个，直立，疏被白色开展的长柔毛；

（图 177）大花银莲花 *Anemone silvestris* L.

（图 178）长毛银莲花 *Anemone crinita* Juz.

总苞苞片掌状深裂，无柄，裂片 2~3 深裂或中裂。两面被长柔毛，外面基部毛较密；花梗 2~6，长 5~8 厘米，疏被长柔毛，呈伞形花序状，顶生；萼片 5，白色，菱状倒卵形，长约 1.5 厘米，宽约 1 厘米；雄蕊长 3~5 毫米，花丝条形；心皮无毛。瘦果宽倒卵形或近圆形，长 5~7 毫米，宽 5~5.5 毫米，无毛，先端具向下弯曲的喙，喙长约 1 毫米。花期 5—6 月，果期 7—9 月。

生于山地林下、林缘及草甸。

产　　　地：额尔古纳市、根河市、牙克石市、扎兰屯市。

## 白头翁属 Pulsatilla Adans.

掌叶白头翁 Pulsatilla patens（L.）Mill. var. multifida（Pritz.）S. H. Li et Y. H. Huang（图 179）

形态特征：多年生草本，高达 40 厘米。根状茎粗壮，黑褐色。基生叶近圆状心形或肾形；叶柄长 5~28 厘米，被开展的长柔毛。花葶直立，被开展的长柔毛；总苞长 3~5 厘米，密被长柔毛，管部长 8~12 毫米，裂片狭条形，宽 0.5~1.2 毫米；花梗被长柔毛，果期伸长；花直立；萼片蓝紫色，短圆状卵形，长 2.5~4 厘米，宽 8~15 毫米，里面无毛，外面疏被长柔毛，先端渐尖；雄蕊长约为萼片之半。瘦果纺锤形，长约 4 毫米，宽 1.5~2 毫米，被柔毛，宿存花柱长约 3.5 厘米，密被白柔毛。花期 5—6 月，果期 7 月。

生于林间草甸、山地草甸。

产　　　地：根河市、牙克石市、鄂伦春自治旗、阿荣旗、扎兰屯市。

（图 179）掌叶白头翁 Pulsatilla patens（L.）Mill. var. multifida（Pritz.）S. H. Li et Y. H. Huang

细叶白头翁 Pulsatilla turczaninovii Kryl. et Serg.（图 180）

别　　　名：毛姑朵花。

形态特征：多年生草本，高 10~40 厘米。根粗大，垂直，暗褐色。基生叶多数，通常与花同时长出，叶片轮廓卵形，长 4~14 厘米，宽 2~7 厘米，二至三回羽状分裂。总苞叶掌状深裂，裂片条形或倒披针状条形，全缘或 2~3 分裂，里面无毛，外面被长柔毛，基部联合呈管状，管长 3~4 毫米；花葶疏或密被白色柔毛；花向上开展；萼片 6，蓝紫色或蓝紫红色，长椭圆形或椭圆状披针形，长 2.5~4 厘米，宽达 1.4 厘米，外面密被伏毛；雄蕊多数，比萼片短约一半。瘦果狭卵形，宿存花柱长 3~6 厘米，弯曲，密被白色羽毛。花果期 5—6 月。

生于典型草原及森林草原带的草原与草甸草原群落中。

产　　地：额尔古纳市、牙克石市、鄂温克族自治旗、扎兰屯市、新巴尔虎左旗、新巴尔虎右旗。

（图 180）细叶白头翁 *Pulsatilla turczaninovii* Kryl. et Serg.

细裂白头翁 *Pulsatilla tenuiloba*（Hayek）Juz.（图 181）

形态特征：多年生草本，高约 8 厘米。根状茎粗壮，具基生叶枯叶柄残基；直根暗褐色，基生叶轮廓狭矩圆形，长约 5 厘米，宽约 2 厘米，二回羽状全裂，小裂片狭条形，先端锐尖，宽 0.5~1 毫米，两面星散长柔毛；叶柄长约 2.5 毫米，被白色贴伏或稍开展的长柔毛，总苞 3 深裂，裂片又羽状分裂，小裂片狭条形，宽 0.5~1 毫米，里面无毛，外面密被白色长柔毛，花葶单一，在花期密被贴伏或稍开展的白色长柔毛，果期疏被毛；萼片蓝紫色，半开展，狭椭圆形，长 2~3 厘米，宽 6~10 毫米，里面无毛，外面密被伏毛；雄蕊长约萼片之半；心皮密被柔毛；瘦果长椭圆形，先端具尾状的宿存花柱，长约 2 厘米，稍弯曲，下部密被白色长柔毛，上部被短伏毛，顶端无毛。花果期 6 月，7 月下旬时出现二次开花现象。

生于草原区丘陵石质坡地。

产　　地：新巴尔虎右旗。

蒙古白头翁 *Pulsatilla ambigua* Turcz. ex Pritz.（图 182）

别　　名：北白头翁

形态特征：多年生草本，高 5~8 厘米。根粗直，暗褐色。基生叶少数，通常与花同时长出，叶柄密被开展的白色长柔毛，长约 4 厘米。总苞叶掌状深裂，小裂片又 2~3 深裂或羽状分裂。花葶密被白色长柔毛，花钟形，先下垂，后直立；萼片通常 6，蓝紫色，狭卵形至长椭圆形，长约 2.8 厘米，宽约 1 厘米，外面被伏长柔毛，里面无毛，先端钝圆；雄蕊多数，长约为萼片之半；心皮多数。瘦果狭卵形，宿存花柱长约 3 厘米，密被白色羽毛。花果期 5—6 月。

中旱生植物。生于山地草原灌丛。

产　　　地：新巴尔虎左旗、新巴尔虎右旗、陈巴尔虎旗、鄂温克族自治旗。

（图 181）细裂白头翁 *Pulsatilla tenuiloba*（Hayek）Juz.

（图 182）蒙古白头翁 *Pulsatilla ambigua* Turcz. ex Pritz.

**黄花白头翁** *Pulsatilla sukaczewii* Juz.（图 183）

**形态特征：**多年生草本，高约 15 厘米。根粗壮，垂直，暗褐色。基生叶多数；叶片轮廓长椭圆形，二回羽状全裂；总苞叶 3 深裂，裂片的中下部两侧常各具 1 侧裂片，裂片又羽状分裂，小裂片狭条形，宽 0.5~1 毫米，上面无毛，下面密被白色长柔毛。花葶在花期密被贴伏或稍开展的白色长柔毛，果期疏被毛；萼片 6 或较多，开展，黄色，有时白色，椭圆形或狭椭圆形，长 1~2 厘米，宽 0.5~1 厘米，外面稍带紫色，密被伏毛，里面无毛；雄蕊多数，长约为萼片之半；心皮多数，密被柔毛。瘦果长椭圆形，先端具尾状的宿存花柱，长 2~2.5 厘米，下部被斜展的长柔毛，上部密被贴伏的短毛，顶端无毛。花果期 5—6 月，7 月下旬有时出现二次开花现象。

生于草原区石质山地及丘陵坡地和沟谷中。

**产　　地：**新巴尔虎右旗、满洲里市。

（图 183）黄花白头翁 *Pulsatilla sukaczewii* Juz.

**兴安白头翁** *Pulsatilla dahurica*（Fisch.ex DC.）Spreng.（图 184）

**形态特征：**多年生草本，高达 40 厘米。根状茎粗壮，黑褐色。基生叶叶片轮廓卵形，长 4~8 厘米，宽 3~6 厘米，3 全裂或近似羽状分裂，中央全裂片具长柄，又 3 全裂，末回裂片狭楔形或宽条形。全缘或上部有 2~3 齿，宽 2~5 毫米，上面近无毛，下面沿脉疏被柔毛；叶柄长达 16 厘米，被柔毛。花葶 2~4，直立，被柔毛；总苞掌状深裂，筒长约 1 厘米，裂片条形至条状披针形，里面无毛，外面密被长柔毛；花梗果期伸长；被长柔毛；花近直立；萼片暗紫色，椭圆状卵形，长约 2 厘米，宽约 1 厘米，顶端钝尖，里面无毛，外面密被白色长柔毛；雄蕊长约为萼片之 2/3。瘦果纺锤形，长约 3 毫米，密被柔毛，宿存花柱长达 6 厘米，被近平展的长柔毛。花期 5—6 月初，果期 6—7 月。

生于河岸草甸、石砾地、林间空地。

**产　　地：**额尔古纳市、牙克石市、扎兰屯市、阿荣旗、莫力达瓦达斡尔族自治旗。

（图 184）兴安白头翁 *Pulsatilla dahurica*（Fisch.ex DC.）Spreng.

## 侧金盏花属 *Adonis* L.

北侧金盏花 *Adonis sibiricus* Patr. ex Ledeb.（图 185）

形态特征：多年生草本，植株开花初期高约 30 厘米，后期可达 60 厘米，除心皮外，全部无毛。根状茎粗壮而短，径可达 2.5 厘米。茎丛生，单一或极少分枝，粗 3~5 毫米，基部被鞘状鳞片，褐色。叶无柄，叶片轮廓卵形或三角形，长达 6 厘米，宽达 4 厘米，2~3 回羽状细裂，末回裂片条状披针形，有时有小齿，宽 1~1.5 毫米。花大径 3.5~6 厘米；萼片 5~6，黄绿色，圆卵形，长 1~1.5 厘米，宽 6~8 毫米，先端狭窄；花瓣黄色，狭倒卵形，长 1.8~2.3 厘米，宽 6~8 毫米，先端近圆形或钝；雄蕊长约 5 毫米，花药矩圆形，长约 1.5 毫米。瘦果倒卵球形，长约 4 毫米，被稀疏短柔毛，果喙长约 1 毫米，向下弯曲。花期 5 月下旬至 6 月初。

生于林缘草甸。

产　　地：根河市、鄂温克族自治旗、新巴尔虎左旗。

## 水毛茛属 *Batrachium* J. F. Gray

小水毛茛 *Batrachium eradicatum*（Laest.）Fries.（图 186）

形态特征：水生小草本。茎高不过 10 厘米，节间短，长 0.5~1 厘米，无毛。叶有柄，长 5~15 毫米，基部具鞘，通常无毛；叶片轮廓扇形，长约 1 厘米，末回裂片丝形，长约 2 毫米，在水外叉开，无毛。花直径 6~8 毫米；花梗长 1~2 厘米，无毛；萼片卵形，长约 2 毫米，边缘膜质，无毛；花瓣白色，下部黄色，狭倒卵形，长 3~4 毫米，基部具爪，密槽点状；雄蕊 8~10；花托有短毛。聚合果球形，直径约 3 毫米；瘦果倒卵球形，稍扁，长约 1 毫米，有横皱纹，沿背棱有毛，喙稍弯。花果期 5—7 月。

生于池塘、水边。

产　　地：牙克石市、新巴尔虎右旗。

（图 185）北侧金盏花 *Adonis sibiricus* Patr. ex Ledeb.

（图 186）小水毛茛 *Batrachium eradicatum*（Laest.）Fries.

**毛柄水毛茛** *Batrachium trichophyllum*（Chaix）Bossche（图 187）

**形态特征**：多年生沉水草本。茎细长，分枝，无毛。叶有叶柄，长 1~2 厘米，基部加宽或鞘状，无毛；叶片轮廓扇形，长 4~6 厘米，裂片细，毛发状，无毛。花梗长 3~6 厘米，无毛；花瓣白色，倒卵状椭圆形，长约 5 毫米，基部有爪，密槽点状；雄蕊 8~10；花托无毛，聚合果球形，直径约 3~5 毫米；瘦果卵圆球形，长 1.5~2 毫米，稍扁，表面有横皱纹，喙细长，弯，后枯萎，花果期 6—8 月。

生于河水中或水甸子积水处。

产　　地：额尔古纳市、新巴尔虎右旗、海拉尔区。

（图 187）毛柄水毛茛 *Batrachium trichophyllum*（Chaix）Bossche

**水毛茛** *Batrachium bungei*（steud.）L. Liou（图 188）

**形态特征**：多年生沉水草本。茎长 30 厘米以上，无毛或在节上被疏毛。叶有短或长柄，基部加宽成鞘状，近无毛或疏被毛；叶片轮廓半圆形或扇状半圆形，长 2.5~4 厘米，小裂片近丝形，在水外常收拢，无毛；花梗长 2~5 厘米，无毛；花直径 8~1.5 厘米；萼片卵状椭圆形，长约 3 毫米，边缘膜质，无毛；花瓣白色，基部黄色，倒卵形，长 6~9 毫米；雄蕊多数；花托有毛。聚合果卵球形，直径约 3 5 毫米；瘦果 20~40，狭倒卵形，长 12~2 毫米，有横皱纹，花果期 5—8 月。

生于湖泊、河流水中。见于兴安北部等。

产　　地：牙克石市乌尔其汗。

## 水葫芦苗属 *Halerpestes* Greene

**黄戴戴** *Halerpestes ruthenica*（Jacq.）Ovcz.（图 189）

**别　　名**：金戴戴、长叶碱毛茛。

**形态特征**：多年生草本，高 10~25 厘米。具细长的匍匐茎，节上生根长叶。叶全部基生；叶片宽梯形或卵状梯形，长 1.2~4 厘米，宽 0.7~2.5 厘米。花葶较粗而直，疏被柔毛，单一或上部分枝，具 1~3（4）花；苞片披针状条形；花直径约 2 厘米；萼片 5，淡绿色，膜质；花瓣 6~9，黄色，狭倒卵形，长约 10 毫米，宽约 5 毫

（图 188）水毛茛 *Batrachium bungei*（steud.）L. Liou

（图 189）黄戴戴 *Halerpestes ruthenica*（Jacq.）Ovcz.

米，具短爪，有密槽，先端钝圆；花托圆柱形，被柔毛。聚合果球形或卵形，长约 1 厘米，瘦果扁，斜倒卵形，长约 3 毫米，具纵肋，先端有微弯的果喙。花期 5—6 月，果期 7 月。

生于各种低湿地草甸及轻度盐化草甸，为轻度耐盐的中生植物。

产　　地：陈巴尔虎旗、新巴尔虎左旗、新巴尔虎右旗、鄂温克族自治旗。

**水葫芦苗** *Halerpestes sarmentosa*（Adams）Kom. & Aliss.（图 190）

别　　名：圆叶碱毛茛。

形态特征：多年生草本，高 3~12 厘米。具细长的匍匐茎，节上生根长叶。叶全部基生；叶片近圆形、肾形或宽卵形，长 0.4~1.5 厘米。花葶 1~4，由基部抽出或由苞腋伸出两个花梗，直立，近无毛；苞片条形；花直径约 7 毫米；萼片 5，淡绿色，宽椭圆形，长约 3.5 毫米，无毛；花瓣 5，黄色，狭椭圆形，长约 3 毫米，宽约 1.5 毫米，基部具爪，爪长约 1 毫米，密槽位于爪的上部；花托长椭圆形或圆柱形，被短毛。聚合果椭圆形或卵形，长约 6 毫米，宽约 4 毫米；瘦果狭倒卵形，长约 1.5 毫米，两面扁而稍鼓凸，具明显的纵肋，顶端具短喙。花期 5—7 月，果期 6—8 月。

生于低湿地草甸及轻度盐化草甸，为轻度耐盐的中生植物。

产　　地：额尔古纳市、牙克石市、满洲里市、新巴尔虎左旗、鄂温克族自治旗、扎兰屯市。

（图 190）水葫芦苗 *Halerpestes sarmentosa*（Adams）Kom. & Aliss.

## 毛茛属 *Ranunuclus* L.

**石龙芮** *Ranunculus sceleratus* L.（图 191）

形态特征：一、二年生草本，高约 30 厘米。须根细长成束状，淡褐色。茎直立，无毛，稀上部疏被毛，中空，具纵槽，分枝，稍肉质。基生叶具长柄，柄长 4~8 厘米，叶片轮廓肾形，长 2~3 厘米，宽 3~4.5 厘米，3~5 深裂，裂片楔形，再 2~3 浅裂，小裂片具牙齿，两面无毛；茎生叶与基生叶同形，叶柄较短，分裂或不分裂，裂片较狭。聚伞花序多花，花梗近无毛或微被毛；花径约 7 毫米；萼片 5，卵状椭圆形，长约 3 毫米，膜质，反卷，外面被柔毛；花瓣 5，倒卵形，长约 4 毫米，黄色；花托矩圆形，长约 7 毫米，宽约 3 毫米，被柔毛。聚合果矩圆形，长约 8 毫米，宽约 5 毫米；瘦果多数（70~130），近圆形，长约 1 毫米，两侧扁，无毛，果喙极短。花果期 7—9 月。

生于沼泽草甸及草甸。

产　　地：额尔古纳市、根河市、牙克石市、海拉尔区、新巴尔虎左旗、新巴尔虎右旗。

（图 191）石龙芮 *Ranunculus sceleratus* L.

**小掌叶毛茛** *Ranunculus gmelinii* Dc.（图 192）

别　　名：小叶毛茛。

形态特征：多年生草本，高约 10 厘米，茎细长，斜升；叶具柄；叶片轮廓近圆形或肾状圆形，长 5~10 毫米，宽 9~15 毫米，3~5 深裂，裂片再分裂成 2~3 个小裂片；叶片两面近无毛，有时背面毛较密。花 2~3 朵着生于茎顶或分枝顶端，花梗细长，果期伸长达 4 厘米；花径 6~10 毫米；萼片 5，膜质，卵状椭圆形，长约 3 毫米，宽约 2 毫米；花瓣 5，黄色，矩圆状倒卵形或椭圆形，长约 4 毫米，宽约 2.5 毫米，基部狭窄成短爪；花托椭圆状球形，长约 2 毫米，宽约 1.5 毫米，疏被毛。聚合果近球形。直径 3~4 毫米，瘦果宽卵形，径约 1.5 毫米，两面鼓凸，无毛，果喙细尖，稍弯曲，长约 0.4 毫米。花果期 7 月。

生于浅水中或沼泽草甸中。

产　　地：额尔古纳市、根河市、鄂伦春自治旗、牙克石市、鄂温克族自治旗、扎兰屯市。

**毛茛** *Ranunculus japonicus* Thunb.（图 193）

形态特征：多年生草本，高 15~60 厘米。茎直立；基生叶丛生，具长柄；叶片轮廓五角形，基部心形；茎生叶少数，似基生叶，但叶裂片狭窄，牙齿较尖，具短柄或近无柄，上部叶 3 全裂，裂片披针形，再分裂或具尖牙齿；聚伞花序，多花；花梗细长，密被伏毛；花径 1.5~2.3 厘米；萼片 5，卵状椭圆形，长约 6 毫米，边缘膜质，外面被长毛；花瓣 5，鲜黄色，倒卵形，长 7~12 毫米，宽 5~8 毫米，基部狭楔形，里面具密槽，先端钝圆，有光泽；花托小，长约 2 毫米，无毛。聚合果球形，径约 7 毫米；瘦果倒卵形，长约 3 毫米，两面扁或微凸，无毛，边缘有狭边，果喙短。花果期 6—9 月。

生于山地林缘草甸、沟谷草甸、沼泽草甸中。

产　　　地：鄂伦春自治旗、牙克石市、鄂温克族自治旗、新巴尔虎右旗、阿荣旗、扎兰屯市。

（图 192）小掌叶毛茛 *Ranunculus gmelinii* Dc.

（图 193）毛茛 *Ranunculus japonicus* Thunb.

回回蒜 *Ranunculus chinensis* Bunge.（图 194）

**形态特征**：多年生草本，高 15~40 厘米。茎直立，中空，单一或分枝。叶为三出复叶，基生叶与下部茎生叶具长柄；复叶轮廓宽卵形；茎上部叶渐小，叶柄渐短至无柄；叶两面被硬伏毛。花 1~2 朵生于茎顶或分枝顶端；花梗被硬状毛，长 1.5~3 厘米；花径约 1 厘米；萼片 5，黄绿色，狭卵形，长约 4 毫米，宽约 2 毫米，向下反卷，外面被长硬毛；花瓣 5，黄色，倒卵状椭圆形，长约 5 毫米，宽约 3 毫米，基部具密槽；花托在果期伸长，圆柱形或长椭圆形，长约 1 厘米，宽约 3 毫米，密被短柔毛。聚合果椭圆形，长约 1.1 厘米，宽约 7 毫米；瘦果卵状椭圆形，长约 2.5 毫米，两面扁，边缘具棱线，果喙短，微弯。花期 5—8 月，果期 6—9 月。

生于山地林缘草甸、沟谷草甸、沼泽草甸中。

**产　　地**：鄂伦春自治旗、牙克石市、鄂温克族自治旗、新巴尔虎右旗、阿荣旗、扎兰屯市。

（图 194）回回蒜 *Ranunculus chinensis* Bunge.

## 铁线莲属 *Clematis* L.

**棉团铁线莲** *Clematis hexapetala* Pall.（图 195）

**别　　名**：山蓼、山棉花。

**形态特征**：多年生草本，高 40~100 厘米。茎直立。叶对生，为一至二回羽状全裂。聚伞花序腋生或顶生，通常 3 朵花；苞叶条状披针形；花梗被柔毛；萼片 6，稀 4 或 8，白色，狭倒卵形，长 1~1.5 厘米，宽 5~9 毫米，顶端圆形，里面无毛，外面密被白色绵毡毛，花蕾时棉毛更密，像棉球，开花时萼片平展，后逐渐向下反折；无花瓣；雄蕊多数，长约 9 毫米，花药条形，黄色，花丝与花药近等长，条形，褐色，无毛；心皮多数，密被柔毛。瘦果多数，倒卵形，扁平，长约 4 毫米，宽约 3 毫米，被紧贴的柔毛，羽毛状宿存花柱长达 2.2 厘米，羽毛污白色。花期 6—8 月，果期 7—9 月。

生于典型草原、森林草原及山地草原地带的草原及灌丛群落中。

**产　　地**：全市。

（图 195）棉团铁线莲 *Clematis hexapetala* Pall.

短尾铁线莲 *Clematia brevicaudata* DC.（图 196）

别　　名：林地铁线莲。

形态特征：藤本。叶对生，为一至二回三出或羽状复叶，长达 18 厘米；叶柄长 3~6 厘米；小叶卵形至披针形，长 1.5~6 厘米。复聚伞花序腋生或顶生，腋生花序长 4~11 厘米，较叶短；花直径 1~1.5 厘米；萼片 4，展开，白色或带淡黄色，狭倒卵形，长约 6 毫米，宽约 3 毫米，两面均有短绢状柔毛，毛在里面较稀疏，外面沿边缘密生短毛；无毛瓣；雄蕊多数，比萼片短，无毛，花丝扁平，花药黄色，比花丝短；心皮多数，花柱被长绢毛，瘦果宽卵形，长约 2 毫米，宽约 1.5 毫米，压扁，微带浅褐色，被短柔毛，羽毛状宿存花柱长达 2.8 厘米，末端具加粗稍弯曲的柱头。花期 8—9 月，果期 9—10 月。

生于山地林下、林缘及灌丛中。

产　　地：鄂伦春自治旗、鄂温克族自治旗。

半钟铁线莲 *Clematis sibirica*（L.）Mill. var. *ochotensis*（Pall.）S. H. Li et Y. H. Huang（图 197）

形态特征：本种是西伯利亚铁线莲的变种。与正种的区别是花淡紫色或紫色。

生于山地林下，林缘或沟谷灌丛中。

产　　地：根河市、鄂伦春自治旗、牙克石市。

褐毛铁线莲 *Clematis fusca* Turcz.（图 198）

形态特征：草质藤本。茎缠绕，具纵棱。回羽状复叶，小叶 5~7，稀 9，具柄，顶端小叶有时变成卷须；小叶片卵形至卵状披针形，长 2~12 厘米，宽 1~8 厘米，全缘。单花，腋生，花梗基部具 2 枚叶状苞；花梗短粗，长 0.8~2 厘米，被黄褐色柔毛；花钟状，下垂，萼片 4，稀 5，卵状矩圆形，长 2~3 厘米，宽 7~13 毫米，先端略反卷，外面被褐色短柔毛，边缘密被白毛，里面淡紫色。无毛；雄蕊较萼片为短，花丝线形，外面及两侧被长柔毛。基部无毛，花药黄褐色，条形，药隔外面被毛，顶端有尖头状凸起；子房被短柔毛。瘦果扁平，棕色，宽

（图 196）短尾铁线莲 *Clematia brevicaudata* DC.

（图 197）半钟铁线莲 *Clematis sibirica*（L.）Mill. var. *ochotensis*（Pall.）S. H. Li et Y. H. Huang

倒卵形，长约 5 毫米。宽约 4 毫米，边缘增厚，疏被黄褐色柔毛，宿存花柱长达 3 厘米，弯曲，被黄褐色羽毛。花期 6—7 月，果期 8—9 月。

生于林缘、山地灌丛及河边草甸。

产　　地：鄂伦春自治旗、扎兰屯市、阿荣旗。

（图 198）褐毛铁线莲 *Clematis fusca* Turcz.

## 翠雀花属 *Delphinium* L.

**东北高翠雀花 *Delphinium korshinskyanum* Nevski（图 199）**

别　　名：科氏飞燕草。

形态特征：多年生草本，高 40~120 厘米。茎直立，单一；叶片轮廓圆状心形，长 5~7 厘米，掌状 3 深裂，中裂片长菱形，中下部渐狭，楔形，全缘；总状花序单一或基部有分枝，花序轴无毛；小苞片 2，条形，长约 6 毫米，宽约 1 毫米，边缘密被长睫毛，着生在花梗上部，常带蓝紫色；萼片 5，暗蓝紫色，外面无毛或散生白色长毛，上萼片基部伸长成距，长 1.5~1.8 厘米，基部粗约 3 毫米，先端常向上弯，外面散生白色长毛；花瓣 2，瓣片披针形，具距，无毛；退化雄蕊 2，瓣片黑褐色，椭圆形，先端 2 裂，被黄色髯毛，爪无毛。蓇葖果 3，无毛。花期 7—8 月，果期 8 月。

生于河滩草甸及山地五花草甸。

产　　地：额尔古纳市、根河市、鄂伦春自治旗、牙克石市、鄂温克族自治旗。

**翠雀 *Delphinium grandiflorum* L.（图 200）**

别　　名：大花飞燕草、鸽子花、摇咀咀花。

形态特征：多年生草本，高 20~65 厘米。茎直立。基生叶与茎下部叶具长柄，柄长达 10 厘米；叶片轮廓圆肾形，长 2~6 厘米，宽 4~8 厘米，掌状 3 全裂。总状花序具花 3~15 朵，花梗上部具 2 枚条形或钻形小苞片；萼片 5，蓝色、紫蓝色或粉紫色；花瓣 2，瓣片小，白色，基部有距，伸入萼距中；退化雄蕊 2，瓣片蓝色，宽倒卵形，里面中部有一小撮黄色髯毛及鸡冠状凸起，基部有爪，爪具短凸起；雄蕊多数，花丝下部加宽，花药深蓝色及紫黑色。蓇葖果 3，长 1.5~2 厘米，宽 3~5 毫米，密被短毛，具宿存花柱；种子多数，四面体形，具膜质翅。花期 7—8 月，果期 8—9 月。

生于森林草原、山地草原及典型草原带的草甸草原、沙质草原及灌丛中。

产　　地：额尔古纳市、根河市、鄂伦春自治旗、牙克石市、鄂温克族自治旗。

（图 199）东北高翠雀花 *Delphinium korshinskyanum* Nevski

（图 200）翠雀 *Delphinium grandiflorum* L.

（图 201）细叶黄乌头 *Aconitum barbatum* Pers.

# 乌头属 Aconitum L.

**细叶黄乌头 Aconitum barbatum Pers.（图 201）**

**形态特征：** 多年生草本，高达 1 米余。茎直立。基生叶 2~4，具长柄，长达 40 厘米；叶片轮廓近圆肾形，长 4~10 厘米，宽 7~14 厘米。总状花序长 10~30 厘米，花多而密集；花序轴和花梗密被贴伏反曲短柔毛；小苞片条形，着生于花梗中下部，密被反曲短柔毛；萼片黄色，外面密被反曲短柔毛，上萼片圆筒形，高 1.3~2 厘米，粗 3~4 毫米，下缘长 0.8~1.2 厘米，侧萼片宽倒卵形，长约 9 毫米，里面上部有一簇长毛，边缘具长纤毛；下萼片矩圆形，长约 9 毫米，宽约 4 毫米；花瓣无毛，唇长约 2.5 毫米，距直或稍向后弯曲，比唇稍短；雄蕊无毛或有短毛，花丝全缘，中下部加宽；心皮 3，疏被毛蓇葖果长约 1 厘米，疏被短毛；种子倒卵球形，长约 2.5 毫米，褐色，密生横狭翅。花期 7—8 月，果期 8—9 月。

生于林下、林缘草甸。

**产　　地：** 根河市、牙克石市。

**薄叶乌头 Aconitum fischeri Reichb.（图 202）**

**形态特征：** 多年生草木，高达 1.6 米。茎直立或上部稍弯曲，上部分枝；叶片轮廓近五角形，长 5~12 厘米，宽 8~15 厘米，掌状 3~5 深裂；花序总状，茎顶端花序有 4~6 花，分枝花序有 2~4 花；花序轴和花梗疏被反曲的短柔毛或近无毛；花梗弧曲；小苞片着生于花梗的中上部，狭条形；萼片蓝紫色，外面无毛或近无毛，上萼片高盔形，具伸长的喙，侧萼片歪倒卵形。下萼片披针形，长约 1.5 厘米，宽约 2~6 毫米；花瓣无毛，瓣片长 7~8 毫米，宽约 3 毫米，唇长约 4.5 毫米，末端 2 浅裂，距长约 2 毫米，微弯；花丝全缘，疏被毛；心皮 3，沿腹缝线被短毛。蓇葖果长达 2 厘米；种子长约 3 毫米，褐色，周围具 1 圈宽纵翅，只一面生横膜质翅，花期 8 月，果期 9 月。

生于阔叶林中或沟谷草甸。

**产　　地：** 根河市、额尔古纳市。

**草乌头 Aconitum kusnezoffii Reichb.（图 203）**

**别　　名：** 北乌头、草乌、断肠草。

**形态特征：** 多年生草本，高 60~150 厘米，稀达 220 厘米。茎直立。叶互生。总状花序顶生，长达 40 厘米；小苞片条形，着生在花梗中下部；萼片蓝紫色，外面几无毛，上萼片盔形或高盔形，高 1.5~2.5 厘米，下缘长 1.3~2 厘米，侧萼片宽歪倒卵形，长 1.2~1.8 厘米，里面疏被长毛，下萼片不等长，矩圆形，长 1~1.5 厘米，宽 3~6 毫米；花瓣无毛，瓣片宽 3~4 毫米，距钩状，长 1~4 毫米，唇长 3~5 毫米，稍向上卷曲；雄蕊无毛，花丝下部加宽，全缘或有 2 小齿，上部细丝状，花药椭圆形，黑色；心皮 4~5，无毛。蓇葖果长 1~2 厘米。花期 7—9 月，果期 9 月。

生于阔叶林下、林缘草甸及沟谷草甸。

**产　　地：** 鄂温克族自治旗、扎兰屯市、牙克石市、根河市、新巴尔虎左旗。

**露蕊乌头 Aconitum gymnandrum Maxim.（图 204）**

**别　　名：** 泽兰、罗贴巴。

**形态特征：** 根近圆柱形。茎高（6~）25~55（100）厘米，等距地生叶，常分枝。基生叶 1~3（~6）枚；叶片宽卵形或三角状卵形，长 3.5~6.4 厘米，宽 4~5 厘米，三全裂，全裂片二至三回深裂。总状花序有 6~16 花；花梗长 1~5（~9）厘米；小苞片生花梗上部或顶部，叶状至线形；萼片蓝紫色，少有白色，外面疏被柔毛，有较长爪，上萼片船形，高约 1.8 厘米，爪长约 1.4 厘米，侧萼片长 1.5~1.8 厘米，瓣片与爪近等长；花瓣的瓣片宽 6~8 毫米，疏被缘毛，距短，头状，疏被短毛；花丝疏被短毛；心皮 6~13，子房有柔毛。蓇葖长 0.8~1.2 厘米；种子倒卵球形，长约 1.5 毫米，密生横狭翅。6—8 月开花。

生于田边、路旁、草地或河边砂地。

**产　　地：** 海拉尔区。

（图 202）薄叶乌头 *Aconitum fischeri* Reichb.

（图 203）草乌头 *Aconitum kusnezoffii* Reichb.

（图 204）露蕊乌头 *Aconitum gymnandrum* Maxim.

**匐枝乌头** *Aconitum macrorhynchum* Turcz.（图 205）

**形态特征**：本变型与正种的区别是：茎纤细，主茎横卧，侧枝顶端生不定根。

生于山地草甸。

**产　　地**：额尔古纳市奇乾。

（图 205）匐枝乌头 *Aconitum macrorhynchum* Turcz.

## 芍药属 *Paeonia* L.

芍药 *Paeonia lactiflora* Pall.（图 206）

**形态特征**：多年生草本，高 50~70 厘米，稀达 1 米。茎圆柱形。茎下部的叶为二回三出复叶，上面绿色，下面灰绿色；叶柄长 6~10 厘米，圆柱形，淡绿色，略带红色，无毛。花顶生并腋生，直径 7~12 厘米，稀达 19 厘米；苞片 3~5，披针形，绿色，长 3~6 厘米；萼片 3~4，宽卵形，直径 1.5~2 厘米，绿色，边缘带红色；花瓣 9~13，倒卵形，长 3~5 厘米，宽 1~2.5 厘米，白色、粉红色或紫红色；雄蕊多数，长 1~1.5 厘米，花药黄色；花盘高约 2 毫米，顶部边缘不整齐，带淡红色；心皮 3~5，无毛，柱头淡紫红色。菁葖果卵状圆锥形，长 3~3.5 厘米，宽约 1.3 毫米，先端变狭而成喙状；种子近球形，直径约 6 毫米，紫黑色或暗褐色，有光泽。花期 5—7 月，果期 7—8 月。

生于山地和石质陵的灌丛、林缘、山地草甸及草甸草原群落中。

**产　　地**：额尔古纳市、根河市、鄂伦春自治旗、牙克石市、扎兰屯市、陈巴尔虎旗、海拉尔区。

（图 206）芍药 *Paeonia lactiflora* Pall.

# 三十六、防己科 Menispermaceae

## 蝙蝠葛属 *Menispermum* L.

蝙蝠葛 *Menispermum dahuricum* DC.（图 207）

**别　　名**：山豆根、苦豆根、山豆秧根。

**形态特征**：缠绕性落叶灌木，长达 10 余米。茎圆柱形。单叶互生，叶片肾圆形至心脏形，长和宽约 5~14 厘米；叶柄盾状着生，长达 15 厘米，无托叶。花白色或黄绿色，成腋生圆锥花序；总花梗长 3~6 厘米，花梗长约 5~7 毫米；萼片约 6，披针形或长卵形，长 2~3 毫米，宽 1~1.5 毫米；花瓣约 6，肾圆形或倒卵形，长 2~3 毫米，宽 2~2.5 毫米，肉质，边缘内卷，具明显的爪；雄花有雄蕊 10~16，花药球形，4 室，鲜黄色；雌花有退化雄蕊 6~12，心皮 3，分离，子房上位，1 室。核果肾圆形，长 6~8 毫米，宽 7~9 毫米，熟时黑紫色，内果皮坚硬，半月形，内含 1 种子。花期 6 月，果期 8—9 月。

生于山地林缘、灌丛、沟谷。

产　　　地：扎兰屯市、鄂伦春自治旗、阿荣旗、莫力达瓦达斡尔族自治旗。

（图 207）蝙蝠葛 *Menispermum dahuricum* DC.

# 三十七、木兰科 Magnoliaceae

## 五味子属 *Schisandra* Michx.

**五味子** *Schisandra chinensis*（Turcz.）Baill.（图 208）

别　　　名：北五味子、辽五味子、山花椒秧。

形态特征：落叶木质藤本，长达 8 米。小枝细长，红褐色。叶鞘膜质，长 5~11 厘米，宽 3~6 厘米；叶柄长 1.5~3 厘米，花单性，雌雄异株，稀同株，单生或簇生于叶腋，乳白色或带粉红色，芳香；花梗纤细，长 1.5~2.5 厘米；花被片 6~9，两轮，矩圆形或长椭圆形，长 8~10 毫米，宽 3~4 毫米，基部有短爪；雄花有雄蕊 5，花丝肉质，合生成短柱状，花药具宽药隔；雌花心皮多数，螺旋状排列在花托上，子房倒梨形，无花柱，授粉后花托延长。浆果球形，内含种子 1~2，成熟时深红色，多数形成下垂长穗状，长 3~10 厘米。花期 6—7 月，果期 8—9 月。

生于阴湿的山沟、灌丛或林下。

产　　　地：鄂伦春自治旗、牙克石市、莫力达瓦达斡尔族自治旗。

# 三十八、罂粟科 Papaveraceae

## 白屈菜属 *Chelidonium* L.

**白屈菜** *Chelidonium majus* L.（图 209）

别　　　名：山黄连。

形态特征：多年生草本，高 30~50 厘米。茎直立，多分枝。叶轮廓为椭圆形或卵形，长 5~15 厘米，宽 4~8 厘米，单数羽状全裂。伞形花序顶生和腋生；花梗纤细，长 5~8 毫米；萼片 2，椭圆形，长约 5 毫米，疏生柔

（图 208）五味子 *Schisandra chinensis*（Turcz.）Baill.

（图 209）白屈菜 *Chelidonium majus* L.

毛，早落；花瓣 4，黄色，倒卵形，长 7~9 毫米，宽 6~8 毫米，先端圆形或微凹；雄蕊多数，长约 5 毫米；子房圆柱形，花柱短，柱头头状，先端 2 浅裂，蒴果条状圆柱形，长 2.5~4 厘米，宽约 2 毫米，种子间稍收缩，无毛。种子多数，宽卵形，长约 1 毫米，黑褐色，表面有光泽和网纹。花期 6—7 月，果期 8 月。

生于山地林缘，林下，沟谷溪边。

产　　地：牙克石市、根河市、额尔古纳市、鄂温克族自治旗。

## 罂粟属 *Paoaver* L.

野罂粟 *Papaver nudicaule* L.（图 210）

别　　名：野大烟、山大烟。

形态特征：多年生草本。叶全部基生，长（1）3~5（7）厘米，宽（5）15~30（40）毫米，羽状深裂或近二回羽状深裂，全缘，两面被刚毛或长硬毛，多少被白粉。花葶 1 至多条，高 10~60 厘米，被刚毛状硬毛；花蕾卵形或卵状球形，常下垂；花黄色、橙黄色、淡黄色，稀白色，直径 2~6 厘米；萼片 2，卵形，被铡毛状硬毛；花瓣外 2 片较大，内 2 片较小，倒卵形，长 1.5~3 厘米，边缘具细圆齿；花丝细丝状，淡黄色，花药矩圆形。蒴果矩圆形或倒卵状球形，长 1~1.5 厘米，径 5~10 厘米，被刚毛，稀无毛，宿存盘状柱头常 6 辐射状裂片。种子多数肾形，褐色。花期 5—7 月，果期 7—8 月。

生于山地林缘、草甸、草原、固定沙丘。

产　　地：全市。

（图 210）野罂粟 *Papaver nudicaule* L.

## 角茴香属 *Hypecoum* L.

角茴香 *Hypecoum erectum* L.（图 211）

形态特征：一年生低矮草本，高 10~30 厘米，全株被白粉。基生叶呈莲座状，轮廓椭圆形或倒披针形，长 2~9 厘米，宽 5~15 毫米，二至三回羽状全裂，一回全裂片 2~6 对，二回全裂片 1~4 对，最终小裂片细条形或丝形，先端尖；叶柄长 2~2.5 厘米。花葶 1 至多条，直立或斜升，聚伞花序，具少数或多数分枝；苞片叶状细裂；花淡黄色；萼片 2，卵状披针形，边缘膜质，长约 3 毫米，宽约 1 毫米；花瓣 4，外面 2 瓣较大，倒三角形，顶端有圆裂片，内面 2 瓣较小，倒卵状楔形，上部 3 裂，中裂片长矩圆形；雄蕊 4，长约 8 毫米，花丝下半部有狭翅；雌蕊 1，子房长圆柱形，长约 8 毫米，柱头 2 深裂，长约 1 毫米，胚珠多数，蒴果条形，长 3.5~5 厘米，种子间有横隔，2 瓣开裂。种子黑色，有明显的十字形凸起。

生于草原与荒漠草原地带的砾石质坡地、沙质地、盐化草甸等处，多为零星散生。

产　　地：满洲里市、海拉尔区、新巴尔虎左旗、新巴尔虎右旗、鄂伦春自治旗。

（图 211）角茴香 *Hypecoum erectum* L.

**齿瓣延胡索** *Corydalis turtschaninovii* Bess.（图 212）

形态特征：多年生草本。块茎球状，直径 1~3 厘米，外被数层栓皮，棕黄色或黄褐色，皮内黄色，味苦且麻。茎直立或倾斜，高 10~30 厘米，单一或由下部鳞片叶腋分出 2~3 枝。叶二回三出深裂或全裂，最终裂片披针形或狭卵形，长 1~5 厘米，宽 0.5~1.5 厘米。总状花序密集，花 20~30 余朵；苞片半圆形，先端栉齿状半裂或深裂；花蓝色或蓝紫色，长 1~2.5 厘米，花冠唇形，4 瓣，2 轮，基部连合，外轮上瓣最大，瓣片边缘具微波状牙齿，顶端微凹，中具一明显突尖，基部延伸成一长距，内轮 2 片较狭小，先端连合，包围雄蕊及柱头；雄蕊 6，3 枚成 1 束，雌蕊 1，花柱细长。蒴果线形或扁圆柱形，长 0.7~2.5 厘米，柱头宿存，成熟时 2 瓣裂。种子细小，多数，黑色，扁肾形。花期 4—5 月，果期 5—6 月。

生于林缘草甸、河滩及溪沟边。

产　　地：额尔古纳市、根河市、牙克石市。

（图 212）齿瓣延胡索 *Corydalis turtschaninovii* Bess.

# 三十九、十字花科 Cruciferae

## 菘蓝属 *Isatis* L.

**长圆果菘蓝** *Isatis oblongata* DC.（图 213）

**形态特征：** 二年生草本，高 30~70 厘米，全株稍被蓝色粉霜，无毛，茎直立，上部稍分枝，基生叶花期早枯萎；茎中、上部叶披针形，或矩圆状披针形，长 2~6 厘米，宽 5~15 毫米，先端锐尖，基部箭形抱茎，全缘或稍波状，总状花序顶生或腋生，常组成圆锥状花序；花梗丝状，果期下垂；萼片矩圆形或椭圆形，长 1.5~2 毫米；花瓣黄色，倒卵形，长 2~3 毫米，短角果矩圆形或椭圆状矩圆形，长 10~15 毫米，宽 4~5 毫米，顶端微凹或圆形，中肋粗而圆形，花果期 6—7 月。

生于石质坡地、河边或湖边沙质地。

**产　　地：** 新巴尔虎右旗、满洲里市。

**三肋菘蓝** *Isatis costata* C. A. Mey.（图 214）

**别　　名：** 肋果菘蓝。

**形态特征：** 一年生或二年生草本，高 30~80 厘米，全株稍被蓝色粉霜；茎直立，上部稍分枝，基生叶条形或椭圆状条形，长 5~10 厘米，宽 5~15 毫米，全缘；茎~叶无柄，披针形或条状披针形，比基生叶小，基部耳垂状，抱茎，总状花序顶生或腋生，组成圆锥状花序；花小，直径 1.5~2.5 毫米，黄色；花梗丝状，长 2~4 毫米；萼片矩圆形至长椭圆形；花瓣倒卵形，长 2.5~3 毫米，短角果成熟时倒卵状矩圆形或椭圆状矩圆形，长 10~14 毫米，宽 4~5 毫米，中肋扁平且有 2~3 条纵向脊棱，棕黄色，有光泽，种子条状矩圆形，长约 3 毫米，宽约 1 毫米，棕黄色，花果期 5—7 月。

生于干河床或芨芨草滩。

**产　　地：** 海拉尔区、新巴尔虎左旗、新巴尔虎右旗。

（图 213）长圆果菘蓝 *Isatis oblongata* DC.

（图 214）三肋菘蓝 *Isatis costata* C. A. Mey.

## 蔊菜属 *Rorippa* Scop.

风花菜 *Rorippa islandica*（Oed.）Borbas（图 215）

别　　名：沼生蔊菜。

形态特征：二年生或多年生草本，无毛。茎直立或斜升，高 10~60 厘米，多分枝，有时带紫色。基生叶和茎下部叶具长柄，大头羽状深裂，长 5~12 厘米，顶生裂片较大，卵形，侧裂片较小，3~6 对，边缘有粗钝齿；茎生叶向上渐小，羽状深裂或具齿，有短柄，其基部具耳状裂片面抱茎。总状花序生枝顶，花极小，直径约 2 毫米；花梗纤细，长 1~2 毫米；萼片直立，淡黄绿色，矩圆形，长 1.5~2 毫米，宽 0.5~0.7 毫米；花瓣黄色，倒卵形，与萼片近等长。短角果稍弯曲，圆柱状长椭圆形，长 4~6 毫米，宽约 2 毫米；果梗长 4~6 毫米。种子近卵形，长约 0.5 毫米。花果期 6—8 月。

生于水边、沟谷。

产　　地：全市。

## 遏蓝菜属 *Thlaspi* L.

遏蓝菜 *Thlaspi arvense* L.（图 216）

别　　名：菥蓂。

形态特征：一年生草本，全株无毛。茎直立，高 15~40 厘米，不分枝或稍分枝，无毛。基生叶早枯萎，倒卵状矩圆形，有柄；茎生叶倒披针形或矩圆状披针形，长 3~6 厘米，宽 5~16 毫米，抱茎。总状花序顶生或腋生，有时组成圆锥花序；花小，白色；花梗纤细，长 2~5 毫米；萼片近椭圆形，长 2~2.3 毫米，宽 1.2~1.5 毫米，具膜质边缘；花瓣长约 3 毫米，宽约 1 毫米，瓣片矩圆形，下部渐狭成爪。短角果近圆形或倒宽卵形，长 8~16 毫米，扁平，周围有宽翅，顶端深凹缺，开裂，每室有种子 2~8 粒。种子宽卵形，长约 1.5 毫米，稍扁平，棕褐色，表面有果粒状环纹。花果期 5—7 月。

生于山地草甸、沟边、村庄附近。

产　　地：海拉尔区、新巴尔虎右旗、莫力达瓦达斡尔族自治旗、阿荣旗。

（图 215）风花菜 *Rorippa islandica*（Oed.）Borbas

（图 216）遏蓝菜 *Thlaspi arvense* L.

山遏蓝菜 *Thlaspi thlaspidioides*（ Pall. ）Kitag.（ 图 217 ）

别　　名：山荠蓂。

形态特征：多年生草本，高 5~20 厘米；直根圆柱状，淡灰黄褐色；根状茎木质化，多头。茎丛生，直立或斜升，无毛。基生叶莲座状，具长柄，矩圆形或卵形，长 8~20 毫米，宽 5~7 毫米；茎生叶卵形或披针形，长 6~16 毫米，宽 3~10 毫米，全缘。总状花序生枝顶；萼片矩圆形，长约 3 毫米，宽 1.2~1.8 毫米；花瓣白色，长约 6 毫米，宽约 3 毫米，瓣片矩圆形，边缘浅波状，下部具条形的爪。短角果倒卵状楔形，长 4~6 毫米，宽 2~3 毫米，顶端凹缺，宿存花柱长 1~2 毫米，在果的上半部具狭翅，每室有种子约 4 粒。种子近卵形，长约 1.5 毫米，宽约 1 毫米，黄褐色。花果期 5—7 月。

生于山地石质山坡或石缝间。

产　　地：全市。

（图 217）山遏蓝菜 *Thlaspi thlaspidioides*（ Pall. ）Kitag.

## 独行菜属 *Lepidium* L.

宽叶独行菜 *Lepidium latifolium* L.（ 图 218 ）

别　　名：羊辣辣。

形态特征：多年生草本，高 20~50 厘米。茎直立。基生叶和茎下叶具叶柄，矩圆状披针形或卵状披针形，长 4~7 厘米，宽 2~3.5 厘米；茎上部叶无柄，披针形或条状披针形，长 2~5 厘米，宽 5~20 毫米，先端具短尖或钝，边缘有不明显的疏齿或全缘，两面被短柔毛。总状花序顶生或腋生，成圆锥状花序；萼片开展，宽卵形，长约 1.2 毫米，宽 0.7~1 毫米，无毛，具白色膜质边缘；花瓣白色，近倒卵形，长 2~3 毫米；雄蕊 6，长 1.5~1.7 毫米。短角果近圆形或宽卵形，直径 2~3 毫米，扁平，被短柔毛稀近无毛。种子近椭圆形，长约 1 毫米，稍扁，褐色。花期 6—7 月，果期 8—9 月。

生于村舍旁、田边、路旁、渠道边及盐化草甸等。

产　　地：新巴尔虎左旗、新巴尔虎右旗。

（图 218）宽叶独行菜 *Lepidium latifolium* L.

独行菜 *Lepidium apetalum* Willd.（图 219）

别　　名：腺茎独行菜、辣辣根、辣麻麻。

形态特征：一年生或二年生草本，高 5~30 厘米。茎直立或斜升，多分枝。基生叶莲座状，平铺地面，羽状浅裂或深裂，叶片狭匙形，长 2~4 厘米，宽 5~10 毫米，叶柄长 1~2 厘米；茎生叶狭披针形至条形，长 1.5~3.5 厘米，宽 1~4 毫米。总状花序顶生；花小，不明显；花梗丝状，长约 1 毫米；萼片舟状，椭圆形，长 5~7 毫米；花瓣极小，匙形，长约 0.3 毫米；有时退化成丝状或无花瓣；雄蕊 2（稀 4），位于子房两侧，伸出萼片外。短角果扁平，近圆形，长约 3 毫米，无毛，顶端微凹，具 2 室，每室含种子 1 粒。种子近椭圆形，长约 1 毫米，棕色，具密而细的纵条纹；子叶背倚。花果期 5—7 月。

生于村旁、路旁、田间撂荒地，也生于山地、沟谷。

产　　地：全市。

（图 219）独行菜 *Lepidium apetalum* Willd.

## 亚麻荠属 *Camelina* Crantz.

小果亚麻荠 *Camelina microcarpa* Andrz.（图 220）

形态特征：一年生草本，高 30~60 厘米。茎直立，不分枝或稍分枝，下部密被分枝毛和单毛，上部近无毛。叶披针形或条形，长 1.5~4 厘米，宽 2~5 毫米，先端锐尖，基部箭形半抱茎，全缘，两面被疏硬毛。总状花序具多数花，花后极伸长；花小，直径约 2 毫米；萼片矩圆形，长约 2 毫米；花瓣淡黄色，矩圆状倒披针形，长约 3 毫米。短角果倒卵形，长 4~6 毫米，宽 2.5~3 毫米，先端宿存花柱长约 1.5 毫米，光滑无毛，果瓣的中脉常达中部，边缘具狭翅；果梗长 6~12 毫米。种子椭圆形，长约 1 毫米，棕色。花果期 6—8 月。

中生植物。生于撂荒地、农田边。

产　　地：额尔古纳市、牙克石市。

（图 220）小果亚麻荠 *Camelina microcarpa* Andrz.

# 葶苈属 *Draba* L.

**葶苈** *Draba nemorosa* L.（图 221）

形态特征：一年生草本，高 10~30 厘米。茎直立，不分枝或分枝，二或三叉状分枝，上半部近无毛。基生叶莲座状，矩圆状倒卵形、矩圆形，长 1~2 厘米，宽 4~6 毫米，先端稍钝，边缘具疏齿或近全缘，茎生叶较基生叶小，矩圆形或披针形，先端尖或稍钝，基部楔形，无柄，边缘具疏齿或近全缘，两面被单毛、分枝毛和星状毛。总状花序在开花时伞房状，结果时极延长；花梗丝状，长 4~6 毫米，直立开展；萼片近矩圆形，长约 1.5 毫米，背面多少被长柔毛；花瓣黄色，近矩圆形，长约 2 毫米，顶端微凹。短角果矩圆形或椭圆形，长 6~8 毫米，密被短柔毛，果瓣具网状脉纹；果梗纤细，长 10~15 毫米，直立开展。种子细小，椭圆形，长约 0.6 毫米，淡棕褐色，表面有颗粒状花纹。花果期 6—8 月。

生于山坡草甸、林缘、沟谷溪边。

产　　地：扎兰屯市、莫力达瓦达斡尔族自治旗、鄂伦春自治旗、阿荣旗。

# 庭荠属 *Alyssum* L.

**北方庭荠** *Alyssum lenense* Adams.（图 222）

别　　名：条叶庭荠、线叶庭荠。

形态特征：多年生草本，高 3~15 厘米；茎于基部木质化，自基部多分枝，下部茎斜倚，分枝直立，草质，叶多数，集生于分枝的顶部，条形或倒披针状条形，长 6~15 毫米，宽 1~2 毫米，全缘；总状花序具多数稠密的花；萼片直立，近椭圆形，具膜质边缘；花瓣黄色，倒卵状矩圆形，顶端凹缺，中部两侧常具尖裂；花丝基部具翅，翅长为 1 毫米以下，短角果矩圆状倒卵形或近椭圆形，长 3~5 毫米，宽 2.5~4 毫米，顶端微凹，表面无毛，花柱长 1.5~2.5 毫米，果瓣开裂后果实呈团扇状，种子黄棕色，宽卵形，长约 2.5 毫米，稍扁平，种皮潮湿时具胶黏物质，花果期 5—7 月。

生于草原区的丘陵坡地、石质丘顶、沙地。

产　　地：额尔古纳市、新巴尔虎左旗、海拉尔区。

（图 221）葶苈 *Draba nemorosa* L.

（图 222）北方庭荠 *Alyssum lenense* Adams.

**西伯利亚庭荠** *Alyssum sibiricum* Willd.（图 223）

**形态特征**：多年生草本，高 4~15 厘米，全株密被短星状毛，呈银灰绿色，茎于基部木质化，自基部分枝，下部茎平卧，分枝草质，直立或稍弯曲，叶匙形，长 4~12 毫米，宽 1~3 毫米，先端圆钝，基部渐狭，全缘，两面被短星状毛，下面较密，中脉在下面凸起，顶生总状花序具多数稠密的花，花序轴于果时伸长；萼片直立，矩圆形或近椭圆形，长约 2.5 毫米，具膜质边缘，背面被短星状毛；花瓣黄色，长约 4 毫米，瓣片圆状卵形，下部渐狭成长爪，顶端全缘或微凹；花丝具长翅，其长度为花丝的 2/3 以上，短角果倒宽卵形，长与宽都是 3~4 毫米，被短星状毛，种子黄棕色，宽卵形，长约 1.5 毫米，稍扁平，具狭翅，花果期 7—9 月。

生于山地草原、石质山坡。

**产　　地**：海拉尔区、满洲里市、额尔古纳市、新巴尔虎右旗、牙克石市。

（图 223）西伯利亚庭荠 *Alyssum sibiricum* Willd.

## 燥原荠属 *Ptilotrichum* C. A. Mcy.

**燥原荠** *Ptilotrichum canescens* C. A. Mcy.（图 224）

**形态特征**：小半灌木，高 3~8 厘米，全株被星状毛，呈灰白色；茎自基部具多数分枝，近地面茎木质化，着生稠密的叶。叶条状矩圆形，长 4~12 毫米，宽 1.5~3 毫米，先端钝，基部渐狭，全缘，两面密被星状毛，灰白色，无柄，花序密集，呈半球形，果期稍延长；萼片短圆形，长 1.5~2 毫米，边缘膜质：花瓣白色，匙形，长 2~3 毫米，短角果椭圆形，长 3~5 毫米，密被星状毛，宿存花柱长 1~1.5 毫米，花果期 6—9 月。

生于荒漠带的石、砾质山坡、干河床。

**产　　地**：新巴尔虎右旗。

**薄叶燥原荠** *Ptilotrichum tenuiflium*（Steoh.）C. A. Mey.（图 225）

**形态特征**：半灌木，高（5）10~30（40）厘米，全株密被星状毛，茎直立或斜升，过地面茎木质化，常基部多分枝，叶条形，长（5）10~15（20）毫米，宽 1~1.5 毫米，先端锐尖或钝，基部渐狭，全缘，两面被星状毛，呈灰绿色，无柄，花序伞房状，果期极延长；萼片矩圆形，长约 3 毫米；花瓣白色，长 3.5~4.5 毫米，瓣片近圆形，基部具爪，短角果椭圆形或卵形，长 3~4 毫米，被星状毛，宿存花柱长 1.5~2 毫米，花果期 6—9 月。

生于草原带或荒漠化草原带的砾石山坡，高原草地，河谷。

产　　地：牙克石市、海拉尔区、鄂温克族自治旗。

（图 224）燥原荠 *Ptilotrichum canescens* C. A. Mcy.

（图 225）薄叶燥原荠 *Ptilotrichum tenuiflium*（Steoh.）C. A. Mey.

## 花旗竿属 Dontostemon Andrz.

**小花花旗竿** *Dontostemon micranthus* C. A. Mey.（图 226）

**形态特征：**一年生或二年生草本。茎直立，高 20~50 厘米，单一或上部分枝。茎生叶着生较密，条形，长 1.5~5 厘米，宽 0.5~3 毫米，顶端钝，基部渐狭，全缘，两面稍被毛，边缘与中脉常被硬单毛。总状花序结果时延长，长达 25 厘米；花小，直径 2~3 毫米；萼片近相等，稍开展，近矩圆形，长约 3 毫米，宽 0.8~1 毫米，具白色膜质边缘，背部稍被硬单毛；花瓣淡紫色或白色，条状倒披针形，长 3.5~4 毫米，宽约 1 毫米，顶端圆形，基部渐狭成爪；短雄蕊长约 3 毫米，花药矩圆形，长约 0.5 毫米；长雄蕊长约 3.5 毫米，长角果细长圆柱形，长 2~3 厘米，宽约 1 毫米，果梗斜上开展，茎直或弯曲，宿存花柱极短，柱头稍膨大。种子淡棕色，矩圆形，长约 0.8 毫米，表面细网状；子叶背倚。花果期 6—8 月。

生于山地草甸、沟谷、溪边。

**产　　地：**陈巴尔虎旗、新巴尔虎右旗、鄂温克族自治旗、牙克石市。

（图 226）小花花旗竿 *Dontostemon micranthus* C. A. Mey.

**无腺花旗竿** *Dontostemon eglandulosus*（DC.）Ledeb.（图 227）

**形态特征：**一年生或二年生草本，植株被卷曲柔毛和硬单毛。茎直立，高（5）10~20（25）厘米，多分枝。叶条形，长 1~4 厘米，宽 0.5~2 毫米，顶端钝，基部渐狭，全缘，叶两面被卷曲柔毛与硬单毛。总状花序结果时延长，长达 12 厘米；花直径 4~6 毫米；萼片稍开展，长约 3 毫米，具白色膜质边缘，背面有疏硬单毛；花瓣淡紫色，极少白色，近匙形，长 4.5~6.5 毫米，宽约 3 毫米，顶端微凹截形，下半部具长爪；短雄蕊长约 2.5 毫米；长雄蕊长约 4 毫米。长角果长 10~25 毫米，略扁，微被毛或无毛，稍弧曲或近直立，宿存花柱极短，柱头稍膨大。种子淡棕黄色，扁椭圆形，长约 1 毫米，表面具黑色斑点；子叶背倚。花果期 6—9 月。

生于草原、石质坡地。

**产　　地：**陈巴尔虎旗、新巴尔虎右旗、新巴尔虎左旗、鄂温克族自治旗、海拉尔区、满洲里市。

（图 227）无腺花旗竿 *Dontostemon eglandulosus*（DC.）Ledeb.

**多年生花旗竿** *Dontostemon perennis* C. A. Mey.（图 228）

**形态特征：** 多年生草本，高 5~20 厘米，植株被卷曲柔毛和硬毛。直根木质，粗壮，直径 3~5 毫米，淡黄褐色，顶部具多头。茎多数、丛生，直立或斜升；叶条形，长 1~3 厘米，宽 0.5~2 毫米，先端钝，基部渐狭，全缘，两面被卷曲柔毛和硬毛。总状花序顶生或侧生，果时延长，花梗纤细，长 3~4 毫米；萼片矩圆形，长约 3 毫米，具白色膜质边缘，背面被疏硬单毛；花瓣淡紫色，稀白色，宽倒卵形，长 5~7 毫米，顶部微凹或平截，下部渐狭成爪。长角果狭形，长 1~2 厘米，宽约 1 毫米，稍被毛或无毛，稍弧曲或直立，宿存花柱极短，柱头稍膨大，种子扁椭圆形，长约 1 毫米，淡棕色。花果期 6—8 月。

生于草原、石质坡地。

产　　　地：牙克石市。

**全缘叶花旗竿** *Dontostemon integrifolifolius*（L.）（图 229）

别　　　名：线叶花旗竿。

**形态特征：** 一年生或二年生草本，高 5~25 厘米，全株密被深紫色头状腺体、硬单毛和卷曲柔毛。茎直立，多分枝。叶狭条形，长 1~3 厘米，宽 1~2 毫米，先端钝，基部渐狭，全缘。总状花序顶生或侧生，果期延长；萼片矩圆形，长 2.5~3 毫米，稍开展，边缘膜质；花瓣淡紫色，近匙形，长 5~6 毫米，宽约 3 毫米，顶端微凹，下部具爪。长角果狭条形，长 1~3 厘米，宽约 1 毫米，稍扁，被深紫色腺体，宿存花柱极短，柱头稍膨大；果梗纤细；开展，长约 5~10 毫米。种子扁椭圆形，长约 1 毫米。花果期 6—8 月。

生于草原沙地或沙丘上。

产　　　地：产全市。

（图 228）多年生花旗竿 *Dontostemon perennis* C. A. Mey.

（图 229）全缘叶花旗竿 *Dontostemon integrifolifolius*（L.）

# 碎米芥属 Cardamine L.

**水田碎米芥** *Cardamine lyrata* Bunge（图 230）

别　　名：水田芥。

形态特征：多年生草本，高 30~50 厘米，全株无毛。茎直立，不分枝或上部少分枝，有纵沟棱，茎基部生出柔弱而长的匍匐茎。茎生叶长 4~10 厘米，大头羽状全裂，顶生裂片卵形，长 1~2 厘米，侧生裂片 2~5 对，向下渐小，卵形或椭圆形，边缘波状或全缘；匍匐茎的中部以上叶为单叶，宽卵形，边缘浅波状，有叶柄。总状花序顶生；萼片矩圆形，长约 4 毫米，边缘膜质；花瓣白色，倒卵形，长约 8 毫米，基部具爪。长角果条形，长 15~25 毫米，宽约 1.5 毫米，扁平，两端渐尖，宿存花柱长 2~3 毫米，种子 1 行；果梗长 1.5~2.5 厘米，斜展。种子矩圆形，长 2 毫米，褐色，边缘有宽翅。花果期 6—8 月。

生于沟谷、湿地、溪边。

产　　地：扎兰屯市、额尔古纳市、鄂伦春自治旗。

（图 230）水田碎米芥 *Cardamine lyrata* Bunge

**草甸碎米荠** *Cardamine pratensis* L.（图 231）

形态特征：多年生草本，高 15~30 厘米；茎直立，叶片轮廓为长矩圆形，长 2~5 厘米，宽 5~12 毫米，羽状全裂，侧裂片 4~7 对，顶生裂片常较侧裂片大，裂片椭圆形或披针形，全缘，两面无毛或稍被短柔毛；基生叶具长柄，茎生叶向上渐小，裂片条状矩圆形或条形，全缘，具短柄，顶生总状花序，开花时伞房状，后来延长；花梗长 10~15 毫米；外萼片矩圆状披针形，长约 4 毫米，宽约 1.5 毫米，基部浅囊状；内萼片矩圆形，比外萼片稍小，具膜质边缘；花瓣淡紫色，稀白色，倒卵状矩圆形，长约 9 毫米，宽约 5 毫米，基部具爪，长角果条形，长 2.5~4 厘米，宽约 1.5 毫米，两端渐狭，宿存花柱长 1~2 毫米，种子矩圆状卵形，长约 1.5 毫米，宽约 1 毫米，花期 6—7 月。

生于林区湿草地、塔头甸子。

产　　地：扎兰屯市、牙克石市、阿荣旗。

（图 231）草甸碎米荠 *Cardamine pratensis* L.

## 播娘蒿属 *Descurainia* Webb. et Berth.

播娘蒿 *Descurainia sophia*（L.）Webb. ex Prantl（图 232）

别　　名：野芥菜。

形态特征：一年生或二年生草本，高 20~80 厘米。茎直立，上部分枝。叶矩圆形或矩圆状披针形，长 3~5（7）厘米，宽 1~2（4）厘米，二至三回羽状全裂或深裂；茎下部叶有叶柄，向上叶柄逐渐缩短或近于无柄。总状花序顶生，具多数花；花梗纤细，长 4~7 毫米；萼片条状矩圆形，先端钝，长约 2 毫米；花瓣黄色，匙形，与萼片近等长；雄蕊比花瓣长，长角果狭条形，长 2~3 厘米，宽约 1 毫米，直立或稍弯曲，淡黄绿色，无毛，顶端无花柱，柱头压扁头状。种子 1 行，黄棕色，矩圆形，长约 1 毫米，宽约 0.5 毫米，稍扁，表面有细网纹，潮湿后有胶黏物质；子叶背倚。花果期 6—9 月。

生于山地草甸、沟谷、村旁、田边。

产　　地：全市。

## 糖芥属 *Erysimum* L.

蒙古糖芥 *Erysimum flavum*（Georgi）Bobrov（图 233）

别　　名：阿尔泰糖芥。

形态特征：多年生草本，直根粗壮，淡黄褐色；根状茎缩短，比根粗些，顶部常具多头，外面包被枯黄残叶。茎直立，不分枝，高 5~30 厘米，被丁字毛。叶狭条形或条形，长 1~3.5 厘米，宽 0.5~2 毫米，先端锐尖，基部渐狭，全缘，两面密被丁字毛，灰蓝绿色，边缘内卷或对褶。总状花序顶生；萼片狭矩圆形，长 8~9 毫米，基部囊状，外萼片较宽，背面被丁字毛；花瓣淡黄色或黄色，长 15~18 毫米，瓣片近圆形或宽倒卵形，爪细长，比萼片稍长些。长角果长 3~10 厘米，宽 1~2 毫米，直立或稍弯，稍扁，宿存花柱长 1~3 毫米，柱头 2 裂。种子矩圆形，棕色，长 1.5~2 毫米。花果期 5—8 月。

生于草原、草甸草原。

产　　地：鄂温克族自治旗、陈巴尔虎旗、新巴尔虎左旗、新巴尔虎右旗。

（图 232）播娘蒿 *Descurainia sophia*（L.）Webb. ex Prantl

（图 233）蒙古糖芥 *Erysimum flavum*（Georgi）Bobrov

**小花糖芥** *Erysimum cheiranthoides* L.（图 234）

**别　　名：** 桂竹香糖芥。

**形态特征：** 一年生或二年生草本，高 30~50 厘米。茎直立，有时上部分枝，密被伏生丁字毛。叶狭披针形至条形，长 2~5 厘米，宽 4~8 毫米，先端渐尖，基部渐狭，全缘或疏生微牙齿，中脉在下面明显隆起，两面伏生二、三或四叉状分枝毛，其中三叉状毛最多。总状花序顶生；萼片披针形或条形，长 2~3 毫米，宽约 1 毫米，背面伏生三叉状分枝毛；花瓣黄色或淡黄色，近匙形，长 3~5 毫米，先端近圆形，基部渐狭成爪。长角果条形，长 2~3 厘米，宽 1~1.5 毫米，通常向上斜伸，果瓣伏生三或四叉状分枝毛，中央具凸起主脉 1 条。种子宽卵形，长约 1 毫米，棕褐色；子叶背倚。花果期 7—8 月。

生于山地林缘、草原、草甸、沟谷。

**产　　地：** 鄂伦春自治旗、陈巴尔虎旗、新巴尔虎左旗、新巴尔虎右旗、鄂温克族自治旗。

（图 234）小花糖芥 *Erysimum cheiranthoides* L.

## 南芥属 *Arabis* L.

**粉绿垂果南芥** *Arabis pendula* L. var. *hypoglauca* Franch.（图 235）

**形态特征：** 一年生或二年生草本。茎直立，不分枝或上部稍分枝，高 20~80 厘米，被硬单毛，有时混生短星状毛。叶披针形或矩圆状披针形，长 3~9 厘米，宽 0.5~3 厘米，先端长渐尖，基部耳状抱茎，边缘具疏齿或近全缘，上面疏生三叉丁字毛，下面密生三叉丁字毛和星状毛，混生硬单毛。总状花序顶生或腋生；萼片矩圆形，长约 3 毫米，宽约 1 毫米，具白色膜质边缘，背面被短星状毛；花瓣白色，倒披针形，长约 3.5 毫米，宽约 1.5 毫米。长角果向下弯曲，长条形，长 5~9 厘米，宽约 2 毫米，扁平，种子 2 行；果梗长 1~3 厘米。种子近椭圆形，长约 1.2 毫米，扁平，棕色，具狭翅，表面细网状。花果期 6—9 月。

生于山地林缘、灌丛下、沟谷、河边。

**产　　地：** 全市。

（图 235）粉绿垂果南芥 *Arabis pendula* L. var. *hypoglauca* Franch.

**硬毛南芥** *Arabis hirsuta*（ L. ）Scop.（ 图 236 ）

别　　名：毛南芥。

形态特征：一年生草本。茎直立，不分枝或上部稍分枝，高 20~60 厘米，密生分枝毛并混生少量单硬毛。基生叶具柄，质薄，倒披针形，长 2~4（7）厘米，宽 6~15 毫米，先端圆形，基部渐狭成柄，全缘或具不明显的疏齿，两面被分枝毛，下面较密，灰绿色，中脉在下面隆起；茎生叶较小，无柄，倒披针形至披针形，先端常圆钝，基部平截或微心形，稍抱茎，边缘有不明显的疏齿。总状花序顶生或腋生；花梗长 2~5 毫米；萼片无毛，顶端有时具睫毛，长约 3 毫米，宽约 1 毫米，外萼片披针形，基部稍囊状；花瓣白色，近匙形，长 4~5 毫米，宽约 1.3 毫米。长角果向上直立，贴紧于果轴，扁平，长 3~7 厘米，1~1.5 毫米；果梗劲直，长 1~1.5 厘米。种子黄棕色，近椭圆形，长 1~1.5 毫米，扁平，具狭翅，表面细网状。花果期 6—8 月。

生于林下、林缘、下湿草甸、沟谷溪边。

产　　地：牙克石市、鄂伦春自治旗、新巴尔虎左旗、扎兰屯市、莫力达瓦达斡尔族自治旗。

# 四十、景天科 Crassulaceae

## 瓦松属 Orostachys Fisch.

**钝叶瓦松** *Orostachys malacophyllus*（ Pall. ）Fisch.（ 图 237 ）

别名：石莲华。

形态特征：二年生草本，高 10~30 厘米。第一年仅有莲座状叶；第二年抽出花茎。茎生叶互生，无柄，接近，匙状倒卵形、倒披针形、矩圆状披针形或椭圆形，较莲座状叶大，长达 7 厘米，绿色，两面有紫红色斑点。花序圆柱状总状，长 5~20 厘米。苞片宽卵形或菱形，先端尖，长 3~5 毫米，边缘膜质，有齿。花紧密；萼片 5，矩圆形，长 3~4 毫米，锐尖；花瓣 5，白色或淡绿色，干后呈淡黄色，矩圆状卵形，长 4~6 毫米，上部边缘常

（图 236）硬毛南芥 *Arabis hirsuta*（L.）Scop.

有齿缺，基部合生；雄蕊 10，较花瓣稍长，花药黄色；鳞片 5，条状长方形；心皮 5。蓇葖果卵形，先端渐尖；种子细小，多数。花期 8—9 月，果期 10 月。

　　生于山地、丘陵的砾石质坡地及平原的沙质地。常为草原及草甸草原植被的伴生植物。

　　产　　　地：全市。

（图 237）钝叶瓦松 *Orostachys malacophyllus*（Pall.）Fisch.

**瓦松 *Orostachys fimbriatus*（Turcz.）Berger（图 238）**

　　别　　　名：酸溜溜、酸窝窝。

　　**形态特征：**二年生草本，高 10~30 厘米，全株粉绿色，密生紫红色斑点，第一年生莲座状叶短，叶匙状条形，先端有一个半圆形软骨质的附属物，边缘有流苏状牙齿，中央具 1 刺尖；第二年抽出花茎。茎生叶散生，无柄，条形至倒披针形，长 2~3 厘米，宽 3~5 毫米，先端具刺尖头。花序顶生，总状或圆锥状，有时下部分枝，呈塔形；花梗长可达 1 厘米；萼片 5，狭卵形，长 2~3 毫米；花瓣 5，红色，干后常呈蓝紫色，披针形，长 5~6 毫米，先端具突尖头，基部稍合生；雄蕊 10，与花瓣等长或稍短，花药紫色；鳞片 5，近四方形；心皮 5。蓇葖果矩圆形，长约 5 毫米。花期 8—9 月，果期 10 月。

　　生于石质山坡、石质丘陵及沙质地。常在草原植被中零星生长，形成小群落。

　　产　　　地：全市。

**黄花瓦松 *Orostachys spinosus*（L.）C. A. Mey.（图 239）**

　　**形态特征：**二年生草本，高 10~30 厘米。第一年有莲座状叶丛，叶矩圆形，先端有半圆形，白色，软骨质的附属物，中央具 1 长 2~4 毫米的刺尖；第二年抽出花茎；茎生叶互生，宽条形至倒披针形，长 1~3 厘米，宽 2~5 毫米；先端渐尖，有软骨质的刺尖，基部无柄。花序顶生，狭长，穗状或总状，长 5~20 厘米；花梗长 1 毫米；或无梗，苞片披针形至矩圆形，长 4 毫米，有刺尖；萼片 5，卵状矩圆形，长 2~3 毫米，先端有刺尖，有红色斑点；花瓣 5，黄绿色，卵状披针形，长 5~7 毫米，先端渐尖，基部稍合生；雄蕊 10，较花瓣稍长，花药

（图 238）瓦松 *Orostachys fimbriatus*（Turcz.）Berger

（图 239）黄花瓦松 *Orostachys spinosus*（L.）C. A. Mey.

黄色；鳞片5，近正方形，先端有微缺；心皮5。蓇葖果，椭圆状披针形，长5~6毫米。花期8—9月，果期9—10月。

生于山坡石缝中及林下岩石上。在草甸草原及草原石质山坡植被中常为伴生种。

产　　　地：新巴尔虎左旗、新巴尔虎右旗、额尔古纳市、扎兰屯市、鄂温克族自治旗、满洲里市。

**狼爪瓦松** *Orostachys cartilaginea* A. Bor.（图240）

别　　　名：辽瓦松、瓦松、干滴落。

形态特征：二年生草本，高10~20厘米，全株粉白色，密部紫红色斑点。第一年生莲座状叶；第二年抽出花茎。茎生叶互生，无柄，条形或披针状条形，长1.5~3.5厘米，宽2~4毫米。圆柱状总状花序，长3~15厘米；苞片条形或条状披针形，先端尖；花梗长约5毫米或稍长，常在1花梗上着生数花；萼片5，披针形，长2~3毫米，淡绿色；花瓣5，白色，稀具红色斑点而呈粉红色，矩圆状披针形，长约5毫米，先端锐尖，基部合生；雄蕊10，与花瓣等长和稍长，花药暗红色；鳞片5，近四方形；心皮5。蓇葖果矩圆形；种子多数，细小，卵形，长约0.5毫米，褐色。花期8—9月，果期10月。

生长于石质山坡。

产　　　地：牙克石市、鄂伦春自治旗。

## 八宝属 *Hylotelephium* H. Ohba

**紫八宝** *Hylotelephium purpureum*（L.）Holub（图241）

别　　　名：紫景天。

形态特征：多年生草本。块根多数，胡萝卜状。茎直立，单生或少数聚生，高30~60厘米。叶互生，卵状矩圆形至矩圆形，长2~7厘米，宽1~2.5厘米，先端锐尖或钝，上部叶无柄，基部圆形，下部叶基部楔形，边缘有不整齐牙齿，上面散生斑点。伞房状聚散花序，花密生，花梗长约4毫米，萼片5，卵状披针形，长约2毫米，先端渐尖，基部合生；花瓣5，紫红色，矩圆状披针形，长5~6毫米，锐尖，自中部向外反折；雄蕊10，与花瓣近等长；鳞片5，条状匙形，长约1毫米，先端稍宽，有缺刻；心皮5，直立，椭圆状披针形，长约6毫米，两端渐狭，花柱短。花期7—8月，果期9月。

生于山坡草甸、林下、灌丛间或沙地。

产　　　地：额尔古纳市、根河市、鄂伦春自治旗、牙克石市、扎兰屯市。

## 景天属 *Sedum* L.

**费菜** *Sedum aizoon* L.（图242）

别　　　名：土三七、景天三七、见血散。

形态特征：多年生草本，全体无毛。根状茎短而粗。茎高20~50厘米，具1~3条茎，少数茎丛生，直立，不分枝。叶互生，椭圆状披针形至倒披针形，长2.5~8厘米，宽0.7~2厘米，先端渐尖或稍钝，基部楔形，边缘有不整齐的锯齿，几无柄。聚伞花序顶生，分枝平展，多花，下托以苞叶；花近无梗；萼片5，条形，肉质，不等长，长3~5毫米，先端钝；花瓣5，黄色，矩圆形至椭圆状披针形，长6~10毫米，有短尖；雄蕊10，较花瓣短；鳞片5，近正方形，长约0.3毫米；心皮5，卵状矩圆形，基部合生，腹面有囊状凸起。蓇葖呈星芒状排列，长约7毫米，有直喙；种子椭圆形，长约1毫米。花期6—8月，果期8—10月。

生于石质山地疏林、灌丛、林间草甸及草甸草原，为偶见伴生植物。

产　　　地：全市。

# 四十一、虎耳草科 Saxifragaceae

## 梅花草属 *Parnassia* L.

**梅花草** *Parnassia palustris* L.（图243）

别　　　名：苍耳七。

形态特征：多年生草本，高20~40厘米，全株无毛。根状茎近球形，肥厚，从根状茎上生出多数须根。基

（图 240）狼爪瓦松 *Orostachys cartilaginea* A. Bor.

（图 241）紫八宝 *Hylotelephium purpureum*（L.）Holub

（图 242）费菜 *Sedum aizoon* L.

生叶，丛生，有长柄；叶片心形或宽卵形，长 1~3 厘米，宽 1~2.5 厘米，先端钝圆或锐尖，基部心形，全缘；茎生叶 1 片，无柄，基部抱茎，生于花茎中部以下或以上。花白色或淡黄色，直径 1.5~2.5 厘米，外形如梅花，因此称"梅花草"；花单生于花茎顶端；萼片 5，卵状椭圆形，长 6~8 毫米；花瓣 5，平展，宽卵形，长 10~13 毫米；雄蕊 5；退化雄蕊 5，上半部有多数条裂，条裂先端有头状腺体；子房上位，近球形，柱头 4 裂，无花柱。蒴果，上部 4 裂；种子多数。花期 7—8 月，果期 9—10 月。

多在林区及草原带山地的沼泽化草甸中零星生长。

产　　地：全市。

## 金腰属 *Chrysosplenium* L.

互叶金腰子 *Chrysosplenium alternifollium* L.（图 244）

别　　名：金腰子。

形态特征：多年生矮小草本，高 5~12 厘米，具白色纤细的地下匍匐枝。茎柔弱，肉质，直立或斜升。基生叶 2~4 片，肾形或圆肾形，长 8~10 毫米，宽 2~25 毫米，先端圆形，基部心形，边缘有不整齐的圆齿，两面有长柔毛；叶柄长 2~6 厘米，有长柔毛，花旗基生叶常枯萎；茎生叶 1~2 片，互生，肾圆形，较小，基部截形或浅心形，具短柄，无毛。聚伞形花序紧密；苞片围绕花序，绿色，拟茎生叶；花近无梗，黄绿色或鲜黄色，直径约 3 毫米；花萼裂片 4，宽卵形或半圆形，长 1~1.5 毫米；雄蕊 8，较萼裂片短。蒴果近下位，种子椭圆球形，长约 0.5 毫米，黑褐色，有光泽。花果期 6—8 月。

生于林下阴湿地、石崖阴处、山谷溪边。

产　　地：根河市、额尔古纳市、鄂伦春自治旗。

## 茶藨属 *Ribes* L.

水葡萄茶藨 *Ribes procumbens* Pall.（图 245）

形态特征：灌木，矮生，高 20~30 厘米。茎平卧或斜升，树皮灰褐色，剥裂，小枝褐色，疏生腺点。叶革

（图 243）梅花草 *Parnassia palustris* L.

（图 244）互叶金腰子 *Chrysosplenium alternifollium* L.

（图 245）水葡萄茶藨 *Ribes procumbens* Pall.

质，掌状肾形，3~5 裂，长 2.5~5 厘米，宽 2.5~6 厘米，先端锐尖，基部浅心形，边缘有钝或尖牙齿，上面暗绿色，无腺点和无毛，下面淡绿色，有亮黄色腺点，有 3 条主脉，沿主脉和侧脉均被柔毛。总状花序有花 6~10

朵，长约 3 厘米；苞片小或无，花径 5~8 毫米；萼片紫红色，长椭圆形，密被毛；花瓣比萼片短。浆果绿色，成熟时变暗紫褐色，卵球形，直径约 1 厘米，味甜与芳香，疏生腺点。花期 5—6 月，果期 8 月。

生于落叶松或白桦林下、踏头沼泽。

产　　地：根河市、额尔古纳市、牙克石市。

**兴安茶藨** *Ribes pauciflorum* Turcz. ex Pojark.（图 246）

形态特征：直立灌木，高 50~80 厘米。树皮灰褐色，小枝灰棕色，具细纵棱，密被短柔毛和散生腺点。叶掌状 3~5 裂，宽卵形，长 4~7 厘米，宽 5~9 厘米，基部深心形，中央裂片较大，三角形，侧裂片较小，边缘有牙齿，上面绿色，无腺点和无毛，下面密生亮黄色腺点，叶脉明显隆起，沿脉有短柔毛。总状花序有花 3~6 朵，长 1.5~3 厘米，花序梗被短柔毛，花径 5~7 毫米，淡黄色，花托宽钟状，被密柔毛；萼片矩圆形，长 3~4 毫米，背面被密柔毛；花瓣椭圆形，长约 2 毫米。浆果球形，径 10~13 毫米，暗紫红色，散生黄色腺点。花期 6 月，果期 8 月。

生于林下、林缘，见于兴安北部。

产　　地：额尔古纳市、根河市、牙克石市、鄂伦春自治旗。

（图 246）兴安茶藨 *Ribes pauciflorum* Turcz. ex Pojark.

**楔叶茶藨** *Ribes diacanthum* Pall.（图 247）

形态特征：灌木，高 1~2 米。当年生小枝红褐色，有纵棱，平滑；老枝灰褐色，稍剥裂，节上有皮刺 1 对，刺长 2~3 毫米。叶倒卵形，稍革质，长 1~3 厘米，宽 6~16 毫米，上半部 3 圆裂，裂片边缘有几个粗锯齿，基部楔形，掌状三出脉；叶柄长 1~2 厘米。花单性，雌雄异株，总状花序生于短枝上 雄花序长 2~3 厘米，多花，常下垂，雌花序较短，长 1~2 厘米，苞片条形，长 2~3 毫米，花梗长约 3 毫米；花淡绿黄色，萼筒浅碟状，萼片 5，卵形或椭圆状，长约 1.5 毫米；花瓣 5，鳞片状，长约 0.5 毫米；雄蕊 5，与萼片对生，花丝极短与花药等长，下弯；子房下位，近球形，径约 1 毫米。浆果，红色，球形，直径 5~8 毫米。花期 5~6 月，果期 8—9 月。

生于沙丘、沙地、河岸及石质山地，可成为沙地灌丛的优势植物。

（图 247）楔叶茶藨 *Ribes diacanthum* Pall.

产　　地：根河市、额尔古纳市、鄂伦春自治旗、鄂温克族自治旗、莫力达瓦达斡尔族自治旗。

**小叶茶藨 Ribes pulchellum Turcz.（图 248）**
别　　名：美丽茶藨、酸麻子、碟花茶藨子。
形态特征：灌木，高 1~2 米。当年生小枝红褐色，密生短柔毛；老枝灰褐色，稍纵向剥裂，节上常有皮刺 1 对。叶宽卵形，长与宽各 1~2 厘米，有时达 3 厘米，掌状 3 深裂，少 5 深裂，先端尖，边缘有粗锯齿，基部近截形，两面有短柔毛，掌状三至五出脉，叶柄长 5~18 毫米，有短柔毛。花单性，雌雄异株，总状花序生于短枝上，总花梗、花梗和苞片有短柔毛与腺毛；花淡绿黄色或淡红色，萼筒浅碟形；萼片 5，宽卵形，长 1.5 毫米；花瓣 5，鳞片状，长约 0.5 毫米；雄蕊 5，与萼片对生；子房下位，近球形，柱头 2 裂。浆果，红色，近球形，径 5~8 毫米。花期 5—6 月，果期 8—9 月。

生于石质山坡与沟谷。
产　　地：陈巴尔虎旗、牙克石市、扎兰屯市、阿荣旗、莫力达瓦达斡尔族自治旗。

# 四十二、蔷薇科 Rosaceae

## 绣线菊属 Spiraea L.

**柳叶绣线菊 Spiraca salicifolia L.（图 249）**
别　　名：绣线菊、空心柳。
形态特征：灌木，高 1~2 米。小枝黄褐色。叶片矩圆状披针形或披针形，长 4~8 厘米，宽 1~2.5 厘米，上面绿色，下面淡绿色，两面无毛；叶柄长 1~5 毫米。圆锥花序，长 4~8 厘米，花多密集，总花梗被柔毛；花梗长 4~7 毫米，被短柔毛；苞片条状披针形或披针形，全缘或有锯齿，被柔毛，花直径 7 毫米；萼片三角形，里面边缘被短柔毛；花瓣宽卵形，长与宽近相等，约 2 毫米，粉红色，雄蕊多数，花丝长短不等，长者约长于花瓣 2 倍；花盘环状，裂片呈细圆锯齿状；子房仅腹缝线有短柔毛，花柱短于雄蕊。蓇葖果直立，沿腹缝线有短柔毛，花萼宿存。花期 7—8 月，果期 8—9 月。

生于沼泽化河滩草甸，并零星生于兴安落叶松林下。
产　　地：全市。

**耧斗叶绣线菊 Spiraea aquilegifolia Pall.（图 250）**
形态特征：灌木，高 50~60 厘米，小枝紫褐色。花及果枝上的叶通常为倒披针形或狭倒卵形，长 6~13 毫米，宽 2~5 毫米，全缘或先端 3 浅裂，基部楔形，不孕枝上的叶为扇形或倒卵形，长 7~15 毫米，宽 5~8 毫米，先端常 3~5 裂或全缘，基部楔形，上面绿色，下面灰绿色，两面均被短柔毛；叶柄短或近于无柄。伞形花序无总花梗，有花 2~6（7）朵，基部有数片簇生的小叶，全缘，被短柔毛；花梗长 4~6 毫米，无毛，稀被柔毛；花直径 5~6 毫米；萼片三角形，里面微被短柔毛；花瓣近圆形，长与宽近相等，各约 2 毫米，白色；雄蕊 20，约与花瓣等长；花盘环状，呈 10 深裂，子房被短柔毛，花柱短于雄蕊。蓇葖果上半部或沿腹缝线有短柔毛，花萼宿存，直立。花期 5—6 月，果期 6—8 月。

生于草原带的低山丘陵阴坡。也零星见于石质山坡。
产　　地：新巴尔虎左旗、新巴尔虎右旗、鄂温克族自治旗、海拉尔区、满洲里市。

**海拉尔绣线菊 Spiraea hailarensis Liou（图 251）**
形态特征：灌木，高 0.5~1 米。幼枝淡褐色，常带紫色，密被短柔毛，老枝褐色，有灰色条状剥落的树皮；冬芽卵形或近球形，先端急尖或钝，有数枚褐色鳞片。叶椭圆形或倒卵状椭圆形，长 4~14 毫米，宽 3~6 毫米，先端急尖或圆钝，基部楔形，全缘，不育枝上叶先端具 3~4 锯齿，上面无毛，下面淡灰绿色，疏被短柔毛；叶柄极短，长约 1 毫米。伞形花序，通常有总梗，梗长 1~6 毫米；花直径 1~1.5 厘米，有花 3~7 朵；花梗长 8~10 毫米；萼筒钟状，里面被短柔毛，萼片三角形，先端急尖，外面无毛，里面被短柔毛；花瓣白色，近圆形；雄蕊约 20；子房被短柔毛，花柱紫红色，短于雄蕊；花盘环状，具 10 个裂片。蓇葖果被短柔毛，花柱顶生于背部，直立或倾斜开展，萼片宿存，反卷或直立。花果期 5—7 月。

（图 248）小叶茶藨 *Ribes pulchellum* Turcz.

（图 249）柳叶绣线菊 *Spiraca salicifolia* L.

（图 250）耧斗叶绣线菊 *Spiraea aquilegifolia* Pall.

（图 251）海拉尔绣线菊 *Spiraea hailarensis* Liou

生于固定沙丘的坡上。

产　　地：海拉尔区、新巴尔虎左旗、鄂温克族自治旗、满洲里市。

土庄绣线菊 *Spiraea pubescens* Turcz.（图 252）

别　　名：柔毛绣线菊、土庄花。

形态特征：灌木，高 1~2 米。老枝灰色。叶菱状卵形或椭圆形，长 1.5~3 厘米，宽 0.6~1.8 厘米。伞形花序具总花梗，有花 15~20 朵；花梗长 5~12 毫米，无毛；花直径 5~7 毫米；萼片近三角形，先端锐尖，外面无毛，里面被短柔毛；花瓣近圆形，长与宽近相等，均为 2.5~3 毫米，白色；雄蕊 25~30，与花瓣等长或稍超出花瓣；花盘环状，10 深裂，裂片大小不等，子房无毛，仅在腹缝线被柔毛，花柱顶生，短于雄蕊。蓇葖果沿腹缝线被柔毛，萼片直立，宿存。花期 5—6 月，果期 7—8 月。

生于山地林缘及灌丛，也见于草原带的沙地，有时可成为优势种，一般零星生长。

产　　地：牙克石市、扎兰屯市、鄂伦春旗、阿荣旗、莫力达瓦达斡尔族自治旗。

（图 252）土庄绣线菊 *Spiraea pubescens* Turcz.

绢毛绣线菊 *Spiraea sericea* Turcz.（图 253）

形态特征：灌木，植株高达 2 米。小枝棕褐色或红褐色。叶卵状椭圆形、椭圆形或卵状，长 1.5~4.5 厘米，宽 0.7~2 厘米，先端急尖，基部楔形或宽楔形，全缘或在不育枝上有 3~7 锯齿，上面被稀疏柔毛或无毛，下面灰绿色，密被长绢毛或稍稀疏；叶柄长 1~2 毫米，密被绢毛。伞房花序生于当年生的枝条顶端，有花 15~25 朵，花梗长 6~15 毫米，疏被毛或无；花直径约 5 毫米；萼片三角形，先端钝，边缘被柔毛；花瓣白色，近圆形，长 2~3 毫米，长宽约相等；雄蕊 15~20，长短不等，有的雄蕊约与花瓣等长，有的比花瓣长约 1 倍；子房被短柔毛，花柱短于雄蕊；花盘环状，10 深裂，有 10 个明显的裂片。蓇葖果直立，被短柔毛，花柱位于背部顶端，斜展，花萼宿存，反折。花果期 6—8 月。

生于向阳山坡灌木丛中、林缘或杂木林内。

产　　地：额尔古纳市、新巴尔虎左旗、鄂温克族自治旗、牙克石市。

（图 253）绢毛绣线菊 *Spiraea sericea* Turcz.

**欧亚绣线菊** *Spiraea media* Schmidt（图 254）

别　　名：石棒绣线菊、石棒子。

形态特征：灌木，高 0.5~1.5 米。小枝灰褐色或红褐色。叶片椭圆形或卵形，长 1~2.5 厘米，宽 0.5~1.5 厘米；叶柄极短，长约 1~2 毫米，无毛。伞房花序，有总花梗，具花 20~40 朵；花梗长 1~2 厘米，无毛；花直径 7~10 毫米；萼筒外面无毛，里面被短柔毛；萼片近三角形，近无毛；花瓣近圆形，长约 3 毫米，宽约 2.5 毫米，白色；雄蕊约 20，长于花瓣；花盘环状，有不规则的 10 深裂，裂片黄褐色；子房被稀疏短柔毛，花柱顶生，短于雄蕊。蓇葖果被短柔毛，宿存花柱倾斜或开展；萼片宿存，反折。花期 6 月，果期 7—8 月。

生于针叶林、针阔混交林地带。

产　　地：鄂伦春自治旗、额尔古纳市、根河市、牙克石市、鄂温克族自治旗、陈巴尔虎旗。

## 珍珠梅属 *Sorbaria* A. Br. ex Aschers.

**珍珠梅** *Sorbaria sorbifolia*（L.）A.Br（图 255）

别　　名：东北珍珠梅、华楸珍珠梅。

形态特征：灌木，高达 2 米。枝条开展，老枝红褐色或黄褐色；芽宽卵形。单数羽状复叶，有小叶 9~17；小叶无柄，卵状披针形或长椭圆状披针形，长 4~7 厘米，宽 1~2 厘米；托叶卵状披针形或倒卵形，边缘有不规则锯齿或全缘，早落。大型圆锥花序，顶生，花梗被短柔毛，有时混生腺毛；苞片卵状披针形至条状披针形，全缘，边缘有柔毛及腺毛；花梗长 2~5 毫米，花直径 6~9 毫米；萼筒杯状，外面稍被毛，萼片卵形或近三角形；花瓣宽卵形或近圆形，长 3~3.5 毫米，宽约 3 毫米，白色；雄蕊 30~40，长于花瓣；子房密被柔毛。蓇葖果矩圆形，密被白柔毛，花柱宿存、反折或直立。花期 7—8 月，果期 8—9 月。

生于山地林缘，也少量见于林下、路旁、沟边及林缘草甸。

产　　地：鄂伦春自治旗、牙克石市、扎兰屯市、额尔古纳市、鄂温克族自治旗。

（图 254）欧亚绣线菊 *Spiraea media* Schmidt

（图 255）珍珠梅 *Sorbaria sorbifolia*（L.）A.Br

## 栒子属 *Cotoneaster* B. Ehrhart

**全缘栒子** *Cotoneaster integerrimus* Medic.（图 256）

别　　名：全缘栒子木。

形态特征：小枝棕褐色、褐色或灰褐色，嫩枝密被灰白色绒毛。叶椭圆形或宽卵形，长 1.5~4 厘米，宽 1~3 厘米，先端锐尖，基部圆形或宽楔形，全缘，上面有稀疏柔毛，下面密被灰白色绒毛，叶柄长 1~4 毫米，被毛，托叶披针形，被绒毛。聚伞花序，有花 2~4（5）朵；苞片披针形，被微毛；花梗长 2~5 毫米，被毛；花直径 8 毫米；萼片卵状三角形，内外两面无毛；花瓣直立，近圆形，长与宽近相等，各约 3 毫米，粉红色，雄蕊 15~20，与花瓣近等长；花柱 2，短于雄蕊，子房顶端有柔毛。果实近圆球形，稀卵形，直径约 6 毫米，红色，无毛，有 2~4 小核。花期 6—7 月，果期 7—9 月。

生于山地桦木林下，灌丛及石质山坡。

产　　地：新巴尔虎左旗、鄂温克族自治旗，额尔古纳市、牙克石市、海拉尔区。

（图 256）全缘栒子 *Cotoneaster integerrimus* Medic.

**黑果栒子** *Cotoneaster melanocarpus* Lodd.（图 257）

别　　名：黑果栒子木、黑果灰栒子。

形态特征：灌木，高达 2 米。枝紫褐色、褐色或棕褐色。叶片卵形、宽卵形或椭圆形，长（1.2）1.8~4 厘米，宽（1）1.2~2.8 厘米，全缘；叶柄长 2~5 毫米，密被柔毛；托叶披针形，紫褐色，被毛。聚伞花序，有花（2）4~6 朵；总花梗和花梗有毛，下垂，花梗长 3~15 毫米；苞片条状披针形，被毛；花直径 6~7 毫米；萼片卵状三角形，无毛或先端边缘稍被毛；花瓣近圆形，直立，粉红色，长与宽近相等，各为 3 毫米；雄蕊约 20，与花瓣近等长或稍短；花柱 2~3，比雄蕊短，子房顶端被柔毛。果实近球形，直径 7~9 毫米，蓝黑色或黑色，被蜡粉，有 2~3 小核。花期 6—7 月，果期 8—9 月。

生于山地和丘陵坡地，也常散生于灌丛和林缘。

产　　地：根河市、额尔古纳市、牙克石市。

（图 257）黑果栒子 Cotoneaster melanocarpus Lodd.

# 山楂属 Crataegus L.

山楂 Crataegus pinnatifida Bunge（图 258）

别　　名：山里红、裂叶山楂。

形态特征：乔木，高达 6 米。树皮暗灰色，小枝淡褐色；芽宽卵形。叶宽卵形、三角状卵形或菱状卵形，长 4~7 厘米，宽 3~6.5 厘米；叶柄长 1~3 厘米；托叶大，镰状，边缘有锯齿。伞房花序，有多花；花梗及总花梗均被柔毛，花梗长 5~10 毫米；花直径 8~12 毫米；萼片披针形，先端渐尖，全缘，里面先端有毛；花瓣倒卵形或近圆形，长约 6 毫米，宽 5~5.5 毫米，白色；雄蕊 20，短于花瓣，花药粉红色；花柱 3~5，子房顶端有毛。果实近球形或宽卵形，直茎 1~1.5 厘米，深红色，表面有灰白色斑点，内有 3~5 小核，果梗被毛。花期 6 月，果熟期 9—10 月。

生于森林区或森林草原区的山地沟谷。

产　　地：根河市、额尔古纳市、海拉尔区、扎兰屯市、牙克石市、莫力达瓦达斡尔族自治旗。

辽宁山楂 Crataegus sanguinea Pall.（图 259）

别　　名：红果山楂、面果果。

形态特征：小乔木，高 2~4 米，老枝及树皮灰白色；芽宽卵形，紫褐色。叶宽卵形、菱状卵形、稀近圆形，长（2）3~7 厘米，宽 2~5.5 厘米；托叶卵状披针形或半圆形；伞房花序，有花 4~13 朵，花梗 4~14 毫米，疏生柔毛或近无毛；苞片条形或倒披针形；花直径约 9 毫米；萼片狭三角形；花瓣近圆形，长与宽近相等，约为 5~6 毫米，白色；雄蕊 20，花丝长短不齐，长者与花瓣近等长；花柱 2~5，稍短于雄蕊，子房顶端有毛。果实近球形或宽卵形，直径 1~1.3（1.5）厘米，血红色或橘红色；果梗无毛；萼片宿存，反折；有核 3，稀 4 或 5。花期 5~6 月，果期 7—9 月，果熟期 9—10 月。

生于森林区和草原区山地，多生于山地阴坡、半阴坡或河谷。

产　　地：根河市、额尔古纳市、鄂伦春自治旗、鄂温克族自治旗、莫力达瓦达斡尔族自治旗。

（图 258）山楂 *Crataegus pinnatifida* Bunge

（图 259）辽宁山楂 *Crataegus sanguinea* Pall.

## 花楸属 *Sorbus* L.

花楸树 *Sorbus pohuashanensis*（Hance）Hedl.（图 260）

别　　名：山槐子、百华花楸、马加木。

形态特征：乔木，高达 8 米。小枝紫褐色，树皮灰色；芽长卵形。单数羽状复叶，小叶通常 9~13，椭圆状披针形，长 3~8 厘米，宽 1~2.6 厘米；小叶近无柄，叶柄有白色绒毛；托叶宽卵形，有不规则锯齿。顶生大型聚伞圆锥花序，呈伞房状，花多密集，花梗长 3~4 毫米，有毛；花直径 7~8 毫米；萼筒钟状，稍被毛或无毛，萼片近三角形；花瓣宽卵形或近圆形，长 3~3.5 毫米，宽 2.5~3 毫米，白色，里面基部稍被柔毛；雄蕊 20，与花瓣等长或稍超出；花柱通常 4 或 3，稍短于或与雄蕊近等长；子房顶端有柔毛。果实宽卵形或球形，直径 6~8 毫米，橘红色，萼片宿存。花期 6 月，果熟期 9—10 月。

生于山地阴坡、溪涧或疏林中。

产　　地：牙克石市。

（图 260）花楸树 *Sorbus pohuashanensis*（Hance）Hedl.

## 苹果属 *Malus* Mill.

山荆子 *Malus baccata*（L.）Borkh.（图 261）

别　　名：山定子、林荆子。

形态特征：乔木，高达 10 米。树皮灰褐色，枝红褐色；芽卵形红褐色。叶片椭圆形，长 2~7（12）厘米，宽 1.2~3.5（5.5）厘米；叶柄长 1~4.5 厘米，无毛；托叶披针形，早落。伞形花序或伞房花序，有花 4~8 朵；花梗长 1.5~4 厘米，无毛；花直径 3~3.5 厘米；萼片披针形，外面无毛，里面被毛；花瓣卵形、倒卵形或椭圆形，长 1.5~2.2 厘米，宽 0.8~1.4 厘米，基部有短爪，白色；雄蕊 15~20，长短不齐，比花瓣短约一半；花柱 5（4），基部合生，有柔毛，比雄蕊长。果实近球形，直径 8~10 毫米，红色或黄色，花萼早落。花期 5 月，果期 9 月。

生于落叶阔叶林区的河流两岸谷地；也见于山地林缘及森林草原带的沙地。

产　　地：全市。

（图 261）山荆子 *Malus baccata*（L.）Borkh.

# 蔷薇属 *Rosa* L.

**山刺玫** *Rosa davurica* Pall.（图 262）

别　　名：刺玫果。

形态特征：落叶灌木，高 1~2 米，多分枝。单数羽状复叶，小叶 5~7（9），小叶片矩圆形或长椭圆形，长 1~2.5 厘米，宽 0.7~1.5 厘米，先端锐尖或稍钝，基部近圆形，边缘有细锐锯齿，近基部全缘，上面绿色，近无毛，下面灰绿色，被短柔毛和粒状腺点；叶柄和叶轴被短柔毛、腺点和小皮刺；托叶大部分和叶柄合生，被短柔毛和腺点。花常单生，有时数朵簇生，直径 3~4 厘米；萼片披针状条形，长 1.5~2.5 厘米，先端长尾尖并稍宽，被短柔毛及腺毛；花瓣紫红色，宽倒卵形，先端微凹。蔷薇果近球形或卵形，直径 1~1.5 厘米，红色。花期 6—7 月，果期 8—9 月。

生于林下、林缘及石质山坡，亦见于河岸沙质地，多呈团块状分布。

产　　地：全市。

**大叶蔷薇** *Rosa acicularis* Lindl.（图 263）

形态特征：灌木，高约 1 米，多分枝。枝红褐色，常密生皮刺，皮刺直，长 1.5~4（7）毫米。单数羽状复叶，通常有 5~7 小叶，小叶片椭圆形、矩圆形或卵状椭圆形，长 2~5 厘米，宽 1~3 厘米，先端锐尖，基部近圆形或稍偏斜，边缘有锯齿，稀重锯齿，近基部常全缘，上面暗绿色，常无毛，下面淡绿色，多少有柔毛或近无毛，稀有腺点，小叶柄极短，叶轴细长，无毛或有柔毛，常有腺毛或稀疏小皮刺；托叶条形，大部分与叶柄合生，边缘有腺毛。花单生叶腋，直径约 4 厘米，花梗细长；萼片披针形，先端长尾尖，并稍宽大呈叶状，外面常有腺毛和柔毛，里面密被绒毛；花瓣宽倒卵形，玫瑰红色。蔷薇果椭圆形、长椭圆形或梨形，1.5~2 厘米，红色，有明显颈部，光滑无毛。花期 6—7 月，果期 8—9 月。

生于针叶林地带及草原区较高的山地，散生于林下、林缘和山地灌丛中。

产　　地：谢尔塔拉牧场、陈巴尔虎旗、鄂伦春自治旗。

（图 262）山刺玫 *Rosa davurica* Pall.

（图 263）大叶蔷薇 *Rosa acicularis* Lindl.

## 龙牙草属 *Agrimonia* L.

龙牙草 *Agrimonia pilosa* Ledeb.（图 264）

别　　名：仙鹤草、黄龙尾。

形态特征：多年生草本，高 30~60 厘米。茎单生或丛生。不整齐单数羽状复叶，具小叶（3）5~7（9），连叶柄长 5~15 厘米。总状花序顶生，长 5~10 厘米，花梗长 1~2 毫米，被疏柔毛；苞片条状 3 裂，被柔毛；花直径 5~8 毫米；萼筒倒圆锥形，长约 1.5 毫米，外面有 10 条纵沟，被柔毛，顶部有钩状刺毛，萼片卵状三角形，与萼筒近等长；花瓣黄色，长椭圆形，长约 3 毫米；雄蕊约 10，长约 2 毫米；雌蕊 1，子房椭圆形，包在萼筒内；花柱 2 条，伸出萼筒。瘦果椭圆形，长约 3.5 毫米，果皮薄，包在缩存萼筒内，萼筒顶端有 1 圈钩状刺；种子 1，扁球形，径约 2 毫米。花期 6—7 月，果期 8—9 月。

生于林缘草甸、低湿地草甸、河边、路旁。

产　　地：全市。

（图 264）龙牙草 *Agrimonia pilosa* Ledeb.

## 地榆属 *Sanguisorba* L.

地榆 *Sanguisorba officinalis* L.（图 265）

别　　名：蒙古枣、黄瓜香。

形态特征：多年生草本，高 30~80 厘米。茎直立。单数羽状复叶，基生叶和茎下部叶有小叶 9~15；茎上部叶比基生叶小。茎生叶的托叶上半部小叶状，下半部与叶柄合生。穗状花序顶生，多花密集，卵形、椭圆形、近球形或圆柱形，长 1~3 厘米，径 6~12 毫米；花由顶端向下逐渐开放；每花有苞片 2，披针形，长 1~2 毫米，被短柔毛；萼筒暗紫色，萼片紫色，椭圆形；雄蕊与萼片近等长，花药黑紫色，花丝红色；子房卵形，被柔毛；花柱细长，紫色，长约 1 毫米，柱头膨大，具乳头状凸起。瘦果宽卵形或椭圆形，长约 3 毫米，有 4 纵脊棱，被短柔毛，包于宿存的萼筒内。花期 7—8 月，果期 8—9 月。

生于森林草原地带，见于河滩草甸及草甸草原中。

产　　地：全市。

（图 265）地榆 *Sanguisorba officinalis* L.

**长蕊地榆 Sanguisorba officinalis L. var. longifila（Kitag.）Yu et Li（图 266）**

形态特征：本变种与正种的区别在于：花丝长 4~5 毫米，比萼片长 0.5~1 倍，基生叶小叶条状矩圆形至条状披针形。

生于沟边、草甸中。

产　　地：牙克石市、鄂伦春自治旗、莫力达瓦达斡尔族自治旗。

**小白花地榆 Sanguisorba tenuifolia Fisch. ex Link var. alba Trautv. et Mey.（图 267）**

形态特征：本变种与正种的区别在于：花白色，花丝比萼片长 1~2 倍。

生于湿地、草甸、林缘近林下。

产　　地：鄂伦春自治旗、牙克石市、额尔古纳市、陈巴尔虎旗、新巴尔虎左旗、鄂温克族自治旗、满洲里市、海拉尔区、扎兰屯市、莫力达瓦达斡尔族自治旗。

## 蚊子草属 Filipendula Mill.

**蚊子草 Filipendula palmata（Pall.）Maxim.（图 268）**

别　　名：合叶子。

形态特征：多年生草本，高约 1 米。茎直立。单数羽状复叶掌状深裂，长 6~11 厘米，宽 10~16（18）厘米；上部茎生叶有小叶 1~3，掌状深裂，裂片 3~7；托叶近卵形，边缘有锯齿。多数小花组成大型圆锥花序；萼筒浅碟状，萼片 5，矩圆形至卵形，长 1~1.5 毫米，先端圆形，花后反折；花瓣 5，白色，倒卵形，长约 3 毫米，先端圆形，基部有爪；雄蕊多数，长 2.5~4 毫米；心皮 6~8，彼此分离，花柱常外弯，柱头膨大。瘦果有

（图 266）长蕊地榆 *Sanguisorba officinalis* L. var. longifila（Kitag.）Yu et Li

（图 267）小白花地榆 *Sanguisorba tenuifolia* Fisch. ex Link var. *alba* Trautv. et Mey.

柄，近镰形，长 3~5 毫米，沿背缝线和腹缝线有 1 圈睫毛，花柱宿存。花期 7 月，果期 8—9 月。

生于森林区的河滩沼泽草甸、河岸杨、柳林及杂木灌丛，亦散见于林缘草甸及针阔混交林下。

产　　地：根河市、额尔古纳市、莫力达瓦达斡尔族自治旗、阿荣旗、鄂伦春自治旗、牙克石市。

（图 268）蚊子草 *Filipendula palmata*（Pall.）Maxim.

**细叶蚊子草** *Filipendula angustiloba*（Turcz.）Maxim.（图 269）

形态特征：多年生草本，高 80~100 厘米。茎直立，有纵条棱，无毛。单数羽状复叶，有小叶 2~5 对，顶生小叶比侧生小叶大，掌状 7~9 深裂，裂片条形至披针状条形，先端渐尖，边缘有不规则尖锐锯齿，两面均无毛，上面深绿色，下面淡绿色；侧生小叶与顶生小叶相似，但较小与裂片较少；托叶绿色，宽大，半心形，抱茎，边缘有锯齿。圆锥花序顶生，萼片卵形，先端钝，花后反折；花瓣白色，倒卵形，长约 3 毫米，先端圆形，基部有短爪。瘦果椭圆状镰形，长 3~4 毫米，沿背腹缝线有睫毛，基部近无柄。花果期 6—8 月。

生于林缘、草甸、河边。

产　　地：鄂伦春自治旗、额尔古纳市、牙克石市、陈巴尔虎旗、新巴尔虎左旗。

## 悬钩子属 *Rubus* L.

**石生悬钩子** *Rubus saxatilis* L.（图 270）

别　　名：地豆豆。

形态特征：多年生草本，高 15~30 厘米。花枝直立；不育枝有鞭状匍枝，长达 2 米。羽状三出复叶，叶柄长 3~10 厘米；托叶分离，卵形至披针形，先端渐尖。聚伞花序成伞房状，顶生，花少数；花梗长 5~10 毫米，被卷曲柔毛与少数腺毛，花直径约 1 厘米；花萼外面被短柔毛混生腺毛，萼片披针形或矩圆状披针形，长约 4 毫米，里面被短柔毛，顶端锐尖；花瓣白色，匙形或倒披针形，与萼片等长；雄蕊多数，花丝宽大，直立，顶端钻状；雌蕊 4~6，彼此离生。聚合果含小核果 2~5，红色；果核矩圆形，具蜂巢状孔穴。花期 6—7 月，果期 8—9 月。

生于山地林下，林缘灌丛，林缘草甸，亦可见于林区的沼泽灌丛中。

产　　地：根河市、牙克石市、鄂伦春自治旗、鄂温克族自治旗。

（图 269）细叶蚊子草 *Filipendula angustiloba*（Turcz.）Maxim.

（图 270）石生悬钩子 *Rubus saxatilis* L.

北悬钩子 *Rubus arcticus* L.（图 271）

形态特征：多年生草本，高 10~30 厘米。根状茎细长，黑褐色，分枝。茎斜升，近四棱形，常单生，被短柔毛。羽状三出复叶，小叶片菱形至菱状倒卵形，长 2~4 厘米，宽 1~3 厘米，先端锐尖或圆钝，基部楔形，侧生小叶基部偏斜，边缘有不规则的重锯齿，有时浅裂，上面绿色，近无毛，下面淡绿，被短柔毛；叶柄长 2~5 厘米，有疏柔毛；托叶离生，卵形或椭圆形，长 5~8 毫米，先端钝或锐尖，全缘，被柔毛。花单生，顶生，有 1~2 朵腋生，直径 1~1.5 厘米；花梗长 2~3 厘米；花萼陀螺状，外面有柔毛；萼片 5，披针形；花瓣宽倒卵形，紫红色，长 7~10 毫米。聚合果暗红色，宿存萼片反折。花果期 7—9 月。

生于白桦林下、灌丛下、草甸。

产　　地：额尔古纳市、根河市、鄂伦春自治旗、牙克石市、新巴尔虎左旗、鄂温克族自治旗。

（图 271）北悬钩子 *Rubus arcticus* L.

## 水杨梅属 *Geum* L.

水杨梅 *Geum aleppicum* Jacq.（图 272）

别　　名：路边青。

形态特征：多年生草本，高 20~70 厘米。茎直立。基生叶为不整齐的单数羽状复叶；顶生小叶大，长 3~6 厘米，宽 2~4 厘米；叶柄被开展的长硬毛及腺毛。花常 3 朵成伞房状排列，直径 1.5~2 厘米；花梗长 1~1.5 厘米，花萼和花梗被开展的长柔毛、腺毛及茸毛；副萼片条状披针形，长约 3 毫米；萼片三角状卵形，长约 6 毫米，花后反折；花瓣黄色，近圆形，长 7~9 毫米，先端圆形；雄蕊长约 3 毫米；子房密生长毛，花柱于顶端弯曲，柱头细长，被短毛。瘦果长椭圆形，稍扁，长约 2 毫米，被毛长，棕褐色，顶端有由花柱形成的钩状长喙，喙长约 4 毫米。花期 6—7 月，果期 8—9 月。

生于林缘草甸，河滩沼泽草甸、河边。

产　　地：全市。

（图 272）水杨梅 *Geum aleppicum* Jacq.

## 草莓属 *Fragaria* L.

东方草莓 *Fragaria orientalis* Losinsk.（图 273）

别　　名：野草莓、高丽果。

形态特征：多年生草本，高 10~20 厘米。匍匐茎细长。掌状三出复叶，基生；叶柄长 5~15 厘米，密被开展的长柔毛；小叶近无柄，宽卵形或菱状卵形，长 1.5~5（7）厘米，宽 1~3（4）厘米，上面绿色，疏生伏柔毛，下面灰绿色，被绢毛。聚伞花序生花葶顶部，花少数；花梗长约 1 厘米，总花梗与花梗均被开展的长柔毛；花白色，直径 1.5~2 厘米；花萼被长柔毛，副萼片条状披针形，长约 6 毫米，先端渐尖；萼片卵状披针形，与副萼片近等长或稍长；花瓣近圆形，长 7~8 毫米；雄蕊、雌蕊均多数。瘦果宽卵形，径 0.5 毫米，多数聚生于肉质花托上。花期 6 月，果期 8 月。

生于林下，也进入林缘灌丛、林间草甸及河滩草甸。

产　　地：鄂伦春自治旗、鄂温克族自治旗、牙克石市、扎兰屯市、莫力达瓦达斡尔族自治旗。

## 萎陵菜属 *Potentilla* L.

金露梅 *Potentilla fruticosa* L.（图 274）

别　　名：金老梅、金蜡梅、老鸹爪。

形态特征：灌木，高 50~130 厘米，多分枝。单数羽状复叶，小叶 5，少 3，全缘，边缘反卷，上面被密或疏的绢毛，下面沿中脉被绢毛或近无毛；叶柄长约 1 厘米；被柔毛；托叶膜质，卵状披针形，先端渐尖，基部合叶枕合生。花单生叶腋或数朵成伞状花序，直径 1.5~2.5 厘米；花梗与花萼均被绢毛；副萼片条状披针形，几与萼片等长，萼片披针状卵形，先端渐尖，果期萼片增大；花瓣黄色，宽倒卵形至圆形，比萼片长 1 倍；子房近卵形，长约 1 毫米，密被绢毛；花柱侧生，长约 2 毫米；花托扁球形，密生绢状柔毛。瘦果近卵形，密被绢毛，褐棕色，长 1.5 毫米。花果期 6—8 月，果期 8—10 月。

生于落叶松林及云杉林下的灌木层中及路旁。

产　　　地：根河市、额尔古纳市、鄂伦春自治旗、牙克石市、鄂温克族自治旗。

（图 273）东方草莓 *Fragaria orientalis* Losinsk.

（图 274）金露梅 *Potentilla fruticosa* L.

小叶金露梅 *Potentilla parvifolia* Fisch. apud Lehm.（图 275）

别　　名：小叶金老梅。

形态特征：灌木，高 20~80 厘米，多分枝。单数羽状复叶，长 5~15（20）毫米，全缘，边缘强烈反卷，两面密被绢毛，银灰绿色，顶生 3 小叶基部常下延与叶轴汇合；托叶膜质，淡棕色，披针形，长约 5 毫米，先端尖或钝，基部与叶枕合生并抱茎。花单生叶腋或数朵成伞房状花序，直径 10~15 毫米，花萼与花梗均被绢毛；副萼片条状披针形，长约 5 毫米，先端渐尖；萼片近卵形，比副萼片稍短或等长，先端渐尖；花瓣黄色，宽倒卵形，长与宽各约 1 厘米；子房近卵形，被绢毛；花柱侧生，棍棒状，向下渐细，长约 2 毫米；柱头头状。瘦果近卵形，被绢毛，褐棕色。花期 6—8 月，果期 8—10 月。

生于草原带的山地与丘陵砾石质坡地。

产　　地：根河市、新巴尔虎右旗。

（图 275）小叶金露梅 *Potentilla parvifolia* Fisch. apud Lehm.

匍枝委陵菜 *Potentilla flagellaris* Willd. ex Schlecht.（图 276）

别　　名：蔓委陵菜。

形态特征：多年生匍匐草本。茎匍匐，纤细被伏柔毛。掌状五出复叶，基生叶具长柄；小叶菱状披针形，长 1.5~3 厘米，宽 5~10 毫米；托叶膜质，大部与叶柄合生，分离部分条形或条状披针形，被伏柔毛；茎生叶与基生叶同形，但叶柄较短，托叶草质，下半部与叶柄合生，分离部分卵状披针形。花单生叶腋；花梗纤细，长 2~4 厘米，被伏柔毛；花直径约 1 厘米；花萼伏生柔毛，副萼片条状披针形，长约 3 毫米，萼片卵状披针形，与副萼片近等长；花瓣黄色，宽倒卵形，先端微凹，稍长于萼片；花柱近顶生，柱头膨大。瘦果矩圆状卵形，褐色，表面微皱。花果期 6—8 月。

生于山地林间草甸及河滩草甸。

产　　地：全市。

（图 276）匍枝委陵菜 *Potentilla flagellaris* Willd.ex Schlecht.

**银露梅** *Potentilla glabra* Lodd.（图 277 ）

别　　名：银老梅、白花棍儿茶。

形态特征：灌木，高 30~100 厘米，多分枝。单数羽状复叶，长 8~20 毫米，小叶 3~5，全缘，上面绿色，无毛，下面淡绿色，中脉明显隆起，侧脉不明显，无毛或疏生柔毛；托叶膜质，淡黄棕色，披针形，长约 4 毫米，先端渐尖，基部与叶枕合生，苞茎。花常单生叶腋或数朵成伞房花序，直径约 2 厘米；花梗纤细，长 1~2 厘米；疏生柔毛，萼筒钟状，外疏生柔毛；副萼片条状披针形，长约 3 毫米，先端渐尖；萼片卵形，长约 4 毫米，先端渐尖，外面疏生长柔毛，里面密被短柔毛，花瓣白色，宽倒卵形，全缘，长 7~8 毫米；花柱侧生，无毛，柱头头状，子房密被长柔毛。花期 6—8 月，果期 8—10 月。

生于海拔较高的山地灌丛中。

产　　地：根河市、牙克石市、阿荣旗。

**鹅绒委陵菜** *Potentilla anserina* L.（图 278 ）

别　　名：河篦梳、蕨麻委陵菜、曲尖委陵菜。

形态特征：多年生匍匐草本。茎匍匐，纤细，有时长达 80 厘米。基生叶多数，为不整齐的单数羽状复叶，长 5~15 厘米；极小的小叶片披针形或卵形，长仅 1~4 毫米；托叶膜质，黄棕色，矩圆形，先端钝圆，下半部与叶柄合生。花单生于匍匐茎上的叶腋间，直径 1.5~2 厘米，花梗纤细，长达 10 厘米，被长柔毛；花萼被绢状长柔毛，副萼片矩圆形，长 5~6 毫米，先端 2~3 裂或不分裂；萼片卵形，与副萼片等长或较短，先端锐尖；花瓣黄色，宽倒卵形或近圆形，先端圆形，长约 8 毫米；花柱侧生，棍棒状，长约 2 毫米；花托内部被柔毛。瘦果近肾形，稍扁，褐色，表面微有皱纹。花果期 5—9 月。

生于苔草草甸、矮杂类草草甸、盐化草甸、沼泽化草甸、农田。

产　　地：全市。

（图 277）银露梅 *Potentilla glabra* Lodd.

（图 278）鹅绒委陵菜 *Potentilla anserina* L.

**二裂委陵菜** *Potentilla bifurca* L.（图 279）

别　　名：叉叶委陵菜。

形态特征：多年生草本或亚灌木，株高 5~20 厘米。茎直立或斜升，自基部分枝。单数羽状复叶，有小叶 4~7 对，最上部 1~2 对，顶生 3 小叶常基部下延与叶柄汇合，连叶柄长 3~8 厘米；小叶先端 2 裂，顶生小叶常 3 裂，基部楔形，全缘，两面有疏或密的伏柔毛；托叶膜质或草质，披针形或条形。先端渐尖，基部与叶柄合生。聚伞花序生于茎顶部，花梗纤细，长 1~3 厘米，花直径 7~10 毫米，花萼被柔毛，副萼片椭圆形，萼片卵圆形，花瓣宽卵形或近圆形，子房近椭圆形，无毛，花柱侧生，棍棒状，向两端渐细，柱头膨大，头状；花托有密柔毛。瘦果近椭圆形，褐色。花果期 5—8 月。

生于草原及草甸草原，草原化草甸、轻度盐化草甸、山地灌丛、林缘、农田、路旁等。

产　　地：全市。

（图 279）二裂委陵菜 *Potentilla bifurca* L.

**高二裂委陵菜** *Potentilla bifurca* L. var. *major* Ledeb.（图 280）

别　　名：长叶二裂委陵菜。

形态特征：本变种与正种的区别在于：植株较高大，叶柄、花茎下部伏生柔毛或脱落几无毛，小叶片长椭圆形或条形；花较大，直径 12~15 毫米。花果期 5—9 月。

生于耕地道旁、河滩沙地、山坡草地。

产　　地：全市。

**星毛委陵菜** *Potentilla acaulis* L.（图 281）

别　　名：无茎委陵菜。

形态特征：多年生草本，高 2~10 厘米，全株被白色星状毡毛，呈灰绿色。茎自基部分枝，纤细，斜倚。掌状三出复叶，叶柄纤细，长 5~15 毫米；托叶草质，与叶柄合生，顶端 2~3 条裂，基部抱茎。聚伞花序，有花

（图 280）高二裂委陵菜 *Potentilla bifurca* L. var. *major* Ledeb.

（图 281）星毛委陵菜 *Potentilla acaulis* L.

2~5 朵，稀单花；花直径 1~1.5 厘米，花萼外面被星状毛与毡毛，副萼片条形，先端钝，长约 3.5 毫米，萼片卵状披针形，先端渐尖，长约 4 毫米；花瓣黄色，宽倒卵形，长约 6 毫米，先端圆形或微凹；花托密被长柔毛；子房椭圆形，无毛，花柱近顶生。瘦果近椭圆形。花期 5—6 月，果期 7—8 月。

生于典型草原带的沙质草原、砾石质草原及放牧退化草原。

产　　地：全市。

**三出委陵菜** *Potentilla betonicaefolia* Poir.（图 282）

别　　名：白叶委陵菜、三出叶委陵菜、白萼委陵菜。

形态特征：多年生草本。根木质化，圆柱状，直伸。茎短缩，粗大，多头，外包以褐色老托叶残余。花茎直立或斜升，高 6~20 厘米，常带暗紫红色。基生叶为掌状三出复叶，叶柄带暗紫红色，小叶无柄；托叶披针状条形，棕色，膜质，被长柔毛，宿存。聚伞花序生于花茎顶部，苞片掌状 3 全裂，花梗长 1~3 厘米；花直径 6~9 毫米，花萼被蛛丝状毛和长柔毛；萼片披针状卵形，先端锐尖或钝，较副萼片稍长；花瓣黄色，倒卵形，长约 4 毫米，先端圆形；花托蜜生长柔毛；子房椭圆形，无毛，花柱顶生。瘦果椭圆形，稍扁，长 1.5 毫米，表面有皱纹。花期 5—6 月，果期 6—8 月。

生于向阳石质山坡、石质丘顶及粗骨性土壤上。可在砾石丘顶上形成群落片段。

产　　地：全市。

（图 282）三出委陵菜 *Potentilla betonicaefolia* Poir.

**莓叶委陵菜** *Potentilla fragarioides* L.（图 283）

别　　名：雉子莛。

形态特征：多年生草本，多头的根状茎。花茎直立或斜倚，高 5~15 厘米。单数羽状复叶，基生叶春季开花时长 5~10 厘米，秋季长 20~35 厘米，有长叶柄，小叶 5~9；小叶无柄，椭圆形、卵形或菱形，春叶长 1~3 厘米，宽 0.4~1.3 厘米，秋叶长 3~9 厘米，宽 1.5~4.5 厘米，先端锐尖，基部宽楔形，边缘有锯齿，两面都有长柔毛；上部茎生叶有短柄，有小叶 1~3。聚伞花序着生多花，花梗长 1~2 厘米，花直径 1.2~1.5 厘米；萼片披针状卵形，长约 5 毫米，先端锐尖；花瓣黄色，宽倒卵形，长 5~6 毫米，先端圆形或微凹；花柱近顶生；花托被柔毛。花期 5—6 月，果期 6—7 月。

生于山地林下、林缘、灌丛、林间草甸，也稀见于草甸化草原。

产　　　地：鄂伦春自治旗、阿荣旗、牙克石市、扎兰屯市、鄂温克族自治旗。

（图 283）莓叶委陵菜 *Potentilla fragarioides* L.

**铺地委陵菜 *Potentilla supina* L.（图 284）**

别　　　名：朝天委陵菜、伏萎陵菜、背铺委陵菜。

形态特征：一年生或二年生草本，高 10~35 厘米。茎斜倚、或平卧。单数羽状复叶，基生叶和茎下部叶有长柄，连叶柄长达 10 厘米；小叶 5~9；托叶膜质，披针形，先端渐尖；上部茎生叶与下部叶相似，全缘或有牙齿，被疏柔毛。花单生于茎顶部的叶腋内，常排列成总状；花梗纤细，长 5~10 毫米；花直径 5~6 毫米；花萼疏被柔毛，副萼片披针形，先端锐尖，长约 4 毫米；萼片披针状卵形，先端渐尖，比副萼片稍长或等长；花瓣黄色，倒卵形，先端微凹，比萼片稍短或近等长；花柱近顶生；花托有柔毛。瘦果褐色，扁卵形，表面有皱纹，直径约 0.6 毫米。花果期 5—9 月。

生于草原区及荒漠区的低湿地上。

产　　　地：新巴尔虎左旗、新巴尔虎右旗、鄂温克族自治旗、额尔古纳市、鄂伦春自治旗。

**轮叶委陵菜 *Potentilla verticillaris* Steph. ex Willd.（图 285）**

形态特征：多年生草本，高 4~15 厘米，全株除叶上面和花瓣外几乎全都覆盖一层厚或薄的白色毡毛。茎丛生，直立或斜升。单数羽状复叶多基生；基生叶长 7~15 厘米；托叶膜质，棕色，大部分与叶柄合生，合生部分长约 15 毫米，分离部分钻形，长 1~2 毫米，被长柔毛；茎生叶 1~2，无柄，有小叶 3~5。聚伞花序生茎顶部；花直径 6~10 毫米；花萼被白色毡毛，副萼片条形，长约 3 毫米，先端微尖或稍钝，萼片狭三角状披针形，长约

（图 284）铺地委陵菜 *Potentilla supina* L.

（图 285）轮叶委陵菜 *Potentilla verticillaris* Steph. ex Willd.

3.5 毫米，先端渐尖；花瓣黄色，倒卵形，长 6 毫米，先端圆形；花柱顶生。瘦果卵状肾形，长 1.5 毫米，表面有皱纹。花果期 5—9 月。

生于典型草原，也偶见于荒漠草原中。

产　　地：新巴尔虎右旗、新巴尔虎左旗、鄂温克族自治旗。

**绢毛委陵菜** *Potentilla sericea* L.（图 286）

形态特征：多年生草本。根木质化。茎纤细。单数羽状复叶，基生叶有小叶 7~13，连叶柄长 4~8 厘米，小叶片矩圆形，长 5~15 毫米，宽约 5 毫米，边缘羽状深裂，裂片矩圆状条形，上面密生短柔毛与长柔毛，下面密被白色毡毛；托叶棕色，膜质，与叶柄合生，合生部分长约 2 厘米；茎生叶少数，与基生叶同形，但小叶较少，托叶草质，下半部与叶柄合生，上半部分离，分离部分披针形，长约 6 毫米。伞房状聚伞花序，花梗纤细，长 5~8 毫米；花直径 7~10 毫米；花萼被绢状长柔毛，副萼片条状披针形，长约 2.5 毫米，先端稍钝，萼片披针状卵形，长约 3 毫米，先端锐尖，花瓣黄色，宽倒卵形，长约 4 毫米，先端微凹；花柱近顶生；花托被长柔毛。瘦果椭圆状卵形，褐色，表面有皱纹。花果期 6—8 月。

生于典型草原群落中。

产　　地：新巴尔虎右旗。

（图 286）绢毛委陵菜 *Potentilla sericea* L.

**多裂委陵菜** *Potentilla multifida* L.（图 287）

别　　名：细叶委陵菜。

形态特征：多年生草本，高 20~40 厘米。茎斜升或近直立；单数羽状复叶；托叶膜质，棕色，与叶柄合生部分长达 2 厘米；茎生叶与基生叶同形，但叶柄较短，小叶较少，托叶草质，下半部与叶柄合生，上半部分离，披针形，长 5~8 毫米，先端渐尖。伞房状聚伞花序生于茎顶端，花梗长 5~20 毫米；花直径 10~12 毫米；花萼密被长柔毛与短柔毛，副萼片条状披针形，长 2~3 毫米（开花时），先端稍钝，萼片三角状卵形，长约 4 毫米（开花时），先端渐尖；花萼各部果期增大；花瓣黄色，宽倒卵形，长约 6 毫米；花柱近顶生，基部明显增粗。瘦果椭圆形，褐色，稍具皱纹。花果期 7—9 月。

生于山坡草地、林缘。

产　　地：鄂伦春自治旗、牙克石市、海拉尔区、鄂温克族自治旗、新巴尔虎右旗。

（图 287）多裂委陵菜 *Potentilla multifida* L.

**掌叶多裂委陵菜 *Potentilla multifida* L. var *ornithopoda* Wolf（图 288）**

形态特征：本变种与正种的区别在于，单数羽状复叶，有小叶 5，小叶排列紧密，似掌状复叶。

生于典型草原及草甸草原中。

产　　地：鄂温克族自治旗、新巴尔虎左旗、新巴尔虎右旗。

**菊叶委陵菜 *Potentilla tanacetifolia* Willd. ex Schlecht.（图 289）**

别　　名：蒿叶委陵菜、沙地委陵菜。

形态特征：多年生草本，高 10~45 厘米。茎自基部丛升，茎上部分枝。单数羽状复叶，基生叶与茎下部叶，长 5~15 厘米，有小叶 11~17；托叶膜质，披针形，被长柔毛；茎上部叶与下部同形但较小，小叶数较少，叶柄较短；托叶草质，卵状披针形，全缘或 2~3 裂。伞房状聚伞花序，花多数，花梗长 1~2 厘米，花直径 8~20 毫米；花萼被柔毛，副萼片披针形，长 3~4 毫米，萼片卵状披针形，比副萼片稍长，先端渐尖；花瓣黄色，宽倒卵形，先端微凹，长 5~7 毫米；花柱顶生；花托被柔毛。瘦果褐色，卵形，微皱。花果期 7—10 月。

生于典型草原和草甸草原。

产　　地：鄂温克族自治旗、新巴尔虎左旗、新巴尔虎右旗、莫力达瓦达斡尔自治旗。

（图 288）掌叶多裂委陵菜 *Potentilla multifida* L. var *ornithopoda* Wolf

（图 289）菊叶委陵菜 *Potentilla tanacetifolia* Willd. ex Schlecht.

**腺毛委陵菜** *Potentilla longifolia* Willd. ex Schlecht.（图 290）

**别　　名**：粘委陵菜。

**形态特征**：多年生草本，高（15）20~40（60）厘米。茎自基部丛生。单数羽状复叶，基生叶和茎下部叶，长 10~25 厘米，有小叶 11~17；托叶膜质，条形，与叶柄合生；茎上部叶的叶柄较短，小叶数较少，托叶草质，卵状披针形，先端尾尖，下半部与叶柄合生。伞房状聚伞花序紧密，花梗长 5~10 毫米，花直径 15~20 毫米；花萼密被短柔毛和腺毛，花后增大，副萼片披针形，长 6~7 毫米，先端渐尖；萼片卵形，比副萼片短；花瓣黄色，宽倒卵形，长约 8 毫米，先端微凹，子房卵形，无毛；花柱顶生；花托被柔毛。瘦果褐色，卵形，长约 1 毫米，表面有皱纹。花期 7—8 月，果期 8—9 月。

生于草原和草甸草原。

**产　　地**：全市。

（图 290）腺毛委陵菜 *Potentilla longifolia* Willd. ex Schlecht.

**茸毛委陵菜** *Potentilla strigosa* Pall. ex Pursh（图 291）

**别　　名**：灰白委陵菜。

**形态特征**：多年生草本，高 15~45 厘米。茎直立或稍斜升。单数羽状复叶，基生叶和茎下部叶有长柄，连叶柄长 4~12 厘米。被茸毛，下面被灰白色毡毛；茎上部叶与基生叶相似，但小叶较少，叶柄较短；基生叶托叶膜质，下半部与叶柄合生，分离部分常条裂；茎生叶托叶草质，边缘常有牙齿状分裂。伞房花序紧密，花梗长 5~10 毫米，花直径 8~10 毫米；花萼被茸毛，副萼片条形或条状披针形，长约 4 毫米，萼片卵状披针形，长约 5 毫米，果期增大；花瓣黄色，宽倒卵形或近圆形，长约 5 毫米；花柱近顶生。瘦果椭圆状肾形，长约 1 毫米，棕褐色，表面有皱纹。花果期 6—9 月。

生于典型草原、草甸草原和山地草原。

**产　　地**：新巴尔虎右旗、鄂温克自治旗、海拉尔区。

（图 291）茸毛委陵菜 *Potentilla strigosa* Pall. ex Pursh

**红茎委陵菜** *Potentilla nudicaulis* Willd. ex Schlecht.（图 292）

别　　名：大萎陵菜。

形态特征：多年生草本，高达 70 厘米。茎直立，通常单一，紫红色、红色或稍带红色。羽状复叶，基生叶叶柄长 5~10 厘米；托叶线状披针形；小叶 5~7 对，长圆形至披针形，顶生三小叶较大，向下渐小，边缘有粗锯齿，表面绿色，微皱或不皱，背面淡绿色，沿脉密生伏毛；茎生叶 2~3 对，较小，有柄或无柄；托叶 1~3 裂。伞房状聚伞花序，稍密生，花黄色，径 1.5~2 厘米；花萼有毛，径 7~8 毫米，萼片卵状披针形，长 5 毫米，宽 2.5 毫米，副萼片披针形，比萼片稍长；花瓣倒心形，长 7 毫米，先端微凹或圆形。瘦果卵形，径 1 毫米，微皱，一侧有狭翼，花柱侧生。花期 6—7 月，果期 7—8 月。

生于干山坡、林下、荒山荒地间、草原。

产　　地：海拉尔区、额尔古纳市、牙克石市。

## 沼委陵菜属 *Comarum* L.

**沼委陵菜** *Comarum palustre* L.（图 293）

形态特征：多年生草本，高 20~30 厘米。茎斜升稍分枝。单数羽状复叶，连叶柄长 5~15 厘米，小叶片 5~7，彼此靠近，有时有掌状，椭圆形或矩圆形，长 3~5 厘米，宽 8~16 毫米，先端圆钝，基部楔形，边缘似锐锯齿，上面深绿色，下面灰绿色；托叶叶状，卵形或披针形，下部与叶柄合生，基部耳状抱茎；上部叶具 3 小叶。聚伞花序，有 1 至数花；花序梗和花梗有柔毛和腺毛；苞片锥形；花直径 1~1.5 厘米；萼片深紫色，三角状卵形，长 6~12 毫米，先端骤尖；副萼片披针形或条形，长 3~8 毫米；花瓣深紫色，卵状披针形，长 5~7 毫米，先端尾尖；雄蕊紫色，比花瓣短。瘦果多数，卵形，长约 1 毫米，黄褐色，扁平，无毛，着生在膨大半球形的花托上。花期 7—8 月，果期 8—9 月。

生于沼泽、下湿草甸。

产　　地：牙克石市、鄂伦春自治旗、额尔古纳市。

（图 292）红茎委陵菜 *Potentilla nudicaulis* Willd. ex Schlecht.

（图 293）沼委陵菜 Comarum palustre L.

## 山莓草属 Sibbaldia L.

**伏毛山莓草** Sibbaldia adpressa Bunge（图 294）

**形态特征**：多年生草本。花茎丛生，纤细，斜倚或斜升，长 2~10 厘米。基生叶为单数羽状复叶；顶生 3 小叶；顶生小叶倒披针形或倒卵状矩圆形，长 5~15 毫米，宽 3~7 毫米，全缘；侧生小叶披针形或矩圆状披针形，长 3~12 毫米，宽 2~5 毫米，全缘；托叶膜质，棕黄色，披针形；茎生叶与基生叶相似。托叶草质，绿色，披针形。聚伞花序具花数朵，或单花，花五基数，稀四基数，直径 5~7 毫米；花萼被绢毛，副萼片披针形，长约 2.5 毫米，先端锐尖或钝，萼片三角状卵形，具膜质边缘，与副萼片近等长；花瓣黄色或白色，宽倒卵形，与萼片近等长或较短；雄蕊 10，长约 1 毫米；雌蕊约 10，子房卵形，无毛，花柱侧生；花托被柔毛。瘦果近卵形，表面有脉纹。花果期 5—7 月。

生于沙质土壤及砾石性土壤的干草原或山地草原群落中。

**产　　地**：新巴尔虎右旗。

**绢毛山莓草** Sibbaldia sericea（Grub.）Sojak.（图 295）

**形态特征**：多年生矮小草本。根黑褐色。圆柱形，木质化，从根的顶部生出多数地下茎，细长。有分枝，黑褐色，节部包被托叶残余，节上生不定根。基生叶为单数羽状复叶，有小叶 3 或 5，连叶柄长 1~4 厘米，柄密被绢毛，小叶倒披针形或披针形，长 5~10 毫米，宽 2~3 毫米；先端锐尖或渐尖，基部楔形，全缘，两面灰绿色。密被绢毛，托叶膜质，棕色，披针形，被绢毛或脱落无毛。花 1~2 朵，自基部生出。花梗纤细。长 5~15 毫米，被绢毛，花四基数，有时五基数，直径 4~5 毫米，花萼密被绢毛，副萼片披针形，长约 1.5 毫米，先端尖，萼片披针状卵形。长约 2 毫米。先端锐尖，花瓣白色。矩圆状椭圆形，先端圆形，比萼片长；雄蕊长约 0.7 毫米，花柱侧生，花托被长柔毛。花期 5 月。

生于草原带的低山丘陵，为草原群落的伴生种或为退化草场的优势种。

**产　　地**：新巴尔虎右旗。

（图 294）伏毛山莓草 *Sibbaldia adpressa* Bunge

（图 295）绢毛山莓草 *Sibbaldia sericea*（Grub.）Sojak.

## 地蔷薇属 Chamaerhodos Bunge

**地蔷薇** *Chamaerhodos erecta*（L.）Bunge（图 296）

**别　　名**：直立地蔷薇。

**形态特征**：二年生或一年生草本，高（8）15~30（40）厘米。茎直立，单生。基生叶三回三出羽状全裂，长 1~2.5 厘米，宽 1~3 厘米；茎生叶与基生叶相似。聚伞花序着生茎顶，多花，常形成圆锥花序；花梗纤细，长 1~6 毫米；花小，直径 2~3 毫米；花密被短柔毛与腺毛，萼筒倒圆锥形，长约 1.5 毫米，萼片三角状卵形或长三角形，与萼筒等长，先端渐尖；花瓣粉红色，倒卵状匙形，长 2.5~3 毫米，先端微凹，基部有爪；雄蕊长约 1 毫米，生于花瓣基部；雌蕊约 10，离生；花柱丝状，基生；子房卵形，无毛；花盘边缘和花托被长柔毛。瘦果近卵形，长 1~1.5 毫米，淡褐色。花果期 7—9 月。

生于草原带的砾石质丘坡、丘顶及山坡，沙砾质草原。

**产　　地**：陈巴尔虎旗、新巴尔虎左旗、新巴尔虎右旗、鄂温克族自治旗。

（图 296）地蔷薇 *Chamaerhodos erecta*（L.）Bunge

**毛地蔷薇** *Chamaerhodos canescens* J. Krause（图 297）

**形态特征**：多年生草本，高 7~20 厘米。茎多数丛生，直立或斜升，密被腺毛和长柔毛。基生叶二回三出羽状全裂，长 1.5~4 厘米，顶生裂片 3~7 裂，侧生裂片通常 3 裂，裂片狭条形，先端稍尖或稍钝，全缘，两面均绿色，被长伏柔毛；茎生叶互生，与基生叶相似，但较短且裂片较少。伞房状聚伞花序具多数稠密的花，花梗极短，长 1~2 毫米，密被腺毛与长柔毛，花萼密被腺毛与长柔毛，萼筒管状钟形，长约 4 毫米，萼片狭长三角形，长约 2 毫米，先端尖；花瓣粉红色，倒卵形，长 3~4 毫米，先端微凹；雄蕊长约 1 毫米；雌蕊 4~6，花柱基生；花盘位于萼管的基部，其边缘密生长柔毛。瘦果披针状卵形，先端渐狭，长 1.5 毫米，径约 0.6 毫米，淡黄褐色，带黑色斑点。花果期 6—9 月。

生于砾石质、沙砾质草原及沙地。

产　　地：陈巴尔虎旗、新巴尔虎左旗、鄂温克族自治旗、海拉尔区、额尔古纳市。

（图 297）毛地蔷薇 *Chamaerhodos canescens* J. Krause

**三裂地蔷薇** *Chamaerhodos trifida* Ledeb.（图 298）

别　　名：矮地蔷薇

形态特征：多年生草本，高 5~18 厘米。茎多数，丛生，直立或斜升。基生叶密丛生，长 1~3（4）厘米，羽状 3 全裂；茎生叶与基生叶同形。伞房状聚伞花序，花梗纤细，长 3~5 毫米，被稀疏长柔毛和极细小腺毛；花直径 6~8 毫米，花萼筒钟状，基部有疏柔毛，稍膨大，筒部被极细小腺毛；萼片披针状三角形，长 2 毫米，先端尖。被稀疏长柔毛，密生极细小腺毛与睫毛；花瓣粉红色，宽倒卵形，长与宽各约 3 毫米，先端微凹，基部渐狭；雄蕊长约 1 毫米；花柱基生，长约 3.5 毫米，脱落；花盘着生萼筒基部，其边缘密生稍硬长柔毛。瘦果灰褐色，卵形，先端渐尖，无毛，有细点。花期 6—8 月，果期 8—9 月。

生于草原带的山地、丘陵砾石质坡地及沙质土壤上。

产　　地：新巴尔虎右旗、满洲里市、陈巴尔虎旗。

## 李属 *Prunus* L.

**西伯利亚杏** *Prunus sibirica* L.（图 299）

别　　名：山杏。

形态特征：小乔木或灌木，高 1~2（4）米。小枝灰褐色或淡红褐色。单叶互生；叶柄长 2~3 厘米，花单生，近无梗，直径 1.5~2 厘米；花瓣白色或粉红色，宽倒卵形或近圆形，先端圆形，基部有短爪；雄蕊多数，长短不一，比花瓣短；子房椭圆形，被短柔毛；花柱顶生，与雄蕊近等长，下部有时被短柔毛。核果近球形，直径约 2.5 厘米，两侧稍扁，黄色而带红晕，被短柔毛，果梗极短；果肉较薄而干燥，离核，成熟时开裂；核扁球形，直径约 2 厘米，厚约 1 厘米，表面平滑，腹棱增厚有纵沟，沟的边缘形成 2 条平行的锐棱，背棱翅状突出，边缘极锐利如刀刃状。花期 5 月，果期 7—8 月。

生于森林草原地带及其邻近的落叶阔叶林地带边缘。

产　　地：全市。

（图 298）三裂地蔷薇 *Chamaerhodos trifida* Ledeb.

（图 299）西伯利亚杏 *Prunus sibirica* L.

稠李 *Prunus padus* L.（图 300）

别　名：臭李子。

形态特征：小乔木，高 5~8 米。树皮黑褐色。单叶互生，叶片椭圆形、宽卵形或倒卵形，长 3~8 厘米，宽 1.5~4 厘米；托叶条状披针形或条形，长 6~10 毫米，边缘有腺齿或细锯齿。总状花序疏松下垂，连总花梗长 8~12 厘米，花梗纤细，长 1~1.5 厘米，无毛；花直径 1~1.5 厘米，萼筒杯状，长约 3 毫米，外面无毛，里面有短柔毛，萼片近半圆形，长约 2 毫米；花瓣白色，宽倒卵形，长约 6 毫米；雄蕊多数，比花瓣短一半；花柱顶生，无毛。子房椭圆形，无毛。核果近球形，直径 7~9 毫米，黑色，无毛，果梗细长；果核宽卵形，长 5~7 毫米；表面有弯曲沟槽。花期 5—6 月，果期 8—9 月。

生于河溪两岸，山麓洪积扇及沙地、草原带沙地灌丛，也零星见于山坡杂木林中。

产　地：牙克石市、额尔古纳市、鄂伦春自治旗、鄂温克族自治旗、扎兰屯市。

（图 300）稠李 *Prunus padus* L.

# 四十三、豆科 Leguminosae

## 槐属 *Sophora* L.

苦参 *Sophora flavescens* Soland.（图 301）

别　名：苦参麻、山槐、地槐、野槐。

形态特征：多年生草本，高 1~3 米。茎直立，多分枝。单数羽状复叶，长 20~25 厘米，具小叶 11~19；托叶条形，长 5~7 毫米。总状花序顶生，长约 15~20 厘米；花梗细，长 5~10 毫米，有毛，苞片条形；花萼钟状，稍偏斜，长 6~7 毫米，疏生短柔毛或近无毛，顶端有短三角状微齿，花冠淡黄色，长约 1.5 厘米，旗瓣匙形，比其他花瓣稍长，翼瓣无耳；雄蕊 10，离生；子房筒状，荚果条形，长 5~12 厘米，于种子间微缢缩，呈不明显的串珠状，疏生柔毛，有种子 3~7 颗。种子近球形，棕褐色。花期 6—7 月，果期 8—10 月。

生于草原带的沙地、田埂、山坡。

产　　地：鄂伦春自治旗、鄂温克族自治旗、阿荣旗、莫力达瓦达斡尔族自治旗。

（图 301）苦参 *Sophora flavescens* Soland.

## 野决明属 *Thermopsis* R. Br.

披针叶黄华 *Thermopsis lanceolata* R. Br.（图 302）

别　　名：苦豆子、面人眼睛、绞蛆爬、牧马豆。

形态特征：多年生草本，高 10~30 厘米。茎直立，有分枝。掌状三出复叶，具小叶 3，叶柄长 4~8 毫米；小叶矩圆状椭圆形或倒披针形，长 30~50 毫米，宽 5~15 毫米，上面无毛，下面疏被平伏长柔毛。总状花序长 5~10 厘米，顶生；花于花序轴每节 3~7 朵轮生；花梗长 2~5 毫米；花萼钟状，长 16~18 毫米，萼齿披针形，长 5~10 毫米，被柔毛；花冠黄色，旗瓣近圆形，长 26~28 毫米，先端凹入，基部渐狭成爪，翼瓣于龙骨瓣比旗瓣短，有耳和爪；子房被毛。荚果条形，扁平，长 5~6 厘米，宽（6）9~10（15）毫米，疏被平伏的短柔毛，沿缝线有长柔毛。花期 5—7 月，果期 7—10 月。

生于草甸草原和草原带的盐化草甸、河岸盐化草甸、沙质地或石质山坡。

产　　地：全市。

## 苜蓿 *Medicago* L.

细叶扁蓿豆 *Melilotoides ruthenica*（L.）Sojak var. *oblongifolia*（Fr.）H. C. Fu（图 303）

形态特征：本种为扁蓿豆的变种。与正种的区别是小叶矩圆状条形至条形，宽仅 0.5~2 毫米。

生于典型草原、丘陵坡地、沙质地。

产　　地：海拉尔区、鄂温克族自治旗、新巴尔虎左旗、新巴尔虎右旗、满洲里市。

（图 302）披针叶黄华 *Thermopsis lanceolata* R. Br.

（图 303）细叶扁蓿豆 *Melilotoides ruthenica*（L.）Sojak var. *oblongifolia*（Fr.）H. C. Fu

天蓝苜蓿 *Medicago lupulina* L.（图 304）

别　　名：黑荚苜蓿。

形态特征：一年生或二年生草本，高 10~30 厘米。茎斜倚或斜升。羽状三出复叶；小叶宽倒卵形、倒卵形至菱形，长 7~14 毫米，宽 4~14 毫米。花 8~15 朵密集成头状花序，生于总梗顶端，总花梗长 2~3 厘米；花小，黄色；花萼钟状，密被柔毛，萼齿条状披针形或条状锥状，比萼筒长 1~2 倍；旗瓣近圆形，顶端微凹，基部渐狭，翼瓣显著比旗瓣短，具向内弯的长爪及短耳，龙骨瓣与翼瓣近等长或比翼瓣稍长；子房长椭圆形。荚果肾形，长 2~3 毫米，成熟时黑色，表面具纵纹，疏生腺毛，有时混生细柔毛，含种子 1 颗；种子小，黄褐色。花期 7—8 月，果期 8—9 月。

生于微碱性草甸、砂质草甸、田边、路旁等处。

产　　地：额尔古纳市、新巴尔虎左旗、新巴尔虎右旗、鄂温克族自治旗、莫力达瓦达斡尔族自治旗。

（图 304）天蓝苜蓿 *Medicago lupulina* L.

黄花苜蓿 *Medicago falcata* L.（图 305）

别　　名：野苜蓿、镰荚苜蓿。

形态特征：多年生草本。茎斜升或平卧。多分枝。羽状三出复叶；小叶倒披针形，长（5）9~13（20）毫米，宽 2.5~5（7）毫米，边缘上部有锯齿，下部全缘。总状花序密集成头状，腋生，通常具 5~20 朵，总花梗长，超出叶；花黄色，长 6~9 毫米；花梗长约 2 毫米，有毛；苞片条状锥形，长约 1.5 毫米；花萼钟状，密被柔毛；萼齿狭三角形；旗瓣倒卵形，翼瓣比旗瓣短，耳较长，龙骨瓣与翼瓣近等长，具短耳及长爪；子房宽条形，稍弯曲或近直立，有毛或无毛，花柱向内弯曲，柱头头状。荚果稍扁，镰刀形，稀近于直，长 7~12 毫米，被伏毛，含种子 2~3（4）颗。花期 7—8 月，果期 8—9 月。

生于草原砂质或砂壤质土，多见于河滩、沟谷等低湿生境中。

产　　地：新巴尔虎左旗、新巴尔虎右旗、鄂温克族自治旗、莫力达瓦达斡尔族自治旗。

（图 305）黄花苜蓿 *Medicago falcata* L.

## 草木樨属 *Melilotus* Mill.

**草木樨** *Melilotus suaveolens* Ledeb.（图 306）

**别　　名**：黄花草木犀、马层子、臭苜蓿。

**形态特征**：一或两年生草本，高 60~90 厘米，有时可达 1 米以上。茎直立，多分枝。叶为羽状三出复叶；小叶倒卵形、矩圆形或倒披针形，长 15~27（30）毫米，宽（3）4~7（12）毫米。总状花序细长，腋生，有多数花；花黄色，长 3.5~4.5 毫米；花萼钟状，长约 2 毫米，萼齿 5，三角状披针形，近等长，稍短于萼筒；旗瓣椭圆形，先端圆或微凹，基部楔形，翼瓣比旗瓣短，与龙骨瓣略等长；子房卵状矩圆形，无柄，花柱细长。荚果小，近球形或卵形，长约 3.5 毫米，成熟时近黑色，表面具网纹，内含种子 1 颗，近圆形或椭圆形，稍扁。花期 6—8 月，果期 7—10 月。

生于草原、河滩、沟谷、湖盆洼地等低湿地生境中。

**产　　地**：鄂伦春自治旗、扎兰屯市、额尔古纳市、鄂温克族自治旗、新巴尔虎右旗。

**细齿草木樨** *Melilotus dentatus*（Wald.et Kit.）Pers.（图 307）

**别　　名**：马层、臭苜蓿

**形态特征**：二年生草本，高 20~50 厘米。茎直立。羽状三出复叶；小叶倒卵状矩圆形，长 15~30 毫米，宽 4~10 毫米，先端圆或钝，基部圆形或近楔形，边缘具密的细锯齿，上面无毛，下面沿脉稍有毛或近无毛。总状花序细长，腋生，花多而密；花黄色，长 3.5~4 毫米；花萼钟状，长约 2 毫米，萼齿三角形，近等长，稍短于萼筒；旗瓣椭圆形，先端圆或微凹，无爪，翼瓣比旗瓣稍短，龙骨瓣比翼瓣稍短或近等长；子房条状矩圆形，无柄，花柱细长。荚果卵形或近球形，长 3~4 毫米，表面具网纹，成熟时黑褐色，含种子 1~2 颗；种子近圆形或椭圆形，稍扁。花期 6—8 月，果期 7—9 月。

生于低湿草地、路旁、滩地。

**产　　地**：新巴尔虎左旗、新巴尔虎右旗、鄂温克族自治旗、牙克石市、扎兰屯市。

（图 306）草木樨 *Melilotus suaveolens* Ledeb.

（图 307）细齿草木樨 *Melilotus dentatus*（Wald.et Kit.）Pers.

白花草木樨 *Melilotus albus* Desr.（图 308）

别　　名：白香草木樨。

形态特征：一或二年生草本，高达 1 米以上。茎直立，圆柱形，中空，全株有香味。叶为羽状三出复叶；托叶锥形或条状披针形；小叶椭圆形、矩圆形、卵状矩圆形或倒卵状矩圆形等，长 15~30 毫米，宽 6~11 毫米，先端钝或圆，基部楔形，边缘具疏锯齿。总状花序腋生，花小，多数，稍密生，花萼钟状，萼齿三角形；花冠白色，长 4~4.5 毫米；旗瓣椭圆形，顶端微凹或近圆形，翼瓣比旗瓣短，比龙骨瓣稍长或近等长；子房无柄。荚果小，椭圆形或近矩圆形，长约 3.5 毫米，初时绿色，后变黄褐色至黑褐色，表面具网纹，内含种子 1~2 颗；种子肾形，褐黄色。花果期 7—8 月。

生于路旁、沟旁、盐碱地及草甸。

产　　地：鄂伦春自治旗。

（图 308）白花草木樨 *Melilotus albus* Desr.

## 车轴草属 *Trifolium* L.

野火球 *Trifolium lupinaster* L.（图 309）

别　　名：野车轴草。

形态特征：多年生草本，高 15~30 厘米。茎直立或斜升，多分枝。掌状复叶，通常具小叶 5，稀为 3~7；小叶长椭圆形或倒披针形，长 1.5~5 厘米，宽（3）5~12（16）毫米。花序呈头状，顶生或腋生，花多数，红紫色或淡红色；花萼钟状，萼齿锥形，长于萼筒，均有柔毛；旗瓣椭圆形，长约 14 毫米，顶端钝或圆，基部稍狭，翼瓣短于旗瓣，矩圆形，顶端稍宽而略圆，基部具稍向内弯曲的耳，爪细长，龙骨瓣比翼瓣稍短，耳较短，爪细长，顶端常有 1 小凸起；子房条状矩圆形，有柄，通常内部边缘有毛，花柱长，上部弯曲，柱头头状。荚果条状矩圆形，含种子 1~3 颗。花期 7—8 月，果期 8—9 月。

生于森林草原地带。

产　　地：全市。

（图 309）野火球 *Trifolium lupinaster* L.

**白车轴草** *Trifolium repens* L.（图 310）

别　　名：白三叶。

形态特征：多年生草本。茎匍匐，随地生根，长 20~60 厘米。掌状复叶，具 3 枚小叶；叶柄长达 10 厘米；小叶倒卵形、倒心形或宽椭圆形，长 10~25 毫米，宽 8~18 毫米，先端凹缺，基部楔形，叶脉明显，边缘具细锯齿，两面几无毛。花序具多数花、密集成簇或呈头状，腋生或顶生；总花梗超出于叶，长达 20 余厘米；小苞片卵状披针形，无毛；花梗短；花萼钟状，萼齿披针形，近等长；花冠白色、稀黄白色或淡粉红色；旗瓣椭圆形，长 7~9 毫米，基部具短爪，顶端圆，翼瓣显著短于旗瓣，比龙骨瓣稍长。子房条形，花柱长而稍弯。荚果倒卵状矩圆形，具 3~4 粒种子。花期 7—8 月，果期 8—9 月。

生于海拔 800~1200 米的针阔叶混交林林间草地及林缘路旁。

产　　地：牙克石市。

**红车轴草** *Trifolium pratense* L.（图 311）

别　　名：红三叶。

形态特征：多年生草本。茎直立或上升，高 20~50 厘米。掌状复叶，具 3 枚小叶，小叶宽椭圆形或近圆形，长 20~50 毫米、宽 10~30 毫米，先端钝圆或微缺、基部渐狭，边缘锯齿状或近全缘，两面被柔毛。花序具多数花，密集成簇或呈头状，腋生或顶生，总花梗超出于叶，长达 15 厘米，小苞片卵形，先端具芒尖，边缘具纤毛；花无梗或具短梗，花萼钟状、具 5 齿，其中 1 齿比其他齿长于近 1 倍；花冠紫红色，长 12~15 毫米，旗瓣长菱形，翼瓣矩圆形，短于旗瓣，基部具内弯的耳和丝状的爪，龙骨瓣比翼瓣稍短；子房椭圆形，花柱丝状，细长。荚果小，通常具 1 粒种子。花期 7—8 月，果期 8—9 月。

生于海拔 800~1200 米的针阔叶混交林林间草地及林缘路边。

产　　地：牙克石市。

（图 310）白车轴草 *Trifolium repens* L.

（图 311）红车轴草 *Trifolium pratense* L.

# 锦鸡儿属 Caragana Fabr.

**狭叶锦鸡儿** *Caragana stenophylla* Pojark.（图 312）

别　　名：红柠条、羊柠角、红刺、柠角。

形态特征：矮灌木，高 15~70 厘米。树皮黄褐色或深褐色；小枝纤细。长枝上的托叶宿存并硬化成针刺状，叶轴在长枝上者亦宿存而硬化成针刺状；小叶 4，假掌状排列。花单生；花萼钟形或钟状筒形，基部稍偏斜，长 5~6.5 毫米；花冠黄色，长 14~17（20）毫米；旗瓣圆形或宽倒卵形，有短爪，长为瓣片的 1/5，翼瓣上端较宽成斜截形，瓣片约为爪长的 1.5 倍，爪为耳长的 2~2.5 倍，龙骨瓣比翼瓣稍短，具较长的爪（与瓣片等长，或为瓣片的 1/2 以下），耳短而钝；子房无毛。荚果圆筒形，长 20~30 毫米，宽 2.5~3 毫米，两端渐尖。花期 5—9 月，果期 6—10 月。

生于典型草原、砂砾质土壤、覆沙地及砾石质坡地。

产　　地：新巴尔虎左旗、新巴尔虎右旗、满洲里市。

（图 312）狭叶锦鸡儿 *Caragana stenophylla* Pojark.

**小叶锦鸡儿** *Caragana microphylla* Lam.（图 313）

别　　名：柠条、连针。

形态特征：灌木，高 40~70 厘米。树皮灰黄色或黄白色；小枝黄白色至黄褐色，具条棱。长枝上的托叶宿存硬化成针刺状，长 5~8 毫米，常稍弯曲；叶轴长 15~55 毫米。小叶 10~20，羽状排列。花单生、长 20~25 毫米；花梗长 10~20 毫米；花萼钟形或筒状钟形，长 9~12 毫米，宽 5~7 毫米，萼齿宽三角形，长约 3 毫米，花冠黄色，旗瓣近圆形，顶端微凹，基部有短爪，翼瓣爪长为瓣片的 1/2，耳短，圆齿状，长约为爪的 1/5，龙骨瓣顶端钝，爪约与瓣片等长，耳不明显；子房无毛。荚果圆筒形，长（3）4~5 厘米，宽 4~6 毫米。深红褐色，无毛，顶端斜长渐尖。花期 5—6 月，果期 8—9 月。

生于典型草原。

产　　地：陈巴尔虎旗、新巴尔虎左旗、新巴尔虎右旗、鄂温克族自治旗、海拉尔区、满洲里市。

（图 313）小叶锦鸡儿 *Caragana microphylla* Lam.

## 米口袋属 *Gueldenstaedtia* Fisch.

**少花米口袋** *Gueldenstaedtia verna*（Georgi）Boriss.（图 314）

别　　名：地丁、多花米口袋。

形态特征：多年生草本，高 10~20 厘米。茎短缩，在根颈上丛生；叶为单数羽状复叶，具小叶 9~21；小叶片长卵形至披针形，长 4~15 毫米，宽 2~8 毫米。伞形花序，具花 2~4 朵；花蓝紫色或紫红色；花萼钟状，长 6~8 毫米，密被长柔毛，萼齿不等长，上 2 萼齿较大，其长与萼筒相等，下 3 萼齿较小；旗瓣宽卵形，长 12~14 毫米，翼瓣矩圆形，较旗瓣短，长约 8~11 毫米，上端稍宽，具斜截头，基部有爪，龙骨瓣长 5~6 毫米；子房密被柔毛，花柱顶端卷曲。荚果圆筒状，1 室，长 13~20（22）毫米，宽 3~4 毫米，被长柔毛；种子肾形，具浅的蜂窝状凹点，有光泽。花期 5 月，果期 6—7 月。

生于草原带的沙质草原或石质草原。

产　　地：陈巴尔虎旗、新巴尔虎左旗、新巴尔虎右旗、鄂温克族自治旗、海拉尔区、满洲里市。

（图 314）少花米口袋 *Gueldenstaedtia verna*（Georgi）Boriss.

**狭叶米口袋** *Gueldenstaedtia stenophylla* Bunge（图 315）

别　　名：地丁。

形态特征：多年生草本，高 5~15 厘米。茎短缩，在根颈上丛生。叶为单数羽状复叶，具小叶 7~19；小叶片矩圆形至条形，长 2~35 毫米，宽 1~6 毫米，先端锐尖或钝尖，具小尖头，全缘，两面被白柔毛，花期毛较密，果期毛少或有时近无毛。总花梗数个自叶丛间抽出，顶端各具 2~3（4）朵花，排列成伞形；花梗极短或无梗；苞片及小苞片披针形；花粉紫色；花萼钟形，长 4~5 毫米，密被长柔毛，上 2 萼齿较大。旗瓣近圆形，长 6~8 毫米，顶端微凹，基部渐狭成爪，翼瓣比旗瓣短，长约 7 毫米，龙骨瓣长约 4.5 毫米。荚果圆筒形，长 14~18 毫米，被灰白色长柔毛。花期 5 月，果期 5—7 月。

生于草原带的沙质草原。

产　　地：新巴尔虎左旗、新巴尔虎右旗、鄂温克族自治旗、海拉尔区、满洲里市。

（图 315）狭叶米口袋 *Gueldenstaedtia stenophylla* Bunge

## 甘草属 *Glycyrrhiza* L.

甘草 *Glycyrrhiza uralensis* Fsich.（图 316）

别　　名：甜草苗。

形态特征：多年生草本，高 30~70 厘米。茎直立，稍带木质。单数羽状复叶，具小叶 7~17；小叶卵形、倒卵形、近圆形或椭圆形。长 1~3.5 厘米，宽 1~2.5 厘米，全缘。总状花序腋生，长 5~12 厘米；花淡蓝紫色或紫红色；花萼筒状，密被短毛及腺点，长 6~7 毫米；旗瓣椭圆形或近矩圆形，顶端钝圆，基部渐狭成短爪，翼瓣比旗瓣短，而比龙骨瓣长，均具长爪；雄蕊长短不一；子房无柄，矩圆形，具腺状凸起。荚果条状矩圆形、镰刀形或弯曲成环状，长 2~4 厘米，宽 4~7 毫米，密被短毛及褐色刺状腺体，刺长 1~2 毫米；种子 2~8 颗，扁圆形或肾形，黑色，光滑。花期 6—7 月，果期 7—9 月。

生于碱化沙地、沙质草原、具沙质土的田边、路旁、低地边缘及河岸轻度碱化的草甸。

产　　地：新巴尔虎左旗、新巴尔虎右旗、鄂温克族自治旗、海拉尔区、满洲里市。

## 黄芪属 *Astragalus* L.

华黄芪 *Astragalus chinensis* L. f.（图 317）

别　　名：地黄芪、忙牛花。

形态特征：多年生草本，高 20~90 厘米。茎直立，通常单一。单数羽状复叶，具小叶 13~27，小叶椭圆形至矩圆形，长 1.2~2.5 厘米，宽 4~9 毫米。总状花序于茎上部腋生，具花 10 余朵，黄色，长 13~17 毫米；苞片狭披针形，长约 5 毫米；花萼钟状，长约 5 毫米；旗瓣宽椭圆形至近圆形，长 12~17 毫米，翼瓣长 9~12 毫米，龙骨瓣与旗瓣近等长或稍短；子房无毛，有长柄。荚果椭圆形或倒卵形，长 10~15 毫米，宽 8~10 毫米，种子略呈圆形而一侧凹陷，呈缺刻状，长 2.5~3 毫米，黄棕色至灰棕色。花期 6—7 月，果期 7—8 月。

生于草甸草原，轻度盐碱地，河岸沙砾地。

产　　地：新巴尔虎右旗、满洲里市。

（图 316）甘草 *Glycyrrhiza uralensis* Fsich.

（图 317）华黄芪 *Astragalus chinensis* L. f.

草木樨状黄芪 *Astragalus melilotoides* Pall.（图 318）

别　　名：扫帚苗、层头、小马层子。

形态特征：多年生草本，高 30~100 厘米。茎多数由基部丛生。单数羽状复叶，具小叶 3~7；叶柄有短柔毛；小叶有短柄，矩圆形或条状矩圆形，长 5~15 毫米，宽 1.5~3 毫米，全缘。总状花序腋生；花小，长约 5 毫米，粉红色或白色，苞片甚小，锥形，比花梗短；花萼钟状，疏生短柔毛，萼齿三角形，比萼筒显著短；旗瓣近圆形或宽椭圆形，基部具短爪，顶端微凹，翼瓣比旗瓣稍短，顶端呈不均等的 2 裂，基部具耳和爪，龙骨瓣比翼瓣短；子房无毛，无柄。荚果近圆形或椭圆形，长 2.5~3.5 毫米，顶端微凹，具短喙，表面有横纹，无毛，背部具稍深的沟，2 室。花期 7—8 月，果期 8—9 月。

生于典型草原及森林草原。

产　　地：全市。

（图 318）草木樨状黄芪 *Astragalus melilotoides* Pall.

细叶黄芪 *Astragalus melilotoides* Pall. var. *tenuis* Ledeb.（图 319）

形态特征：本变种与正种的不同点在于，植株由基部生出多数细长的茎，通常分枝多，呈扫帚状。小叶 3~5，狭条形或丝状，长 10~15 毫米，宽 0.5 毫米，先端尖。

生于典型草原轻壤质土壤上。

产　　地：陈巴尔虎旗、新巴尔虎左旗、新巴尔虎右旗、鄂温克族自治旗。

草原黄芪 *Astragalus dalaiensis* Kitag.（图 320）

形态特征：多年生草本。根木质化，分歧。茎丛生。叶基生，具长柄，长可达 20 厘米，单数羽状复叶，具小叶 13~27；托叶下部与叶柄连合，上部彼此分离，长约 10 毫米；小叶椭圆形、矩圆形或宽椭圆形，长 5~15 毫米，先端稍尖至圆形，两面被白色长柔毛，呈灰绿色。花白色，无梗，密集与叶柄基部；花萼筒形，长 10 毫米，被白色绵毛，萼齿钻状条形，长 2.5~3 毫米；旗瓣长 12 毫米，瓣片宽椭圆形、顶端圆，基部渐狭成极短的

（图 319）细叶黄芪 *Astragalus melilotoides* Pall. var. *tenuis* Ledeb.

（图 320）草原黄芪 *Astragalus dalaiensis* Kitag.

爪，翼瓣长 16 毫米，瓣片狭矩圆形，顶端圆，中部缢缩，基部具短的圆形耳和细长爪，爪与瓣片等长，龙骨瓣长 17 毫米，瓣片卵状椭圆形，顶端钝，基部亦具细长爪，爪较瓣片长。荚果稍扁，椭圆状卵形，长 10 毫米，直立，密被白色长柔毛。

生于典型草原地带。

产　　地：新巴尔虎右旗。

**蒙古黄芪** *Astragalus memdranaceus* Bunge var. *mongholicus*（Bunge）Hsiao（图 321）

别　　名：黄芪、绵黄芪、内蒙古黄芪。

形态特征：本变种与正种的区别在于：子房及荚果无毛；小叶 25~37，长 5~10 毫米，宽 3~5 毫米。

生于草甸草原、草原化草甸、山地灌丛及林缘。

产　　地：满洲里市、新巴尔虎右旗。

（图 321）蒙古黄芪 *Astragalus memdranaceus* Bunge var. *mongholicus*（Bunge）Hsiao

**达乌里黄芪** *Astragalus dahuricus*（Pall.）DC.（图 322）

别　　名：驴干粮、兴安黄芪、野豆角花。

形态特征：一或二年生草本，高 30~60 厘米。茎直立，单一。单数羽状复叶，具小叶 11~21；小叶矩圆形、狭矩圆形至倒卵状矩圆形，长 10~20 毫米，宽（1.5）3~6 毫米，全缘。总状花序腋生，总花梗长 2~5 厘米；具 10~20 朵花，花紫红色，长 10~15 毫米；花萼钟状；旗瓣宽椭圆形，顶端微缺，基部具短爪，龙骨瓣比翼瓣长，比旗瓣稍短，翼瓣狭窄，宽为龙骨瓣的 1/3~1/2；子房有长柔毛，具柄。荚果圆筒状，呈镰刀状弯曲，有时稍直，背缝线凹入成深沟，纵隔为 2 室，顶端具直或稍弯的喙，基部有短柄，长 2~2.5 厘米，宽 2~3 毫米，果皮较薄，表面具横纹，被白色短毛。花期 7—9 月，果期 8—10 月。

生于草原化草甸及草甸草原。

产　　地：陈巴尔虎旗、新巴尔虎左旗、鄂温克族自治旗。

（图 322）达乌里黄芪 *Astragalus dahuricus*（Pall.）DC.

**细弱黄芪** *Astragalus miniatus* Bunge（图 323）

别　　名：红花黄芪、细茎黄芪。

形态特征：多年生草本，高 7~15 厘米。茎自基部分枝。单数羽状复叶，具小叶 5~11。总状花序腋生或顶生，具 4~10 朵花；花粉红色，长 7~8 毫米；苞片卵状三角形，长 0.7~0.9 毫米；花梗长 0.7~1.5 毫米；花萼钟状，长 2.5~3 毫米，被白色丁字毛；上萼齿较短，近三角形，下萼齿较长，狭披针形；旗瓣椭圆形或倒卵形，顶端微凹，基部渐狭，具短爪，翼瓣比旗瓣稍短，比龙骨瓣长，点端 2 裂；子房无柄，圆柱状，有毛。荚果圆筒形，长 9~14 毫米，宽 1.5~2 毫米，顶端具短喙，喙长约 1 毫米，背缝线深凹，具沟，将荚果纵隔为 2 室，果皮薄革质，表面被白色丁字毛。花期 5—7 月，果期 7—8 月。

生于草原带的砾石质坡地及盐化低地。

产　　地：满洲里市、新巴尔虎左旗、新巴尔虎右旗。

**白花黄芪** *Astragalus galactites* Pall.（图 324）

别　　名：乳白花黄芪。

形态特征：多年生草本，高 5~10 厘米。地上部分无茎。单数羽状复叶，具小叶 9~21；小叶矩圆形、椭圆形、披针形至条状披针形，长 5~10（15）毫米，宽 1.5~3 毫米，全缘，上面无毛，下面密被白色平伏的丁字毛。花序近无梗，通常每叶腋具花 2 朵，密集于叶丛基部如根生状，花白色或稍带黄色；旗瓣菱状矩圆形，长 20~30 毫米，顶端微凹，中部稍缢缩，中下部渐狭成爪，两侧呈耳状，翼瓣长 18~26 毫米，龙骨瓣长 17~20 毫米；翼瓣及龙骨瓣均具细长爪；子房有毛，花柱细长。荚果小，卵形，长 4~5 毫米，先端具喙，通常包于萼内，幼果密被白毛，以后毛较少，1 室；通常含种子 2 颗。花果期 5—6 月，果期 6—8 月。

生于草原地带，喜砾石质和沙砾质土壤，尤其在放牧退化的草场上大量繁生。

产　　地：陈巴尔虎旗、新巴尔虎左旗、新巴尔虎右旗、鄂温克族自治旗、海拉尔区、满洲里市。

（图 323）细弱黄芪 *Astragalus miniatus* Bunge

（图 324）白花黄芪 *Astragalus galactites* Pall.

卵果黄芪 *Astragalus grubovii* Sancz.（图 325）

别　　名：新巴黄芪、拟糙叶黄芪。

形态特征：多年生草本，高 5~20 厘米。全株灰绿色。单数羽状复叶，长 4~20 厘米，具小叶 9~29；小叶椭圆形或倒卵形，长（3）5~10（15）毫米，宽（2）3~8 毫米。花序近无梗，通常每叶腋具 5~8 朵花，密集于叶丛的基部，淡黄色；花萼筒形，长 10~15 毫米；旗瓣矩圆状倒卵形，长 17~24 毫米，宽 6~9 毫米，翼瓣长 16~20 毫米，瓣片条状矩圆形，顶端全缘或微凹，基具长爪及耳，龙骨瓣长 14~17 毫米，瓣片矩圆状倒卵形，先端钝，爪较瓣片长约 2 倍。子房密被白色长柔毛。荚果无柄，矩圆状卵形，长 10~15 毫米，稍膨胀，喙长（2）3~6 毫米，密被白色长柔毛，2 室。花期 5—6 月，果期 6—7 月。

生于草原带的砾质或沙质地、干河谷、山麓或湖盆边缘。

产　　地：新巴尔虎右旗。

（图 325）卵果黄芪 *Astragalus grubovii* Sancz.

斜茎黄芪 *Astragalus adsurgens* Pall.（图 326）

别　　名：直立黄芪、马拌肠。

形态特征：多年生草本，高 20~60 厘米。茎多数丛生。单数羽状复叶，具小叶 7~23；小叶卵状椭圆形、椭圆形或矩圆形，长 10~25（30）毫米，宽 2~8 毫米，全缘。总状花序于茎上部腋生，总花梗比叶长或近相等，花序矩圆状，花多数，蓝紫色、近蓝色或红紫色，稀近白色，长 11~15 毫米；花梗极短；花萼筒状钟形，长 5~6 毫米；旗瓣倒卵状匙形，长约 15 毫米，翼瓣比旗瓣稍短，比龙骨瓣长；子房有白色丁字毛。荚果矩圆形，长 7~15 毫米，具 3 棱，稍侧扁，背部凹入成沟，顶端具下弯的短喙，荚果分隔为 2 室。花期 7—8（9）月，果期 8—10 月。

生于森林草原及草甸草原。

产　　地：全市。

（图 326）斜茎黄芪 *Astragalus adsurgens* Pall.

糙叶黄芪 *Astragalus scaberrimus* Bunge（图 327）

别　　名：春黄芪、掐不齐。

形态特征：多年生草本。无地上茎或有极短的地上茎，呈莲座状。单数羽状复叶，长 5~10 厘米，具小叶 7~15；小叶椭圆形、近矩圆形，有时为披针形，长 5~15 毫米，宽 2~7 毫米，全缘。总状花序由基部腋生，总花梗长 1~3.5 厘米，具花 3~5 朵；花白色或淡黄色，长 15~20 毫米，花萼筒状，长 6~9 毫米；旗瓣椭圆形，顶端微凹，中部以下渐狭，具短爪，翼瓣和龙骨瓣较短，翼瓣顶端微缺；子房有短毛。荚果矩圆形，稍弯，长 10~15 毫米，宽 2~4 毫米，喙不明显，背缝线凹入成浅沟，果皮革质，密被白色丁字毛，内具假隔膜，2 室。花期 5—8 月，果期 7—9 月。

生于山坡、草地和沙质地。也见于草甸草原、山地林缘。

产　　地：陈巴尔虎旗、新巴尔虎左旗、新巴尔虎右旗、鄂温克族自治旗、满洲里市。

## 棘豆属 *Oxytropis* DC.

大花棘豆 *Oxytropis grandiflora*（Pall.）DC.（图 328）

形态特征：多年生草本，高 20~35 厘米。无地上茎，叶基生或近基生。单数羽状复叶，长 5~25 厘米；小叶 15~25，矩圆状披针形，全缘。总状花序比叶长，花大，密集于总花梗顶端呈穗状或头状；苞片矩圆状卵形或披针形，长 7~13 毫米；萼筒状，长 10~14 毫米，带紫色，萼齿三角状披针形，长 2~3 毫米；花冠红紫色或蓝紫色，长 20~30 毫米，旗瓣宽卵形，翼瓣比旗瓣短，比龙骨瓣长，具细长的爪及稍弯的耳，龙骨瓣顶端有稍弯曲的短喙，喙长 2~3 毫米，基部具长爪；子房有密毛。荚果矩圆状卵形或矩圆形，革质，长 20~30 毫米，宽 4~8 毫米，被白色平伏柔毛，有时混生有黑色毛，顶端渐狭，具细长的喙，腹缝线深凹，具宽的假隔膜，成假 2 室；种子多数。花期 6—7 月，果期 7—8 月。

生于森林草原带的草甸草原群落中。

产　　地：额尔古纳市、根河市、牙克石市、新巴尔虎左旗、鄂温克族自治旗。

（图 327）糙叶黄芪 *Astragalus scaberrimus* Bunge

（图 328）大花棘豆 *Oxytropis grandiflora*（Pall.）DC.

薄叶棘豆 Oxytropis leptophylla ( Pall. )DC.( 图 329 )

别　　名：山泡泡、光棘豆。

形态特征：多年生草本，无地上茎。单数羽状复叶，小叶 7~13，对生。总花梗稍倾斜，常弯曲，与叶略等长或稍短，密生长柔毛，花 2~5 朵集生于总花梗顶部构成短总状花序，花紫红色或蓝紫色，长 18~20 毫米；萼筒状，长 8~12 毫米，宽约 3.5 毫米，密被毛，萼齿条状披针形，长为萼筒的 1/4；旗瓣近椭圆形，顶端圆或微凹，基部渐狭成爪，翼瓣比旗瓣短，具细长的爪和短耳，龙骨瓣稍短于翼瓣，顶端有长约 1.5 毫米的喙；子房密被毛，花柱顶部弯曲。荚果宽卵形，长 14~18 毫米，宽 12~15 毫米，膜质，膨胀，顶端具喙，表面密生短柔毛，内具窄的假隔膜。花期 5—6 月，果期 6 月。

生于森林草原及草原带的砾石性和沙性土壤的草原群落中。

产　　地：鄂温克族自治旗、新巴尔虎右旗、牙克石市。

（图 329）薄叶棘豆 Oxytropis leptophylla ( Pall. )DC.

多叶棘豆 Oxytropis myriophylla ( Pall. )DC.( 图 330 )

别　　名：狐尾藻棘豆、鸡翎草。

形态特征：多年生草本，高 20~30 厘米。无地上茎或茎极短缩。叶为具轮生小叶的复叶，长 10~20 厘米，小叶片条状披针形，长 3~10 毫米，宽 0.5~1.5 毫米。总花梗比叶长；总状花序具花 10 余朵，花淡红紫色，长 20~25 毫米；旗瓣矩圆形，顶端圆形或微凹，基部渐狭成爪，翼瓣稍短于旗瓣，龙管瓣短于翼瓣，顶端具长 2~3 毫米的喙；子房圆柱形，被毛。荚果披针状矩圆形，长约 15 毫米，宽约 5 毫米，先端具长而尖的喙，喙长 5~7 毫米，表面密被长柔毛，内具稍后的假隔膜，成不完全的 2 室。花期 6—7 月，果期 7—9 月。

生于草甸草原和林区边缘。

产　　地：全市。

砂珍棘豆 Oxytropis gracilima Bunge ( 图 331 )

别　　名：泡泡草、砂棘豆。

形态特征：多年生草本，高 5~15 厘米。茎短缩或几乎无地上茎，叶丛生，多数。叶为具轮生小叶的复叶；小叶条形、披针形或条状矩圆形。总花梗比叶长或与叶近等长；总状花序近头状，生于总花梗顶端；花较小，

（图 330）多叶棘豆 *Oxytropis myriophylla*（ Pall. ）DC.

（图 331）砂珍棘豆 *Oxytropis gracilima* Bunge

长 8~10 毫米，粉红色或带紫色；旗瓣倒卵形，顶端圆或微凹，基部渐狭成短爪，翼瓣比旗瓣稍短，龙骨瓣比翼瓣稍短或近等长，顶端具长约 1 毫米余的喙；子房被短柔毛，花柱顶端稍弯曲。荚果宽卵形，膨胀，长约 1 厘米，顶端具短喙，表面密被短柔毛，腹缝线向内凹形成 1 条狭窄的假隔膜，为不完全的 2 室，花期 5—7 月，果期（6）7—8（9）月。

生于草原带的沙丘、河岸沙地及沙质坡地。

产　　　地：陈巴尔虎旗、新巴尔虎左旗。

**海拉尔棘豆** *Oxytropis hailarensis* Kitag.（图 332）

别　　　名：山棘豆、呼伦贝尔棘豆。

形态特征：多年生草本，高 7~20 厘米。茎短缩，基部多分歧。叶长 2.5~14 厘米，小叶轮生或有时近轮生，3~9 轮，每轮有（2）3~4（6）枚小叶，全缘。总花梗稍弯曲或直立，比叶长或近相等；短总状花序于总花梗顶端密集为头状；花红紫色、淡紫色或稀为白色；旗瓣椭圆状卵形，长（13）14~18（21）毫米，顶端圆形，基部渐狭成爪，翼瓣比旗瓣短，具明显的耳部及长爪，龙骨瓣又比翼瓣短，顶端具长约 1.5~3 毫米的喙；子房有毛。荚果宽卵形或卵形，膜质，膨大，长 10~18（20）毫米，宽 9~12 毫米，被黑色或白色（有时混生）短柔毛，通常腹缝线向内凹形成很窄的假隔膜。花期 6—7 月，果期 7—8 月。

生于草原带的沙质草原，有时进入丘陵石质坡地。

产　　　地：陈巴尔虎旗、新巴尔虎左旗、新巴尔虎右旗、海拉尔区、满洲里市。

（图 332）海拉尔棘豆 *Oxytropis hailarensis* Kitag.

**平卧棘豆** *Oxrytropis prostrata*（Pall.）DC.（图 333）

形态特征：多年生草本，茎基部多分枝，托叶大部分与叶柄合生，密被白色柔毛，小叶先端钝圆或微凹，龙骨瓣先端喙长约 2 mm，子房和荚果光滑无毛。

生于典型草原沙质、砾石质坡地。

产　　地：新巴尔虎右旗。

（图 333）平卧棘豆 Oxrytropis prostrata（Pall.）DC.

## 岩黄芪属 *Hedysarum* L.

山竹岩黄芪 *Hedysarum fruticosum* Pall.（图 334 ）

别　　名：山竹子。

形态特征：半灌木或呈小灌木状，高 60~120 厘米。茎直立，多分枝。单数羽状复叶，具小叶 9~21；叶轴长 3~10 厘米；小叶多互生，全缘。总状花序腋生，具 4~10 朵花，疏散；花梗短，长 2~3 毫米，有毛，苞片小，三角状卵形，膜质，褐色，有毛；花紫红色，长 15~20（25）毫米；花萼筒状钟形或钟形，长 4~5 毫米，被短柔毛；旗瓣宽倒卵形，翼瓣小，长约为旗瓣的 1/3，龙骨瓣稍短于旗瓣；子房条形，密被短柔毛，花柱长而屈曲。荚果通常具 2~3 荚节，荚节矩圆状椭圆形，两面稍凸，具网状脉纹，长 5~7 毫米，宽 3~4 毫米，幼果密被柔毛，以后毛渐稀少。花期 7—8（9）月，果期 9—10 月。

生于草原区的沙丘及沙地，也进入森林草原地区。

产　　地：陈巴尔虎旗、新巴尔虎左旗、新巴尔虎右旗、鄂温克族自治旗、海拉尔区。

山岩黄芪 *Hedysarum alpinum* L.（图 335 ）

形态特征：多年生草本，高 40~100 厘米。茎直立，具纵沟。单数羽状复叶，小叶 9~21；小叶卵状矩圆形、狭椭圆形或披针形，长 15~30 毫米，宽 4~10 毫米，全缘，上面无毛，下面疏生短柔毛或近无毛，侧脉密而明显。总状花序腋生，显著比叶长，花多数，20~30（60）朵；花梗长 2~4 毫米；苞片条形，长约 2 毫米，膜质，褐色；花蓝紫色，长 13~17 毫米，稍下垂；萼短钟状，长 8~4 毫米，有短柔毛，萼齿 5，三角形至狭披针形，下方的萼齿稍狭长；旗瓣长倒卵形，顶端微凹，无爪，翼瓣比旗瓣稍短或近等长，宽不及旗瓣的 1/2，额尔耳条形，约与爪等长，龙骨瓣比旗瓣及翼瓣显著长，有爪及短耳；子房无毛。荚果有荚节（1）2~3（4），荚节近扁平，椭圆形至狭倒卵形，两面具网状脉纹，无毛。花期 7 月，果期 8 月。

生于林间草甸、林缘、灌丛。

产　　　地：额尔古纳市、根河市、鄂伦春自治旗、牙克石市、陈巴尔虎旗、鄂温克族自治旗。

（图 334）山竹岩黄芪 *Hedysarum fruticosum* Pall.

（图 335）山岩黄芪 *Hedysarum alpinum* L.

华北岩黄芪 *Hedysarum gmelinii* Ledeb.（图 336）

别　　名：刺岩黄芪、矮岩黄芪。

形态特征：多年生草本，高 20~70 厘米。茎直立或斜升。单数羽状复叶，小叶 9~23；小叶椭圆形、矩圆形或卵状矩圆形，长 7~30 毫米，宽 3~12 毫米。总状花序腋生，花多数，15~40 朵；花红紫色，有时为淡黄色，长 15~20 毫米；花萼钟状，长 7~8 毫米，有白色伏柔毛，萼齿条状披针形，较萼筒长 1.5~3 倍，下萼齿较上萼齿和中萼齿稍长；旗瓣倒卵形，顶端微凹，无爪，翼瓣长为旗瓣的 2/3，爪较耳长 1 倍，龙骨瓣与旗瓣近等长，有爪及短耳，爪较耳长 5~6 倍；子房有白色柔毛，有短柄。荚果有荚节 3~6，荚节宽椭圆形或宽卵形，有网状肋纹、针刺和白色柔毛。花期 6—8（9）月。果期 7—9 月。

生于典型草原。

产　　地：满洲里市。

（图 336）华北岩黄芪 *Hedysarum gmelinii* Ledeb.

## 胡枝子属 *Lespedeza* Michx.

绒毛胡枝子 *Lespedeza tomentosa*（Thunb.）Sieb. ex Maxim.（图 337）

别　　名：山豆花。

形态特征：草本状半灌木，高 50~100 厘米。枝具细棱。羽状三出复叶，互生；叶柄长 1.5~4 厘米。总状花序顶生或腋生，花密集，花梗短，无关节；无瓣花腋生，呈头状花序；小苞片条状披针形，花萼杯状，萼齿 5，披针形，先端刺芒状，被柔毛；花冠淡黄白色，旗瓣椭圆形，长约 1 厘米，有短爪；比翼瓣短或等长；翼瓣矩圆形，龙骨瓣与翼瓣等长，子房被绢毛。荚果倒卵形，长 3~4 毫米，宽 2~3 毫米，上端具凸尖，密被短柔毛，网脉不明显。花期 7—8 月，果期 9—10 月。

生于山坡、砂质地或灌丛间。

产　　地：新巴尔虎左旗。

（图 337）绒毛胡枝子 *Lespedeza tomentosa*（Thunb.）Sieb. ex Maxim.

**牛枝子** *Lesoedeza davurica*（Laxm.）Schindl. var. *potaninii*（V. Vassil.）Liou f.（图 338）

**形态特征**：本种为达乌里胡枝子的变种。总状花序比叶长，小叶矩圆形或倒卵状矩圆形。生于石质丘陵坡地、干燥沙地及草原群落中。

**产　　地**：新巴尔虎右旗。

**胡枝子** *Lespedeza bicolor* Turcz.（图 339）

**别　　名**：横条、横笆子、扫条。

**形态特征**：直立灌木，高达 1 米余。羽状三出复叶，互生；总状花序腋生，全部为顶生圆锥花序；总花梗较叶长，长 4~10 厘米；花梗长 2~3 毫米，有毛；花萼杯状，长 4.5~5 毫米，紫褐色，被白色平伏柔毛，萼片披针形或卵状披针形，先端渐尖或钝，与萼筒近等长；花冠紫色，旗瓣倒卵形，长 10~12 毫米，顶端圆形或微凹，基部有短爪，翼瓣矩圆形，长约 10 毫米，顶端钝，有爪和短耳，龙骨瓣与旗瓣等长或稍长，顶端钝或近圆形，有爪；子房条形，有毛。荚果卵形，两面微凸，长 5~7 毫米，宽 3~5 毫米，顶端有短尖，基部有柄，网脉明显，疏或密被柔毛。花期 7—8 月，果期 9—10 月。

生于落叶阔叶林地区，常与榛子一起形成林缘灌丛。

**产　　地**：鄂伦春自治旗、牙克石市、扎兰屯市、阿荣旗、莫力达瓦达斡尔族自治旗。

**尖叶胡枝子** *Lespedeza hedysaroides*（Pall.）Kitag.（图 340）

**别　　名**：尖叶铁扫帚、铁扫帚、黄蒿子。

**形态特征**：草本状半灌木，高 30~50 厘米，分枝扫帚状。羽状三出复叶；总状花序腋生，具 2~5 朵花，总花梗长 2~3 厘米，花开后有明显的 3 脉，花冠白色，有紫斑；长 8 毫米，旗瓣近椭圆形，顶端圆形，基部有短爪，翼瓣矩圆形；龙骨瓣与旗瓣近等长；子房有毛。荚果宽椭圆形，长约 3 毫米，宽约 2 毫米。花期 8—9 月，

（图 338）牛枝子 *Lesoedeza davurica*（Laxm.）Schindl. var. *potaninii*（V. Vassil.）Liou f.

（图 339）胡枝子 *Lespedeza bicolor* Turcz.

果期 8—10 月。

生于草甸草原带的丘陵坡地。

产　　　地：额尔古纳市、根河市、新巴尔虎左旗、新巴尔虎右旗、鄂温克族自治旗。

（图 340）尖叶胡枝子 Lespedeza hedysaroides（Pall.）Kitag.

## 鸡眼草属 Kummerowia Schindl.

鸡眼草 Kummerowia striata（Thunb.）Schindl.（图 341）

别　　　名：掐不齐。

形态特征：一年生草本，高 10~25 厘米。茎斜升或近平卧，基部多分枝。掌状三出复叶；小叶倒卵形或矩圆形，长 5~20 毫米，宽 3~7 毫米。花通常 1~2 朵腋生，稀 3~5 朵，花梗基部具 2 苞片，不等大，萼基部具 4 枚卵状披针形的小苞片，通常小苞片具 5~7 条脉；花萼钟状，额齿 5，宽卵形，带紫色；花冠淡红紫色，长 5~7 毫米，旗瓣椭圆形，顶端微凹，下部渐狭成爪，瓣片基部呈耳状，龙骨瓣较旗瓣稍长或近等长，翼瓣比龙骨瓣稍短。荚果宽卵形或椭圆形，稍扁，长 3.5~5 毫米，顶端锐尖，成熟时与萼筒近等长或长达一倍，表面具网纹及毛。花期 7—8 月，果期 8—9 月。

生于草原和森林草原带的林边、林下、田边、路旁。

产　　　地：莫力达瓦达斡尔族自治旗。

## 野豌豆属 Vicia L.

广布野豌豆 Vicia cracca L.（图 342）

别　　　名：草藤、落豆秧。

形态特征：多年生草本，高 30~120 厘米。茎攀援或斜升。叶为双数羽状复叶，具小叶 10~24；全缘，叶脉稀疏，不明显，上面无毛或近无毛，下面疏生短柔毛，稍呈灰绿色。总状花序腋生，总花梗超出于叶或与叶近等长，7~20 朵花；花紫色或蓝紫色，长 8~11 毫米；花萼钟状，有毛，下萼齿比上萼齿长；旗瓣中部缢缩成提琴

（图 341）鸡眼草 *Kummerowia striata*（Thunb.）Schindl.

（图 342）广布野豌豆 *Vicia cracca* L.

形，顶端微缺，瓣片与瓣爪近等长，翼瓣稍短于旗瓣或近等长，龙骨瓣显著短于翼瓣，先端钝；子房有柄，无毛，花柱急弯，上部周围有毛，柱头头状。荚果矩圆状菱形，稍膨胀或压扁，长 15~25 毫米，无毛，果柄通常比萼筒短，含种子 2~6 颗。花期 6~9 月，果期 7~9 月。

生于草原带的山地和森林草原带的河滩草甸、林缘、灌丛、林间草甸。

产　　　地：全市。

**大叶野豌豆** *Vicia pseudorobus* Fisch. et C. A. Mey.（图 343）

别　　　名：假香野豌豆、大叶草藤。

形态特征：多年生草本，高 50~150 厘米。茎攀援。双数羽状复叶，具小叶 6~10，互生；小叶卵形、椭圆形或披针状卵形，近革质，长（15）20~30（45）毫米，宽（8）12~25 毫米，全缘。总状花序，腋生，具花 20~25 朵；总花梗超出于叶；花紫色或蓝紫色，长 10~13 毫米；花梗有毛；花萼钟状，无毛或近无毛，萼齿短，三角形；旗瓣矩圆状倒卵形，先端微凹，瓣片稍短于瓣爪或近等长，翼瓣与龙骨瓣近等长，稍短于旗瓣；子房有柄，花柱急弯，上部周围有毛，柱头头状。荚果扁平或稍扁，矩圆形，顶端斜尖，无毛，含 2~3 颗种子。花期 7—9 月，果期 8—9 月。

生于落叶阔叶林下、林缘草甸、山地灌丛以及森林草原带的丘陵阴坡。

产　　　地：鄂温克族自治旗、额尔古纳市、牙克石市、鄂伦春自治旗。

（图 343）大叶野豌豆 *Vicia pseudorobus* Fisch. et C. A. Mey.

**狭叶山野豌豆** *Vicia amoena* Fisch. var. *oblongifolia* Regel（图 344）

别　　　名：芦豆苗。

形态特征：本种为山野豌豆的变种。本变种与正种的主要区别在于，小叶为矩圆形或长披针形。

生于丘陵低湿地、河岸、沟边、山坡、沙地、林缘、灌丛等处。

产　　　地：全市。

（图 344）狭叶山野豌豆 Vicia amoena Fisch. var. oblongifolia Regel.

**多茎野豌豆** *Vicia multicaulis* Ledeb.（图 345）

**形态特征**：多年生草本，高 10~50 厘米。茎数个或多数，直立或斜升。双数羽状复叶，具小叶 8~16；托叶 2 裂成半边箭头形或半戟形，长 3~6 毫米，脉纹明显，有毛，上部的托叶常较细，下部托叶较宽；小叶矩圆形或椭圆形以至条形，长 10~20 毫米，宽 1.5~5 毫米，先端钝或圆，具短刺尖，基部圆形，全缘，叶脉特别明显，侧脉排列成羽状或近于羽状，上面无毛或疏生柔毛，下面疏生柔毛或近无毛。总状花序腋生，超出于叶，具 4~15 朵花；花紫色或蓝紫色，长 13~18 毫米；花萼钟状，有毛，萼齿 5，上萼齿短，三角形，下萼齿长，狭三角状锥形；旗瓣矩圆状倒卵形，中部缢缩或微缢缩，瓣片比瓣爪稍短，翼瓣及龙骨瓣比旗瓣稍短或近等长；子房有细柄，花柱上部周围有毛。花期 6—7 月，果期 7—8 月。

生于森林草原与草原带的山地及丘陵地。

**产　　地**：鄂温克族自治旗、额尔古纳市、牙克石市、阿荣旗、莫力达瓦达斡尔族自治旗。

**歪头菜** *Vicia unijuga* R. Br.（图 346）

**别　　名**：草豆。

**形态特征**：多年生草本，高 40~100 厘米。茎直立。双数羽状复叶，具小叶 2；小叶卵形或椭圆形，有时为卵状披针形，长卵形、近菱形等，长 30~60 毫米，宽 20~35 毫米，全缘。总状花序，腋生或顶生，比叶长，具花 15~25 朵；总花梗疏生柔毛；花蓝紫色或淡紫色，长 11~14 毫米；花萼钟形或筒状钟形，上萼齿较短，披针状锥形；旗瓣倒卵形，顶端微凹，中部微缢缩，比翼瓣长，翼瓣比龙骨瓣长；子房无毛，花柱急弯，上部周围有毛，柱头头状。荚果扁平，矩圆形，两端尖，长 20~30 毫米，宽 4~6 毫米，无毛，含种子 1~5 颗；种子扁，圆形，褐色。花期 6—7 月，果期 8—9 月。

生于山地林下、林缘草甸、山地灌丛和草甸草原。

**产　　地**：全市。

（图 345）多茎野豌豆 *Vicia multicaulis* Ledeb.

（图 346）歪头菜 *Vicia unijuga* R. Br.

## 山黧豆属 *Lathyrus* L.

矮山黧豆 *Lathyus humilis*（Ser. ex DC.）Spreng.（图 347）

别　　名：矮香豌豆。

形态特征：多年生草本，高 20~50 厘米。茎有棱，直立，稍分枝。双数羽状复叶，小叶 6~10，小叶卵形或椭圆形，长 20~40 毫米，宽 8~20 毫米，全缘。总状花序腋生，有 2~4 朵花；总花梗比叶短或近等长；花红紫色，长 18~20 毫米；花萼钟状，长约 6 毫米，无毛，萼齿三角形，下萼齿比上萼齿长；旗瓣宽倒卵形，于中部缢缩，顶端微凹，翼瓣比旗瓣短，椭圆形，顶端钝圆，具稍弯曲的瓣爪，龙骨瓣半圆形，比翼瓣短，顶端稍尖，具细长爪；子房条形，无毛，花柱里面有白色髯毛。荚果矩圆状条形，长 3~5 厘米，宽约 5 毫米，无毛，灰棕色，顶端锐尖，有明显网脉。花期 6 月，果期 7 月。

生于针阔混交林及阔叶林下草本层中。

产　　地：额尔古纳市、牙克石市、扎兰屯市、鄂伦春自治旗、莫力达瓦达斡尔族自治旗。

（图 347）矮山黧豆 *Lathyus humilis*（Ser. ex DC.）Spreng.

## 大豆属 *Glycine* Willd.

野大豆 *Glycine soja* Sieb. et Zucc.（图 348）

别　　名：乌豆。

形态特征：一年生草本。茎缠绕，细弱，疏生黄色长硬毛。叶为羽状三出复叶，托叶卵状披针形，小托叶狭披针形，有毛；小叶薄纸质，卵形、卵状椭圆形或卵状披针形，长 1~5（6）厘米，宽 1~2.5 厘米，先端锐尖至钝圆，基部近圆形，全缘，两面有长硬毛。总状花序腋生，花小，淡紫红色，长 4~5 毫米；苞片披针形；花萼钟状，密生长毛；萼齿三角状披针形，先端渐尖，与萼筒近等长；旗瓣近圆形，顶端圆或微凹，基部具短爪，翼瓣歪倒卵形，有明显的耳，龙骨瓣较旗瓣及翼瓣短小；子房有毛。荚果矩圆形或稍弯呈近镰刀形，两侧稍扁，长 15~23 毫米，宽 4~5 毫米，密被黄褐色长硬毛，种子间缢缩，含种子 2~4 颗；种子椭圆形，稍扁，长 2.5~4

毫米，宽 1.5~2.5 毫米，黑色。果期 8 月。

　　生长于河岸、灌丛、山坡或田野。

　　产　　地：额尔古纳市、牙克石市、扎兰屯市、阿荣旗、莫力达瓦达斡尔族自治旗。

（图 348）野大豆 *Glycine soja* Sieb. et Zucc.

# 四十四、牻牛儿苗科 Geraniaceae

## 牻牛儿苗属 *Erodium* L' Herit.

**牻牛儿苗** *Erodium stephanianum* Willd.（图 349）

　　别　　名：太阳花。

　　形态特征：一年生或二年生草本；茎平铺地面或稍斜升，高 10~60 厘米。叶对生，二回羽状深裂，轮廓长卵形或矩圆状三角形，长 6~7 厘米，宽 3~5 厘米，一回羽片 4~7 对，基部下延至中脉，小羽片条形，全缘或具 1~3 粗齿；叶柄长 4~7 厘米，托叶条状披针形，渐尖，边缘膜质，被短柔毛。伞形花序腋生，花序轴长 5~15 厘米，通常有 2~5 花，花梗长 2~3 厘米，萼片矩圆形或近椭圆形，长 5~8 米，具多数脉及长硬毛，先端具长芒；花瓣淡紫色或紫蓝色，倒卵形，长约 7 毫米，基部具白毛；子房被灰色长硬毛。蒴果长 4~5 厘米，顶端有长喙，成熟时 5 个果瓣与中轴分离，喙部呈螺旋状卷曲。

　　生于山坡、干草甸子、河岸、沙质草原、沙丘、田间、路旁。

　　产　　地：全市。

## 老鹳草属 *Geranium* L.

**草原老鹳草** *Geranium pratense* L.（图 350）

　　别　　名：草甸老鹳草。

　　形态特征：多年生草本。茎直立，高 20~70 厘米。叶对生，肾状圆形，直径 5~10 厘米，掌状 7~9 深裂；基生叶具长柄，柄长约 20 厘米，茎生叶柄较短，顶生叶无柄；托叶狭披针形，淡棕色。花序生于小枝顶端，花序

（图 349）牻牛儿苗 *Erodium stephanianum* Willd.

（图 350）草原老鹳草 *Geranium pratense* L.

轴长 2~5 厘米，通常生 2 花，花梗长 0.5~2 厘米，果期弯曲，花序轴与花梗皆被短柔毛和腺毛；萼片狭卵形或椭圆形，具 3 脉，顶端具短芒，密被短毛及腺毛，长约 8 毫米；花瓣蓝紫色，比萼片长约 1 倍，基部有毛；花丝基部扩大部分具长毛；花柱合生部分长 5~7 毫米，花柱分枝长约 2~3 毫米。蒴果具短柔毛及腺毛，长约 2~3 厘米；种子浅褐色。花期 7—8 月，果期 8—9 月。

生于林缘、林下、灌丛间及山坡草甸及河边湿地。

产　　　地：全市。

**大花老鹳草** *Geranium transbaicalicum* Serg.（图 351）

形态特征：多年生草本。茎直立或斜升，高 15~50 厘米。叶对生，近圆形；基生叶较多，具长柄，茎生叶具短柄，叶柄均被较密的白色柔毛和腺毛；托叶披针形或条形。聚伞花序通常生于腋生小枝顶端，花序梗长 1~6 厘米，通常具 2 花，花梗长 0.5~1.5 厘米，果期弯曲，花序梗及花梗均被短柔毛和开展的白色腺毛；萼片椭圆形或卵状椭圆形，长 8~11 毫米，背部密生白色柔毛和腺毛，顶端具短芒；花瓣宽倒卵形，蓝紫色，长 1.6~1.8 厘米，具白色单毛；花丝基部扩大部分有缘毛；花柱合生部分长 5~6 毫米，花柱分枝部分长 2.5~3 毫米。蒴果长 2.5~3.5 厘米，具密生短柔毛和混生腺毛；种子淡褐色，近平滑。花期 6—7 月，果期 8—9 月。

生于山坡草地、河边湿地、林下、林缘、丘间谷地及草甸。

产　　　地：额尔古纳市、牙克石市、陈巴尔虎旗、鄂温克族自治旗、海拉尔区、扎兰屯市。

（图 351）大花老鹳草 *Geranium transbaicalicum* Serg.

**灰背老鹳草** *Geranium wlassowianum* Fisch. ex Link（图 352）

形态特征：多年生草本。茎直立或斜升，高 30~70 厘米。叶片肾圆形，长 3.5~6 厘米，宽 4~7 厘米；基生叶具长柄，茎生叶具短柄，顶部叶具很短柄，叶柄均被开展短柔毛；托叶具缘毛。花序腋生，花序轴长 3~8 厘米，通常具 2 花，花梗长 2~4 厘米，果期下弯，花序轴及花梗皆被短柔毛；萼片狭卵状矩圆形，长约 1 厘米，具 5~7 脉，背面密生短毛；花瓣宽倒卵形，淡紫红色或淡紫色，长约 2 厘米，具深色脉纹，基部具长毛，花丝基部扩大部分的边缘及背部均有长毛；花柱合生部分长约 1 毫米，花柱分枝部分长 5~7 毫米。蒴果长约 3 厘米，具短柔毛；种子褐色，近平滑。花期 7—8 月，果期 8—9 月。

生于沼泽草甸、河岸湿地、沼泽地，山沟、林下。

产　　　地：鄂温克族自治旗、新巴尔虎左旗、额尔古纳市、牙克石市、鄂伦春自治旗。

（图 352）灰背老鹳草 *Geranium wlassowianum* Fisch. ex Link

**兴安老鹳草** *Geranium maximowiczii* Regel et Maack（图 353）

**形态特征：** 多年生草本。茎直立或稍斜升，高 30~70 厘米，多次二歧分枝。叶对生，肾状圆形或近圆形，长 3~5 厘米，宽 4.5~7 厘米，掌状 3~5 裂达全长的 2/3；基生叶具长柄，茎生叶具较短柄，顶部叶具极短柄。聚伞花序腋生或顶生，花序轴长 2~5 厘米，通常有 2 花，具伏生短柔毛；花梗细，长 1.5~3 厘米，果期向下弯曲，具短柔毛，基部具 4 枚小苞片；小苞片条状披针形；萼片矩圆形，长 0.6~1 厘米，顶端具短芒，疏生白色长毛；花瓣倒卵状矩圆形，长 0.9~1.2 厘米，紫红色，全缘，基部有短柔毛；花丝基部扩大部分仅具缘毛，背面无毛；花柱合生部分长 2~3 毫米，花柱分枝部分长 3~3.5 毫米。蒴果长 2.5~3 厘米，具短柔毛；种子褐色或黑褐色，具微凹小点。花期 7—8 月，果期 8—9 月。

生于林下，林缘、灌丛间、湿草地、河岸草甸。

产　　　地：额尔古纳市、牙克石市、陈巴尔虎旗、鄂温克族自治旗。

**粗根老鹳草** *Geranium dahuricum* DC.（图 354）

**别　　　名：** 块根老鹳草。

**形态特征：** 多年生草本。茎直立，高 20~70 厘米，常二歧分枝。叶对生；叶片肾状圆形，长 3~5 厘米，宽 5~7 厘米，掌状 5~7 裂几达基部；茎下部叶具长细柄，上部叶具短柄，顶部叶无柄。花序腋生，花序轴长 3~6 厘米，通常具 2 花；苞片披针形或狭卵形；萼片卵形或披针形，长 5~8 毫米，顶端具短芒，边缘膜质，背部具 3~5 脉；花瓣倒卵形，长约 1 厘米，淡紫红色，蔷薇色或白色带紫色脉纹，内侧基部具白毛；花丝基部扩大部分

（图 353）兴安老鹳草 *Geranium maximowiczii* Regel et Maack

（图 354）粗根老鹳草 *Geranium dahuricum* DC.

具缘毛；花柱合生部分长 1~2 毫米，花柱分枝部分长 3~4 毫米。蒴果长 1.2~2.5 厘米，具密生伏毛；种子黑褐色，有密的微凹小点。花期 7—8 月，果期 8—9 月。

生于林下、林缘、灌丛间、林缘草甸及湿草地。

产　　地：额尔古纳市、牙克石市、鄂伦春自治旗、鄂温克族自治旗、扎兰屯市、阿荣旗。

**鼠掌老鹳草** *Geranium sibiricum* L.（图 355）

别　　名：鼠掌草。

形态特征：多年生草本，高 20~100 厘米。茎细长，伏卧或上部斜向上，多分枝。叶对生，肾状五角形，基部宽心形，长 3~6 厘米，宽 4~8 厘米，掌状 5 深裂；基生叶及下部茎生叶有长柄，上部叶具短柄，柄皆具倒生柔毛或伏毛。花通常单生叶腋，花梗被倒生柔毛，近中部具 2 枚披针形苞片，果期向侧方弯曲；萼片卵状椭圆形或矩圆状披针形，具 3 脉沿脉有疏柔毛，长约 4~5 毫米，顶端具芒，边缘膜质；花瓣淡红色或近于白色，长近于萼片，基部微有毛；花丝基部扩大部分具缘毛；花柱合生部分极短，花柱分枝长约 1 毫米。蒴果长 1.5~2 厘米，具短柔毛；种子具细网状隆起。花期 6—8 月，果期 8—9 月。

生于居民点附近及河滩湿地、沟谷、林缘、山坡草地。

产　　地：全市。

（图 355）鼠掌老鹳草 *Geranium sibiricum* L.

# 四十五、亚麻科 Linaceae
## 亚麻属 *Linum* L.

**野亚麻** *Linum stelleroides* Planch.（图 356）

别　　名：山胡麻。

形态特征：一年生或二年生草本，高 40~70 厘米。茎直立，圆柱形，光滑，基部稍木质，上部多分枝。叶互生，密集，条形或条状披针形，长 1~4 厘米，宽 1~2.5 毫米，先端尖，基部渐狭，全缘，两面无毛，具 1~3

条脉，无柄。聚伞花序，分枝多；花梗细长，长 0.5~1.5 厘米；花径约 1 厘米；萼片 5，卵形或卵状披针形，长约 3 毫米，具 3 条脉，先端急尖，边缘稍膜质，具黑色腺点；花瓣 5，倒卵形，长约 7 毫米，淡紫色、蓝紫色或蓝色；雄蕊与花柱等长；柱头倒卵形。蒴果球形或扁球形，径约 4 毫米；种子扁平，褐色。花果期 6—8 月。

生于干燥山坡、路旁。

产　　地：新巴尔虎左旗、鄂温克族自治旗、海拉尔区、莫力达瓦达斡尔族自治旗。

（图 356）野亚麻 *Linum stelleroides* Planch.

**宿根亚麻** *Linum perenne* L.（图 357）

形态特征：多年生草本，高 20~70 厘米。主根垂直，粗壮，木质化。茎从基部丛生，直立或稍斜生，分枝，通常有或无不育枝。叶互生，条形或条状披针形，长 1~2.3 厘米，宽 1~3 毫米，基部狭窄，先端尖，具 1 脉，平或边缘稍卷，无毛；下部叶有时较小，鳞片状；不育枝上的叶较密，条形，长 7~12 毫米，宽 0.5~1 毫米。聚伞花序，花通常多数，暗蓝色或蓝紫色，径约 2 厘米，花梗细长，稍弯曲，偏向一侧，长 1~2.5 厘米；萼片卵形，长 3~5 毫米，宽 2~3 毫米，下部有 5 条突出脉，边缘膜质，先端尖；花瓣倒卵形，长约 1 厘米，基部楔形；雄蕊与花柱异长，稀等长。蒴果近球形，径 6~7 毫米，草黄色，开裂；种子矩圆形，长约 4 毫米，宽约 2 毫米，栗色。花期 6—8 月，果期 8—9 月。

生于草原地带，多见于沙砾质地、山坡。

产　　地：海拉尔区、陈巴尔虎旗、新巴尔虎左旗、新巴尔虎右旗、鄂温克族自治旗。

# 四十六、蒺藜科 Zygophyllaceae

## 白刺属 *Nitraria* L.

**小果白刺** *Nitraria sibirica* Pall.（图 358）

别　　名：西伯利亚白刺、蛤蟆儿。

形态特征：灌木，高 0.5~1 米。多分枝，弯曲或直立，有时横卧，被沙埋压形成小沙丘，枝上生不定根；小枝灰白色，尖端刺状。叶在嫩枝上多为 4~6 个簇生，倒卵状匙形，长 0.6~1.5 厘米，宽 2~5 毫米，全缘，顶

（图 357）宿根亚麻 *Linum perenne* L.

端圆钝，具小突尖，基部窄楔形，无毛或嫩时被柔毛；无柄。花小，黄绿色，排成顶生蝎尾状花序；萼片 5，绿色，三角形；花瓣 5，白色，矩圆形；雄蕊 10~15；子房 3 室。核果近球形或椭圆形，两端钝圆，长 6~8 毫米，熟时暗红色，果汁暗蓝紫色；果核卵形，先端尖，长约 4~5 毫米。花期 5—6 月，果期 7—8 月。

生于轻度盐渍化低地、湖盆边缘、干河床边。

产　　地：新巴尔虎右旗。

## 蒺藜属 *Tribulus* L.

蒺藜 *Tribulus terrestris* L.（图 359）

形态特征：一年生草本。茎由基部分枝，平铺地面，深绿色到淡褐色，长可达 1 米左右，全株被绢状柔毛。双数羽状复叶，长 1.5~5 厘米；小叶 5~7 对，对生，矩圆形，长 6~15 毫米，宽 2~5 毫米，顶端锐尖或钝，基部稍偏斜，近圆形，上面深绿色，较平滑，下面色略淡，被毛较密。萼片卵状披针形，宿存；花瓣倒卵形，长约 7 毫米；雄蕊 10；子房卵形，有浅槽，凸起面密被长毛，花柱单一，短而膨大，柱头 5，下延。果由 5 个分果瓣组成，每果瓣具长短棘刺各 1 对，背面有短硬毛及瘤状凸起。花果期 5—9 月。

生于荒地、山坡、路旁、田间、居民点附近。

产　　地：海拉尔区、陈巴尔虎旗、新巴尔虎左旗、新巴尔虎右旗。

# 四十七、芸香科 Rutaceae

## 拟芸香属 *Haplophyllum* Juss.

北芸香 *Haplophyllum dauricum*（L.）Juss.（图 360）

别　　名：假芸香、单叶芸香、草芸香。

形态特征：多年生草本，高 6~25 厘米，全株有特殊香气。茎丛生，直立。单叶互生，全缘，无柄，条状披针形至狭矩圆形，长 0.5~1.5 厘米，宽 1~2 毫米，全缘。花聚生于茎顶，黄色，直径约 1 厘米；萼片 5，绿色，

（图 358）小果白刺 *Nitraria sibirica* Pall.

（图 359）蒺藜 *Tribulus terrestris* L.

（图 360）北芸香 *Haplophyllum dauricum*（L.）Juss.

（图 361）白鲜 *Dictamnus albus* L. subsp. *dasycarpus*（Turcz.）Wint.

近圆形或宽卵形，长约 1 毫米；花瓣 5，黄色，椭圆形，边缘薄膜质，长约 7 毫米，宽 1.5~4 毫米；雄蕊 10，离生，花丝下半部增宽，边缘密被白色长睫毛。花药长椭圆形，药隔先端的腺点黄色；子房 3 室，少于 2~4 室，黄棕色，基部着生在圆形花盘上，花柱长约 3 毫米，柱头稍膨大，蒴果，成熟时黄绿色，3 瓣裂，每室有种子 2 粒；种子肾形，黄褐色。花期 6—7 月，果期 8—9 月。

生于草原和森林草原区。

产　　地：额尔古纳市、陈巴尔虎旗、新巴尔虎左旗、新巴尔虎右旗、鄂温克族自治旗。

## 白鲜属 *Dictamnus* L.

白鲜 *Dictamnus albus* L. subsp. *dasycarpus*（Turcz.）Wint.（图 361）

别　　名：八股牛、好汉拔、山牡丹。

形态特征：多年生草本，高约 1 米。茎直立。小叶 9~13，卵状披针形或矩圆状披针形，长 3.5~9 厘米，宽 1~3 厘米。总状花序顶生，长约 20 厘米；花大，淡红色或淡紫色，萼片狭披针形，宿存，长 6~8 毫米，宽约 2 毫米；花瓣倒披针形，长 2~2.5 厘米，宽 5~8 毫米，有紫红色脉纹；花丝细长伸出花瓣外；花药黄色，矩圆形；子房上位，倒卵圆形，宽约 3 毫米，5 深裂，子房柄密生长毛，花柱细长，长约 10 毫米，表面密被短柔毛，柱头头状，蒴果成熟时 5 裂，裂瓣长约 1 厘米，背面密被棕色腺点及白色柔毛，尖端具针刺状的喙，喙长约 5 毫米；种子近球形，黑色，有光泽。花期 7 月，果期 8—9 月。

生于山坡林缘、疏林灌丛、草甸。

产　　地：额尔古纳市、鄂伦春自治旗、牙克石市、鄂温克族自治旗。

# 四十八、远志科 Polygalaceae

## 远志属 *Polygala* L.

远志 *Polygala tenuifolia* Willd.（图 362）

别　　名：细叶远志、小草。

（图 362）远志 *Polygala tenuifolia* Willd.

**形态特征**：多年生草本，高 8~30 厘米。茎多数，较细，直立或斜升。叶近无柄，条形至条状披针形，长 1~3 厘米，宽 0.5~2 毫米。总状花序顶生或腋生，长 2~10 厘米，基部有苞片 3，披针形，易脱落；花淡蓝紫色；花梗长 4~6 毫米，萼片 5，外侧 3 片小，绿色，披针形，长约 3 毫米，宽 0.5~1 毫米；花瓣 3，紫色，两侧花瓣长倒卵形，长约 3.5 毫米，宽 1.5 毫米，中央龙骨状花瓣长 5~6 毫米；子房扁圆形或倒卵形，2 室，花柱扁，长约 3 毫米，上部明显弯曲，柱头 2 裂。蒴果扁圆形，先端微凹，边缘有狭翅；种子 2，椭圆形，长约 1.3 毫米，棕黑色，被白色茸毛。花期 7—8 月，果期 8—9 月。

生于石质草原及山坡、草地、灌丛下。

**产　　地**：全市。

# 四十九、大戟科 Euphorbiaceae
## 大戟属 *Euphorbia* L.

**乳浆大戟** *Euphorbia esula* L.（图 363）

**形态特征**：多年生草本，高可达 50 厘米。茎直立，单一或分枝。叶条形、条状披针形或倒披针状条形，长 1~4 厘米，宽 2~4 毫米，全缘。总花序顶生，具 3~10 伞梗（有时由茎上部叶腋抽出单梗），基部有 3~7 轮生苞叶，苞叶条形、披针形、卵状披针形或卵状三角形，长 1~3 厘米，宽（1）2~10 毫米，每伞梗顶端常具 1~2 次叉状分出的小伞梗，小伞梗基部具 1 对苞片，三角状宽卵形、肾状半圆形或半圆形，长 0.5~1 厘米，宽 0.8~1.5 厘米；杯状总苞长 2~3 毫米，外面光滑无毛，先端 4 裂；腺体 4，与裂片相间排列，新月形，两端有短角，黄褐色或深褐色；子房卵圆形，3 室，花柱 3，先端 2 浅裂。蒴果扁圆球形，具 3 沟，无毛，无瘤状凸起。种子卵形，长约 2 毫米。花期 5—7 月，果期 7—8 月。

生于草原、山坡、干燥沙质地和路旁。

**产　　地**：全市。

（图 363）乳浆大戟 *Euphorbia esula* L.

地锦 *Euphorbia humifusa* Willd.（图 364）

别　　名：铺地锦、铺地红、红头绳。

形态特征：一年生草本。茎多分枝，平卧。单叶对生，矩圆形或倒卵状矩圆形，长 0.5~1.5 厘米，宽 3~8 毫米。杯状聚伞花序单生于叶腋，总苞倒圆锥形，长约 1 毫米，边缘 4 浅裂，裂片三角形；腺体 4，横矩圆形；子房 3 室，具 3 纵沟，花柱 3，先端 2 裂。蒴果三棱状圆球形，径约 2 毫米，无毛，光滑。种子卵形，长约 1 毫米，略具三棱，褐色，外被白色蜡粉。花期 6—7 月，果期 8—9 月。

生于田野、路旁、河滩及固定沙地。

产　　地：新巴尔虎左旗、鄂温克族自治旗、扎兰屯市、阿荣旗、莫力达瓦达斡尔族自治旗。

（图 364）地锦 *Euphorbia humifusa* Willd.

狼毒大戟 *Euphorbia fischeriana* Steud.（图 365）

别　　名：狼毒、猫眼草。

形态特征：多年生草本，高 30~40 厘米。茎单一，粗壮。茎基部的叶为鳞片状，中上部的叶常 3~5 轮生，卵状矩圆形，长 2.5~4 厘米，宽 1~2 厘米，先端钝或稍尖，基部圆形，边缘全缘，表面深绿色，背面淡绿色。花序顶生，伞梗 5~6；基部苞叶 5，轮生，卵状矩圆形；每伞梗先端具 3 片长卵形小苞叶，上面再抽出 2~3 小伞梗，先端有 2 个三角状卵形的小苞片及 1~3 个杯状聚伞花序；总苞广钟状，外被白色长柔毛，先端 5 浅裂；腺体 5，肾形，子房扁圆形，3 室，外被白色柔毛，花柱 3，先端 2 裂。蒴果宽卵形，初时密被短柔毛，后渐光滑，熟时 3 瓣裂。种子椭圆状卵形，长约 4 毫米，淡褐色。花期 6 月，果期 7 月。

生于森林草原及草原区石质山地向阳山坡。

产　　地：鄂伦春自治旗、鄂温克族自治旗、海拉尔区、牙克石市。

（图 365）狼毒大戟 *Euphorbia fischeriana* Steud.

**锥腺大戟** *Euphorbia savaryi* Kiss.（图 366）

**形态特征：**多年生草本，高 30~50 厘米；根系细，不肥大。茎单一或几条丛生，直立，光滑无毛。叶互生，倒卵形、倒卵状矩圆形或矩圆形，长 1.5~2.5 厘米，宽 3~8 毫米，先端钝圆或微尖，基部楔形，边缘全缘，两面光滑无毛。总花序出自茎的顶部，伞梗 5~6（亦有单一的伞梗出自茎上部的叶腋），基部有苞叶 4~5，矩圆形或卵圆形，长约 5 毫米，宽约 1 厘米，杯状总苞倒圆锥形，先端 4 裂，裂片间有腺体 4，半月形，两端各有一明显的角状凸起，先端锐尖；子房具三纵沟，花柱 3，先端分叉。蒴果扁球形，长约 3 毫米，光滑无毛，熟时三瓣开裂。种子卵型，长约 2 毫米，褐色或深褐色。

生于山地林下及杂灌丛中。

**产　　地：**扎兰屯市、阿荣旗、莫力达瓦达斡尔族自治旗。

# 五十、水马齿科 Callitrichaceae

## 水马齿属 *Callitriche* L.

**沼生水马齿** *Callitriche palustris* L.（图 367）

**形态特征：**一年生草本，常见于浅水中，有时陆生。茎细弱，多分枝。叶鲜绿色，无毛，对生，茎顶端者簇生，形成莲座状；一般叶匙形或倒卵形，长 4~8 毫米，宽 1~2 毫米，茎顶端叶较宽而短，长 5 毫米以下，宽 2~3 毫米，顶端圆形，下部渐狭，全缘或微具圆形波状齿；具 3 脉。小苞片 2，位于花基部，薄膜质，透明，卵形，略弯向雌蕊或雄蕊，长约 1 毫米，宽约 0.2 毫米，易脱落。花极小，单生于叶腋，或雌雄花同生于一叶腋内；子房倒卵形，花柱 2，丝状，花丝细，长 2~2.5 毫米，周围或仅顶端具狭翅，顶端常有宿存的柱头。

生于溪流或沼泽。

**产　　地：**额尔古纳市、根河市、牙克石市、鄂伦春自治旗。

（图 366）锥腺大戟 *Euphorbia savaryi* Kiss.

（图 367）沼生水马齿 *Callitriche palustris* L.

# 五十一、岩高兰科 Empetraceae

## 岩高兰属 Empetrum L.

东北岩高兰 Empetrum nigrum L. var. japonicum K.（图 368）

**形态特征**：常见匍匐状小灌木，高 20~50 厘米，稀达 1 米；分枝多而稠密，红褐色，幼枝多少被绒毛。叶轮生或交互对生，常下倾或水平伸展，条形，长 4~5 毫米，宽 1~1.5 毫米，先端钝，边缘略反卷、无毛，叶面具皱纹，有光泽，幼叶边缘具稀疏腺毛，叶面中脉凹陷；无柄。花单性，雌雄异株，1~3 朵生于上部叶腋，无花梗；苞片 3~4，鳞片状，卵形，长约 1 毫米；萼片 6，外层卵圆形，长约 1.5 毫米，内层披针状矩圆形，较外层长，暗红色，花瓣状，先端内卷；无花瓣；雄蕊 3，花丝长约 4 毫米；子房近球形，花柱极短。柱头辐射状 6~9裂。果近球形，径约 5 毫米；为肉质多浆核果，有 2 至多个分果核，每个分果核有 1 个种子，果成熟时紫红色至黑色。花期 6—7 月，果期 8 月。

生于高山岩石露头及山地针叶林下或冻土上，也是一种喜酸植物，与酸性沼泽生境相联系。

**产　　地**：额尔古纳市、鄂伦春自治旗、根河市。

（图 368）东北岩高兰 Empetrum nigrum L. var. japonicum K.

# 五十二、卫矛科 Celastraceae

## 卫矛属 Euonymus L.

桃叶卫矛 Euonymus bungeanus Maxim.（图 369）

**别　　名**：丝锦木、明开夜合、白杜。

**形态特征**：落叶灌木或小乔木，高可达 6 米。小枝细长，对生，圆筒形或微 4 棱形，无木栓质翅，光滑，绿色或灰绿色。叶对生，卵形、椭圆状卵形或椭圆状披针形，少近圆形，长 4~10 厘米，宽 2~5 厘米，先端长渐尖，基部宽楔形，边缘具细锯齿，两面光滑无毛；叶柄长 8~30 毫米。聚伞花序由 3~15 花组成，总花梗长 1~2 厘米；萼片 4，近圆形，长约 2 毫米；花瓣 4，矩圆形，黄绿色，长约 4 毫米，雄蕊 4，花药紫色，花丝着生在肉质花盘上；子房上位，花柱单一。蒴果倒圆锥形，4 裂，径约 1 厘米，粉红或淡黄色。种子外被橘红色假种皮，上端有小孔，露出种子。花期 6 月，果期 8 月。

生于落叶阔叶林区，亦见于较温暖的草原区南部山地。

产　　地：扎兰屯市、阿荣旗、鄂温克族自治旗、牙克石市。

（图 369）桃叶卫矛 *Euonymus bungeanus* Maxim.

# 五十三、槭树科 Aceraceea

## 槭树属 *Acer* L.

**茶条槭 *Acer ginnala* Maxim.（图 370）**

别　　名：黑枫。

**形态特征：**落叶小乔木，高达 4 米。小枝细，光滑。单叶对生，具 3 裂片，卵状长椭圆形至卵形，长 4~8 厘米，宽 3~6 厘米，中央裂片卵状长椭圆形，较两侧裂片大，有时裂片不显著，边缘具重锯齿；叶柄长 1.5~4 厘米，初有稀柔毛。花黄白色，杂性同株，由多花排成伞房花序，顶生，花轴和花梗初被柔毛，后渐脱落；萼片 5，矩圆形，长约 3 毫米，边缘具柔毛；花瓣 5，倒披针形，长 3~4 毫米；雄蕊 8，着生于花盘内侧；子房密被长柔毛，花柱无毛，柱头 2 裂。小坚果被稀疏长柔毛，果翅常带红色，长 2.5~3 厘米，两翅几近平行，两果开展度为锐角或更小。花期 6 月上旬，果熟期 9 月。

生于半阳坡，半阴坡和其他树种组成杂木林。

产　　地：阿荣旗、鄂伦春自治旗。

（图 370）茶条槭 *Acer ginnala* Maxim.

# 五十四、凤仙花科 Balsaminaceae

## 凤仙花属 *Impatiens* L.

凤仙花 *Impatiens balsamina* L.（图 371）

别　　名：急性子、指甲草、指甲花。

形态特征：一年生草本，高 40~60 厘米。茎直立，圆柱形，肉质，稍带红色，基部稍膨大。叶互生，披针形，长 4~12 厘米，宽 1~2.5 厘米。花单生与数朵簇生于叶腋；花大，粉红色、紫色、白色与杂色，单瓣与重瓣；萼片 3，侧生 2，宽卵形，长约 3 毫米，宽约 2 毫米，旗瓣近圆形，长约 1.5 厘米，先端凹，具小尖头；翼瓣宽大，长约 2.5 厘米，2 裂，基部裂片圆形，上部裂片倒心形；花药先端钝；子房纺锤形，绿色，密被柔毛。蒴果纺锤形与椭圆形，被茸毛，果皮成熟时 5 瓣裂而卷缩，并将种子弹出；种子多数，椭圆形或扁球形，长 3~4 毫米，宽 2~3 毫米，深褐色或棕黄色。花期 7—8 月，果期 8—9 月。

生于田边、路旁。

产　　地：扎兰屯市、阿荣旗、鄂温克族自治旗。

水金凤 *Impatiens noli-tangere* L.（图 372）

别　　名：辉菜花。

形态特征：一年生草本，高 30~60 厘米。茎直立，上部分枝，肉质。叶互生，叶柄长 0.3~3 厘米；叶片卵形、椭圆形或卵状披针形，长 2~8 厘米，宽 1~4 厘米。总花梗腋生，具花 2~4 朵；花 2 型，大花黄色或淡黄色，有时具红紫色斑点；旗瓣近圆形，长约 8 毫米；翼瓣宽大，长约 17 毫米，2 裂，下裂片矩圆形，上裂片较大，宽斧形；花药先端尖；小花为闭锁花，淡黄白色，近卵形，长 1.5~2.5 毫米，无距，侧萼片 2，卵形，紧包全花，花瓣通常 2，宽卵形，雄蕊分离，自花授粉。蒴果圆柱形，长 1~2 厘米；种子近椭圆形，长 2.5~3 毫米，深褐色，表面具蜂窝状凹眼。花期 7—8 月，果期 8—9 月。

生于湿润的森林地区的山沟溪边、山坡林下、林缘湿地。

产　　地：根河市、额尔古纳市、牙克石市、鄂伦春自治旗。

（图 371）凤仙花 *Impatiens balsamina* L.

（图 372）水金凤 *Impatiens noli-tangere* L.

# 五十五、鼠李科 Rhamnaceae

## 鼠李属 Rhamnus L.

**鼠李** *Rhamnus dahurica* Pall.（图 373）

**别　　名**：老鹳眼。

**形态特征**：灌木或小乔木，高达 4 米。小枝近对生，光滑，粗壮，褐色，顶端具大形芽。单叶对生于长枝，丛生于短枝，椭圆状倒卵形至长椭圆形或宽倒披针形，长 3~11 厘米，宽 2~4 厘米，先端渐尖，基部楔形，偏斜、圆形或近心形，边缘具钝锯齿，齿端具黑色腺点，上面绿色，具光泽，初有散生柔毛后无毛，下面浅绿色，无毛，侧脉 4~5 对；单性花，雌雄异株，2~5 朵生于叶腋，有时 10 朵丛生于短枝上，黄绿色，花梗长约 1 厘米，萼片 4，披针形，直立，锐尖，有退化花瓣；雄蕊 4，与萼片互生。核果球形，熟后呈紫黑色，径约 5 毫米，种子 2 粒，卵圆形，背面有狭长纵沟，不开口。花期 5—6 月，果期 8—9 月。

生于低山坡、土壤较湿润的河谷、林缘或杂木林中。

**产　　地**：新巴尔虎左旗、鄂温克族自治旗、额尔古纳市、牙克石市、扎兰屯市、阿荣旗。

（图 373）鼠李 *Rhamnus dahurica* Pall.

**乌苏里鼠李** *Rhamnus ussuricnsis* J. Vass.（图 374）

**形态特征**：灌木，高达 4~5 米。小枝对生，光滑，幼时灰绿色，末端为针刺。芽长卵形，长 3~5 毫米，淡褐色。单叶在短枝上丛生，椭圆形、卵形或倒卵形，在长枝上对生或近乎对生，矩圆形或披针形，长 2~9 厘米，宽 1.5~3.5 厘米，先端渐尖或突尖，尖头有时稍扭曲，基部楔形或圆形，有时稍偏斜，边缘具细圆齿状锯齿，齿端有黑色腺点，上面淡绿色，光滑，下面灰绿色，叶脉显著隆起，后变紫红色，无毛或仅在脉腋处有白色短柔毛，侧脉 5~6 对；叶柄长 0.7~2.5 厘米，光滑。聚伞花序腋生，花单性，小形，黄绿色；萼片 4，直立，与萼筒等长；雄花具 4 花瓣，雌花无花瓣；雄蕊 4；花梗长约 1 厘米。核果浆质，熟后呈黑紫色，径约 6 毫米；种子

2，有时为 1，卵圆形，背面有种沟，不开口。

生于山坡、沙丘间地、杂木林间、溪流两旁的谷地上或灌木丛中。

产　　地：额尔古纳市、海拉尔区、扎兰屯市。

（图 374）乌苏里鼠李 *Rhamnus ussuricnsis* J. Vass.

# 五十六、葡萄科 Vitaceae

## 地锦属 *Parthenocissus* Planch.

**五叶地锦** *Parthenocissus quinquefolia*（L.）Planch.（图 375）

**形态特征**：木质藤本。小枝无毛；嫩芽为红或淡红色；卷须总状 5~9 分枝，嫩时顶端尖细而卷曲，遇附着物时扩大为吸盘。5 小叶掌状复叶，小叶倒卵圆形、倒卵状椭圆形或外侧小叶椭圆形，长 5.5~15 厘米，先端短尾尖，基部楔形或宽楔形，有粗锯齿，两面无毛或下面脉上微被疏柔毛。圆锥状多歧聚伞花序假顶生，序轴明显，长 8~20 厘米，花序梗长 3~5 厘米；花萼碟形，边缘全缘，无毛；花瓣长椭圆形。果球形，径 1~1.2 厘米，有种子 1~4。花期 6—7 月，果期 8—10 月。

生于大兴安岭南部栎林周边的石质山坡、路旁。

产　　地：扎兰屯市、阿荣旗。

## 葡萄属 *Vitis* L.

**山葡萄** *Vitis amurensis* Rupr.（图 376）

**形态特征**：木质藤本，长达 10 余米。树皮暗褐色，成长片状剥离。小枝带红色，具纵棱，嫩时被绵毛，卷须断续性，2~3 分枝。叶 3~5 裂，宽卵形或近圆形，长与宽为 10~16 厘米，基部心形，边缘具粗牙齿，上面暗绿色，无毛，下面淡绿色，沿叶脉与脉腋间常被毛，秋季叶片变红色；具长叶柄，柄长 2~10 厘米。雌雄异株，花小，黄绿色，组成圆锥花序，花序长 8~15 厘米，总花轴被疏长曲柔毛；雌花具 5 退化的雄蕊，子房近球形；

（图 375）五叶地锦 *Parthenocissus quinquefolia* (L.) Planch

（图 376）山葡萄 *Vitis amurensis* Rupr.

雄花具雄蕊5，无雌蕊。浆果球形，直径小于1厘米，蓝黑色，表面有蓝色的果霜，多液汁。种子倒卵圆形，淡紫褐色，喙短圆锥形，合点位于中央。花期6月，果期8—9月。

分布于落叶阔叶林区，零星见于林缘和湿润的山坡。

产　　地：扎兰屯市、阿荣旗、莫力达瓦达斡尔族自治旗。

# 五十七、锦葵科 Malvaceae

## 木槿属 Hibiscus L.

**野西瓜苗** Hibiscus trionum L.（图 377）

别　　名：和尚头、香铃草。

形态特征：一年生草本。茎直立。叶近圆形或宽卵形，长 3~6（8）厘米，宽 2~6（10）厘米，掌状 3 全裂。花单生于叶腋，花柄长 1~5 厘米，密生星状毛及叉状毛；花萼卵形，膜质，基部合生，先端 5 裂，淡绿色，有紫色脉纹，沿脉纹密生 2~3 叉状硬毛，裂片三角形，长 7~8 毫米，宽 5~6 毫米，副萼片通常 11~13，条形，长约 1 厘米，宽不到 1 毫米，边缘具长硬毛；花瓣 5，淡黄色，基部紫红色，倒卵形，长 1~2.5 厘米，宽 0.5~1 厘米；雄蕊筒紫色，无毛；子房 5 室，胚珠多数；花柱顶端 5 裂。蒴果圆球形，被长硬毛，花萼宿存。种子黑色，肾形，表面具粗糙的小凸起。花期 6~9 月，果期 7—10 月。

生于田野、路旁、村边、山谷等处。

产　　地：新巴尔虎左旗、新巴尔虎右旗、扎兰屯市、阿荣旗、莫力达瓦达斡尔族自治旗。

（图 377）野西瓜苗 Hibiscus trionum L.

## 锦葵属 Malva L.

**锦葵** Malva sinensis Cavan.（图 378）

别　　名：荆葵、钱葵。

形态特征：一年生草本。茎直立。叶近圆形或近肾形，长 5~7 厘米，宽 7~9 厘米，通常 5 浅裂；花多数，簇生于叶腋，花梗长短不等，长 1~3 厘米，被单毛及星状毛；花萼 5 裂，裂片宽三角形，长 2~4 毫米，宽 4~5

毫米，小苞片（副萼）3，卵形，大小不相等，长 3~5 毫米，宽 2~3 毫米，均被单毛及星状毛；花直径 3.5~4 厘米，花瓣紫红色，具暗紫色脉纹，倒三角形，先端凹缺，基部具狭窄的瓣爪；雄蕊筒具倒生毛，基部与瓣爪相连；雌蕊由 10~14 个心皮组成，分成 10~14 室，每室 1 胚珠；分果果瓣背部具蜂窝状凸起网纹，侧面具辐射状皱纹，有稀疏的毛。种子肾形，棕黑色。

生于村边、路旁。

产　　　地：扎兰屯市、阿荣旗、莫力达瓦达斡尔族自治旗。

（图 378）锦葵 Malva sinensis Cavan.

**野葵** Malva verticillata L.（图 379）

别　　　名：菟葵、冬苋菜。

形态特征：一年生草本。茎直立或斜升。叶近圆形或肾形，长 3~8 厘米，宽 3~11 厘米，掌状 5 浅裂；叶柄长 5~17 厘米；花多数，近无梗，簇生于叶腋；花萼 5 裂，裂片卵状三角形，长宽约相等，均为 3 毫米，背面密被星状毛，边缘密生单毛，小苞皮（副萼片）3，条状披针形，长 3~5 毫米，宽不足 1 毫米，边缘有毛；花直径约 1 厘米，花瓣淡紫色或淡红色，倒卵形，长 7 毫米，宽 4 毫米，顶端微凹；雄蕊筒上部具倒生毛；雌蕊由 10~12 心皮组成，10~12 室，每室 1 胚珠。分果果瓣背面稍具横皱纹，侧面具辐射状皱纹，花萼宿存。种子肾形，褐色。花期 7—9 月，果期 8—10 月。

生于田间、路旁、村边、山坡。

产　　　地：扎兰屯市、阿荣旗、莫力达瓦达斡尔族自治旗。

## 苘麻属 Abutilon Mill.

**苘麻** Abutilon theophrasti Medic.（图 380）

别　　　名：青麻、白麻、车轮草。

形态特征：一年生亚灌木状草本，高 1~2 米。茎直立。圆柱形，上部常分枝，密被柔毛及星状毛，下部毛较稀疏。叶圆心形，长 8~17 厘米，先端长渐尖，基部心形，边缘具细圆锯齿，两面密被星状柔毛，叶柄长

（图 379）野葵 *Malva verticillata* L.

（图 380）苘麻 *Abutilon theophrasti* Medic.

4~15 厘米，被星状柔毛。花单生于茎上部叶腋；花梗长 1~3 厘米，近顶端有节；萼杯状，裂片 5，卵形或椭圆形，顶端急尖，长约 6 毫米；花冠黄色，花瓣倒卵形，顶端微缺，长约 1 厘米；雄蕊筒短，平滑无毛；心皮 15~20，长 1~1.5 厘米，排列成轮状，形成半球形果实，密被星状毛及粗毛，顶端变狭为芒尖。分果瓣 15~20，成熟后变黑褐色，有粗毛，顶端有 2 长芒，种子肾形、褐色。花果期 7—9 月。

生于田边、路旁、荒地和河岸等处。

产　　地：新巴尔虎右旗、莫力达瓦达斡尔族自治旗。

# 五十八、金丝桃科 Hypericaceae

## 金丝桃属 *Hypericum* L.

长柱金丝桃 *Hypericum ascyron* L.（图 381）

别　　名：黄海棠、红旱莲、金丝蝴蝶。

形态特征：多年生草本，高 60~80 厘米。茎四棱形，黄绿色。叶卵状椭圆形或宽披针形，长 3~9 厘米，宽 1~3 厘米，全缘，无叶柄。花通常 3 朵成顶生聚伞花序，有时单生茎顶；花黄色，直径 4~6 厘米；萼片倒卵形或卵形，长约 1 厘米，宽约 7~8 毫米；花瓣倒卵形或倒披针形，呈镰状向一边弯曲，长 2.5~3.5 厘米，宽 1~1.5 厘米；雄蕊 5 束，短于花瓣；雌蕊 5 心皮合生成 5 室，花柱基部合生，自中部分裂成 5 条，稍长于雄蕊。蒴果卵圆形，长约 1.5 厘米，宽 0.8~1 厘米，暗棕褐色，果熟后先端 5 裂。种子多数，灰棕色，长约 1.2 毫米，一侧具细长的翼。花期 7—8 月，果期 8—9 月。

生于林缘、山地草甸和灌丛中。

产　　地：鄂伦春自治旗、阿荣旗、扎兰屯市、牙克石市、鄂温克族自治旗。

（图 381）长柱金丝桃 *Hypericum ascyron* L.

乌腺金丝桃 *Hypericum attenuatum* Choisy（图 382）

别　　名：野金丝桃、赶山鞭。

形态特征：多年生草本，高 30~60 厘米，茎直立。叶长卵形，倒卵形或椭圆形，长 1~2.5（3）厘米，宽 0.5~1 厘米。花数朵，成顶生聚伞圆锥花序；花较小，直径 2~2.5 厘米；花瓣黄色，矩圆形或倒卵形，长 8~12 毫米，宽 5~7 毫米，先端圆钝，背面及边缘散生黑色腺点；雄蕊 3 束，短于花瓣，花药上亦有黑腺点；雌蕊 3 心皮合生，3 室，花柱 3 条，自基部离生，与雄蕊约等长。蒴果卵圆形，长约 1 厘米，宽约 5 毫米，深棕色，成熟后先端 3 裂。种子深灰色，长圆柱形，稍弯，长约 1 毫米，表面呈蜂窝状，一侧具狭翼。花期 7—8 月，果期 8—9 月。

生于草原区山地、林缘、灌丛、草甸草原。

产　　地：鄂伦春自治旗、牙克石市、鄂温克族自治旗、扎兰屯市、新巴尔虎左旗。

（图 382）乌腺金丝桃 *Hypericum attenuatum* Choisy

# 五十九、柽柳科 Tamaricaceae

## 红沙属 *Reaumuria* L.

红沙 *Reaumuria soongorica*（Pall.）Maxim.（图 383）

别　　名：枇杷柴、红虱。

形态特征：小灌木，高 10~30 厘米；多分枝。叶肉质，圆柱形，上部稍粗，常 3~5 叶簇生，长 1~5 毫米，宽约 1 毫米。花单生叶腋或在小枝上集为稀疏的穗状花序状，无柄；苞片 3，披针形，长 0.5~0.7 毫米；萼钟形，中下部合生，上部 5 齿裂，裂片三角形，锐尖，边缘膜质；花瓣 5，开张，粉红色或淡白色，矩圆形，长 3~4 毫米，宽约 2.5 毫米，下半部具两个矩圆形的鳞片；雄蕊 6~8，离生，花丝基部变宽，与花瓣近等长；子房长椭圆形，花柱 3。蒴果长椭圆形，长约 5 毫米，径约 2 毫米，光滑，3 瓣开裂。种子 3~4，矩圆形，长 3~4 毫米，全体被淡褐色毛。花期 7—8 月，果期 8—9 月。

（图 383）红沙 *Reaumuria soongorica*（Pall.）Maxim.

生于典型草原的盐化草甸低洼处。

产　　地：新巴尔虎右旗、满洲里市。

# 六十、堇菜科 Violaceae
## 堇菜属 *Viola* L.

**奇异堇菜** *Viola mirabilis* L.（图 384）

别　　名：伊吹堇菜。

形态特征：多年生草本，有地上茎，植株高 6~23 厘米。托叶披针形或宽披针形，全缘，下部与叶柄合生，茎生叶托叶常有缘毛；基生叶柄长 4.5~20 厘米，具狭翼，茎生叶柄长 1~9 厘米；叶片肾状宽椭圆形、肾形或圆状心形，长 2~4.5（6.5）厘米，宽 2.5~4.5（6.7）厘米，先端稍尖或钝圆，基部心形，边缘具较浅的圆齿。生于基生叶腋的花梗较长，苞位于中部，生于茎生叶腋的花梗较短，苞位于中下部；花较大，紫堇色或淡紫色；萼片矩圆状披针形、卵状披针形或披针形；子房无毛，花柱上部渐粗，顶部稍弯呈钩形。蒴果椭圆形无毛。花、果期 4—8 月。

生于阔叶林或针阔混交林内、林缘或山坡灌丛。

产　　地：额尔古纳市、鄂伦春自治旗、牙克石市、陈巴尔虎旗。

（图 384）奇异堇菜 *Viola mirabilis* L.

**鸡腿堇菜** *Viola acuminata* Ledeb.（图 385）

别　　名：鸡腿菜。

形态特征：多年生草本，高 15~50 厘米。茎直立，通常 2~6 茎丛生。叶片心状卵形或卵形，长（2）3.5~5.5（7）厘米，宽（1.5）3~4（5）厘米。花梗较细，苞片生于花梗中部或中上部；萼片条形或条状披针形，有毛或无毛，基部的附属物短，末端截形；花白色或淡紫色，较小，侧瓣里面有须毛，下瓣里面中下部具数条紫脉纹，连距长 10~15 毫米，距长 3~4 毫米，通常直，末端钝；子房无毛，花柱基部微向前膝曲，向上渐粗，顶部稍弯成短钩状，顶面和侧面稍有乳头状凸起，柱头孔较大。蒴果椭圆形，长 8~10 毫米，无毛。花、果期 5—9 月。

生于疏林下、林缘、灌丛间、山坡草地、河谷湿地。

产　　地：额尔古纳市、鄂伦春自治旗、牙克石市、扎兰屯市、鄂温克族自治旗。

（图 385）鸡腿堇菜 *Viola acuminata* Ledeb.

**裂叶堇菜 *Viola dissecta* Ledeb.（图 386）**

**形态特征：**多年生草本，无地上茎，高 5~15（30）厘米。叶片的轮廓略呈圆形或肾状圆形，掌状 3~5 全裂或深裂并再裂，或近羽状深裂，裂片条形，两面通常无毛，下面脉凸出明显。花梗通常比叶长，无毛，果期通常不超出叶；苞片条形，长 4~10 毫米，生于花梗中部以上；花淡紫堇色，具紫色脉纹；萼片卵形或披针形，先端渐尖，具 3（7）脉，边缘膜质，通常于下部具短毛，基部附属器小；全缘或具 1~2 缺刻；侧瓣长 1.1~1.7 厘米，里面无须毛或稍有须毛；下瓣连距长 1.5~2.3 厘米，距稍细，长 5~7 毫米，直或微弯，末端钝，子房无毛；花柱基部细，柱头前端具短喙，两侧具稍宽的边缘。蒴果矩圆状卵形或椭圆形至矩圆形，长 10~15 毫米，无毛。花、果期 5—9 月。

生于山坡、林缘草甸、林下及河滩地。

产　　地：根河市、额尔古纳市、新巴尔虎左旗、鄂温克族自治旗、莫力达瓦达斡尔族自治旗。

**兴安堇菜 *Viola gmeliniana* Roem.（图 387）**

**形态特征：**多年生草本，无地上茎，高 4~9 厘米。叶多数。花期叶柄短近无毛；叶齿形、矩圆形、披针形，长 2~6 厘米，宽 0.5~1.5 厘米；果期叶具较长的柄，叶片较大。花暗紫色或粉紫色；花梗与叶近等长或稍超出，被短毛，苞生于花梗中部附近；萼片披针形或卵状披针形，基部附属物具棱角或边缘稍锯齿状，有时略呈截形；侧瓣里面有纤毛，下瓣连距长 1~1.4 厘米，距稍粗而向上弯；子房无毛，花柱棍棒状，基部微膝曲，顶端膨大而有薄边，前方具短喙。蒴果无毛。花、果期 5—8 月。

生于山地林下、林缘、灌丛草地。

产　　地：根河市、额尔古纳市、牙克石市、鄂温克族自治旗。

（图 386）裂叶堇菜 *Viola dissecta* Ledeb.

（图 387）兴安堇菜 *Viola gmeliniana* Roem.

**紫花地丁** *Viola yedoensis* Makino（**图 388**）

　　**别　　名**：辽堇菜、光瓣堇菜。

　　**形态特征**：多年生草本，无地上茎。叶片矩圆形、卵状矩圆形、矩圆状披针形或卵状披针形，长 1~3 厘米，宽 0.5~1 厘米。花梗超出叶或略等于叶，被短柔毛或近无毛，苞片生于花梗中部附近；萼片卵状披针形，先端稍尖，边缘具膜质狭边，基部附属器短，末端圆形、截形或不整齐，无毛，少有短毛；花瓣紫堇色或紫色，倒卵形或矩圆状倒卵形，侧瓣无须毛或稍有须毛，下瓣连距长 15~18 毫米，距细，长 4~7 毫米，末端微向上弯或直；子房无毛，花柱棍棒状，基部膝曲，向上部渐粗，柱头顶面略平，两侧及后方有薄边，前方具短喙。蒴果椭圆形，长 6~8 毫米，无毛。花、果期 5—9 月。

　　生于庭园、田野、荒地、路旁、灌丛及林缘等处。

　　**产　　地**：鄂温克族自治旗、扎兰屯市、额尔古纳市、莫力达瓦达斡尔族自治旗。

（图 388）紫花地丁 *Viola yedoensis* Makino

**斑叶堇菜** *Viola variegata* Fisch. ex Link（**图 389**）

　　**形态特征**：多年生草本，无地上茎，叶片圆形或宽卵形，长 1~5.5（7）厘米，宽 1~5（6）厘米，先端圆形或钝。基部心形，边缘具圆齿，上面暗绿色或绿色，沿叶脉有白斑形成苍白色的脉带，下面带紫红色，两面疏生或密生极短的乳头状毛，有时叶下面或脉上毛较多，有时无毛，花梗超出于叶或略等于叶，常带紫色，苞片条形，生于花梗的中部附近；萼片卵状披针形或披针形，常带紫色或淡紫褐色；花瓣倒卵形，暗紫色或红紫色，侧瓣里面基部常为白色并有白色长须毛，下瓣的中下部为白色并具堇色条纹，瓣片连距长 14~20 毫米，距长 5~9 毫米；子房球形，通常无毛，花柱棍棒状，向上端渐粗，柱头顶面略平，两侧有薄边，前方具短喙。蒴果椭圆形至矩圆形，长 5~7 毫米，无毛。花果期 5~9 月。

　　生于荒地、草坡、山坡砾石地、林下岩石缝、疏林地及灌丛间。

　　**产　　地**：牙克石市、扎兰屯市、鄂温克族自治旗、海拉尔区。

（图 389）斑叶堇菜 *Viola variegata* Fisch. ex Link

**兴安圆叶堇菜** *Viola brachyceras* Turcz.（图 390）

**形态特征**：多年生草本，无地上茎，花期高 6 厘米，果期高达 10 余厘米。托叶小、披针形，下部 1/2 贴生于叶柄，边缘有疏牙齿，初时绿色，后变褐色；花期叶 1~2 枚，叶柄微具狭翼，叶片心状圆形，先端圆形或钝或渐尖，基部深心形，边缘具浅圆齿，上面绿色，下面苍绿色或带灰紫色，无毛，果期叶 2~5 枚，较大，径 3~5 厘米，花梗细，稍超出于叶，果期比叶短，苞生于梗的中上部；花浅紫色或近白色，连距长约 8 毫米；萼片卵状披针形或披针形，基部附属物短，末端圆形或截形；侧瓣无须毛，下瓣比其他花瓣短，具堇色脉纹，距短而稍粗，比萼片附属物微长；子房无毛，花柱基部微膝曲，柱头顶面稍倾斜，两侧有薄边，前向具直的喙。蒴果无毛，具褐色斑或不明显。花、果期 5—8 月。

生于针叶林下及河岸砾石地。

**产　　地**：额尔古纳市、根河市、牙克石市。

**蒙古堇菜** *Viola mongolica* Franch.（图 391）

**别　　名**：白花堇菜。

**形态特征**：多年生草本，无地上茎，高 5~9 厘米。托叶披针形，边缘疏具细齿或睫毛，1/2 以上与叶柄合生；叶柄微具狭翅，有毛，长 2~7 厘米，叶片卵状心形，椭圆状心形或宽卵形，长 1.5~3 厘米，宽 1~2 厘米。花白色，花梗通常超出于叶，苞片多生于花梗中下部；萼片椭圆状披针形或矩圆形，先端钝或尖，无毛，基部的附属器长 2~2.5 厘米，末端稍齿裂；侧瓣里面稍有须毛，下瓣连距长 1.4~2 厘米，中下部有时具紫条纹，距长 5~7 毫米，常向上弯，末端钝；子房无毛，花柱基部微向前膝曲，柱头两侧具较宽的边缘，喙斜上；柱头孔向上。蒴果卵形，长 6~8 毫米，无毛。花果期 5—8 月。

生于山地林下、林缘、砾石质地，岩缝。

**产　　地**：牙克石市、扎兰屯市、阿荣旗、莫力达瓦达斡尔族自治旗。

（图 390）兴安圆叶堇菜 *Viola brachyceras* Turcz.

（图 391）蒙古堇菜 *Viola mongolica* Franch.

## 六十一、瑞香科 Thymelaeacae

### 狼毒属 *Stellera* L.

狼毒 *Stellera chamaejasme* L.（图 392）

别　　名：断肠草、小狼毒、红火柴头花、棉大戟。

形态特征：多年生草本，高 20~50 厘米。根粗大，木质，外包棕褐色。茎丛生，直立，不分枝，光滑无毛。叶较密生，椭圆状披针形，长 1~3 厘米，宽 2~8 毫米，先端渐尖，基部钝圆或楔形，两面无毛。顶生头状花序；花萼筒细瘦，长 8~12 毫米，宽约 2 毫米，下部常为紫色，具明显纵纹，顶端 5 裂，裂片近卵圆形，长 2~3 毫米，具紫红色网纹；雄蕊 10，2 轮，着生于萼喉部与萼筒中部，花丝极短；子房椭圆形，1 室，上部密被淡黄色细毛，花柱极短，近头状；子房基部一侧有长约 1 毫米矩圆形蜜腺。小坚果卵形，长 4 毫米，棕色，上半部被细毛，果皮膜质，为花萼管基部所包藏。花期 6~7 月。

生于草原区，常为景观植物。

产　　地：全市。

（图 392）狼毒 *Stellera chamaejasme* L.

## 六十二、胡秃子科 Elaeagnaceae

### 沙棘属 *Hippophae* L.

中国沙棘 *Hippophae rhamnoides* L. subsp. *sinensis* Rousi（图 393）

别　　名：醋柳、酸刺、黑刺。

形态特征：灌木或乔木，通常高 1 米。枝灰色，通常具粗壮棘刺；幼枝具褐锈色鳞片。叶通常近对生，条形至条状披针形，长 2~6 厘米，宽 0.4~1.2 厘米，两端钝尖，上面披银白色鳞片后渐脱落呈绿色，下面密被淡白色鳞片，中脉明显隆起；叶柄极短。花先叶开放，淡黄色，花小；花萼 2 裂；雄花序轴常脱落，雄蕊 4。雌花比雄花后开放，具短梗。花萼筒囊状，顶端 2 小裂。果实橙黄或橘红色，包于肉质花萼筒中，近球形，直径 5~10 毫米。种子卵形，种皮坚硬，黑褐色，有光泽。花期 5 月，果熟期 9—10 月。

生于干旱瘠薄的盐碱土壤和沙地。

产　　　地：陈巴尔虎旗、海拉尔区、牙克石市、扎兰屯市。

（图 393）中国沙棘 *Hippophae rhamnoides* L. subsp. *sinensis* Rousi

# 六十三、千屈菜科 Lythraceae

## 千屈菜属 *Lythrum* L.

**千屈菜** *Lythrum salicaria* L.（图 394）

**形态特征**：多年生草本；茎高 40~100 厘米，直立。叶对生，少互生，长椭圆形或矩圆状披针形，长 3~5 厘米，宽 0.7~1.3 厘米。顶生总状花序，长 3~18 厘米；花两性，数朵簇生于叶状苞腋内，具短梗；小苞片狭条形，被柔毛；花萼筒紫色，长 4~6 毫米，萼筒外面具 12 条凸起纵脉，沿脉被细柔毛，顶端有 6 齿裂，萼齿三角状卵形，齿裂间有被柔毛的长尾状附属物；花瓣 6，狭倒卵形，紫红色，生于萼筒上部，长 6~8 毫米，宽约 4 毫米；雄蕊 12，6 长，6 短，相间排列，在不同植株中雄蕊有长、中、短三型，与此对应，花柱也有短、中、长三型；子房上位，长卵形，2 室，胚珠多数，花柱长约 7 毫米，柱头头状；花盘杯状，黄色。蒴果椭圆形，包于萼筒内。花期 8 月，果期 9 月。

生于河边，下湿地，沼泽。

产　　　地：牙克石市、鄂伦春自治旗、扎兰屯市、莫力达瓦达斡尔族自治旗。

（图 394）千屈菜 *Lythrum salicaria* L.

# 六十四、柳叶菜科 Onagraceae

## 露珠草属 *Circaea* L.

高山露珠草 *Circaea alpina* L.（图 395）

**形态特征：** 植株纤细，直立，高 5~25 厘米，地下有小的长卵形肉质块茎及细根茎。叶卵状三角形或宽卵状心形，长 1~3.5 厘米，宽 1~2.5 厘米，先端急尖或渐尖，基部近心形或圆形，边缘具稀疏锯齿及缘毛，上面绿色，具稀疏短毛，下面淡绿色；叶柄长 1~4 厘米，无毛或具稀疏弯曲短毛。总状花序顶生及腋生，于花后增长，无毛；花萼筒紫红色，长约 1.5 毫米；花瓣白色，倒卵状三角形，与萼裂片约等长；雄蕊 2，花丝长约 2 毫米；子房下位，1 室，花柱丝状，与花丝约等长，柱头头状。果实长圆状倒卵形成棒状，长约 2 毫米，无沟，果柄与果约等长或稍长，无毛。花果期 8—9 月。

生于林下、林缘及山沟溪边或山坡潮湿石缝中。

**产　　地：** 牙克石市。

## 柳叶菜属 *Epilobium* L.

柳兰 *Epilobium angustifolium* L.（图 396）

**形态特征：** 多年生草本；茎直立，高约 1 米，光滑无毛，叶互生，披针形，长 5~15 厘米，宽 0.8~1.5 厘米，上面绿色，下面灰绿色，两面近无毛；或中脉稍被毛，全缘或具稀疏腺齿，无柄或具极短的柄。总状花序顶生，花序轴幼嫩时密被短柔毛，老时渐稀或无，苞片狭条形，长 1~2 厘米，有毛或无毛；花梗长 0.5~1.5 厘米，被短柔毛；花萼紫红色，裂片条状披针形，长 1~1.5 厘米，宽约 2 毫米，外面被短柔毛；花瓣倒卵形，紫红色，长 1.5~2 厘米，顶端钝圆，基部具短爪；雄蕊 8，花丝 4 枚较长，基部加宽，具短柔毛；花药矩圆形，长约 3 毫米；子房下位，密被毛，花柱比花丝长。蒴果圆柱状，略四棱形，长 6~10 厘米，具长柄，皆被密毛。种子顶端具一簇白色种缨，花期 7—8 月，果期 8—9 月。

　　生于林区，亦见于森林草原及草原带的山地。

　　产　　地：全市。

（图 395）高山露珠草 *Circaea alpina* L.

（图 396）柳兰 *Epilobium angustifolium* L.

沼生柳叶菜 *Epilobium palustre* L.（图 397）

别　　名：沼泽柳叶菜、水湿柳叶菜。

形态特征：多年生草本。茎直立，高 20~50 厘米。茎下部叶对生，上部互生，披针形或长椭圆形，长 2~6 厘米，宽 3~10（15）毫米，先端渐尖，基部楔形或宽楔形，上面有弯曲短毛，下面仅沿中脉密生弯曲短毛，全缘，边缘反卷；无柄。花单生于茎上部叶腋，粉红色；花萼裂片披针形，长约 3 毫米，外被短柔毛；花瓣倒卵形，长约 5 毫米，顶端 2 裂，花药椭圆形，长约 0.5 毫米；子房密被白色弯曲短毛，柱头头状。蒴果长 3~6 厘米，被弯曲短毛，果梗长 1~2 厘米，被稀疏弯曲的短毛。种子倒披针形，暗褐色，长约 1.2 毫米。种缨淡棕色或乳白色。花期 7—8 月，果期 8—9 月。

生于山沟溪边、河岸边或沼泽草甸中。

产　　地：陈巴尔虎旗、新巴尔虎左旗、新巴尔虎右旗、鄂温克族自治旗。

（图 397）沼生柳叶菜 *Epilobium palustre* L.

多枝柳叶菜 *Epilobium fastigiatoramosum* Nakai（图 398）

形态特征：多年生草本，高 20~60 厘米。茎直立，基部无匍匐枝，通常多分枝，基部密被弯曲短毛，下部稀少或无毛。叶狭披针形、卵状披针形或狭长椭圆形，长 3~5 厘米，宽 5~10 毫米，先端渐狭，基部楔形，上面被弯曲短毛，下面沿中脉及边缘被弯曲毛、全缘，边缘反卷；具柄。花单生于上部叶腋，淡红色或白色；花萼裂片披针形，长 2.5~3 毫米，外面被弯曲短毛，花瓣倒卵形，长约 4 毫米，顶端 2 裂，子房密被白色弯曲短毛；柱头短棍棒状。蒴果长 4~6 厘米，被弯曲短毛，果梗长 1~3 厘米。种子近矩圆形，长 1~1.4 毫米，顶端圆形，无附属物。种缨白色或污白色。花果期 7—9 月。

生于水边草地或沼泽旁湿草地。

产　　地：额尔古纳市、陈巴尔虎旗、鄂温克族自治旗。

（图 398）多枝柳叶菜 *Epilobium fastigiatoramosum* Nakai

## 月见草属 Oenothera L.

**夜来香 Oenothera biennis L.（图 399）**

别　　名：月见草、山芝麻。

形态特征：一年生或二年生草本，高 80~120 厘米。茎直立。叶倒披针形或长椭圆形，长 10~15 厘米，宽 2.5~4.5 厘米，先端渐尖，基部楔形，两面疏被白色柔毛，边缘具不明显锯齿或近全缘，叶柄长 1~4 厘米，有时较长。花大，直径 4~6 厘米，有香气，花萼筒长约 4 厘米，喉部扩大，裂片长三角形，长 2.5~3 厘米，每 2 片中部以上合生，其顶端 2 浅裂；花瓣 4，黄色，平展，倒卵状三角形，长宽约相等，长 2.5~3 厘米，顶端微凹；雄蕊 8，黄色，不超出花冠；子房下位，长约 1 厘米，柱头 4 裂。蒴果稍弯，下部稍粗，长约 3 厘米，成熟时 4 瓣裂。种子在果内水平状排列，有棱角。花果期 7—9 月。

生于庭园、田野、荒地、路旁。

产　　地：阿荣旗、扎兰屯市、莫力达瓦达斡尔族自治旗。

# 六十五、小二仙草科 Haloragaceae

## 狐尾藻属 Myriophyllum L.

**狐尾藻 Myriophyllum spicatum L.（图 400）**

别　　名：穗状狐尾藻。

形态特征：多年生草本。茎光滑，多分枝，圆柱形，长 50~100 厘米。叶通常 4~5 片轮生，长 2~3 厘米，羽状全裂，裂片丝状。穗状花序生于茎顶，花单性或杂性，雌雄同株，花序上部为雄花，下部为雌花，中部有时有两性花；基部有一对小苞片，一片大苞片，苞片卵形，长 1~3 毫米，全缘或呈羽状齿裂；花萼裂片卵状三角形，极小，花瓣匙形，长 1.5~2 毫米，早落，雌花萼裂片有时不明显；通常无花瓣；雄蕊 8，花药椭圆形，长 1.5 毫

（图 399）夜来香 *Oenothera biennis* L.

（图 400）狐尾藻 *Myriophyllum spicatum* L.

米，淡黄色，花丝短，丝状；子房下位，4室，柱头4裂，羽毛状，向外反卷。果实球形，长约2毫米，具4条浅槽，表面有小凸起。花果期7—8月。

生于池塘、河边浅水中。

产　　地：新巴尔虎左旗、新巴尔虎右旗、鄂温克族自治旗、鄂伦春自治旗。

**轮叶狐尾藻** *Myriophllum verticillatum* L.（图401）

别　　名：狐尾藻。

形态特征：多年生水生草本。茎直立，圆柱形，光滑无毛，高20~40厘米。叶通常4叶轮生，叶长1~2厘米，羽状全裂。水上叶裂片狭披针形，长约3毫米，沉水叶裂片呈丝状，长可达1.5厘米，无叶柄。花单性，雌雄同株或杂性，单生于水上叶的叶腋内，上部为雄花，下部为雌花，有时中部为两性花；雌花花萼与子房合生，顶端4裂，裂片较小长不到1毫米，卵状三角形；花瓣极小，椭圆形，长2~3毫米；雄蕊8，花药椭圆形，长2毫米，花丝丝状，开花后伸出花冠外；子房下位，4室，卵形，柱头4裂，羽毛状，向外反卷。果实卵球形，长约3毫米，具4浅沟。花期8—9月。

生于池塘、湖泊。

产　　地：牙克石市、扎兰屯市。

（图401）轮叶狐尾藻 *Myriophllum verticillatum* L.

# 六十六、杉叶藻科 Hippuridaceae

## 杉叶藻属 *Hippuris* L.

**杉叶藻** *Hippuris vulgaris* L.（图402）

形态特征：多年生草本，生于水中，全株光滑无毛，根茎匍匐，生于泥中，茎圆柱形，直立，不分枝，高20~60厘米，有节。叶轮生，6~12片一轮，条形，长6~13毫米，宽约1毫米，全缘，无叶柄，茎下部叶较短小。花小，两性，稀单性，无梗，单生于叶腋；萼与子房大部分合生；无花瓣；雄蕊 1，生于子房上，略偏一侧；花药椭圆形，长约 1 毫米，子房下位，椭圆形，长不到 1 毫米，花柱丝状，稍长于花丝。核果矩圆形，长 1.5~2 毫米，直径约 1 毫米，平滑，无毛，棕褐色。花期 6 月，果期 7 月。

生于池塘浅水中或河岸边湿草地。

产　　地：全市。

（图 402）杉叶藻 *Hippuris vulgaris* L.

# 六十七、伞形科 Umbelliferae

**葛缕子** *Carum carvi* L.（图 403）

别　　名：野胡萝卜。

形态特征：二年生或多年生草本，高 25~70 厘米。茎直立，具纵细棱，上部分枝。基生叶和茎下部叶具长柄，基部具长三角形的和宽膜质的叶鞘，叶片二至三回羽状全裂，轮廓条状矩圆形，长 5~8 厘米，宽 1.5~3.5 厘米，一回羽片 5~7 对，远离，轮廓卵形或卵状披针形，无柄；二回羽片 1~3 对，轮廓卵形至披针形，羽状全裂至深裂；最终裂片条形或披针形；中部和上部茎生叶逐渐变小和简化，叶柄全成叶鞘，叶鞘具白色或深淡红色的宽膜质的边缘。复伞花序直径 3~6 厘米；伞幅 4~10 不等长，具纵细棱，长 1~4 厘米；小伞形花序直径 5~10 毫米，具花 10 余朵，花梗不等长，长 1~3（5）毫米；通常无小总苞片；萼齿短小，先端钝；花瓣白色或粉红色，倒卵形。果椭圆形，长约 3 毫米，宽约 1.5 毫米。花期 6—8 月，果期 8—9 月。

生于林缘草甸，盐化草甸及田边路旁。

产　　地：陈巴尔虎旗、牙克石市、扎兰屯市。

（图 403）葛缕子 *Carum carvi* L.

## 柴胡属 *Bupleurum* L.

**大叶柴胡** *Bupleurum longiradiatum* Turcz.（图 404）

**形态特征**：多年生草本，高 50~150 厘米。茎单一或 2~3，直立，多分枝。叶大形；茎中部叶无柄，卵形或狭卵形，长 10~18 厘米，宽 2.4~4.5 厘米，基部心形或具叶耳，抱茎；茎上部叶较小，广披针形，基部心形，具叶耳，抱茎，先端渐尖。复伞形花序顶生和腋生，总苞片 3~5，披针形，长 2~10 毫米，宽 1.0~1.5 毫米，通常具 3 条脉，小总苞片 5~6，宽披针形或椭圆状披针形，长 2~5 毫米，宽 0.5~1 毫米，先端尖，稍短于花和果实，花黄色，花柱基鲜黄色。双悬果矩圆状椭圆形，暗褐色，果棱丝状，长 4~7 毫米，宽 2~2.5 毫米，每棱槽具 3~4 条油管，合生面具 4~6 条。花期 7—8 月，果期 8—9 月。

生于山地林缘草甸、灌丛下。

**产　　地**：额尔古纳市、根河市、牙克石市、鄂伦春自治旗、莫力达瓦达斡尔族自治旗。

**锥叶柴胡** *Bupleurum bicaule* Helm（图 405）

**形态特征**：植株高 10~35 厘米。主根圆柱形，常具支根，黑褐色；根茎常分枝，包被毛刷状叶鞘残留纤维。茎常多数丛生，直立，稍呈"之"字形弯曲，具纵细棱。茎生叶近直立，狭条形，长 3~10 厘米，宽 1~2（3）毫米，先端渐尖，边缘常对折或内卷，有时稍呈锥形，具平行脉 3~5 条，叶基部半抱茎；基生叶早枯落。复伞形花序顶生和腋生，直径 1~3 厘米；伞幅 3~7，长 5~15 毫米，纤细；总苞片 3~5，披针形或条状披针形，长 2~6 毫米；小伞形花序直径 3~5 毫米，具花 4~10 朵；花梗长 0.5~1.5 毫米，不等长；小总苞片常 5，披针形，长 1.5~3 毫米，先端渐尖，常具 3 脉；无萼齿；花瓣黄色。果矩圆状椭圆形，长约 2.5 毫米。花期 7—8 月，果期 8—9 月。

生于山地草甸、草原、嗜砾石。

**产　　地**：陈巴尔虎旗、新巴尔虎左旗、新巴尔虎右旗、鄂温克族自治旗、鄂伦春自治旗。

（图 404）大叶柴胡 *Bupleurum longiradiatum* Turcz.

（图 405）锥叶柴胡 *Bupleurum bicaule* Helm

红柴胡 *Bupleurum scorzonerifolium* Willd.（图 406）

别　　名：狭叶柴胡、软柴胡。

形态特征：植株高（10）20~60 厘米。茎单一，直立。基生叶与茎下部叶具长柄，叶片条形或披针状条形，长 5~10 厘米，宽 3~5 毫米，先端长渐尖，基部渐狭，具脉 5~7 条，叶脉在下面凸起；茎中部与上部叶与基生叶相似。复伞形花序顶生和腋生，直径 2~3 厘米；伞幅 6~15，长 7~22 毫米，纤细；小伞形花序直径 3~5 毫米，具花 8~12 朵；花梗长 0.6~2.5 毫米，不等长；小总苞片通常 5，披针形，长 2~3 毫米，先端渐尖，常具 3 脉；花瓣黄色。果近椭圆形，长 2.5~3 毫米，果棱钝，每棱槽中常具油管 3 条，合生面常具 4 条。花期 7—8 月，果期 8—9 月。

生于草甸草原、山地灌丛、草原、沙地。

产　　地：全市。

（图 406）红柴胡 *Bupleurum scorzonerifolium* Willd.

## 毒芹属 *Cicuta* L.

毒芹 *Cicuta virosa* L.（图 407）

别　　名：芹叶钩吻。

形态特征：多年生草本，高 50~140 厘米。茎直立，上部分枝，具纵细棱。基生叶与茎下部叶具长柄，叶柄圆筒形，中空，基部具叶鞘；叶片二至三回羽状全裂，轮廓为三角形或卵状三角形，长与宽各达 20 厘米；一回羽片 4~5 对；二回羽片 1~2 对；最终裂片披针形至条形，长 2~6 厘米，宽（2）3~10 毫米；茎中部与上部叶较小，叶柄全部成叶鞘。复伞形花序直径 5~10 厘米，伞幅 8~20，具纵细棱，长 1.5~4 厘米；小伞形花序直径 1~1.5 厘米；具多数花；花梗长 2~3 毫米；小总苞片 8~12，披针状条形至条形，全缘；萼齿三角形；花瓣白色。果近球形，径约 2 毫米。花期 7—8 月，果期 8—9 月。

生于河边、沼泽、沼泽草甸和林缘草甸。

产　　地：全市。

（图 407）毒芹 *Cicuta virosa* L.

## 茴芹属 *Pimpinella* L.

**羊洪膻** *Pimpinella thellungiana* Wolff（图 408）

**别　　名**：缺刻叶茴芹、东北茴芹。

**形态特征**：多年生或二年生草本，高 30~80 厘米。茎直立，上部稍分枝。基生叶与茎下部叶具长柄；叶片一回单数羽状复叶，轮廓矩圆形至卵形，长 4~8；厘米，宽 2.5~6 厘米，侧生小叶 3~5 对，小叶无柄，矩圆状披针形、卵状披针形或卵形，长 1.5~3.5 厘米，宽 1~2 厘米；中部与上部茎生叶较小；顶生叶为一至二回羽状全裂。复伞形花序直径 3~6 厘米；伞幅 8~20，长 1~3 厘米，具纵细棱；小伞形花序直径 7~14 毫米，具花 15~20 朵，花梗长 2.5~5 毫米；萼齿不明显；花瓣白色；花柱细长叉开。果卵形，长约 2 毫米，宽约 1.5 毫米，棕色。花期 6—8 月，果期 8—9 月。

生于林缘草甸、沟谷及河边草甸。

**产　　　地**：全市。

## 泽芹属 *Sium* L.

**泽芹** *Sium suave* Walt.（图 409）

**形态特征**：多年生草本，高 40~100 厘米。茎直立，上部分枝，具明显纵棱，节部稍膨大，节间中空。基生叶与茎下部叶具长柄，长达 8 厘米，叶柄中空，圆筒状，有横隔，叶片为一回单数羽状复叶，轮廓卵状披针形、卵形或矩圆形，长 6~20 厘米，宽 3~7 厘米。复伞形花序直径花期为 3~5 厘米，果期 5~7 厘米；伞幅 10~20，长 8~18 毫米，具纵细棱；总苞片 5~8；小伞形花序直径 8~10 毫米，具花 10~20 余朵，花梗长 1~4 毫米；小总苞片 6~9，条形或披针状条形，长 1~4 毫米，宽约 0.5 毫米；萼齿短齿状；花瓣白色；花柱基厚垫状，比子房宽，边缘微波状。果近球形，直径约 2 毫米，具锐角状宽棱，木栓质，每棱槽中具油管 1 条，合生面具 2 条；心皮柄 2 裂。花期 7—8 月，果期 9—10 月。

生于沼泽、池沼边、沼泽草甸。

产　　　地：全市。

（图 408）羊洪膻 *Pimpinella thellungiana* Wolff

## 蛇床属 *Cnidium* Cuss.

**兴安蛇床** *Cnidium dahuricum*（Jacq.）Turcz. ex Mey.（图 410）

**别　　　名**：山胡萝卜。

**形态特征**：二年生或多年生草本，高（40）80~150（200）厘米。茎直立，上部分枝。基生叶和茎下部叶具长柄。叶鞘抱茎，常带红紫色，叶片二至三（四）回羽状全裂，轮廓变异大，菱形、三角形、卵形或披针形，长达 25 厘米，宽达 28 厘米，一回羽片 4~5 对；二回羽片 3~5 对；茎中、上部叶的叶柄全部成叶鞘。复伞形花序直径花时 3~7 厘米，果时 6~12 厘米，伞幅 10~20；总苞片 6~9；小伞形花序直径约 1 厘米，具花 20~40 朵；小总苞片 8~12；花瓣白色，宽倒卵形，先端具小舌片。双悬果矩圆形或椭圆状矩圆形，长 3.5~4.5 毫米，宽约 2.5~3 毫米，果棱翅淡黄色，棱槽棕色。花期 7—8 月，果期 8—9 月。

生于山坡林缘、河边草甸。

产　　　地：根河市、牙克石市、新巴尔虎左旗、鄂温克族自治旗。

**蛇床** *Cnidium monnieri*（L.）Cuss.（图 411）

**形态特征**：一年生草本，高 30~80 厘米。茎单一，上部稍分枝。基生叶与茎下部叶具长柄与叶鞘；叶片二至三回羽状全裂，轮廓近三角形，长 5~8 厘米，宽 3~6 厘米；一回羽片 3~4 对；二回羽片具短柄；最终裂片条形或条状披针形，长 2~10 毫米，宽 1~2 毫米；茎中部与上部叶较小，叶柄全部成叶鞘。复伞形花序直径花时 1.5~3.5 厘米，果时达 5 厘米；伞幅 12~20；总苞片 7~13，条状锥形，边缘宽膜质和具短睫毛，长为伞幅的 1/3~1/2；小伞形花序直径约 5 毫米，具花 20~30 朵，花梗长 0.5~3 毫米；小总苞片 9~11，条状锥形，长 4~5 毫米，边缘膜质具短睫毛；花瓣白色，宽倒心形，先端具内卷小舌片；花柱基垫状。双悬果宽椭圆形，长约 2 毫米，宽约 1.8 毫米。花期 6—7 月，果期 7—8 月。

（图 409）泽芹 *Sium suave* Walt.

生于河边或湖边草地、田边。

产　　地：根河市、新巴尔虎右旗、陈巴尔虎旗、海拉尔区、扎兰屯市。

（图 410）兴安蛇床 *Cnidium dahuricum*（Jacq.）Turcz. ex Mey.

（图 411）蛇床 *Cnidium monnieri*（L.）Cuss.

## 当归属 *Angelica* L.

兴安白芷 *Angelica dahurica* ( Fisch. ) Benth. et Hook. ex Franch. et Sav. ( 图 412 )

**形态特征：** 多年生草本，高 1~2 米。茎直立，上部分枝。基生叶与茎下叶具长柄，紧抱茎，常带红紫色；叶片三回羽状全裂；一回羽片 3~4 对；二回羽片 2~3 对，最终裂片披针形或条状披针形，长 4~12 厘米，宽 2~6 厘米；中、上部叶渐简化，叶柄几乎全部膨大成叶鞘，顶生叶简化成膨大的叶鞘。复伞花序直径 6~20 厘米；伞幅多数，内侧微被短硬毛，长 2~8 厘米；无总苞片或具 1 椭圆形鞘状总苞，小伞形花序直径 1~2 厘米，具多数花；花梗长 3~8 毫米；小总苞片 10 余片，条形或条状披针形，先端长渐尖，与花梗近等长；无萼齿；花瓣白色。果实椭圆形，背腹压扁，长 5~7 毫米，宽 4~5 毫米，果棱黄色，棱槽棕色，侧棱翅宽约 1.5 毫米。花期 7—8 月，果期 8—9 月。

生于针叶林及落叶阔叶林区山沟溪旁灌丛下，林缘草甸。

**产　　地：** 鄂温克族自治旗、额尔古纳市、根河市、鄂伦春自治旗、阿荣旗、扎兰屯市。

（图 412）兴安白芷 *Angelica dahurica* ( Fisch. ) Benth. et Hook. ex Franch. et Sav.

## 柳叶芹属 *Czernaevia* Turcz.

柳叶芹 *Czernaevia laevigata* Turcz. ( 图 413 )

**别　　名：** 小叶独活。

**形态特征：** 二年生草本，高 40~100 厘米。茎单一，直立，中空。基生叶于开花时早枯萎，茎生叶 3~5 片，茎下部具长柄与叶鞘，抱茎，叶片二回羽状全裂；中、上部叶渐小与简化，叶柄部分或全部成叶鞘，抱茎。复伞形花序直径 4~9 厘米，伞幅 15~30；小伞形花序直径 8~15 毫米，具多数花，主伞为两性花，常结实，侧伞为雄花，常不结实，花瓣白色，倒卵形，长约 1 毫米，花序外缘花具辐射瓣，长约 3 毫米；果宽椭圆形，长约 3 毫米，宽约 2 毫米，翅为黄色，棱槽为棕色，每棱槽具油管 3~5 条，合生面 6~10 条。花期 7—8 月，果期 9 月。

生于河边沼泽草甸、山地灌丛、林下、林缘草甸。

产　　地：额尔古纳市、根河市、牙克石市。

（图 413）柳叶芹 *Czernaevia laevigata* Turcz.

## 胀果芹属 *Phlojodicarpus* Turcz.

胀果芹 *Phlojodicarpus sibiricus*（Steph. ex Spreng.）K. -Pol.（图 414）

别　　名：燥芹、膨果芹。

形态特征：多年生草本，15~30 厘米。茎数条至 10 余条自根状茎顶部丛生，直立，不分枝。基生叶多数，丛生，具长柄与叶鞘；叶片三回羽状全裂，轮廓矩圆形、矩圆状卵形或条形，长 4~6 厘米，宽 8~18 毫米，一回羽片 4~6 对；二回羽片 1~3 对，茎生叶 1~3 片。复伞形花序单生茎顶，直径 2~3 厘米；总苞片数片至 10 余片；小伞形花序直径 7~10 毫米，具花 10 余朵，花梗长 0.5~2 毫米，内侧被微短硬毛；萼齿披针形或狭三角形，长 0.5 毫米；花瓣白色，果宽椭圆形，长 6~7 毫米，宽 4~5 毫米，果棱黄色，棱槽棕褐色，无毛或被微短硬毛。花期 6 月，果期 7—8 月。

生于草原区石质山顶、向阳山坡。

产　　地：额尔古纳市、鄂温克族自治旗、满洲里市。

## 前胡属 *Peucedanum* L.

石防风 *Peucedanum terebinthaceum*（Fisch.）Fisch. ex Turcz.（图 415）

形态特征：多年生草本，高 35~100 厘米。茎直立，上部分枝。基生叶与茎下部叶具长柄；叶片二至三回羽状全裂，一回羽片 2~3 对，轮廓卵状披针形；二回羽片卵形至披针形，羽状中裂至深裂；最终裂片卵状披针形至披针形；茎生叶较小，叶柄一部分或全部成叶鞘，叶鞘条形，边缘膜质。复伞形花序直径 3~7 厘米；伞幅 10~20，长 1~3 厘米；通常无总苞片，稀具 1 片，如顶生叶状；小伞形花序直径 7~20 毫米，花梗长 2~7 毫米，极不等长；小总苞片 7~9，条形，比花梗短；萼片狭三角形；花瓣白色；倒心形。果椭圆形或矩圆状椭圆形，长 4~4.5 毫米，宽约 2.5 毫米，果棱黄色，棱槽棕色，有光泽，无毛，每棱槽中具油管 1 条，合生面具 2 条。花、

（图 414）胀果芹 *Phlojodicarpus sibiricus*（ Steph. ex Spreng.）K. -Pol.

果期 8—9 月。

生于山地林缘、山坡草地。

产　　地：根河市、牙克石市。

（图 415）石防风 Peucedanum terebinthaceum（Fisch.）Fisch. ex Turcz.

## 独活属 Heracleum L.

**短毛独活 Heracleum lanatum Mickx.**（图 416）

**别　　名**：短毛白芷、东北牛防风、兴安牛防风。

**形态特征**：多年生草本，高 80~200 厘米。茎直立，具粗钝棱与宽沟槽，节间中空，上部分枝。基生叶与茎下部叶具长柄与叶鞘，抱茎；一回羽状复叶或二回羽状分裂；侧生小叶斜卵形或斜椭圆状卵形；茎中上部叶与下部叶相似；顶生叶小叶极小。复伞形花序顶生与腋生，直径花期 8~13 厘米；伞幅 12~30；小伞形花序直径 15~25 毫米，具花 10~20 余朵，花梗长 4~10 毫米；小总苞片 6~8，条状锥形，比花梗稍长；花瓣白色；子房被短毛；花柱基短圆锥形。果宽椭圆形或倒卵形，长 6~8 毫米，宽 5~6 毫米，淡棕黄色，油管棕色，背面上半部有 4 条油管，合生面有 2 条。花期 7—8 月，果期 8—9 月。

生于山坡林下、林缘、山沟溪边。

产　　地：鄂伦春自治旗、根河市、牙克石市。

## 防风属 Saposhnikovia Schischk.

**防风 Saposhnikovia divaricata（Turcz.）Schischk.**（图 417）

**别　　名**：关防风、北防风、旁风。

**形态特征**：多年生草本，高 30~70 厘米。茎直立，二歧式多分枝，表面具细纵棱，稍呈"之"字弯曲。基生叶多数簇生，具长柄与叶鞘；叶片二至三回羽状深裂；一回羽片具柄，3~5 对；二回羽片无柄；最终裂片狭楔形，长 1~2 厘米，宽 2~5 毫米，顶部常具 2~3 缺刻状齿；茎生叶与基生叶相似，顶生叶柄几乎完全呈鞘状。复

（图 416）短毛独活 *Heracleum lanatum* Mickx.

（图 417）防风 *Saposhnikovia divaricata*（Turcz.）Schischk.

伞形花序多数，直径 3~6 厘米；伞幅 6~10，长 1~3 厘米，小伞形花序直径 5~12 毫米，具花 4~10 朵；花梗长 2~5 毫米；小总苞片 4~10，披针形，比花梗短；萼齿卵状三角形；花瓣白色；子房被小瘤状凸起；果长 4~5 毫米，宽 2~2.5 毫米。花期 7~8 月，果期 9 月。

生于山地草甸、草原，也见于丘陵坡地，固定沙丘。

产　　　地：全市。

# 六十八、山茱萸科 Cornaceae
## 梾木属 *Swida* Opiz

红瑞木 *Swida alba* Opiz（图 418 ）

别　　　名：红瑞山茱萸。

形态特征：落叶灌木，高达 2 米。小枝紫红色。叶对生，卵状椭圆形或宽卵形，长 2~8 厘米，宽 1.5~4.5 厘米，先端尖或突短尖，上面暗绿色，贴生短柔毛，各脉下陷，弧形，侧脉 5~6 对，下面粉白色，疏生长柔毛，主、侧脉凸，脉上几无毛；叶柄长 0.5~1.5 厘米，被柔毛。顶生伞房状聚伞花序；花梗与花轴密被柔毛；花瓣 4，卵状舌形，长 3~3.5 毫米，宽 1.5~2.0 毫米，黄白色；雄蕊 4 与花瓣互生，花丝长 4 毫米，与花瓣近等长；花盘垫状，黄色；子房位于花盘下方，花柱单生。核果。乳白色，矩圆形，上部不对称，长 6 毫米，核扁平。花期 5—6 月，果熟期 8—9 月。

生于河谷、溪流旁及杂木林中。

产　　　地：海拉尔区、鄂伦春自治旗、鄂温克族自治旗、牙克石市。

（图 418 ）红瑞木 *Swida alba* Opiz

# 六十九、鹿蹄草科 Pyrolaceae

## 鹿蹄草属 *Pyrola* L.

鹿蹄草 *Pyrola rotundifolia* L.（图 419）

别　　名：鹿衔草、鹿含草、圆叶鹿蹄草。

形态特征：多年生常绿草本，高 10~30 厘米，全株无毛。叶于植株基部簇生，3~6 片，全缘，上面暗绿色，下面带紫红色；叶柄长 2~6 厘米。花葶由叶丛中抽出；总状花序着生于花葶顶部，有花 5~15 朵；花冠广展，直径 15~18 毫米，白色或稍带蔷薇色，有香味，花瓣 5，倒卵形或宽倒卵形，端钝圆，内卷，长 5~7 毫米，宽 3~4 毫米；雄蕊内藏或与花瓣近等长，花药黄色，椭圆形，花丝条状钻形，下部略宽；花柱长 7.5~10 毫米，基部弯向下，上部又弯曲向上，顶端环状加粗，柱头 5 浅裂，头状。蒴果扁球形，直径 7~8 毫米，种子细小。花期 6—7 月，果期 8—9 月。

生于山地林下或灌丛中。

产　　地：鄂伦春自治旗、牙克石市、额尔古纳市、根河市、鄂温克族自治旗。

（图 419）鹿蹄草 *Pyrola rotundifolia* L.

红花鹿蹄草 *Pyrola incarnata* Fisch. ex DC.（图 420）

形态特征：多年生常绿草本，高 15~25 厘米，全株无毛。基部簇生叶 1~5 片，全缘，叶脉两面隆起；叶柄长 2~5 厘米。花葶上有 1~2 苞片，宽披针形至狭矩圆形；总状花序有花 7~15 朵；花开展且俯垂，直径 10~15 毫米；小苞片披针形，长约 8 毫米，渐尖，膜质；花萼 5 深裂，萼裂片披针形至三角状宽披针形，粉红色至紫红色，长 3~4 毫米，宽约 2 毫米，渐尖头；花瓣 5，倒卵形，长 5~7 毫米，宽 3~5 毫米，粉红色至紫红色，先端圆形，基部狭窄；雄 10，与花瓣近等长或稍短，花药粉红色至紫红色（干后赤紫色），椭圆形，花丝条状钻形，下部略宽；花柱超出花冠，基部下倾，上部又向上弯，顶端环状加粗成柱头盘。蒴果扁球形，直径 7~8 毫米，花期 6—7 月，果期 8—9 月。

生于山地针叶阔叶混交林、阔叶林及灌丛下。

产　　地：额尔古纳市、根河市、牙克石市、鄂伦春自治旗。

（图 420）红花鹿蹄草 *Pyrola incarnata* Fisch. ex DC.

# 七十、杜鹃花科 Ericaceae

## 杜香属 *Ledum* L.

**狭叶杜香** *Ledum palustre* L. var. *angustum* N. Busch（图 421）

别　　名：细叶杜香、喇叭茶、绊脚丝。

形态特征：常绿小灌木，多分枝，高约 40 厘米，植株有香味。嫩枝密被红棕色柔毛，后渐脱落，老枝深灰色或灰褐色。单叶互生，革质，条形或狭条形，长 1~3 厘米，宽 1.5~4 毫米，先端钝或微尖，基部楔形或钝圆，全缘，明显向下反卷，上面深绿色，多皱纹，中脉下陷，下面密被红棕色柔毛；无柄或具短柄。多花组成顶生伞房花序，花小形，径约 1 厘米；花梗细长，长 1~1.5 厘米，具腺毛；萼片 5，分离，宿存；花瓣 5，矩圆状卵形；雄蕊 10，与花瓣近等长；花柱长约 0.5 厘米，宿存。蒴果卵形，紫褐色，长约 4 毫米，有褐色细毛，由基部向上 5 瓣开裂。花期 6—7 月，果期 7—8 月。

生于山地针叶林下及水藓沼泽中。

产　　地：额尔古纳市、根河市、鄂伦春自治旗、牙克石市。

（图 421）狭叶杜香 *Ledum palustre* L. var. *angustum* N. Busch

# 杜鹃花属 *Rhododendron* L.

**兴安杜鹃** *Rhododendron dauricum* L.（图 422）

别　　名：达乌里杜鹃。

形态特征：半常绿多分枝的灌木，高 0.5~1.5 米。一年生枝黄褐色，老枝浅灰褐。叶近革质，椭圆形或卵状椭圆形，长 1.5~4 厘米，宽 1~1.5 厘米，全缘，上面深绿色，疏生鳞斑，下面淡绿色，密被鳞斑，幼叶尤密；叶柄长 3~6 毫米。1~4 花侧生枝端或近于顶生，先叶开放；花萼短，被鳞斑；花冠宽漏斗状，粉红色；长 1.5~1.8 厘米，先端 5 裂，裂片倒卵形或椭圆形，长 5~8 毫米，外面有柔毛，雄蕊 10，花丝下部有柔毛，花药紫红色，子房密生鳞斑，花柱紫红色，长约 2 厘米，宿存。蒴果长圆柱形。长 1~1.3 厘米，被鳞斑，先端 5 瓣开裂，果柄长约 5 毫米。花期 5—6 月，果期 7 月。

生于山地落叶松林、桦木林下及林缘。

产　　地：鄂伦春自治旗、牙克石市、扎兰屯市。

**白花兴安杜鹃** *Rhododendron dauricum* L.var. *albiflorum* Turcz.（图 423）

本种为兴安杜鹃的变种，与正种的区别是花白色。

生于山地桦木林、蒙古栎林下及林缘灌丛。

产　　地：扎兰屯市。

**小叶杜鹃** *Rhododendron parvifolium* Adams（图 424）

形态特征：常绿小灌木，高 50~100 厘米，多分枝。枝细长，幼时密生锈褐色鳞斑，后脱落，老枝灰色或灰白色，稍剥裂。叶互生或集生于枝顶，革质，椭圆形或卵状椭圆形，长 1~1.5 厘米，宽 3~6 毫米，先端钝或微尖，基部钝圆或宽楔形，全缘，稍反卷，上下两面密被鳞斑；叶柄长 1~1.5 厘米。2~4 花生枝顶，组成伞形花

（图 422）兴安杜鹃 *Rhododendron dauricum* L.

（图 423）白花兴安杜鹃 *Rhododendron dauricum* L.var.*albiflorum* Turcz.

序，花梗短，果时长达 4~8 毫米；萼小，先端 5 裂，具鳞斑；花冠辐状漏斗形，蔷薇色或紫蔷薇色，长 1~1.3 厘米，径约 1.5 厘米，先端 5 裂，内面基部被毛；雄蕊 10，约与花冠等长，花丝基部具柔毛；子房椭圆形，5 室，外被鳞斑，花柱长于雄蕊，宿存。蒴果长 3~5 毫米，先端 5 瓣开裂，被鳞斑。花期 6 月，果期 7 月。

生于山地灌丛，林缘湿地，矮桦林及石质坡地。

产　地：根河市、额尔古纳市、鄂伦春旗自治旗、牙克石市。

（图 424）小叶杜鹃 *Rhododendron parvifolium* Adams

## 越橘属 Vaccinium L.

**越橘** *Vaccinium vitis-idaea* L.（图 425）

别　　名：红豆、牙疙瘩。

形态特征：常绿矮小灌木，地下茎匍匐。地上小枝细，高约 10 厘米，灰褐色，被短柔毛。叶互生，革质，椭圆形或倒卵形，长 1~2 厘米，宽 8~10 毫米，先端钝圆或微凹，基部宽楔形，边缘有细睫毛，中上部有微波状锯齿或近全缘，稍反卷，上面深绿色，有光泽，下面淡绿色，具散生腺点；有短的叶柄。花 2~8 朵组成短总状花序，生于去年枝顶，花轴及花梗上密被细毛；小苞片 2 个，脱落；花萼短钟状，先端 4 裂；花冠钟状，白色或淡粉红色，径约 5 毫米，4 裂；雄蕊 8，内藏，花丝有毛；子房下位，花柱超出花冠之外。浆果球形，径 5~7 毫米，红色。花期 6—7 月，果熟期 8 月。

生于寒温针叶林带，落叶松林、白桦林、狭叶杜香灌木丛下。

产　地：根河市、额尔古纳市、鄂伦春自治旗、牙克石市。

**笃斯越橘** *Vaccinium uliginosum* L.（图 426）

别　　名：笃斯、甸果。

形态特征：落叶灌木，高 50~80 厘米，多分枝。枝纤细，当年枝黄褐色，无毛，老枝紫褐色，有光泽，丝状剥裂。叶互生，纸质，倒卵形、椭圆形或矩圆状卵形，长 1~2.5 厘米，宽 0.5~1.5 厘米，先端钝圆或微凹，基

（图 425）越橘 *Vaccinium vitis-idaea* L.

（图 426）笃斯越橘 *Vaccinium uliginosum* L.

部宽楔形或近圆形，全缘，两面网脉明显，下面稍凸起，并沿脉被短柔毛；叶柄长 1~2 毫米。1~3 花生于去年枝先端，下垂；花梗长 5~10 毫米，中部有关节；花萼 4~5 裂，裂片三角状卵形；花冠坛状或宽筒状，绿白色，先端 4~5 浅裂，裂片直立或稍外卷；雄蕊 10，短于花冠，花药背部有 2 芒刺；子房下部位，4~5 室，花柱长 2~3 毫米，宿存。浆果蓝紫色，具白粉，近球形或倒卵形，径约 1 厘米。花期 6 月，果期 7 月。

生于山地针叶林下、林缘及沼泽湿地。

产　　地：根河市、额尔古纳市、牙克石市、鄂伦春自治旗。

# 七十一、报春花科 Primulaceae

## 报春花属 Primula L.

粉报春 *Primula farinosa* L.（图 427）

别　　名：黄报春、红花粉叶报春。

形态特征：多年生草本。叶倒卵状矩圆形。花葶高 3.5~27.5 厘米；伞形花序一轮，有花 3~10 余朵；花梗长 3~12 毫米，有粉状物；花萼绿色，钟形，长 4~5 毫米，里面常有粉状物，裂片矩圆形或狭三角形，长约 1.5 毫米；花冠淡紫红色，喉部黄色，径约 8~10 毫米，花冠筒长 5~6 毫米，裂片楔状倒心形，长 3.5 毫米，先端深 2 裂；雄蕊 5，花药背部着生；子房卵圆形，花柱长约 3 毫米，短柱花，花柱长约 1.2 毫米，柱头头状。蒴果圆柱形，长 7~8 毫米，径约 2 毫米，棕色。种子多数，细小，径约 0.2 毫米，褐色，多面体形，种皮有细小蜂窝状凹眼。花期 5—6 月，果期 7—8 月。

生于低湿地草甸，沼泽化草甸、沟谷灌丛。

产　　地：额尔古纳市、鄂伦春自治旗、鄂温克族自治旗、牙克石市、扎兰屯市。

（图 427）粉报春 *Primula farinosa* L.

翠南报春 *Primula sieboldii* E. Morren（图 428）

别　　名：樱草。

形态特征：多年生草本。基生叶 3~8 片，卵状矩圆形至矩圆形，长 2~9 厘米，宽 1.2~6 厘米；叶柄与叶片近等长或为其 2~3（4）倍。花葶高 15~23（34）厘米，疏被柔毛；伞形花序 1 轮，有花 2~9 朵；花梗长 0.5~1.5 厘米；花萼长 6~8 毫米；花冠紫红色至淡红色，稀白色；雄蕊 5，花药基着；短柱花花柱长 2.3 毫米，长柱花花柱长 7 毫米，子房球形，径 1 毫米。蒴果圆筒形至椭圆形，长 8~10 毫米，径 4~5 毫米，长于花萼。种子多数，棕色，细小，不整齐多面体，长约 0.8 毫米，种皮具无数蜂窝状凹眼而呈网纹。花期 5—6 月，果期 7 月。

生于山地林下、草甸、草甸化沼泽。

产　　地：鄂伦春自治旗、额尔古纳市、牙克石市、鄂温克族自治旗。

（图 428）翠南报春 *Primula sieboldii* E. Morren

段报春 *Primula maximowizii* Regel（图 429）

别　　名：胭脂花、胭脂报春。

形态特征：多年生草本，全株无毛。叶大，矩圆状倒披针形、倒卵状披针形或椭圆形，连直柄长 6~21（34）厘米，宽 2~4（6）厘米，叶缘有细三角状牙齿。花葶粗壮，高 22~76 厘米，径 3~7 毫米；层叠式伞形花序，1~3 轮，每轮有花 4~16 朵；花梗长 1~5 厘米；花萼钟状，萼筒长 7~10 毫米，裂片宽三角形，长 2~2.5 毫米，顶端渐尖；花冠暗红紫色，花冠筒长 10~12 毫米，喉部有环状凸起；子房矩圆形，长 2 毫米，花柱长 7 毫米。蒴果圆柱形，长 9~22 毫米，常比花萼长 1~1.5 倍，径 3.5~6 毫米。种子黑褐色，长约 0.8 毫米，宽约 0.5 毫米，种皮具网纹。花期 6 月，果期 7—8 月。

生于山地林下、林缘以及山地草甸等腐殖质较丰富的潮湿生境。

产　　地：鄂伦春自治旗、扎兰屯市、牙克石市。

（图 429）段报春 *Primula maximowizii* Regel

天山报春 *Primula nutans* Georgi（图 430）

**形态特征：**多年生草本。叶质薄，叶片圆形，圆状卵形至椭圆形，长 0.5~2.3 厘米，宽 0.4~1.2 厘米；叶柄细弱，长 0.6~2.8 厘米，无毛。花葶高 10~23 厘米，纤细、径约 1.5 厘米；伞形花序一轮，具 2~6 朵花；苞片少数，边缘交叠，矩圆状倒卵形，长 5~8 毫米，先端渐尖，边缘密生短腺毛，外面有时有小黑色腺点，基部有耳状附属物，紧贴花葶；花梗不等长，长 1~2.2 厘米；花萼筒状钟形，长 6~9 毫米，裂片短，矩圆状卵形，顶端钝尖，边缘密生短腺毛，外面常有黑色小腺点；花冠淡紫红色，高脚碟状，径 12~15 毫米，花冠筒细长，长 10~11 毫米，径 1~2 毫米，喉部具小舌状凸起，花冠裂片倒心形，长 4 毫米，顶端 2 深裂；子房椭圆形，长 2 毫米，径 1 毫米。蒴果圆柱形，稍长于花萼。花期 5—7 月。

生于河谷草甸、碱化草甸、山地草甸。

**产　　地：**海拉尔区、额尔古纳市、牙克石市、阿荣旗。

（图 430）天山报春 *Primula nutans* Georgi

## 点地梅属 *Androsace* L.

东北点地梅 *Androsace filiformis* Retz.（图 431）

**别　　名：**丝点地梅。

**形态特征：**一年生草本。叶质薄，矩圆状卵形或倒披针形，连叶柄长 2~5 厘米，宽 5~12 毫米；叶柄与叶片近等长。花葶多数，纤细，高 8~17（27）厘米，径 1~2 毫米；苞片多数，披针形，长 2~4 毫米；伞形花序有多数花，花梗细长，长达 2.5 厘米，果期伸长达 8 厘米；花萼小，杯状或近半球形，长 1.5~2 毫米，5 中裂；花冠白色，径约 3 毫米，筒部与花萼近等长，长约 1.2 毫米，宽约 0.8 毫米；花丝长约 0.4 毫米，花药矩圆状三角形，长约 0.3 毫米；子房球形。蒴果近球形，径 2.8~3 毫米。种子细小，多数，棕褐色，近矩圆形，径约 0.3 毫米，种皮有网纹。花期 5—6 月，果期 6—7 月。

生于低地草甸、沼泽草甸、山地、林缘及沟谷中。

**产　　地：**牙克石市、鄂温克族自治旗、海拉尔区、额尔古纳市、根河市。

（图 431）东北点地梅 *Androsace filiformis* Retz.

**北点地梅** *Androsace septentrionalis* L.（图 432）

**别　　名**：雪山点地梅。

**形态特征**：一年生草本。叶倒披针形、条状倒披针形至狭菱形，长（0.4）1~2（4）厘米，宽（1.5）3~6（8）毫米。花葶 1 至多数，直立，高 7~25（30）厘米，黄绿色，下部略呈紫红色；伞形花序具多数花，苞片细小，条状披针形；萼钟形，果期稍增大；花冠白色，坛状，径 3~3.5 毫米，花冠筒短于花萼，长约 1.5 毫米，喉部紧缩，有 5 凸起与花冠裂片对生，裂片倒卵状矩圆形；子房倒圆锥形，花柱长 0.3 毫米，柱头头状。蒴果倒卵状球形，顶端 5 瓣裂。种子多数，多面体形，长约 0.6 毫米，宽 0.4 毫米，棕褐色，种皮粗糙，具蜂窝状凹眼。花期 6 月，果期 7 月。

生于草甸草原、砾石质草原、山地草甸、林缘及沟谷中。

**产　　地**：额尔古纳市、鄂伦春自治旗、牙克石市、扎兰屯市、鄂温克族自治旗。

（图 432）北点地梅 *Androsace septentrionalis* L.

**大苞点地梅** *Androsace maxima* L.（图 433）

**形态特征**：二年生矮小草本。叶倒披针形、矩圆状披针形或椭圆形，长（0.5）5~15（20）毫米，宽 1~3（6）毫米。花葶 3 至多数，直立或斜升，常带红褐色，花葶、苞片、花梗和花萼都被糙伏毛并混生短腺毛；伞形花序有花 2~10 余朵；苞片大，椭圆形或倒卵状矩圆形；花梗长；花萼漏斗状；花冠白色或淡粉红色，径 3~4 毫米，花冠筒长约为花萼的 2~3，喉部有环状凸起，裂片矩圆形，长 1.2~1.8 毫米，先端钝圆；子房球形，径 1 毫米，花柱长 0.3 毫米，柱头头状。蒴果球形，径约 3~4 毫米，光滑，外被宿存膜质花冠，5 瓣裂。种子小，多面体形，背面较宽，长约 1.2 毫米，宽 0.8 毫米，10 余粒，黑褐色，种皮具蜂窝状凹眼。花期 5 月，果期 5—6 月。

生于山地砾石质坡地、固定沙地、丘间低地及撂荒地。

**产　　地**：新巴尔虎左旗。

（图 433）大苞点地梅 *Androsace maxima* L.

## 海乳草属 *Glaux* L.

海乳草 *Glaux maritima* L.（图 434）

**形态特征**：多年生小草本，高 4~25（40）厘米。茎直立或斜升，通常单一或下部分枝。基部茎节明显，节上有对生的淡褐色卵状膜质鳞片。叶密集，交互对生，近互生，偶三叶轮生；叶片条形、矩圆状披针形至卵状披针形，长（3）7~12（30）毫米，宽（1）1.8~3.5（8）毫米，全缘。花小，直径约 6 毫米；花萼宽钟状，粉白色至蔷薇色，5 裂近中部，裂片卵形至矩圆状卵形，全缘；雄蕊 5，与萼近等长，花丝基部宽扁，长 4 毫米，花药心形，背部着生；子房球形，长 1.3 毫米，花柱细长，长 2.5 毫米，胚珠 8~9 枚。蒴果近球形，长 2 毫米，径 2.5 毫米，顶端 5 瓣裂。种子 6~8 粒，棕褐色，近椭圆形，长 1 毫米，宽 0.8 毫米，有 2~4 条棱，种皮具网纹。花期 6 月，果期 7—8 月。

生于低湿地矮草草甸、轻度盐化草甸。

**产　　地**：新巴尔虎右旗、鄂温克族自治旗、牙克石市、莫力达瓦达斡尔族自治旗。

## 珍珠菜属 *Lysimachia* L.

黄莲花 *Lysimachia davurica* Ledeb.（图 435）

**形态特征**：多年生草本。茎直立，高 40~82 厘米，不分枝或略有短分枝。叶对生，或 3（4）叶轮生，叶片条状披针形、矩圆状卵形，长 4~8 厘米，宽 4~12 毫米。顶生圆锥花序或复伞房状圆锥花序，花多数，花序轴及花梗均密被锈色腺毛；花萼深 5 裂，裂片狭卵状三角形；花冠黄色，径 12~15 毫米，5 深裂，裂片矩圆形或广椭圆形，长 7~10 毫米，宽约 4 毫米；雄蕊 5，花丝不等长，基部合生成短筒，花药矩圆状倒心形，基部着生；子房球形，直径约 1.5 毫米，基上部及花柱中下部疏生短腺毛，花柱长 4 毫米，胚珠多数。蒴果球形，径约 4 毫米，5 裂。种子多数，为近球形的多面体，背部宽平，长不及 1 毫米，宽约 0.7 毫米，红棕色，种皮密布微细蜂窝状凹眼。花期 7—8 月，果期 8—9 月。

生于草甸、灌丛、林缘及路旁。

产　　　地：根河市、鄂温克族自治旗、鄂伦春自治旗、扎兰屯市、新巴尔虎左旗。

（图 434）海乳草 *Glaux maritima* L.

（图 435）黄莲花 *Lysimachia davurica* Ledeb.

狼尾花 *Lysimachia barystachys* Bunge（图 436）

别　　名：重穗珍珠菜。

形态特征：多年生草本。茎直立，高 35~70 厘米。叶互生，披针形至矩圆状披针形，长 4~11 厘米，宽（4）8~13 毫米。总状花序顶生，花密集，常向一侧弯曲呈狼尾状，长 4~6 厘米，果期伸直，长可达 25 厘米；花冠白色，裂片长卵形，长 5.5 毫米，宽 1.5 毫米，花冠筒长 1.2 毫米；雄蕊 5，花丝等长，贴生于花冠上，长约 1.8 毫米，基部宽扁，花药狭心形，顶端尖，长 1 毫米，背部着生；子房近球形，长 1 毫米，径 1.1 毫米，花柱较短，径约 0.6 毫米，花 2 毫米，柱头膨大。蒴果近球形，径约 2.5 毫米，长 2 毫米。种子多数，红棕色。花期 6—7 月。

生于草甸、砂地、山地灌丛及路旁。

产　　地：鄂伦春自治旗、根河市、鄂温克族自治旗、莫力达瓦达斡尔族自治旗。

（图 436）狼尾花 *Lysimachia barystachys* Bunge

## 七瓣莲属 *Trientalis* L.

七瓣莲 *Trientalis europaea* L.（图 437）

形态特征：多年生小草本。茎直立，较纤细，不分枝。叶质薄，下部茎生叶 1~4，较小，互生，顶生叶 5~7（8）片呈轮生状，叶较大，矩圆状披针形、矩圆形至狭倒卵形，长（1.2）3.3~5.5 厘米，宽（0.6）1.1~2.3 厘米，全缘。花 1~2 朵生于茎顶叶腋，径约 1.5 厘米；花梗长 2.5~3.5 厘米。花萼钟状，分裂至基部，裂片 7，条状披针形；花冠白色，7 裂至基部，裂片卵状倒披针形，先端渐尖，长 6~7 毫米，宽约 3 毫米；雄蕊着生于花冠基部，花药顶端内卷；子房球形，花柱长，柱头不膨大。蒴果近球形，直径 2.5~3 毫米，比宿存萼短，5 瓣裂。种子约 8 粒，近圆形，背面宽平，径 1.2~1.5 毫米，外种皮宽松，呈白色网络状，内层黑褐色，具蜂窝状凹眼。花期 7 月，果期 8 月。

生于山地阴湿的森林下，较密的灌丛中。

产　　地：额尔古纳市、鄂伦春自治旗、牙克石市。

（图 437）七瓣莲 *Trientalis europaea* L.

# 七十二、白花丹科 Plumbaginaceae

## 驼舌草属 *Goniolimon* Boiss.

**驼舌草** *Goniolimon speciosum*（L.）Boiss.（图 438）

**别　　名：** 棱枝草、刺叶矶松。

**形态特征：** 多年生草本，高 16~30 厘米。基生叶组成莲座叶丛。花 2~4（5）朵组成小穗，5~9（11）个小穗紧密排列成二列，多数穗状花序再组成伞房状或圆锥状复花序；花序轴直立，沿节多少呈"之"字形曲折，2~3 回分枝，下部圆柱形，分枝以上主轴及分枝上有明显的棱或狭翼而成二棱形或三棱形；花萼漏斗状，长 7~8 毫米，萼筒径约 1 毫米，具 5~10 条褐色脉棱；花冠淡紫红色，较萼长；雄蕊 5，花丝长约 6 毫米，花药背部近中央着生，长约 0.8 毫米；子房矩圆形，具棱，顶端骤细，花柱 5，离生，丝状，长 2.5 毫米，柱头扁头状。蒴果矩圆状卵形。花期 6—7 月，果期 7—8 月。

生于草原带及森林草原带的石质丘陵山坡或平原。

**产　　地：** 满洲里市、新巴尔虎右旗。

## 补血草属 *Limonium* Mill.

**黄花补血草** *Limonium aureum*（L.）Hill（图 439）

**别　　名：** 黄花苍蝇架、金匙叶草、金色补血草。

**形态特征：** 多年生草本，高 9~30 厘米。叶灰绿色，花期常叶凋，矩圆状匙形至倒披针形，长 1~3.5（6.5）厘米，宽 5~8（22）毫米。花序为伞房状圆锥花序，花序轴（1）2 至多数，自下部作数回叉状分枝，常呈"之"形曲折；穗状花序位于上部分枝顶端，由 3~5（7）个小穗组成；萼漏斗状，长 5~7 毫米，萼筒基部偏斜，密被细硬毛，萼檐金黄色，直径约 5 毫米；花冠橙黄色，长约 6.5 毫米，常超出花萼；雄蕊 5，花丝长 4.5 毫米，花

（图 438）驼舌草 *Goniolimon speciosum*（L.）Boiss.

（图 439）黄花补血草 *Limonium aureum*（L.）Hill

药矩圆形；子房狭倒卵形，柱头丝状圆柱形，与花柱共长，5毫米。蒴果倒卵状矩圆形，长约2.2毫米，具5棱。花期6—8月，果期7—8月。

生于草原带的盐化低地上及砂砾质、砂质土壤。

产　　地：陈巴尔虎旗、新巴尔虎左旗、新巴尔虎右旗、鄂温克族自治旗、满洲里市。

**曲枝补血草** *Limonium flexuosum*（L.）（图440）

形态特征：多年生草本，高10~30（45）厘米。基生叶倒卵状矩圆形至矩圆状倒披针形，稀披针形，长4~8（12）厘米，宽0.6~1.5厘米。花序轴1至数枚；略呈"之"字形曲折，自中下部或上部作数回分枝；小穗含2~4花，7~9（13）个小穗组成一穗状花序；外苞片宽倒卵形；萼漏斗状，脉红紫色，萼檐近白色，常褶叠而不完全开展，开张时径3~4毫米，5浅裂，裂片略呈三角形，脉不达于萼檐顶缘；花冠淡紫红色，长4.5~5毫米，比萼短；雄蕊5，子房倒卵形，长1.2毫米，径0.4毫米，具棱，花柱与柱头共长，4.5毫米。花期6月下旬至8月上旬，果期7—8月。

生于典型草原。

产　　地：满洲里市、新巴尔虎右旗、新巴尔虎左旗。

（图440）曲枝补血草 *Limonium flexuosum*（L.）

**二色补血草** *Limonium bicolor*（Bunge）O.Kuntze（图441）

别　　名：苍蝇架、落蝇子花。

形态特征：多年生草本，高（6.5）20~50厘米。基生叶匙形、倒卵状匙形至矩圆状匙形，长1.4~11厘米（连下延的叶柄），宽0.5~2厘米，全缘。花序轴1~5个，自中下部以上作数回分枝；花（1）2~4（6）朵花集成小穗，3~5（11）个小穗组成有柄或无柄的穗状花序，由穗状花序再在花序分枝的顶端或上部组成或疏或密的圆锥花序；外苞片矩圆状宽卵形，长2.5~3.5毫米，有狭膜质边缘，第一内苞片有宽膜质边缘，紫红色、栗褐色或绿色；花冠黄色，与萼近等长，裂片5，顶端微凹，中脉有时紫红色；雄蕊5；子房倒卵圆形，花柱及柱头共长，5 毫米。花期 5 月下旬至 7 月，果期 6—8 月。

生于草甸草原、草原沙砾质土及轻度盐化土壤。

产　　地：陈巴尔虎旗、新巴尔虎左旗、新巴尔虎右旗、鄂温克族自治旗。

（图 441）二色补血草 *Limonium bicolor*（Bunge）O.Kuntze

# 七十三、龙胆科 Gentianaceae

## 龙胆属 *Gentiana* L.

鳞叶龙胆 *Gentiana squarrosa* Ledeb.（图 442）

别　　名：小龙胆、石龙胆。

形态特征：一年生草本，高 2~7 厘米。茎纤细，近四棱形。叶边缘软骨质，先端反卷，具芒刺；基生叶较大，卵圆形或倒卵状椭圆形，长 5~8 毫米，宽 3~6 毫米；茎生叶较小，倒卵形至披针形，长 2~4 毫米，宽 1~1.5 毫米。花单顶生；花萼管状钟形，长约 5 毫米；花冠管状钟形，长 7~9 毫米，蓝色，裂片 5，卵形，长约 2 毫米，宽约 1.5 毫米，先端锐尖，褶三角形，长约 1 毫米，宽约 1.5 毫米，顶端 2 裂或不裂。蒴果倒卵形或短圆状倒卵形，长约 5 毫米，淡黄褐色，2 瓣开裂。种子多数，扁椭圆形，长约 0.5 毫米，宽约 0.3 毫米，棕褐色，表面具细网纹。花、果期 6—8 月。

生于山地草甸、旱化草甸及草甸草原。

产　　地：鄂温克族自治旗、牙克石市、新巴尔虎右旗、鄂伦春自治旗、阿荣旗。

秦艽 *Gentiana macrophylla* Pall.（图 443）

别　　名：大叶龙胆、萝卜艽、西秦艽。

形态特征：多年生草本，高 30~60 厘米。茎单一斜生或直立。基生叶较大，狭披针形至狭倒披针形，长 15~30 厘米，宽 1~5 厘米全缘；茎生叶较小，3~5 对，披针形，长 5~10 厘米，宽 1~2 厘米，三至五出脉。聚

（图 442）鳞叶龙胆 *Gentiana squarrosa* Ledeb.

（图 443）秦艽 *Gentiana macrophylla* Pall.

伞花序由数朵至多数花簇生枝顶成头状或腋生作轮状；花萼膜质，1 侧裂开，长 3~9 毫米，具大小不等的萼齿 3~5；花冠管状钟形，长 16~27 毫米，具 5 裂片，裂片直立，蓝色或蓝紫色，卵圆形；褶常三角形，比裂片短一半。蒴果长椭圆形，长 15~20 毫米，近无柄，包藏在宿存花冠内。种子矩圆形，长 1~1.3 毫米，宽约 0.5 毫米，棕色，具光泽，表面细网状。花、果期 7—10 月。

生于山地草甸、林缘、灌丛与沟谷。

产　　地：额尔古纳市、鄂伦春自治旗、鄂温克族自治旗、莫力达瓦达斡尔族自治旗。

**达乌里龙胆** *Gentiana dahurica* Fisch.（图 444）

别　　名：小秦艽、达乌里秦艽。

形态特征：多年生草本，高 10~30 厘米。茎斜升。基生叶较大，条状披针形，长达 20 厘米，宽达 2 厘米，全缘；茎生叶较小，2~3 对，条状披针形或条形，长 3~7 厘米，宽 4~8 毫米。聚伞花序顶生或腋生；花萼管状钟形，管部膜质，有时 1 侧纵裂，具 5 裂片，裂片狭条形，不等长；花冠管状钟形，长 3.5~4.5 厘米，具 5 裂片，裂片展开，卵圆形，先端尖，蓝色；褶三角形，对称，比裂片短一半。蒴果条状倒披针形，长 2.5~3 厘米，宽约 3 毫米，稍扁，具极短的柄，包藏在宿存花冠内。种子多数，狭椭圆形，长 1~1.3 毫米，宽约 0.4 毫米，淡棕褐色，表面细网状。花、果期 7—9 月。

生于草原、草甸草原、山地草原；灌丛。

产　　地：陈巴尔虎旗、新巴尔虎左旗、新巴尔虎右旗、鄂温克族自治旗。

（图 444）达乌里龙胆 *Gentiana dahurica* Fisch.

## 扁蕾属 Gentianopsis Ma

**扁蕾** *Gentianopsis barbata*（Froel.）Ma（图 445）

别　　名：剪割龙胆。

形态特征：一年生直立草本，高 20~50 厘米。茎具 4 纵棱，有分枝，节部膨大。叶对生，条形，长 2~6 厘米，宽 2~4 毫米，全缘；基生叶匙形或条状倒披针形，长 1~2 厘米，宽 2~5 毫米，早枯落。单花生于分枝的顶端，直立，花梗长 5~12 厘米；花萼管状钟形，具 4 棱，萼筒长 12~20 毫米；花冠管状钟形，全长 3~5 厘米，裂片矩圆形，蓝色或蓝紫色，两旁边缘剪割状，无褶；蜜腺 4，着生于花冠管近基部，近球形而下垂，蒴果狭矩圆形，长 2~3 厘米，具柄，2 瓣裂开。种子椭圆形，长约 1 毫米，棕褐色，密被小瘤状凸起。花、果期 7~9 月。

生于山坡林缘、灌丛、低湿草甸、沟谷及河滩砾石层中。

产　　地：额尔古纳市、根河市、牙克石市、扎兰屯市、鄂伦春自治旗。

（图 445）扁蕾 *Gentianopsis barbata*（Froel.）Ma

## 獐牙菜属 *Swertia* L.

瘤毛獐牙菜 *Swertia pseudochinensis* Hara（图 446）

别　　名：紫花当药。

形态特征：一年生草本，高 15~30 厘米。茎直立，四棱形，沿棱具狭翅，多分枝。叶对生，条状披针形或条形，长 1.5~4 厘米，宽 2~6 毫米，全缘。聚伞花序通常具 3 花，稀单花，顶生或腋生；花梗直立，长 10~25 毫米；花五基数；萼片狭长形，长 10~15 毫米，宽约 1.5 毫米；花冠淡蓝紫色，辐状，管部长约 1.5 毫米，裂片狭卵形，长 10~14 毫米，宽 4~6 毫米，先端渐尖，具紫色脉 5~7 条；花药狭矩圆形，长约 3 毫米，蓝色；子房椭圆状披针形，枯黄色或淡紫色。蒴果矩圆形，长约 1.2 厘米，宽约 4 毫米，棕褐色。种子近球形，直径 0.3~0.4 毫米，棕褐色，表面细网状。花、果期 9~10 月。

生于山坡林缘、草甸。

产　　地：牙克石市、额尔古纳市、扎兰屯市、阿荣旗、莫力达瓦达斡尔族自治旗。

（图 446）瘤毛獐牙菜 *Swertia pseudochinensis* Hara

## 花锚属 *Halenia* Borkh.

花锚 *Halenia corniculata*（ L. ）Cornaz（ 图 447 ）

别　　名：西伯利亚花锚。

形态特征：一年生草本，高 15~45 厘米。茎直立。叶对生，椭圆状披针形，长 2~5 厘米，宽 4~10 毫米，全缘；基生叶倒披针形，基部渐狭成叶柄。聚伞花序顶生或腋生；花梗纤细，长 5~10 毫米，果期延长达 25 毫米；萼裂片条形或条状披针形，长 4~6 毫米，宽 1~1.5 毫米；花冠黄白色或淡绿色，8~10 毫米，钟状，4 裂达 2/3 处，裂片卵形或椭圆状卵形，先端渐尖，花冠基部具 4 个斜向的长距，雄蕊长 2~3 毫米，内藏；子房近披针形。蒴果矩圆状披针形，长 11~13 毫米，棕褐色。种子扁球形，直径约 1 毫米，棕色，表面近光滑或细网状。花、果期 7—8 月。

生于山地林缘及低湿草甸。

产　　地：额尔古纳市、根河市、鄂伦春自治旗、牙克石市、莫力达瓦达斡尔族自治旗。

## 荇菜属 *Nymphoides* Hill

荇菜 *Nymphoides peltata*（ S.G.Gmel. ）Kuntze（ 图 448 ）

别　　名：莲叶荇菜、水葵、荇菜。

形态特征：多年生水生植物。地下茎生于水底泥中，横走匍匐状。茎圆柱形，多分枝，生水中，节部有时具不定根。叶漂浮水面，对生或互生，近革质，叶片圆形或宽椭圆形，长 2~7 厘米，宽 2~6 厘米，先端圆形，基部深心形，全缘或微波状；叶柄长 5~10 厘米，基部变宽，抱茎。花序伞形状簇生叶腋；花梗比叶长；萼裂片披针形，长 7~9 毫米；花冠长 15~22 毫米，黄色，管长 5~7 毫米，喉部具毛，裂片卵圆形，长 10~14 毫米，先端凹缺，边缘具齿状毛；假雄蕊 5，密被白色长毛，位于花冠管中部。蒴果卵形，长 18~22 毫米。种子宽椭圆形，稍扁，边缘具翅，褐色。花、果期 7—9 月。

生于池塘或湖泊中。

产　　地：陈巴尔虎旗、新巴尔虎左旗、新巴尔虎右旗、鄂温克族自治旗、海拉尔区、满洲里市。

（图 447）花锚 *Halenia corniculata*（L.）Cornaz

（图 448）荇菜 *Nymphoides peltata*（S.G.Gmel.）Kuntze

# 七十四、萝藦科 Asclepiadcaeae

## 鹅绒藤属 Cynanchum L.

**紫花合掌消** Cynanchum amplexicaule（Sieb. et Zucc.）Hemsl. var. castaneum Makino（图449）

别　　名：合掌草、甜胆草。

形态特征：本变种与下种区别在于花紫色。

生于低湿草甸及沙质地。

产　　地：扎兰屯市、阿荣旗、莫力达瓦达斡尔族自治旗。

（图449）紫花合掌消 Cynanchum amplexicaule（Sieb. et Zucc.）Hemsl. var. castaneum Makino

**徐长卿** Cynanchum paniculatum（Bunge）Kitag.（图450）

别　　名：了刁竹、土细辛。

形态特征：多年生草本，高40~60厘米。茎直立，不分枝，基部丛生数条。叶对生，纸质，条状披针形至条形，长6~9厘米，宽3~10毫米；叶柄长1~2毫米。伞状聚伞花序生于茎顶部叶腋内，着花10余朵；总花梗长2~3.5厘米；花萼5深裂，裂片披针形，长2~2.5毫米；花冠黄绿色，辐状，5深裂；副花冠肉质，裂片5，矩圆形；花粉块每药室1个，矩圆形，下垂。蓇葖单生，披针形或狭披针形，长3~7厘米，直径6~8毫米，向顶端喙状长渐尖，表面具细直纹。种子矩圆形，扁平，长4~5毫米，黄棕色顶端种缨白色，绢状，长1.5~3厘米。花期7月，果期8—9月。

生于石质山地及丘陵的阳坡，多散生在草甸草原及灌丛中。

产　　地：鄂温克族自治旗、牙克石市、扎兰屯市、阿荣旗、莫力达瓦达斡尔族自治旗。

（图 450）徐长卿 *Cynanchum paniculatum*（Bunge）Kitag.

紫花杯冠藤 *Cynanehum purpureum*（ Pall. ）K. Schum.（ 图 451 ）

别　　名：紫花白前、紫花牛皮消。

形态特征：多年生草本，高 20~40 厘米。茎直立，自基部抽出数条，上部分枝。叶对生，纸质，集生于分枝的上部，条形，长 l~3.5 厘米，宽 1~2 毫米，全缘。聚伞花序伞状，腋生或顶生，呈半球形，总花梗长 l~5 厘米，花梗纤细；苞片条状披针形，长 1~2 毫米，总花梗、花梗、苞片、花萼均被长柔毛，萼裂片狭长三角形，长约 5 毫米，宽约 1 毫米；花冠紫色，裂片条状矩圆形，长约 10 毫米，宽约 3 毫米；副花冠黄色，圆筒形，长 5~6 毫米，具 10 条纵皱褶，顶端具 5 裂片，裂片椭圆形，长约 1 毫米，比合蕊柱高 1 倍。菁葖果纺锤形，长 6~8 厘米，直径 1.5~2 厘米，顶端长渐尖。

生于石质山地及丘陵阳坡、山地灌丛、林缘草甸、草甸草原中。

产　　地：鄂温克族自治旗、新巴尔虎左旗。

（图 451 ）紫花杯冠藤 *Cynanehum purpureum*（ Pall. ）K. Schum.

地梢瓜 *Cynanchum thesioides*（ Freyn ）K. Schum.（ 图 452 ）

别　　名：沙奶草、地瓜瓢、沙奶奶、老瓜瓢

形态特征：多年生草本，高 15~30 厘米。茎自基部多分枝，直立。叶对生，条形，长 2~5 厘米，宽 2~5 毫米，全缘。伞状聚伞花序腋生，着花 3~7 朵，总花梗长 2~3（5）；花萼 5 深裂，裂片披针形，长约 2 毫米；花冠白色；辐状，5 深裂，裂片矩圆状披针形，长 3~3.5 毫米，外面有时被短硬毛；副花冠杯状，5 深裂，裂片三角形，长约 1.2 毫米，与合蕊柱近等长；花粉块每药室 1 个，矩圆形，下垂。菁葖单生，纺锤形、长 4~6 厘米，直径 1.5~2 厘米，先端渐尖，表面具纵细纹。种子近矩圆形，扁平，长 6~8 毫米，宽 4~5 毫米，棕色，顶端种缨白色，绢状，长 1~2 厘米。花期 6—7 月，果期 7~8 月。

生于干草原、丘陵坡地、沙丘、撂荒地、田埂。

产　　地：新巴尔虎左旗、新巴尔虎右旗、鄂温克族自治旗、莫力达瓦达斡尔族自治旗。

（图 452）地梢瓜 *Cynanchum thesioides*（Freyn）K. Schum.

**鹅绒藤** *Cynanchum chinense* R. Br.（图 453）

别　　名：祖子花。

**形态特征：**多年生草本。茎缠绕，多分枝。叶对生，宽三角状心形，长 3~7 厘米，宽 3~6 厘米，全缘；叶柄长 2~5 厘米。伞状二歧聚伞花序腋生，着花约 20 朵，总花梗长 3~5 厘米；花冠辐状，白色，裂片条状披针形，长 4~5 毫米，宽约 1.5 毫米；副花冠杯状，膜质，外轮顶端 5 浅裂，裂片三角形；花粉块每药室 1 个，椭圆形，长约 0.2 毫米，下垂；柱头近五角形，稍凸起，顶端 2 裂。蓇葖通常 1 个发育，少双生，圆柱形，长 8~12 厘米，直径 5~7 毫米，平滑无毛。种子矩圆形，压扁，长约 5 毫米，宽约 2 毫米，黄棕色，顶端种缨长约 3 厘米，白色绢状。花期 6—7 月，果期 8—9 月。

生于沙地、河滩地、田埂。

**产　　地：**扎兰屯市、阿荣旗、莫力达瓦达斡尔族自治旗。

## 萝藦属 *Metaplexis* R.Br

**萝藦** *Metaplexis japonica*（Thunb.）Makino（图 454）

别　　名：赖瓜瓢、婆婆针线包。

**形态特征：**多年生草质藤本，具乳汁。茎缠绕，圆柱形，具纵棱，被短柔毛。叶卵状心形，少披针状心形，长 5~11 厘米，宽 3~10 厘米，顶端渐尖或骤尖，全缘，基部心形，两面被短柔毛，老时毛常脱落；叶柄长 2~6 厘米，顶端具丛生腺体。花序腋生，着花 10 余朵，总花梗长 7~12 厘米，花梗长 3~6 毫米，被短柔毛；花蕾圆锥形，顶端锐尖；萼裂片条状披针形，长 6~8 毫米，被短柔毛；花冠白色，近辐状，条状披针形，长约 10 毫米，张开，里面被柔毛。蓇葖叉生，纺锤形，长 6~8 厘米，被短柔毛。种子扁卵圆形，顶端具 1 簇白色绢质长种毛。花果期 7—9 月。

生于河边沙质坡地。

**产　　地：**扎兰屯市、阿荣旗、莫力达瓦达斡尔族自治旗。

（图 453）鹅绒藤 *Cynanchum chinense* R. Br.

（图 454）萝藦 *Metaplexis japonica*（Thunb.）Makino

# 七十五、旋花科 Convolvulaceae

## 打碗花属 Calystegia R.Br.

**打碗花** Calystegia hederacea Wall. ex Roxb.（图 455）

**别　　名**：小旋花。

**形态特征**：一年生缠绕或平卧草本。茎具细棱，通常由基部分枝。叶片三角状卵形，戟形或箭形，侧面裂片尖锐，近三角形，或 2~3 裂，中裂片矩圆形或矩圆状披针形，长 2~4.5（5）厘米，基部（最宽处）宽（1.7）3.5~4.8 厘米，先端渐尖，基部微心形，全缘，两面通常无毛。花单生叶腋，花梗长与叶柄，有细棱；苞片宽卵形，长 7~11（16）毫米；花冠漏斗状，淡粉红色或淡紫色，直径 2~3 厘米；雄蕊花丝基部扩大，有细鳞毛；子房无毛，柱头 2 裂，裂片矩圆形，扁平。蒴果卵圆形，微尖，光滑无毛。花期 7—9 月，果期 8—10 月。

生于耕地、摞荒地和路旁。

**产　　地**：新巴尔虎右旗、陈巴尔虎旗、扎兰屯市、阿荣旗、莫力达瓦达斡尔族自治旗。

（图 455）打碗花 Calystegia hederacea Wall. ex Roxb.

**宽叶打碗花** Calystegia sepium（L.）R. Br.（图 456）

**别　　名**：篱天剑、旋花。

**形态特征**：多年生草本，全株不被毛。茎缠绕或平卧，具分枝。叶三角状卵形或宽卵形，长 5~9 厘米，基部（最宽处）宽 3.5~5.5 厘米或更宽，先端急尖，基部心形，箭形或戟形，两侧具浅裂或全缘，叶柄长 2.5~5 厘米。花单生叶腋，花梗通常长于叶柄，长 6~7（10）厘米，具细棱或有时具狭翼；苞片卵状心形，长 1.7~2.7 厘米，先端钝尖或尖；萼片卵圆状披针形，先端尖；花冠白色或有时粉红色，长 4~5 厘米；雄蕊花丝基部有细鳞毛；子房无毛，2 室，柱头 2 裂，裂片卵形，扁平。蒴果球形。

生于摞荒地、农田、路旁、溪边草丛或山地林缘草甸中。

**产　　地**：额尔古纳市、扎兰屯市、阿荣旗、莫力达瓦达斡尔族自治旗、鄂伦春自治旗。

（图 456）宽叶打碗花 *Calystegia sepium*（L.）R. Br.

**藤长苗** *Calystegia pellita*（Ledeb.）G.Don（图 457）

别　　名：缠绕天剑。

**形态特征：**多年生草本。茎缠绕，圆柱形，少分枝，密被柔毛。叶互生，矩圆形或矩圆状条形，长 3~5.5 厘米，宽 0.5~2.2 厘米，两面被柔毛，或通常背面沿中脉密被长柔毛，全缘，先端锐尖，有小尖头，基部平截或微呈戟形；叶柄短，长 0.5 厘米左右，被毛。花单生叶腋，花梗远长于叶，密被柔毛；苞片卵圆形，长 1.2~2 厘米，外面密被褐黄色短柔毛，有时毛较少；萼片矩圆状卵形，几无毛；花冠粉红色，光滑，长 4~5 厘米，5 浅裂；雄蕊长为花冠的一半，花丝基部扩大，被小鳞毛。子房无毛，2 室，柱头 2 裂，裂片长圆形，扁平。蒴果球形。

生于耕地或撂荒地、路边及山地草甸。

产　　地：牙克石市、扎兰屯市、莫力达瓦达斡尔族自治旗、鄂伦春自治旗。

## 旋花属 *Convolvulus* L.

**银灰旋花** *Convolvulus ammannii* Desr.（图 458）

别　　名：阿氏旋花。

**形态特征：**多年生矮小草本植物，全株密生银灰色绢毛。茎少数或多数，平卧或上升，高 2~11.5 厘米。叶互生，条形或狭披针形，长 6~22（60）毫米。宽 1~2.5（6）毫米，先端锐尖，基部狭；无柄。花小，单生枝端，具细花梗；萼片 5，长 3~6 毫米，不等大，外萼片矩圆形或矩圆状椭圆形，内萼片较宽，卵圆形，顶端具尾尖，密被贴生银色毛；花冠小，直径 8~20 毫米，白色、淡玫瑰色或白色带紫红色条纹，外被毛；雄蕊 5，基部稍扩大；子房无毛或上半部被毛，2 室，柱头 2，条形。蒴果球形，2 裂；种子卵圆形，淡褐红色，光滑。花期 7—9 月，果期 9—10 月。

生于典型草原植被低矮、草场退化的区域。

产　　地：新巴尔虎左旗、新巴尔虎右旗、鄂温克族自治旗、满洲里市。

（图 457）藤长苗 *Calystegia pellita*（Ledeb.）G.Don

（图 458）银灰旋花 *Convolvulus ammannii* Desr.

田旋花 *Convolvulus arvensis* L.（图 459）

别　　名：箭叶旋花、中国旋花。

形态特征：细弱蔓生或微缠绕的多年生草本，常形成缠结的密丛。茎有条纹及棱角。叶形变化很大，三角状卵形至卵状矩圆形，或为狭披针形，长 2.8~7.5 厘米，宽 0.4~3 厘米；叶柄长 0.5~2 厘米。花序腋生，有 1~3 花；萼片有毛，长 3~6 毫米，外萼片稍短，矩圆状椭圆形，钝，具短缘毛，内萼片椭圆形或近于圆形，钝或微凹，或多少具小短尖头，边缘膜质；花冠宽漏斗状，直径 18~30 毫米，白色或粉红色，或白色具粉红或红色的瓣中带，或粉红色具红色或白色的瓣中带；雄蕊花丝基部扩大，具小鳞毛；子房有毛。蒴果卵状球形或圆锥形，无毛。花期 6—8 月，果期 7—9 月。

生于田间、撂荒地、村舍与路旁，并可见于轻度盐化的草甸中。

产　　地：全市。

（图 459）田旋花 *Convolvulus arvensis* L.

# 鱼黄草属 *Merremia* Dennst.

囊毛鱼黄草 *Merremia sibirica*（L.）Hall. Vesciculosa C. Y. Wu（图 460）

形态特征：一年生缠绕草本，全株无毛。茎多分枝，具细棱。叶狭卵状心形，长 3.5~9 厘米，宽 1.5~4.5 厘米，顶端尾状长渐尖，基部心形，边缘稍波状。花序腋生，1~2 至数朵形成聚伞花序，总梗通常短于叶柄，明显具棱；苞片 2，条形；萼片 5，近相等，长 0.5~0.6 厘米，顶端具短尖头，无毛；花冠小，漏斗状，淡红色，长约 1.5 毫米，无毛冠檐具浅三角形裂片；花药不扭曲；雌蕊与雄蕊几等长或稍短，子房 2 室，每室具 2 胚珠。蒴果圆锥状卵形顶端钝尖，径 5~10（12）毫米；种子黑色，密被囊状毛。

生于路边、田边、山地草丛或山坡灌丛。

产　　地：鄂温克族自治旗、扎兰屯市。

（图 460）囊毛鱼黄草 *Merremia sibirica*（L.）Hall. Vesciculosa C. Y. Wu

## 菟丝子属 *Cuscuta* L.

**菟丝子** *Cuscuta chinensis* Lam.（图 461）

别　　名：豆寄生、无根草、金丝藤。

形态特征：一年生寄生草本。茎细，缠绕，黄色，无叶。花多数，近于无总花序梗，形成簇生状；苞片 2，与小苞片均呈鳞片状；花萼杯状，中部以下连合，长约 2 毫米，先端 5 裂，裂片卵圆形或矩圆形；花冠白色，壶状或钟状，长为花萼的 2 倍，先端 5 裂，裂片向外反曲，宿存；雄蕊花丝短；鳞片近矩圆形，边缘流苏状；子房近球形，花柱 2，直立，柱头头状，宿存。蒴果近球形，稍扁，成熟时被宿存花冠全部包住，长约 3 毫米，盖裂；种子 2~4，淡褐色，表面粗糙。花期 7—8 月，果期 8—10 月。

寄生于草本植物上，多寄生在豆科植物上。

产　　地：新巴尔虎左旗、牙克石市、扎兰屯市、阿荣旗、莫力达瓦达斡尔族自治旗。

**大菟丝子** *Cuscuta europaea* L.（图 462）

别　　名：欧洲菟丝子。

形态特征：一年生寄生草本。茎纤细，直径不超过 1 毫米，淡黄色或淡红色，缠绕，无叶。花序球状或头状，花梗无或几乎无；苞片矩圆形，顶端尖，花萼杯状，长约 2 毫米，4~5 裂，裂片卵状矩圆形，先端尖；花冠淡红色，壶形，裂片矩圆状披针形或三角状卵形，通常向外反折，宿存；雄蕊的花丝与花药近等长，着生于花冠中部；鳞片倒卵圆形，顶端 2 裂或不分裂，边缘细齿状或流苏状；花柱 2，叉分，柱头条形棒状。蒴果球形，成熟时稍扁，径约 3 毫米；种子淡褐色，表面粗糙。花期 7—8 月，果期 8—9 月。

寄生于多种草本植物上，尤以豆科、菊科、藜科为多。

产　　地：新巴尔虎左旗、鄂温克族自治旗、陈巴尔虎旗、阿荣旗。

（图 461）菟丝子 *Cuscuta chinensis* Lam.

（图 462）大菟丝子 *Cuscuta europaea* L.

（图 463）中华花荵 *Polemonium chinense*（Brand）Brand

## 七十六、花葱科 Poiemoniaceae

### 花葱属 Polemonium L.

**中华花葱** Polemonium chinense（Brand）Brand（图 463）

**形态特征**：多年生草本，高 35~80 厘米。茎直立，不分枝。单数羽状复叶，小叶 13~27 片，披针形或狭叶披针形，长 1~3 厘米，宽 3~8 毫米，基部圆形，全缘。顶生聚伞圆锥花序，具多花，总花轴、总花梗、花萼均被腺毛，花梗纤细；花萼钟状，裂片三角形；花冠蓝紫色，裂片近圆形；雄蕊稍长于或稍短于花冠。蒴果宽卵形，长 5~6 毫米，淡黄棕色，包于宿存花萼内，与萼近等长；种子扁纺锤形，长 2~3 毫米，有时具 3 棱，黑栗色。花期 6—7 月，果期 7—8 月。

生于山地林下、林缘、草甸及沟谷。

产　　地：根河市、牙克石市、扎兰屯市、鄂伦春自治旗、鄂温克族自治旗。

## 七十七、紫草科 Boraginaceae

### 砂引草属 Messerschmidia L.

**砂引草** Messerschmidia sibirica L. var. angustior（DC.）W.T.Wang（图 464）

**别　　名**：紫丹草、挠挠糖。

**形态特征**：多年生草本。茎高 8~25 厘米，基部分枝。叶披针形或条状倒披针形，长 0.6~2.0 厘米，宽 1~2.5 毫米。伞房状聚伞花序顶生，长达 4 厘米，花密集；花萼长 5 毫米，5 深裂，裂片披针形，长 2.2 毫米，宽 0.8 毫米，密被白柔毛；花冠白色，漏斗状，花冠筒长 7 毫米，5 裂，裂片卵圆形，长 4 毫米，宽 4.5 毫米，喉部无附属物；雄蕊 5，内藏，着生于花冠筒近中部或以下，花药箭形，基部 2 裂，长 2.2 毫米，宽 1 毫米，花丝短，子房不裂，4 室，每室具 1 胚珠。果矩圆状球形，长 0.7 毫米，宽 0.5 毫米，先端平截，具纵棱，被密短柔毛。花期 5—6 月，果期 7 月。

生于沙地、盐生草甸、干河沟边。

产　　地：新巴尔虎左旗、新巴尔虎右旗。

（图 464）砂引草 Messerschmidia sibirica L. var. angustior（DC.）W.T.Wang

## 琉璃草属 *Cynoglossum* L.

**大果琉璃草** *Cynoglossum divaricatum* Steph.（图 465）

别　　名：大赖鸡毛子、展枝倒提壶、粘染子。

形态特征：二年生或多年生草本。茎高 30~65 厘米，上部多分枝。基生叶和下部叶矩圆状披针形或披针形，长 4~9 厘米，宽 1~3 厘米；上部叶披针形，长 5~8 厘米，宽 7~10 毫米。花序长达 15 厘米，有稀疏的花；花梗长 5~8 毫米，果期伸长，可达 2.5 厘米；花萼长 4 毫米，5 裂；花冠蓝色、红紫色，5 裂，裂片近方形，长 1 毫米，宽 1.2 毫米，先端平截，具细脉纹，具 5 个梯形附属物，位于喉部以下；花药椭圆形，长约 0.5 毫米，花丝短，内藏；子房 4 裂，花柱圆锥状，果期宿存，常超出于果，柱头头状。小坚果 4，扁卵形，长 5 毫米，宽 4 毫米，密生锚状刺，着生面位于腹面上部。花期 6—7 月，果期 9 月。

生于沙地、干河谷的沙砾质冲积物上以及田边、路边及村旁。

产　　地：海拉尔区、鄂温克族自治旗、陈巴尔虎旗。

（图 465）大果琉璃草 *Cynoglossum divaricatum* Steph.

## 鹤虱属 *Lappula* V. Wolf.

**卵盘鹤虱** *Lappula redowskii*（Horn.）Greene（图 466）

别　　名：小粘染子。

形态特征：一年生草本。茎高 10~30（40）厘米，常单生，直立，中部以上分枝。茎下部叶条状倒披针形，长 2~4 厘米，宽 3~4 毫米；茎上部叶狭披针形或条形，长 1.5~3 厘米，宽 1~5 毫米。花序顶生，花期长 2~4 厘米，果期伸长达 10 厘米。苞片狭披针形；花冠蓝色，漏斗状，喉部具 5 附属物；花药矩圆形，子房 4 裂，花柱长 0.5 毫米，柱头头状。小坚果 4，三角状卵形，背面中部具小瘤状凸起，两侧具颗粒状凸起，边缘弯向背面，具 1 行锚状刺，每侧 10~12 个，长短不等，基部 3~4 对较长，长 1~1.5 毫米，彼此分离，腹面具龙骨状凸起，两侧具皱纹及小瘤状凸起。花果期 5—8 月。

生于山麓砾石质坡地，河岸及湖边砂地，也常生于村旁路边。

产　　　地：鄂伦春自治旗、扎兰屯市、莫力达瓦达斡尔族自治旗。

（图 466）卵盘鹤虱 *Lappula redowskii*（Horn.）Greene

鹤虱 *Lappula myosotis* V. Wolf.（图 467）

别　　　名：小粘染子。

形态特征：一年生或二年生草本。茎直立，中部以上多分枝，全株均密被白色细刚毛。基生叶矩圆状匙形，全缘。茎生叶较短而狭，披针形或条形，长 3~4 厘米，宽 15~40 毫米。花序在花期较短，果期则伸长；花萼 5 深裂至基部；花冠浅蓝色，漏斗状至钟状，长约 3 毫米，喉部具 5 矩圆形附属物；花药矩圆形；花柱长 0.5 毫米。小坚果卵形，长 3~3.5 毫米，基部宽 0.8 毫米，侧面通常具皱纹或小瘤状凸起；花柱高出小坚果但不超出小坚果上方之刺。花果期 6—8 月。

生于河谷草甸、山地草甸及路旁等处。

产　　　地：鄂伦春自治旗、鄂温克族自治旗、扎兰屯市、莫力达瓦达斡尔族自治旗。

异刺鹤虱 *Lappula heteracantha*（Ledeb.）Gtirke（图 468）

别　　　名：小粘染子。

形态特征：一年生或二年生草本。茎高 20~40（50）厘米，茎 1 至数条，单生或多分枝。基生叶常莲座状，条状倒披针形或倒披针形；茎生叶条形或狭倒披针形。花序稀疏；苞片条状披针形；花具短梗；花萼 5 深裂；花冠淡蓝色，有时稍带白色或淡黄色斑，喉部具 5 个矩圆形附属物；花药三棱状矩圆形；子房 4 裂，花柱长 0.3 毫米，柱头扁球状。小坚果 4，长卵形，长 3 毫米，基部宽 1 毫米，中部具龙骨状凸起，两侧为小瘤状凸起，具 2 行锚状刺，内行刺每侧 6~7 个，刺长 2 毫米，基宽 0.5 毫米，外行刺极短，腹面具龙骨状凸起，两侧上部光滑，下部具皱棱及瘤状凸起。果果期 5—8 月。

生于山地及沟谷草甸与田野。

产　　　地：新巴尔虎左旗、新巴尔虎右旗、扎兰屯市、阿荣旗。

（图 467）鹤虱 *Lappula myosotis* V. Wolf.

（图 468）异刺鹤虱 *Lappula heteracantha*（Ledeb.）Gtirke

## 齿缘草属 *Eritrichium* **Schrad.**

北齿缘草 *Eritrichium borealisinense* Kitag.（图 469）

别　　名：大叶蓝梅。

形态特征：多年生草本。茎高 15~40 厘米；数条，不分枝或在顶端分枝组成复花序。基生叶丛生，倒披针形或倒披针状条形，长 3~6（8）厘米，宽（3）4~8 毫米，具长柄；茎生叶狭倒披针形或矩圆状披针形，长 1.5~3 厘米，宽（3）4~8 毫米；无柄。花序分枝 3 或 3（4）个，每花序分枝具数朵至 10 余朵花，花序长 1~2 厘米，花生苞片腋外，苞片条状披针形，直立或稍开展；花萼长 3 毫米，裂片 5；花冠蓝色，辐状，附属物半月形至矮梯形，伸出喉部外；雌蕊基高约 0.5 毫米；花柱长约 1.5 毫米。小坚果背腹压扁，除缘刺外长 2~2.5 毫米，宽约 1.5 毫米；果边缘具三角形锚状刺。花果期 7—9 月。

生于山地草原、林缘、道边。

产　　地：鄂伦春自治旗。

（图 469）北齿缘草 *Eritrichium borealisinense* Kitag.

## 附地菜属 *Trigonotis* **Stev.**

附地菜 *Trigonotis peduncularis*（Trev.）Benth. ex Baker et Moore（图 470）

形态特征：一年生草本。茎 1 至数条，从基部分枝，直立或斜升，高 8~18 厘米，被伏短硬毛。基生叶倒卵状椭圆形，椭圆形或匙形，长 0.5~3.5 厘米，宽 3~8 毫米，先端钝圆，基部渐狭下延成长柄，两面被伏细硬毛或细刚毛，茎下部叶与基生叶相似，茎上部叶椭圆状披针形，长 0.5~1.2 厘米，宽 3~6 毫米；先端钝尖，基部楔形，两面被伏细硬毛；无柄。花序长达 16 厘米，仅在基部有 2~4 苞片，被短伏细硬毛；花具细梗，梗长 1~5 毫米，被短伏毛；花萼裂片椭圆状披针形，长 1.1~1.5 毫米，被短伏毛，先端尖；花冠蓝色，裂片钝，开展，喉部黄色，具 5 附属物。小坚果四面体形，长约 0.8 毫米，被有疏短毛或有时无毛，具细短柄，棱尖锐。花期 5 月，果期 8 月。

生于山地林缘、草甸及沙地。

产　　地：鄂伦春自治旗、陈巴尔虎旗、鄂温克族自治旗、额尔古纳市、扎兰屯市。

（图 470）附地菜 *Trigonotis peduncularis*（Trev.）Benth. ex Baker et Moore

## 勿忘草属 *Myosotis* L.

**湿地勿忘草 *Myosotis caespitosa* Schultz（图 471）**

**形态特征：**二年生或多年生草本，全株（茎、叶及花萼等）均被疏伏短硬毛。茎高 19~28 厘米，疏生伏硬毛，常多分枝。茎下部叶矩圆形或倒卵状矩圆形，长 2~3 厘米，宽 3~7 毫米，先端面或钝尖，基部渐狭下延成长柄，茎上部叶倒披针形或条状倒披针形，长 2~3.5 厘米，宽 4~9 毫米，先端钝，基部楔形，两面疏生短硬毛，无柄。花序长达 18 厘米，通常无苞片，仅在下部有几片苞片，苞片条形；花梗在果期长 4~7 毫米，平展；花萼长约 2.8 毫米，5 裂近中部，裂片三角形，长约 1 毫米，基宽约 1 毫米；花冠淡蓝色，喉部黄色，有 5 附属物，裂片长约 1 毫米，宽约 0.8 毫米，先端钝圆，旋转状排列。小坚果宽卵形，长约 1.5 毫米，宽 1.1 毫米，扁，光滑。花期 5—6 月，果期 8 月。

生于河滩沼泽草甸及低湿沙地。

产　　地：鄂伦春自治旗、牙克石市、新巴尔虎左旗、新巴尔虎右旗、鄂温克族自治旗。

**勿忘草 *Myosotis sylvatica* Hoffm.（图 472）**

**别　　名：**林勿忘草。

**形态特征：**多年生草本。茎直立，1 至数条。基生叶和茎下部叶条状披针形或倒披针形，长 4~6.5 厘米，宽 6~10 毫米，中部以上叶矩圆状披针形或长椭圆形，长 2~4 厘米，宽 3~7 毫米。花序长达 20 厘米，无苞片；花萼裂片卵状披针形；花冠蓝色，裂片长 2 毫米，先端钝圆旋转状排列，喉部黄色，具 5 附属物，每附属物上具长柔毛 2；花药卵形，花丝短，着生于花冠筒上；花柱细，长约 0.9 毫米，柱头扁球形。小坚果宽卵状圆形（凸透镜状）长约 1.5 毫米，宽约 1.2 毫米，稍扁，光亮，黑色，种子栗褐色，长约 1 毫米，宽约 0.8 毫米，卵圆形，外被小瘤状凸起，稍有短毛。花期 5—6 月，果期 8 月。

生于山地落叶松林、桦木林下及山地灌丛、山地草甸中。

产　　地：额尔古纳左旗、陈巴尔虎旗、牙克石市、海拉尔市、扎兰屯市。

（图 471）湿地勿忘草 *Myosotis caespitosa* Schultz

（图 472）勿忘草 *Myosotis sylvatica* Hoffm.

草原勿忘草 *Myosotis suaveolens* Wald. et Kit.（图 473）

形态特征：多年生草本，高 15~40 厘米。茎数条，有时单一，直立，上部有分枝。茎下部叶为倒披针形或椭圆形，长 2~4.5 厘米，宽 0.5~1 厘米。总状花序花期长 4~5 厘米，果期长达 10（12）厘米，无叶，被镰状糙伏毛花梗在果期长达 10 毫米，密被短伏硬毛；花萼果期不落，5 深裂，裂片披针形，长约 3 毫米，宽约 1 毫米，被硬糙毛，萼筒长约 2 毫米，被钩状开展毛；花淡蓝色，花冠檐部直径 5~6 毫米，裂片 5、卵圆形，长约 4 毫米，宽约 3 毫米，先端圆。旋转状排列；喉部黄色，有 5 附属物；雄蕊 5，内藏，子房 4 裂。小坚果卵形，长约 1.7 毫米，顶端钝，稍扁，光滑，深灰色，具光泽，周围有边。

生于草原、山坡或草地上或林缘干山坡上。

产　　地：鄂伦春自治旗、额尔古纳右旗、牙克石市、海拉尔区。

（图 473）草原勿忘草 *Myosotis suaveolens* Wald. et Kit.

## 钝背草属 *Amblynotus* Johnst.

钝背草 *Amblynotus obovatus*（Ledeb.）Johnst.（图 474）

形态特征：多年生丛簇状小草本，全株（茎、叶、花序、花萼）均密被伏硬毛，呈灰白色。茎高 2~8 厘米，数条，直立或斜升，中部以上分枝。基生叶窄匙形，长 5~20 毫米，宽 2~3 毫米，基部渐狭成细长柄，下部的茎生叶与基生叶相似，但较小，狭倒披针形，中部以上的叶几无柄。花序长达 2.5 厘米，具苞片，苞片条形；花梗细，长 2~5 毫米；花萼裂片窄披针形，先端尖，长 1.8 毫米；花冠蓝色，稀粉红色，裂片钝圆，开展，筒长约 1.5 毫米，喉部具黄色附属物 5，组成圆环，有时花药稍外露；雌蕊基金字塔形，直立。小坚果卵形直立，无毛，具光泽，长 1.5~2.0 毫米。花果期 6—8 月。

生于草原、砾石质草原及沙质草原中。

产　　地：新巴尔虎右旗、陈巴尔虎旗、阿荣旗、莫力达瓦达斡尔族自治旗。

（图 474）钝背草 *Amblynotus obovatus*（ Ledeb. ）Johnst.

# 七十八、马鞭草科 Verbenaceae

## 莸属 *Caryopteris* Bunge

蒙古莸 *Caryopteris mongholica* Bunge（ 图 475 ）

别　　名：白蒿。

形态特征：小灌木，高 15~40 厘米。老枝灰褐色，有纵裂纹，幼枝常为紫褐色。单叶对生，披针形、条状披针形或条形，长 1.5~6 厘米，宽 3~10 毫米，全缘。聚伞花序顶生或腋生；花萼钟状，先端 5 裂，长约 3 毫米，外被短柔毛，果熟时可增至 1 厘米长，宿存；花冠蓝紫色，筒状，外被短柔毛，长 6~8 毫米，先端 5 裂，其中 1 裂片较大，顶端撕裂，其余裂片先端钝圆或微尖；雄蕊 4，二强，长约为花冠的 2 倍；花柱细长，柱头 2 裂。果实球形，成熟时裂为 4 个小坚果，小坚果矩圆状扁三棱形，边缘具窄翅，褐色，长 4~6 毫米，宽约 3 毫米。花期 7—8 月，果期 8—9 月。

生于草原带的石质山坡、沙地、干河床及沟谷等地。

产　　地：新巴尔虎左旗、新巴尔虎右旗。

# 七十九、唇形科 Labiatae

## 水棘针属 *Amethystea* L.

水棘针 *Amethystea coerulea* L.（ 图 476 ）

形态特征：一年生草本，高 15~40 厘米。茎多分枝。叶纸质，轮廓三角形或近卵形，3 全裂，稀 5 裂；叶柄长 3~20 毫米。花序为由松散具长梗的聚伞花序所组成的圆锥花序；苞叶与茎生叶同形，向上渐变小；小苞片微小，条形，长约 1 毫米；花梗长 2~5 毫米，被疏腺毛。花萼钟状，连齿长约 4 毫米，具 10 脉，外面被乳头状凸

（图 475）蒙古莸 *Caryopteris mongholica* Bunge

（图 476）水棘针 *Amethystea coerulea* L.

起及腺毛，齿5，近整齐，三角形，与萼筒等长，花冠略长于花萼，蓝色或蓝紫色，冠檐二唇形，上唇2裂，卵形，下唇3裂，中裂片较大，近圆形；雄蕊4，前对能育，着生于下唇基部，花时自上唇裂片间伸出，后对为退化雄蕊，着生于上唇基部；花柱略超出雄蕊，先端不相等2浅裂，小坚果倒卵状三棱形，长约1.5毫米，宽约1毫米。

生于河滩沙地、田边路旁、溪边、居民点附近，散生或形成小群聚。

产　　地：全市。

## 黄芩属 Scutellaria L.

黄芩 *Scutellaria baicalensis* Georgi（图 477）

形态特征：多年生草本，高 20~35 厘米。茎直立或斜升，多分枝。叶披针形或条状披针形，长 1.5~3.5 厘米，宽 3~7 毫米，全缘。花序顶生，总状，常偏一侧；花梗长 3 毫米；苞片向上渐变小。果实花萼长达 6 毫米，盾片高 4 毫米；花冠紫色、紫红色或蓝色，长 2.2~3 厘米，外面被具腺短柔毛，冠筒基部膝曲，里面在此处被短柔毛，上唇盔状，先端微裂，里面被短柔毛，下唇 3 裂，中裂片近圆形；雄蕊稍伸出花冠，花丝扁平，后对花丝中部被短柔毛；子房 4 裂，光滑，褐色；花盘环状。小坚果卵圆形，径 1.5 毫米，具瘤，腹部近基部具果脐。花期 7—8 月，果期 8—9 月。

生于山地、丘陵的砾石坡地及沙质土上。

产　　地：全市。

（图 477）黄芩 *Scutellaria baicalensis* Georgi

**并头黄芩** *Scutellaria scordifolia* Fisch. ex Schrank（图 478）

**别　　名：**头巾草。

**形态特征：**多年生草本，高 10~30 厘米。茎直立或斜升，四棱形，单生或分枝。叶三角状披针形、条状披针形或披针形，长 1.7~3.3 厘米，宽 3~11 毫米，边缘具疏锯齿或全缘；具短叶柄或几无柄。花单生于茎上部叶腋内，偏向一侧；花梗长 3~4 毫米；花萼疏被短柔毛，果后花萼长达 4~5 毫米，盾片高 2 毫米；花冠蓝色或蓝紫色，长 1.8~2.4 厘米，外面被短柔毛，冠筒基部浅囊状膝曲，上唇盔状，内凹，下唇 3 裂；子房裂片等大，黄色，花柱细长，先端锐尖，微裂。小坚果近圆形或椭圆形，长 0.9~1 毫米，宽 0.6 毫米，褐色，具瘤状凸起，腹部中间具果脐，隆起。花期 6—8 月，果期 8—9 月。

生于河滩草甸、山地草甸、山地林缘、林下以及摞荒地、路旁、村舍附近。

**产　　地：**额尔古纳市、根河市、牙克石市、海拉尔区、陈巴尔虎旗。

（图 478）并头黄芩 *Scutellaria scordifolia* Fisch. ex Schrank

**盔状黄芩** *Scutellaria galericulata* L.（图 479）

**形态特征：**多年生草本，高 10~30 厘米。茎直立，中部以上多分枝，叶矩圆状披针形，长 1.5~4 厘米，宽 8~13 毫米，先端钝或稍尖，基部浅心形，边缘具圆齿状锯齿，上面疏或密被短柔毛，下面密被短柔毛；叶柄长 2~4 毫米。花单生于茎中部以上叶腋内，一侧向；花梗长 2 毫米；花萼钟状，开花时长 4 毫米，盾片高约 0.75 毫米，果时花萼长 5 毫米，盾片高约 1.5 毫米；花冠紫色、蓝紫色至蓝色，长 1.4~1.8 厘米，外密被短柔毛混生腺毛，里面在上唇片下部疏被微柔毛，上唇半圆形，宽 2.5 毫米，盔状，内凹，下唇中裂片三角状卵圆形，两侧裂片矩圆形，靠拢上唇；子房裂片等大，圆柱形，花柱细长，先端锐尖，微裂。小坚果黄色，三棱状卵圆形，径 1 毫米，具小瘤突。花期 6—7 月，果期 7—8 月。

生于河滩及沟谷地湿生的中生植物。

**产　　地：**根河市、鄂温克族自治旗。

（图 479）盔状黄芩 *Scutellaria galericulata* L.

## 夏至草属 *Lagopsis* Bunge ex Benth.

夏至草 *Lagopsis supina*（Steph.）Ik.-Gal. ex Knorr.（图 480）

**形态特征**：多年生草本，高 15~30 厘米。茎密被微柔毛，分枝。叶轮廓为半圆形、圆形或倒卵形，3 浅裂或 3 深裂；叶柄明显，长 1~2 厘米，密被微柔毛。轮伞花序具疏花，直径约 1 厘米；小苞片长 3 毫米，弯曲，刺状，密被微柔毛；花萼管状钟形，连齿长 4~5 毫米，外面密被微柔毛，里面中部以上具微柔毛，具 5 脉，齿近整齐，三角形，先端具浅黄色刺尖；花冠白色，稍伸出于萼筒，长约 6 毫米，外面密被长柔毛，上唇尤密，里面与花丝基部扩大处被微柔毛，冠筒基部靠上处内缢，上唇矩圆形，全绿，下唇中裂片圆形，侧裂片椭圆形；雄蕊着生于管筒内缢处，不伸出，后对较短，花药卵圆形，后对者较大；花柱先端 2 浅裂，与雄蕊等长。小坚果长卵状三棱形，长约 1.5 毫米，褐色，有鳞秕。

生于田野、撂荒地及路旁。

**产　　地**：根河市、扎兰屯市、阿荣旗、鄂温克族自治旗、鄂伦春自治旗。

## 藿香属 *Agastache* Clayt.

藿香 *Agastache rugosa*（Fisch.et Mey.）O. Ktze.（图 481）

**形态特征**：多年生草本，高约 1 米。茎直立，四棱形，上部分枝。叶卵形至披针状卵形，长 4~10 厘米，宽 2~6 厘米，先端尾状长渐尖，基部浅心形或近截形，边缘具粗牙齿，上面被微毛，下面被微柔毛及腺点。轮伞花序具多花，在主茎或分枝上组成顶生密集的圆柱形穗状花序；花萼管状钟形，长 5~7 毫米，被微柔毛及黄色小腺体，多少染成浅紫色，萼齿三角状披针形，花冠浅紫蓝色，长 8~9 毫米，外面被微柔毛，二唇形，上唇直立，先端微缺，下唇 3 裂，中裂片较大，平展，边缘波状；雄蕊伸出花冠；花柱与雄蕊近等长，先端 2 裂相等。小坚果卵状矩圆形，腹面具棱，先端具短硬毛，褐色。花期 6—9 月，果期 9—11 月。

生于林下，林缘草甸。

产　　地：扎兰屯市，阿荣旗、莫力达瓦达斡尔族自治旗。

（图 480）夏至草 *Lagopsis supina*（Steph.）Ik. -Gal. ex Knorr.

（图 481）藿香 *Agastache rugosa*（Fisch.et Mey.）O. Ktze.

## 裂叶荆芥属 *Schizonepeta* Briq.

多裂叶荆芥 *Schizonepeta multifida*（ L. ）Briq.（ 图 482 ）

别　　　名：东北裂叶荆芥。

形态特征：多年生草本，高 30~40 厘米。茎坚硬，侧枝极短。叶轮廓为卵形，羽状深裂或全裂，有时浅裂至全缘，长 2.1~2.8 厘米，宽 1.6~2.1 厘米；叶柄长 1~1.5 厘米。花序为由多数轮伞花序组成的顶生穗状花序；苞叶深裂或全缘，呈紫色；花萼紫色，长 5 毫米，宽 2 毫米，外面被短柔毛，萼齿为三角形，长约 1 毫米，里面被微柔毛；花冠蓝紫色，长 6~7 毫米，冠筒外面被短柔毛，冠檐外面被长柔毛，下唇中裂片大，肾形；雄蕊前对较上唇短，后对略超出上唇，花药褐色；花柱伸出花冠，顶端等 2 裂，暗褐色。小坚果扁，倒卵状矩圆形，腹面略具棱，长 1.2 毫米，宽 0.6 毫米，褐色，平滑。

生于草甸草原和典型草原。

产　　　地：全市。

（图 482 ）多裂叶荆芥 *Schizonepeta multifida*（ L. ）Briq.

## 青兰属 *Dracocephalum* L.

光萼青兰 *Dracocephalu argunense* Fisch.（ 图 483 ）

形态特征：多年生草本，高 35~50 厘米。数茎自根茎生出，直立，不分枝，近四棱形，疏被倒向微柔毛。叶条状披针形或条形，长 2~5 厘米，宽 2~5 毫米，先端尖，基部楔形，全缘，边缘向下反卷，上面绿色，近无毛，下面淡绿色，中脉明显凸起，沿脉被短毛；无叶柄或具短柄。轮伞花序生于茎顶 2~4 节上，多少密集；苞片椭圆形，长 8~12 毫米，全缘，先端锐尖，边缘被睫毛，外面密被微毛。花萼长 15~18 毫米，外面下部密被倒向的微柔毛，中部变稀疏，上部几无毛，里面下部疏被短柔毛，2 裂近中部，齿锐尖，常带紫色，上唇 3 裂至本身 2/3 处，中齿披针状卵形，侧齿披针形，下唇 2 裂几至本身基部，齿披针形；花冠蓝紫色，长 3~4 厘米，外面被长柔毛；花药密被柔毛，花丝疏被毛。花、果期 7—9 月。2n=14。

中生植物。生于森林区和森林草原带的山地草甸、山地草原、林缘灌丛，也散见于沟谷及河滩沙地。

产　　　地：额尔古纳市、鄂温克族自治旗、牙克石市、扎兰屯市。

（图 483）光萼青兰 *Dracocephalu argunense* Fisch.

**青兰** *Dracocephalum ruyschiana* L.（图 484）

形态特征：多年生草本，高 40~50 厘米。数茎自根茎生出，直立，钝四棱形，被倒向短柔毛。叶条形或披针状条形，长 2.5~4 厘米，先端尖，基部渐狭，全缘，边缘向下略反卷，两面疏被短柔毛或变无毛，具腺点；无叶柄或几无柄。轮伞花序生于茎上部 3~5 节，多少密集；苞片卵状椭圆形，全缘，长 5~6 厘米，先端锐尖，密被睫毛。花萼长 10~12 毫米，外面密被短毛，里面疏被短毛，2 裂至 2/5 处，上唇 3 裂至本身 2/3 或 3/4 处，中齿卵状椭圆形，较侧齿宽，侧齿宽披针形，下唇 2 裂至本身基部，齿披针形，齿先端均锐尖，被睫毛，常带紫色；花冠蓝紫色，长 1.7~2.4 厘米，外面被短柔毛；花药被短柔毛。小坚果黑褐色，长约 2.5 毫米，宽约 1.5 毫米，略呈三棱形。花期 7 月。

生于针叶林区的山地草甸、林缘灌丛及石质山坡。

产　　　地：额尔古纳市、新巴尔虎右旗。

**香青兰** *Dracocephalum moldavica* L.（图 485）

别　　　名：山薄荷。

形态特征：一年生草本，高 15~40 厘米。茎直立，常在中部以下对生分枝。叶披针形至披针状条形，长 1.5~4 厘米，宽 0.5~1 厘米。轮伞花序生于茎或分枝上部，每节通常具 4 花，花梗长 3~5 毫米；花萼长 1~1.2 厘米，常带紫色，2 裂近中部，上唇 3 裂至本身长度的 1/4~1/3 处，下唇 2 裂至本身基部，斜披针形，先端具短刺；花冠淡蓝紫色至蓝紫色，长约 2~2.5 厘米，喉部以上宽展，外面密被白色短柔毛，冠檐二唇形，上唇短舟形，先端微凹，下唇 3 裂，中裂片 2 裂，基部有 2 小凸起；雄蕊微伸出，花丝无毛，花药平叉开；花柱无毛，先端 2 等裂。小坚果长 2.5~3 毫米，矩圆形，顶端平截。

生于山坡、沟谷、河谷砾石滩地。

产　　地：新巴尔虎右旗。

（图 484）青兰 *Dracocephalum ruyschiana* L.

（图 485）香青兰 *Dracocephalum moldavica* L.

（图 486）块根糙苏 *Phlomis tuberosa* L.

# 糙苏属 *Phlomis* L.

**块根糙苏** *Phlomis tuberosa* L.（图 486）

**形态特征**：多年生草本，高 40~110 厘米，根呈块根状增粗。茎单生或分枝，紫红色。叶三角形，长 5~19 厘米，宽 2~13 厘米。轮伞花序，含 3~10 朵花；苞片条状钻形；花萼筒状钟形，长 8~10 毫米，萼齿 5，相等，半圆形，先端微凹，具长 1.5~2.5 毫米的刺尖；花冠紫红色，长 1.6~2.5 厘米，冠筒外面无毛，里面具毛环，二唇形，上唇盔状，外面密被星状绒毛，边缘具流苏状小齿，内面被髯毛，下唇 3 圆裂，中裂片倒心形，较大，侧裂片卵形，较小；雄蕊 4，内藏，花丝下部被毛，后对雄蕊在基部近毛环处具反折的短距状附属器，花柱顶端具不等的 2 裂。小坚果先端被柔毛。花期 7~8 月，果期 8—9 月。

生于山地沟谷草甸、山地灌丛、林缘、也见于草甸化杂类草草原中。

**产　　地**：额尔古纳市、新巴尔虎右旗、海拉尔区、新巴尔虎左旗、鄂温克族自治旗。

**串铃草** *Phlomis mongolica* Turcz.（图 487）

**别　　名**：毛尖茶、野洋芋。

**形态特征**：多年生草本，高（15）30~60 厘米。茎单生或少分枝。叶卵状三角形或三角状披针形，长 4~13 厘米，宽 2~7 厘米。轮伞花序，腋生；苞片条状钻形，长 8~12 毫米；花萼筒状，长 10~14 毫米，萼齿 5，相等，圆形；花冠紫色（偶有白色）。长约 2.2 厘米，冠筒外面在中下部无毛，里面具毛环，二唇形，上唇盔状，外面被星状短柔毛，边缘具流苏状小齿，里面被髯毛，下唇 3 圆裂，中裂片倒卵形，较大，侧裂片心形，较小；雄蕊 4，内藏，花丝下部被毛，后对花丝基部在毛环稍上处具反折的短距状附属器；花柱先端为不等的 2 裂。小坚果顶端密被柔毛。花期 6—8 月，果期 8—9 月。

生于草原地带的草甸、草甸化草原、山地沟谷、撂荒地及路边。

**产　　地**：新巴尔虎左旗、鄂温克族自治旗。

（图 487）串铃草 *Phlomis mongolica* Turcz.

## 鼬瓣花属 Galeopsis L.

鼬瓣花 Galeopsis bifida Boenn.（图 488）

形态特征：一年生草本，高 20~60 厘米。茎直立，上部分枝。叶卵状披针形或披针形，长 3~8 厘米，宽 1.5~4 厘米，上面贴生短柔毛，下面疏生微柔毛及脉上疏生长刚毛，叶柄长 1~2.5 厘米。轮伞花序，腋生，多花密集；小苞片条形至披针形，长 3~6 毫米，先端具刺尖，密生长刚毛；花萼管状钟形，连齿长约 1 厘米，外面被刚毛，里面被微柔毛，萼齿 5，近等大，三角形，先端刺尖状，与萼筒近等长；花冠紫红色，长 10~14 毫米，外面密被刚毛，二唇形，上唇卵圆形，先端具不等的数齿，下唇中裂片矩圆形，宽约 2 毫米，先端明显微凹，紫纹直达边缘，侧裂片短圆形；雄蕊花丝下部被柔毛，花药卵圆形；子房无毛，褐色。小坚果倒卵状三棱形，褐色。花果期 7—9 月。

生于山地针叶林区和森林草原带的林缘、草甸、田边及路旁。

产　　　地：额尔古纳市、根河市、牙克石市、新巴尔虎左旗、鄂温克族自治旗。

（图 488）鼬瓣花 Galeopsis bifida Boenn.

## 野芝麻属 Lamium L.

短柄野芝麻 Lamium album L.（图 489）

形态特征：多年生草本，高 30~60 厘米。茎直立，单生，四棱形、中空。叶卵形或卵状披针形，长 2~6 厘米，宽 1~4 厘米。疏伞花序具 8~9 花，腋生，苞片条形，长约 2 毫米，具缘毛；花萼钟形，长于苞叶叶柄，长 9~13 毫米，宽 2~3 毫米、疏被短毛，萼齿披针形、长约为花萼长之半，被缘毛，常向外反折，不贴生于花冠；花冠浅黄色或污白色，长 20~25 毫米，外面被短柔毛，上部尤甚，冠筒下唇长 10~12 毫米，3 裂，中裂片倒肾形，先端深凹，侧裂片圆形、附一钻形小齿；花丝上部被柔毛，花药黑紫色，上被柔毛。小坚果长卵形，呈三棱状，长 3~3.5 毫米，深灰色、无毛、花期 7~9 月，果期 8—10 月。

生于山地林缘草甸。

产　　　地：额尔古纳市、根河市、鄂伦春族自治旗、牙克石市、扎兰屯市、鄂温克族自治旗。

（图 489）短柄野芝麻 *Lamium album* L.

## 益母草属 *Leonurus* L.

### 细叶益母草 *Leonurus sibiricus* L.（图 490）

**别　　名：** 益母蒿、龙昌菜。

**形态特征：** 一年生或二年生草本，高 30~75 厘米。茎钝四棱形。叶形从下到上变化较大，中部叶轮廓为卵形，长 2.5~9 厘米，宽 3~4 厘米，掌状 3 全裂；最上部的苞叶近于菱形，3 全裂成细裂片。轮散花序腋生，多花，轮廓圆球形，径 2~4 厘米；无花梗；花萼管状钟形，长 6~10 毫米；花冠粉红色，长 1.8~2 厘米，冠檐二唇形，上唇矩圆形，直伸，全缘，外面密被长柔毛，里面无毛，下唇比上唇短，外面密被长柔毛，里面无毛，3裂；雄蕊 4，前对较长，花丝丝状；花柱丝状，先端 2 浅裂。小坚果矩圆状三棱形，长 2.5 毫米，褐色。花期 7—9 月，果期 9 月。

生于石质丘陵、砂质草原、杂木林、藻丛、山地草甸等生境中。

**产　　地：** 陈巴尔虎旗、鄂温克族自治旗、新巴尔虎右旗。

### 兴安益母草 *Leonurus tataricus* L.（图 491）

**形态特征：** 二年生或多年生草本，高约 50 厘米。茎直立，茎下部叶早落，中部叶轮廓近圆形．基部宽楔形，5 裂，分裂几达基部，在裂片上，又再分裂成条形的小裂片，茎最上部及花序上的叶轮廓为菱形，长 2.5~3 厘米，深裂成 3 个全缘或略有缺刻的条形裂片；轮伞花序腋生，在茎上部排列成间断的穗状花序；小苞片刺状；花萼倒圆锥形，外面贴生短柔毛但沿肋上被长柔毛，里面无毛，齿 5，均三角状钻形，前 2 齿稍靠合而开展；花冠淡紫色，长 8 毫米，外面中部以上被长柔毛，里面在中部稍下方被柔毛环，冠檐二唇形，上唇直伸，矩圆形，外面被长柔毛，下唇 2 裂，中裂片稍大；雄蕊 4，前对较长，花丝扁平；花柱先端 2 浅裂。小坚果淡褐色，矩圆状三棱形，顶端截平被微柔毛。花期 7 月，果期 8 月。

生于山地针叶林和桦杨林下、林缘及灌丛中。

**产　　地：** 鄂伦春自治旗、扎兰屯市、鄂伦春自治旗、莫力达瓦达斡尔族自治旗。

（图 490）细叶益母草 Leonurus sibiricus L.

（图 491）兴安益母草 Leonurus tataricus L.

## 水苏属 Stachys L.

**毛水苏** *Stachys riederi* Cham. ex Benth.（图 492）

别　　名：华水苏、水苏。

形态特征：多年生草本，高 20~50 厘米。茎直立，单一或分枝。叶矩圆状披针形，长 4~9 厘米，宽 5~15 毫米；叶柄长 1~1.5 毫米。轮伞花序组成顶生穗状花序；苞叶与叶同形。花萼长 7 毫米，萼齿三角状披针形，长约 3 毫米，顶端具黄白色刺尖；花冠淡紫至紫色，长 1.2 厘米，上唇直伸，卵圆形，下唇中裂片倒肾形或圆形，长 4.8 毫米，宽 3 毫米，外面有白色花纹，侧裂片卵圆形，宽 2.5 毫米；雄蕊均内藏，近等长，花丝扁平，被微柔毛，花药浅蓝色，卵圆形；花柱与雄蕊近等长，先端等 2 裂，褐色；花盘平顶。小坚果棕褐色，光滑无毛，近圆形，径 1.5 毫米。花期 7—8 月，果期 8—9 月。

生于山地森林区、森林草原带的低湿草甸、河岸沼泽草甸及沟谷中。

产　　地：根河市、额尔古纳市、鄂伦春自治旗、牙克石市、鄂温克族自治旗。

（图 492）毛水苏 *Stachys riederi* Cham. ex Benth.

## 百里香属 *Thymus* L.

**亚洲百里香** *Thymus serpyllum* L. var. *asiaticus* Kitag.（图 493）

别　　名：地椒。

形态特征：小半灌木。茎木质化，多分枝，匍匐或斜升。花枝高（0.5）2~8（18）厘米。叶条状倒披针形，长 4~10 毫米，宽 0.7~2.5 毫米，全缘。轮伞花序紧密排成头状；花梗长 1~2 毫米，密被微柔毛；花萼狭钟形，具 10~11 脉，开花时长 3~4 毫米，被疏柔毛或近无毛，具黄色腺点，上唇与下唇通常近相等，上唇有 3 齿，齿三角形，具睫毛或近无毛，下唇 2 裂片钻形，被硬睫毛；花冠紫红色、紫色或粉红色，被短疏柔毛，长 4.5~5.1 毫米。小坚果近圆形，光滑。花期 7—8 月，果期 9 月。

生于典型草原带的平原砂壤质土上，常为草原群落的伴生种。

产　　地：新巴尔虎左旗、新巴尔虎右旗、鄂温克族自治旗、海拉尔区、满洲里市。

（图 493）亚洲百里香 *Thymus serpyllum* L. var. *asiaticus* Kitag.

**百里香** *Thymus serpyllum* L. var. *mongolicus* Ronn.（图 494）

**形态特征：** 小半灌木，高 2~10 厘米，有强烈的芳香气味。茎多分枝，枝条纤细，丛生，具长匍匐枝。叶圆卵形，2~4 对，长 4~10 毫米，宽 2~4.5 毫米，散生腺点。轮伞花序于枝端紧密排列成头状；小花密集，具短梗；萼管钟形，下唇较上唇长或等长，上唇 3 裂，下唇 2 裂；花冠淡玫瑰紫色，长 6.5~8 毫米，冠檐 2 唇形，下唇 3 裂，裂片近相等，冠筒 4~5 毫米长；雄蕊 4，分离，前对较长；花柱顶端 2 裂，裂片钻形。小坚果近圆形或卵圆形，压扁状。

生于典型草原带、森林草原带的砂砾质平原、石质丘陵及山地阳坡。

产　　地：新巴尔虎左旗、新巴尔虎右旗、鄂温克族自治旗、鄂伦春自治旗。

## 地笋属 *Lycopus* L.

**地笋** *Lycopus lucidus* Turcz. ex Benth.（图 495）

**别　　名：** 地瓜苗、泽兰。

**形态特征：** 多年生草本，高（30）60~100 厘米。茎直立，单生。叶革质，椭圆状披针形至条状披针形，长 3~10 厘米，宽 1~3 厘米。轮伞花序，多花密集成半球形；苞片卵圆形；花萼钟形，长约 3 毫米；花冠白色，长 4~5 毫米，外面具腺点，里面喉部有柔毛，冠檐不明显的二唇形，上唇近卵圆形，先端微凹，下唇 3 裂，中裂片大，侧裂片小；雄蕊 4，仅前对能育，超出花冠，花丝无毛，花药卵圆形，2 室，药室略叉开，后对雄蕊退化，花柱伸出花冠，先端 2 浅裂，近相等；花盘平顶。小坚果卵状三棱形，长约 1.5 毫米，褐色，边缘加厚，具腺点。花期 7—8 月，果期 8—9 月。

生于森林区、森林草原带的河滩草甸、沼泽化草甸及其他低湿地生境中。

产　　地：额尔古纳市、牙克石市、扎兰屯市、鄂伦春自治旗、莫力达瓦达斡尔族自治旗。

（图 494）百里香 *Thymus serpyllum* L. var. *mongolicus* Ronn.

（图 495）地笋 *Lycopus lucidus* Turcz.ex Benth.

## 薄荷属 Mentha L.

薄荷 *Mentha haplocalyx* Briq.（图 496）

**形态特征：** 多年生草本，高 30~60 厘米。茎直立，具长根状茎。叶矩圆状披针形、椭圆状披针形或卵状披针形，长 2~9 厘米，宽 1~3.5 厘米。轮伞花序腋生，轮廓球形，花时径 1~1.5 厘米，总花梗极短；苞片条形，花梗纤细，长 2~3 毫米。花萼管状钟形，长 2.5~3 毫米，萼齿狭三角状钻形，外面被疏或密的微柔毛与黄色腺点。花冠淡紫或淡红紫色，长 4~5 毫米，外面略被微柔毛或长疏柔毛，里面在喉部以下被微柔毛，冠檐 4 裂，上裂片先端微凹或 2 裂，较大，其余 3 裂片近等大，矩圆形，先端钝。雄蕊 4，前对较长，伸出花冠之外或与花冠近等长。花柱略超出雄蕊，先端近相等 2 浅裂。小坚果卵球形，黄褐色，花期 7—8 月，果期 9 月。

生于水旁低湿地，如湖滨草甸、河滩沼泽草甸。

**产　　地：** 新巴尔虎左旗、新巴尔虎右旗、鄂温克族自治旗、鄂伦春自治旗、扎兰屯市。

（图 496）薄荷 *Mentha haplocalyx* Briq.

## 香薷属 *Elsholtzia* Willd.

细穗香薷 *Elsholtzia densa* Benth. var. *ianthina*（Maxim.et Kanitz）C. Y. Wu et S. C. Huang（图 497）

**形态特征：** 一年生草本，高 20~80 厘米。茎直立，自基部多分枝。叶条状披针形或披针形，长 1~4 厘米，宽 5~15 毫米，边缘具锯齿，叶具柄，长 3~13 毫米。轮伞花序，具多数花，并密集成穗状花序，圆柱形，长 2~6 厘米，宽约 0.5~0.7 厘米，密被紫色串珠状长柔毛；苞片倒卵形，边缘被串珠状疏柔毛；花萼宽钟状，外面及边缘密被紫色串珠状长柔毛，萼齿 5，近三角形，前 2 齿较短，果时花萼膨大，近球形；花冠淡紫色，长约 2.5 毫米，二唇形，上唇先端微缺，下唇 3 裂，中裂片较侧裂片短；外面及边缘密被紫色串珠状长柔毛，里面有毛环；雄蕊 4，前对较长，微露出，花药近圆形；花柱微伸出。小坚果卵球形，长约 2 毫米，暗褐色，被极细微柔毛。花果期 7—10 月。

生于山地林缘、草甸、沟谷及撂荒地，也生于沙地。

产　　地：牙克石市、鄂伦春自治旗、鄂温克族自治旗。

（图 497）细穗香薷 *Elsholtzia densa* Benth. var. *ianthina*（Maxim.et Kanitz）C. Y. Wu et S. C. Huang

**香薷** *Elsholtzia ciliata*（Thunb.）Hyland.（图 498）

别　　名：山苏子。

形态特征：多年生草本，高 30~50 厘米。侧根密集。茎通常自中部以上分枝，被疏柔毛。叶卵形或椭圆状披针形，长 3~9 厘米，宽 1~2.5 厘米，先端渐尖，基部楔形，边缘具钝锯齿，上面被疏柔毛，下面沿脉被疏柔毛，密被腺点，叶具柄，长 5~35 毫米。轮伞花序，具多数花，并组成偏向一侧的穗状花序，长 2~7 厘米；苞片卵圆形，长宽约 4 毫米，先端具芒状突尖，具缘毛，上面近无毛，但被腺点，下面无毛；花萼钟状，长约 1.5 毫米，外面被柔毛，里面无毛，萼齿 5，三角形，前 2 齿较长，先端具针状尖头，具缘毛；花冠淡紫色，长约 4 毫米，外面被柔毛及腺点，里面无毛，二唇形，上唇直立，先端微缺，下唇开展，3 裂，中裂片半圆形，侧裂片较短；雄蕊 4，前对较后对长 1 倍，外伸，花丝无毛，花药黑紫色；子房全 4 裂，花柱内藏，先端 2 裂，近等长。小坚果矩圆形，长约 1 毫米，棕黄色，光滑。花果期 7—10 月。

生于山地阔叶林林下、林缘、灌丛及山地草甸，也见于较湿润的田野及路边。

产　　地：额尔古纳市、鄂伦春自治旗、扎兰屯市、莫力达瓦达斡尔族自治旗。

# 八十、茄科 Solanaceae

## 泡囊草属 *Physochlaina* G. Don

**泡囊草** *Physochlaina physaloides*（L.）G.Don（图 499）

形态特征：多年生草本，高 10~20（40）厘米。茎直立。叶在茎下部呈鳞片状，中、上部叶互生，卵形、椭圆状卵形或三角状宽卵形，长 1.5~6 厘米，宽 1.2~4 厘米，全缘或微波状；叶柄长 1.5~4（6）厘米。花顶生，成伞房式聚伞花序；花萼狭钟形，长 6~10 毫米，密被毛，5 浅裂；花冠漏斗状，长 1.5~2.5 厘米，先端 5 浅裂，

（图 498）香薷 *Elsholtzia ciliata*（Thunb.）Hyland.

（图 499）泡囊草 *Physochlaina physaloides*（L.）G.Don

裂片紫堇色，筒部瘦细，黄白色；雄蕊插生于花冠筒近中部，微外露，长约 10 毫米左右，花药矩圆形，长 2~3 毫米；子房近圆形或卵圆形，花柱丝状，明显伸出花冠。蒴果近球形，直径约 8 毫米，包藏在增大成宽卵形或近球形的宿萼内；种子扁肾形。花期 5—6 月，果期 6—7 月。

生于草原区的山地、沟谷。

产　　　地：全市。

## 天仙子属 *Hyoscyamus* L.

**天仙子** *Hyoscyamus niger* L.（图 500）

**形态特征：**一或二年生草本，高 30~80 厘米，具纺锤状粗壮肉质根，全株密生黏性腺毛及柔毛，有臭气。叶在茎基部丛生呈莲座状；茎生叶互生，长卵形或三角状卵形，长 3~14 厘米，宽 1~7 厘米，先端渐尖，基部宽楔形，无柄而半抱茎，或为楔形向下狭细呈长柄状，边缘羽状深裂或浅裂，或为疏牙齿，裂片呈三角状。花在茎中部单生于叶腋，在茎顶聚集成蝎尾式总状花序，偏于一侧；花萼筒状钟形，密被细腺毛及长柔毛，长约 1.5 厘米，先端 5 浅裂，裂片大小不等，先端锐尖具小芒尖，果时增大成壶状，基部圆形与果贴近；花冠钟状，土黄色，有紫色网纹，先端 5 浅裂；子房近球形。蒴果卵球状，直径 1.2 厘米左右，中部稍上处盖裂，藏于宿萼内；种子小，扁平，淡黄棕色，具小疣状凸起。花期 6—8 月，果期 8—10 月。

生于村屯周边、路边田野。

产　　　地：全市。

（图 500）天仙子 *Hyoscyamus niger* L.

## 假酸浆属 *Nicandra* Adans.

**假酸浆** *Nicandra physaloides*（L.）Gaertn.（图 501）

别　　　名：冰粉、鞭打绣球。

**形态特征：**茎直立，有棱条，无毛，高 0.4~1.5 米，上部交互不等的二歧分枝。叶卵形或椭圆形，草质，长

4~12 厘米，宽 2~8 厘米，顶端急尖或短渐尖，基部楔形，边缘有具圆缺的粗齿或浅裂，两面有稀疏毛；叶柄长约为叶片长的 1/3~1/4。花单生于枝腋而与叶对生，通常具较叶柄长的花梗，俯垂；花萼 5 深裂，裂片顶端尖锐，基部心脏状箭形，有 2 尖锐的耳片，果时包围果实，直径 2.5~4 厘米；花冠钟状，浅蓝色，直径达 4 厘米，檐部有折裂，5 浅裂。浆果球状，直径 1.5~2 厘米；黄色。种子浅褐色，直径约 1 毫米。花果期夏秋季。

　　生于田边、荒地或住宅区。

　　产　　　地：扎兰屯市、阿荣旗、莫力达瓦达斡尔族自治旗。

（图 501）假酸浆 *Nicandra physaloides*（L.）Gaertn.

## 茄属 *Solanum* L.

龙葵 *Solanum nigrum* L.（图 502）

　　别　　　名：天茄子。

　　形态特征：一年生草本，高 0.2~1 米。茎直立，多分枝。叶卵形，长 2.5~7（10）厘米，宽 1.5~5 厘米，有不规则的波状粗齿或全缘，两面光滑或有疏短柔毛；叶柄长 1~4 厘米。花序短蝎尾状，腋外生，下垂，有花 4~10 朵，总花梗长 1~2.5 厘米；花梗长约 5 毫米；花萼杯状，直径 1.5~2 毫米；花冠白色，辐状，裂片卵状三角形，长约 3 毫米；子房卵形，花柱中部以下有白色绒毛。浆果球形，直径约 8 毫米，熟时黑色，种子近卵形，压扁状。花期 7—9 月，果期 8—10 月。

　　中生杂草。生于路旁、村边、水沟边。

　　产　　　地：全市。

## 曼陀罗属 *Datura* L.

曼陀罗 *Datura stramonium* L.（图 503）

　　别　　　名：耗子阎王。

　　形态特征：一年生草本，高 1~2 米。茎粗壮，上部呈二歧分枝。单叶互生，宽卵形，长 8~12 厘米，宽

（图 502）龙葵 *Solanum nigrum* L.

（图 503）曼陀罗 *Datura stramonium* L.

（图 504）砾玄参 *Scrophularia incisa* Weinm.

4~10 厘米；叶柄长 3~5 厘米。花单生于茎枝分叉处或叶腋，直立；花萼筒状，有 5 棱角；花冠漏斗状，长 6~10 厘米，直径 4~5 厘米，花冠管具 5 棱，下部淡绿色，上部白色或紫色，5 裂，裂片先端具短尖头；雄蕊不伸出花冠管外，雌蕊与雄蕊等长或稍长，子房卵形，不完全 4 室，花柱丝状，柱头头状而扁。蒴果直立，卵形，长 3~4.5 厘米，直径 2.5~4.5 厘米，成熟时自顶端向下作规则的 4 瓣裂，基部具五角形膨大的宿存萼，向下反卷；种子近卵圆形而稍扁。花期 7—9 月，果期 8—10 月。

生于路旁、住宅旁以及撂荒地上。

产　　地：鄂伦春自治旗、扎兰屯市、阿荣旗、莫力达瓦达斡尔族自治旗。

# 八十一、玄参科 Scrophulariaceae

## 玄参属 Scrophularia L.

**砾玄参** Scrophularia incisa Weinm.（图 504）

形态特征：多年生草本，全体被短腺毛。茎直立 或斜升，多条丛生。叶对生，长椭圆形或椭圆形，长 0.8~3 厘米，宽 0.3~1.3 厘米。聚伞圆锥花序顶生；花冠玫瑰红色至深紫色，长约 5 毫米，花冠筒球状筒形，长约为花冠之半，上唇 2 裂，裂片顶端圆形，边缘波状，比上唇长，下唇 3 裂，裂片宽，带绿色，顶端平截；雄蕊比花冠短或长，花丝粗壮，下部渐细，黄色，密被短腺毛，花药紫色，肾形，无毛，略宽于花丝，呈头状，退化雄蕊条状矩圆形至披针状条形，花柱细，无毛，柱头头状，特小，与花柱等粗，微 2 裂。蒴果球形，径 5~6 毫米，无毛，顶端尖；种子多数；狭卵形，长约 1.5 毫米，宽约 0.5 毫米，黑褐色，表面粗糙，具小凸起。花期 6—7 月，果期 7 月。

生于荒漠草原及典型草原带的砂砾石质地及山地岩石处。

产　　地：新巴尔虎右旗、满洲里市。

## 通泉草属 Mazus Lour.

**弹刀子菜** Mazus stachydifolius（Turcz.）Maxim.（图 505）

形态特征：多年生草本。茎直立，高 10~30 厘米。基生叶匙形；茎生叶对生，上部的常互生。总状花序顶

（图 505）弹刀子菜 Mazus stachydifolius（Turcz.）Maxim.

生，花序轴伸长达 20 厘米；花梗长约 5 毫米，下部具 1 白色膜质的小苞片，三角状钻形，长约 1 毫米；花萼漏斗状，长 7~10 毫米，萼裂片略长于筒部，披针状三角形，10 条纵脉明显；花冠蓝紫色或淡紫色，长为花萼的 1 倍，上唇小而短，2 浅裂，裂片狭三角形，先端尖锐，下唇大而长，3 裂，裂片先端钝圆，中裂片较小，有两条着生腺毛和黄色斑点的皱褶直达喉部；雄蕊内藏，着生于花冠筒的近基部；子房上部被硬毛，柱头 2 裂，裂片薄片状。蒴果卵球形，径约 2 毫米，被毛，室背开裂；种子小，卵球形，径约 0.1 毫米，黑色，无毛。花期 6—7 月，果期 8 月。

生于林缘及湿润草甸。

产　　地：额尔古纳市、鄂伦春自治旗、牙克石市、扎兰屯市、莫力达瓦达斡尔族自治旗。

## 柳穿鱼属 *Linaria* Mill.

柳穿鱼 *Linaria vulgaris* Mill. subsp. *sinensis*（Beaux）Hong（图 506）

形态特征：多年生草本。茎直立，单一或有分枝，高 15~50 厘米，无毛。叶多互生，部分轮生，少全部轮生，条形至披针状条形，长 2~5 厘米，宽 1~5 毫米全缘，无毛，具 1 条脉，极少 3 脉。总状花序顶生，花多数，花梗长约 3 毫米，花序轴、花梗、花萼无毛或有少量短腺毛；苞片披针形，长约 5 毫米；花萼裂片 5，披针形，少卵状披针形，长约 4 毫米，宽约 1.5 毫米；花冠黄色，除距外长 10~15 毫米，距长 7~10 毫米；距向外方略上弯呈弧曲状，末端细尖，上唇直立，2 裂，下唇先端平展，3 裂，在喉部向上隆起，檐部呈假面状，喉部密被毛。蒴果卵球形，直径约 5 毫米；种子黑色，圆盘状，具膜质翅，直径约 2 毫米，中央具瘤状凸起。花期 7—8 月，果期 8—9 月。

生于山地草甸、沙地及路边。

产　　地：全市。

（图 506）柳穿鱼 *Linaria vulgaris* Mill. subsp. *sinensis*（Beaux）Hong

**多枝柳穿鱼** *Linaria buriatica* Turcz. ex Benth.（图 507 ）

别　　名：矮柳穿鱼。

形态特征：多年生草本。茎自基部多分枝，高 10~20 厘米，无毛。叶互生，狭条形至条形，长 2~4 厘米，宽 1~4 毫米，先端渐尖，全缘，无毛。总状花序顶生，花少数，花梗长约 2 毫米，花序轴、花梗、花萼密被腺毛；花萼裂片 5，条状披针形，长约 4 毫米；宽约 1 毫米；花冠黄色，除距外长约 15 毫米，距长约 10 毫米，距向外方略上弯，较狭细，末端细尖。其他特征与前两种相同。花期 8—9 月，果期 9—10 月。

生于草原及固定沙地。

产　　地：新巴尔虎左旗、新巴尔虎右旗、鄂温克族自治旗、海拉尔区、满洲里市。

（图 507）多枝柳穿鱼 *Linaria buriatica* Turcz. ex Benth.

## 腹水草属 *Veronicastrum* Heist. ex Farbic.

**草本威灵仙** *Veronicastrum sibiricum*（ L. ）Pennell（图 508 ）

别　　名：轮叶婆婆纳、斩龙剑。

形态特征：多年生草本。茎直立，单一，不分枝，高 1 米左右，圆柱形。叶（3）4~6（9）枚轮生，叶片矩圆状披针形至披针形或倒披针形，长 5~15 厘米，宽 1.5~3.5 厘米。花序顶生，呈长圆锥状；花梗短，长约 1 毫米；苞片条状披针形，萼近等长；花萼 5 深裂，裂片不等长；花冠红紫色，筒状，长 5~7 毫米，筒部长占花冠长的 2/3~3/4，上部 4 裂，裂片卵状披针形，宽度稍不等，长 1.5~2 毫米，花冠外面无毛，内面被柔毛；雄蕊及花柱明显伸出花冠之外。蒴果卵形，长约 3.5 毫米，花柱宿存；种子矩圆形，棕褐色，长约 0.7 毫米，宽约 0.4 毫米。花期 6—7 月，果期 8 月。

生于山地阔叶林林下，林缘、草甸及灌丛中。

产　　地：根河市、牙克石市、鄂温克族自治旗、新巴尔虎左旗、扎兰屯市、鄂伦春自治旗。

（图 508）草本威灵仙 *Veronicastrum sibiricum*（L.）Pennell

## 婆婆纳属 *Veronica* L.

**细叶婆婆纳** *Veronica linariifolia* Pall.ex Link（图 509）

**形态特征：** 多年生草本。茎直立，单生或自基部抽出数条丛生。叶在下部的常对生，中、上部的多互生，条形或倒披针状条形，长 2~6 厘米，宽 1~6 毫米。总状花序单生或复出，细长，长尾状，先端细尖；花梗短，长 2~4 毫米，被短毛，苞片细条形，短于花，被短毛；花萼筒长 1.5~2 毫米，4 深裂，裂片卵状披针形至披针形，有睫毛；花冠蓝色或蓝紫色，长约 5 毫米，4 裂，筒部长约为花冠长的 1/3，喉部有毛，裂片宽度不等，后方 1 枚大，圆形；其余 3 枚较小，卵形；雄蕊花丝无毛，明显伸出花冠；花柱细长，柱头头状。蒴果卵球形，长约 3 毫米，稍扁，顶端微凹，花柱与花萼宿存；种子卵形，长约 0.5 毫米，宽约 4 毫米，棕褐色。花期 7—8 月，果期 8—9 月。

生于山坡草地、灌丛间。

**产　　地：** 额尔古纳市、鄂温克族自治旗、新巴尔虎左旗、扎兰屯市、鄂伦春自治旗。

**白婆婆纳** *Veronica incana* L.（图 510）

**形态特征：** 多年生草本。茎直立，高 10~40 厘米，单一或自基部抽出数条丛生。叶对生，上部的互生；下部叶较密集，叶片椭圆状披针形，长 1.5~7 厘米，宽 0.5~1.3 厘米；全部叶先端钝或尖，基部楔形，全缘或微具圆齿，上面灰绿色，下面灰白色。总状花序，单一，少复出，细长；花梗长 1~2 毫米，上部的近无柄；苞片条状披针形，短于花；花萼长约 2 毫米，4 深裂，裂片披针形；花冠蓝色，少白色，长约 5 毫米，4 裂，筒部长约为花的 1/3，喉部有毛，后方 1 枚较大，卵圆形，其余 3 枚较小，卵形；雄蕊伸出花冠；花柱细长，柱头头状。蒴果卵球形，顶端凹，长约 3 毫米，密被短毛；种子卵圆形，扁平，棕褐色，长约 0.4 毫米，宽约 0.3 毫米。花期 7—8 月，果期 9 月。

生于草原带的山地、固定沙地，为草原群落的一般常见伴生种。

产　　地：陈巴尔虎旗、新巴尔虎左旗、新巴尔虎右旗、鄂温克族自治旗。

（图 509）细叶婆婆纳 *Veronica linariifolia* Pall.ex Link

（图 510）白婆婆纳 *Veronica incana* L.

（图 511）大婆婆纳 *Veronica dahurica* Stev.

**大婆婆纳** *Veronica dahurica* Stev.（图 511）

**形态特征：**多年生草本。茎直立，单一，有时自基部抽出 2~3 条，上部通常不分枝，高 30~70 厘米。叶对生，三角状卵形或三角状披针形，长 2.6~6 厘米，宽 1.2~3.5 厘米，先端钝尖或锐尖，基部心形或浅心形至截形，边缘具深刻而钝的锯齿或牙齿，下部常羽裂，裂片有齿；叶柄长 7~15 毫米。总状花序顶生，细长，单生或复出；花梗长 1~2 毫米；苞片条状披针形；花萼长 2~3 毫米，4 深裂，裂片披针形，疏生腺毛；花冠白色，长约 6 毫米，4 裂，筒部长不到花冠长之半，喉部有毛，裂片椭圆形至狭卵形，后方 1 枚较宽；雄蕊伸出花冠。蒴果卵球形，稍扁，长约 3 毫米，顶端凹，宿存花萼与花柱；种子卵圆形，长约 1 毫米，宽约 0.8 毫米，淡黄褐色，半透明状。花期 7—8 月，果期 9 月。

生于山坡、沟谷、岩隙、沙丘低地的草甸以及路边。

**产　　地：**额尔古纳市、根河市、牙克石市、鄂温克族自治旗、新巴尔虎左旗。

**兔儿尾苗** *Veronica longifolia* L.（图 512）

**别　　名：**长尾婆婆纳 。

**形态特征：**多年生草本。茎直立，高约达 1 米，通常不分枝。叶对生，披针形，长 4~10 厘米，宽 1~3 厘米；叶柄长 2~7 毫米。总状花序顶生，细长，单生或复出；花梗长 2~4 毫米，被短毛，苞片条形，被短毛；花萼 4 深裂，裂片卵状披针形至披针形，比花梗短或近等长，被短毛，边缘有睫毛，花冠蓝色或蓝紫色，稍带白色，长 4~6 毫米，4 裂，筒部长不到花冠长之半，喉部有毛，裂片椭圆形至卵形，后方 1 枚较宽；雄蕊明显伸出花冠。蒴果卵球形，稍扁，长约 3 毫米，顶端凹，宿存花柱和花萼；种子卵形，暗褐色，长约 0.3 毫米，宽约 0.2 毫米。花期 7—8 月，果期 8—9 月。

生于林下、林缘草甸、沟谷及河滩草甸。

**产　　地：**额尔古纳市、根河市、牙克石市、鄂温克族自治旗。

（图 512）兔儿尾苗 *Veronica longifolia* L.

北水苦荬 *Veronica anagallis-aquatica* L.（图 513）

别　　名：水苦荬、珍珠草、秋麻子。

形态特征：多年生草本。茎直立或基部倾斜，高 10~80 厘米，单一或有分枝。叶对生，无柄。上部的叶半抱茎，椭圆形或长卵形，少卵状椭圆形或披针形，长 1~7 厘米，宽 0.5~2 厘米，全缘。总状花序腋生；花梗弯曲斜升，果期梗长 3~6 毫米；苞片狭披针形；花萼 4 深裂，长约 3 毫米，裂片卵状披针形，锐尖；花冠浅蓝色、淡紫色或白色，长约 4 毫米，4 深裂；雄蕊与花冠近等长或略长，花药为紫色；子房无毛，花柱长约 1.5 毫米。蒴果近圆形或卵圆形，顶端微凹，长宽约 2.5 毫米，与花萼近相等或略短；种子卵圆形，黄褐色，长宽约 0.5 毫米，半透明状。花、果期 7—9 月。

生于溪水边或沼泽地。

产　　地：新巴尔虎右旗、扎兰屯市。

（图 513）北水苦荬 *Veronica anagallis-aquatica* L.

# 小米草属 *Euphrasia* L.

小米草 *Euphrasia pectinata* Ten.（图 514）

形态特征：一年生草本。茎直立，高 10~30 厘米，常单一。叶对生，卵形或宽卵形，长 5~15 毫米，宽 3~8 毫米，先端钝或尖，基部楔形，边缘具 2~5 对急尖或稍钝的牙齿，两面被短硬毛，无柄。穗状花序顶生；苞叶叶状；花萼筒状，4 裂，裂片三角状披针形，被短硬毛；花冠 2 唇形，白色或淡紫色，长 5~8 毫米，上唇直立，2 浅裂，裂片顶部又微 2 裂，下唇开展，3 裂，裂片又叉状浅裂，被白色柔毛；雄蕊花药裂口露出白色须毛，药室在下面延长成芒。蒴果扁，每侧面中央具 1 纵沟，长卵状矩圆形，长约 5 毫米，宽约 2 毫米，被柔毛，上部边沿具睫毛，顶端微凹；种子多数，狭卵形，长约 1 毫米，宽约 0.3 毫米，淡棕色，其上具 10 余条白色膜质纵向窄翅。花期 7—8 月，果期 9 月。

生于山地草甸、草甸草原以及林缘、灌丛。

产　　地：根河市、额尔古纳市、牙克石市、鄂温克族自治旗。

（图 514）小米草 *Euphrasia pectinata* Ten.

## 疗齿草属 Odontites Ludwig

疗齿草 *Odontites serotina*（Lam.）Dum.（图 515）

别　　名：齿叶草。

形态特征：一年生草本。茎上部四棱形，高 10~40 厘米，常在中上部分枝。叶有时上部的互生，无柄，披针形至条状披针形，长 1~3 厘米，宽达 5 毫米。总状花序顶生，苞叶叶状；花梗极短，花萼钟状；花冠紫红色，长 8~10 毫米，外面被白色柔毛，上唇直立，略呈盔状，先端微凹或 2 浅裂，下唇开展，3 裂，裂片倒卵形，中裂片先端微凹，两侧裂片全缘；雄蕊与上唇略等长，花药箭形，药室下面延成短芒。蒴果矩圆形，长 5~7 毫米，宽 2~3 毫米，扁侧面各有 1 条纵沟，被细硬毛；种子多数，卵形，长约 1.8 毫米，宽约 0.8 毫米，褐色，有数条纵的狭翅。花期 7—8 月，果期 8—9 月。

生于低湿草甸及水边。

产　　地：莫力达瓦斡尔族自治旗、新巴尔虎左旗、新巴尔虎右旗、鄂温克族自治旗。

## 马先蒿属 Pedicularis L.

旌节马先蒿 *Pedicularis sceptrum-carolinum* L.（图 516）

别　　名：黄旗马先蒿。

形态特征：多年生草本。茎通常单一，直立。基生叶丛生，具长柄，柄长达 7 厘米，两边常有狭翅；叶片倒披针形至条状长圆形，长达 30 厘米，宽达 6.5 厘米，上半部羽状深裂，裂片连续而轴有翅，下半部羽状全裂裂片小而疏离，三角状卵形；茎生叶仅 1~2 枚。花序穗状，顶生；苞片宽卵形与花萼近等长；花萼钟形，萼齿 5，三角状卵形，紫色细网脉亦明显；花冠黄色，长达 3.8 厘米，盔直立，顶部略弓曲，下唇 3，裂；雄蕊花丝基部有微毛；子房无毛。蒴果扁球形；种子多数，歪卵形或不整齐的肾形，长约 3 毫米，宽约 2 毫米，表面具整齐的网状孔纹。花期 6—7 月，果期 8 月。

生于山地阔叶林林下、林缘草甸及潮湿草甸和沼泽。

产　　地：额尔古纳市、根河市、鄂伦春族自治旗、牙克石市。

（图 515）疗齿草 *Odontites serotina*（Lam.）Dum.

（图 516）旌节马先蒿 *Pedicularis sceptrum-carolinum* L.

**卡氏沼生马先蒿** *Pedicularis palustriskaroi* L. subsp. *karoi*（Freyn）Tsoong.（图 517）

别　　名：沼地马先蒿。

形态特征：一年生草本。茎直立，高 30~60 厘米，多分枝。叶近无柄，互生或对生，偶轮生，三角状披针形，长 1~5 厘米，宽 3~10 毫米，羽状全裂，叶轴具狭翅。花序总状，生于茎枝顶部；苞片叶状；花萼钟形；萼齿 2，裂片边缘波齿；花冠紫红色，长 13~16 毫米，盔直立，前端下方具 1 对小齿，下唇与盔近等长，中裂片倒卵圆形，突出于侧裂片之前，具缘毛；花丝两对均无毛；柱头通常不自盔端伸出。蒴果卵形，长约 8 毫米，宽约 5 毫米，无毛，先端具小凸尖；种子卵形，长约 1.5 毫米，宽约 0.8 毫米，棕褐色，表面具网状孔纹，被细毛。花期 7—8 月，果期 8—9 月。

于湿草甸及沼泽草甸。

产　　地：根河市、额尔古纳市、牙克石市、海拉尔区。

（图 517）卡氏沼生马先蒿 *Pedicularis palustriskaroi* L. subsp. *karoi*（Freyn）Tsoong.

**拉不拉多马先蒿** *Pedicularis labradorica* Wirsing（图 518）

别　　名：北马先蒿。

形态特征：二年生草本。茎直立，高 20~35 厘米，多分枝。叶在茎上者互生，在分枝上者互生或对生，下部茎生叶披针形，长 3~5 厘米，宽约 1 厘米，羽状深裂，中部茎生叶条状披针形，长 2~4 厘米，宽 3~6 毫米，羽状浅裂，上部茎生叶条形，长 1~3 厘米，宽 2~3 毫米，不分裂。总状花序着生于茎及分枝顶端，较稀疏；花梗长达 1 厘米；苞片叶状；花萼歪矩圆形，萼齿 3，全缘；花冠黄色，盔上部粉红色，下唇 3 裂，具紫色脉纹，中裂片较小；雄蕊花丝仅 1 对被毛，柱头自盔端伸出。蒴果宽披针形，种子狭卵形，棕褐色，表面具网状孔纹。花期 7—8 月，果期 8—9 月。

生于寒温带针叶林带的湿润草甸以及林缘和林下。

产　　地：额尔古纳市、根河市、牙克石市。

（图 518）拉不拉多马先蒿 *Pedicularis labradorica* Wirsing

**红纹马先蒿** *Pedicularis striata* Pall.（图 519）

**别　　名：**细叶马先蒿。

**形态特征：**多年生草本。茎直立，高 20~80 厘米。基生叶成丛而柄较长，茎生叶互生，向上柄渐短；叶片轮廓披针形，长 3~14 厘米，宽 1.5~4 厘米，羽状全裂或深裂。花序穗状，长 6~22 厘米；苞片披针形；花萼钟状，长 7~13 毫米；花冠黄色，具绛红色脉纹，长 25~33 毫米，盔镰状弯曲，端部下缘具 2 齿，下唇 3 浅裂，稍短于盔，侧裂片斜肾形，中裂片肾形，宽过于长，叠置于侧裂片之下；花丝 1 对被毛。蒴果卵圆形，具短凸尖，长 9~13 毫米，宽 4~6 毫米，约含种子 16 粒；种子矩圆形，长约 2 毫米，宽约 1 毫米，扁平，具网状孔纹，灰黑褐色。花期 6—7 月，果期 8 月。

生于山地草甸草原、林缘草甸或疏林中。

**产　　地：**全市。

**返顾马先蒿** *Pedicularis resuplarta* L.（图 520）

**形态特征：**多年生草本。茎单出或数条，有的上部多分枝，叶茎生，互生或有时下部甚至中部的对生，具短柄，柄长 2~10 毫米；叶片披针形、矩圆状披针形至狭卵形，长 2~8 厘米，宽 6~25 毫米。总状花序，苞片叶状，花具短梗；花萼长卵圆形，长约 7 毫米，近无毛，前方深裂，萼齿 2，宽三角形，全缘或略有齿；花冠淡紫红色，长 20~25 毫米，管部较细，自基部起即向外扭旋，使下唇及盔部成回顾状，盔的上部两次多少作膝状弓曲，顶端成圆形短喙，下唇稍长于盔，3 裂，中裂片较小，略向前凸出；花丝前面 1 对有毛柱头伸出于喙端。蒴果斜矩圆状披针形，长约 1 厘米，稍长于萼种子矩圆形，长约 2.5 毫米，宽约 1 毫米，棕褐色，表面具白色膜质网状孔纹。花期 6—8 月，果期 7—9 月。

生于山地林下、林缘草甸及沟谷草甸。

**产　　地：**根河市、额尔古纳市、牙克石市、陈巴尔虎旗、鄂温克族自治旗。

（图 519）红纹马先蒿 *Pedicularis striata* Pall.

（图 520）返顾马先蒿 *Pedicularis resuplarta* L.

轮叶马先蒿 *Pedicularis verticillata* L.（图 521）

形态特征：多年生草本。茎直立，常成丛。基生叶具柄，柄长达 3 厘米，被白色长柔毛，叶片条状披针形或矩圆形，长 1.5~3 厘米，宽 3~7 毫米，羽状深裂至全裂；茎生叶通常 4 叶轮生。总状花序顶生，花稠密，最下部 1 或 2 轮多少疏远；苞片叶状；花萼球状卵圆形，常紫红色；花冠紫红色，长约 13 毫米，筒约在近基 3 毫米处以直角向前膝屈，由萼裂口中伸出，盔略弓曲，额圆形，下缘端微凸尖，下唇约与盔等长或稍长，中裂片圆形而小于侧裂片；花丝前方 1 对有毛；花柱稍伸出。蒴果多少披针形，端渐尖，长 10~15 毫米，宽 4~5 毫米，黄褐色至茶褐色；种子卵圆形，黑褐色，长约 1 毫米，宽约 0.7 毫米，疏被细毛，表面具网状孔纹。花期 6—7 月，果期 8 月。

生于沼泽草甸或低湿草甸。

产　　　地：鄂温克族自治旗、鄂伦春自治旗。

（图 521）轮叶马先蒿 *Pedicularis verticillata* L.

## 阴行草属 *Siphonostegia* Benth.

阴行草 *Siphonostegia chinensis* Benth.（图 522）

别　　　名：刘寄奴、金钟茵陈。

形态特征：一年生草本。茎单一，高 20~40 厘米。叶对生；叶片二回羽状全裂。花对生于茎顶叶腋，成疏总状花序；花梗短，长 2~3 毫米，上部具 1 对条形小苞片，长 5~7 毫米；萼筒细筒状，长 11~14 毫米，萼裂片 5，披针形，长 3~5 毫米，为筒部的 1/4~1/3，全缘或偶有 1~2 锯齿；花冠 2 唇形，上唇红紫色，下唇黄色，长 22~25 毫米，筒部伸直，上唇镰状弓曲，前方下角有 1 对小齿，背部被长柔毛，下唇顶端 3 裂；雄蕊花丝被柔毛；花柱细，与花冠近等长，柱头圆头状，子房无毛。蒴果披针状矩圆形，长约 12 毫米；种子黑色，卵形，长约 0.5 毫米，表面具皱纹。花期 7—8 月，果期 8—9 月。

生于山坡与草地上。

产　　　地：阿荣旗、鄂温克族自治旗、鄂伦春自治旗、额尔古纳市、牙克石市、扎兰屯市。

（图 522）阴行草 *Siphonostegia chinensis* Benth.

## 芯芭属 *Cymbaria* L.

**达乌里芯芭 *Cymbaria dahurica* L.（图 523）**

别　　名：芯芭、大黄花、白蒿茶。

形态特征：多年生草本，高 4~20 厘米。叶披针形、条状披针形或条形，长 7~20 毫米，宽 1~3.5 毫米。小苞片条形或披针形，长 12~20 毫米，宽 1.5~3 毫米；萼筒长 5~10 毫米；花冠黄色，长 3~4.5 厘米，2 唇形，下唇 3 裂，较上唇长；雄蕊微露于花冠喉部，着生于花管内里靠近子房的上部处，花丝基部被毛，花药长倒卵形，纵裂，长约 4 毫米，宽约 1.5 毫米，顶端钝圆，被长柔毛、子房卵形，花柱细长，自上唇先端下方伸出，弯向前方，柱头头状。蒴果革质，长卵圆形，长 10~13 毫米，宽 7~9 毫米；种子卵形，长 3~4 毫米，宽 2~2.5 毫米。花期 6—8 月，果期 7—9 月。

生于典型草原、荒漠草原及山地草原上。

产　　地：陈巴尔虎旗、新巴尔虎左旗、新巴尔虎右旗、鄂温克族自治旗。

# 八十二、紫薇科 Bignoniaceae

## 角蒿属 *Incarvillea* Juss.

**角蒿 *Incarvillea sinensis* Lam.（图 524）**

别　　名：透骨草。

形态特征：一年生草本，高 30~80 厘米。茎直立。叶互生于分枝上，2~3 回羽状深裂或至全裂，羽片 4~7 对；叶柄长 1.5~3 厘米。花红色，或紫红色由 4~18 朵花组成的顶生总状花序；花冠筒状漏斗形，长约 3 厘米，先端 5 裂；雄蕊 4，着生于花冠中部以下，花丝长约 8 毫米，无毛，花药 2 室，室水平叉开，被短毛，长约 4.5

（图 523）达乌里芯芭 *Cymbaria dahurica* L.

（图 524）角蒿 *Incarvillea sinensis* Lam.

毫米，近药基部及室的两侧，各具 1 硬毛；雌蕊着生于扁平的花盘上，长 6 毫米，密被腺毛，花柱长 1 厘米，无毛，柱头扁圆形。蒴果长角状弯曲，长约 10 厘米，先端细尖，熟时瓣裂，内含多数种子；种子褐色，具翅，白色膜质。花期 6—8 月，果期 7—9 月。

生于草原区的山地、沙地、河滩、河谷，也散生于田野、撂荒地及路边、宅旁。

产　　地：全市。

# 八十三、列当科 Orobanchaceae
## 列当属 *Orobanche* L.

列当 *Orobanche coerulescens* Steph.（图 525）

别　　名：兔子拐棍、独根草。

形态特征：二年生或多年生草本，高 10~35 厘米，全株被蛛丝状绵毛。茎不分枝，圆柱形，直径 5~10 毫米，黄褐色，基部常膨大。叶鳞片状，卵状披针形，长 8~15 毫米，宽 2~6 毫米，黄褐色。穗状花序顶生，长 5~10 厘米；苞片卵状披针形，先端尾尖，稍短于花，棕褐色；花萼 2 深裂至基部，每裂片 2 浅尖裂；花冠 2 唇形，蓝紫色或淡紫色，稀淡黄色，长约 2 厘米；管部稍向前弯曲，上唇宽阔，顶部微凹，下唇 3 裂，中裂片较大；雄蕊着生于花冠管的中部，花药无毛，花丝基部常具长柔毛。蒴果卵状椭圆形，长约 1 厘米。种子黑褐色。花期 6—8 月，果期 8—9 月。

生于固定或半固定沙丘、向阳山坡、山沟草地。

产　　地：新巴尔虎左旗、鄂温克族自治旗、陈巴尔虎旗、海拉尔区。

（图 525）列当 *Orobanche coerulescens* Steph.

**黄花列当** *Orobanche pycnostachya* Hance（图 526）

**别　　名：**独根草。

**形态特征：**二年生或多年生草本，高 12~34 厘米。茎直立，单一，不分枝，黄褐色。叶鳞片状，卵状披针形或条状披针形，长 10~20 毫米，黄褐色。穗状花序顶生，长 4~18 厘米，具多数花；苞片卵状披针形，长 14~17 毫米，宽 3~5 毫米；花萼 2 深裂达基部，每裂片再 2 中裂，小裂片条形，黄褐色，密被腺毛；花冠 2 唇形，黄色，长约 2 厘米，花冠筒中部稍弯曲，密被腺毛，上唇 2 浅裂，下唇 3 浅裂，中裂片较大；雄蕊 2 强；子房矩圆形，无毛，花柱细长，被疏细腺毛。蒴果矩圆形，包藏在花被内。种子褐黑色，扁球形或扁椭圆形，长约 0.3 毫米。花期 6~7 月，果期 7~8 月。

生于固定或半固定沙丘、山坡、草原。

**产　　地：**新巴尔虎右旗、陈巴尔虎旗、扎兰屯市。

（图 526）黄花列当 *Orobanche pycnostachya* Hance

# 八十四、狸藻科 Lentibulariaceae

## 狸藻属 *Utricularia* L.

**狸藻** *Utricularia vulgaris* L.（图 527）

**形态特征：**水生多年生食虫草本，无根；茎柔软，多分枝。叶互生，紧密，叶片轮廓卵形、矩圆形或卵状椭圆形，长 2~5 厘米，宽 1~2.5 厘米，2~3 回羽状分裂；具许多捕虫囊；捕虫囊生于小裂片基部，膜质。花葶直立，露出水面；花两性，两侧对称，在花葶上部有 5~11 朵花形成疏生总状花序；花梗长 0.8~2 厘米，有细纵棱；苞片卵形或近圆形，膜质，透明，长 3~5 毫米，黄褐色；花萼 2 深裂，长 3~4 毫米，上裂片宽披针形或椭圆形，锐尖，下裂片宽卵形，先端 2 浅裂；花冠唇形，黄色，长 5~9 毫米，上唇短，全缘，下唇较长，先端 3 浅裂；花丝宽，花药卵形，1 室；几无花柱，柱头 2 裂，不相等，圆形，膜质。蒴果球形，有皱纹状角棱，无胚乳。花果期 7—10 月。

生于河岸沼泽、湖泊及浅水中。

产　　地：扎兰屯市、新巴尔虎右旗、鄂温克族自治旗、海拉尔区、牙克石市、满洲里市。

（图 527）狸藻 *Utricularia vulgaris* L.

# 八十五、车前科 Plantaginaceae

## 车前属 *Plantago* L.

**盐生车前** *Plantago maritima* L. var. *salsa*（Pall.）Pilger（图 528）

**形态特征：**多年生草本，高 5~30 厘米。叶基生，多数，直立或平铺地面，条形或狭条形，长 5~20 厘米；宽 1.5~4 毫米，全缘；无叶柄。花葶少数，直立或斜升。长 5~30 厘米，密被短伏毛；穗状花序圆柱形，长 1.5~7 厘米，有多数花，上部较密，下部较疏；苞片卵形或三角形，长 2~3 毫米，先端渐尖，边缘有疏短睫毛，具龙骨状凸起；花萼裂片椭圆形，长 2~2.5 毫米，被短柔毛，边缘膜质，有睫毛，龙骨状凸起较宽；花冠裂片卵形或矩圆形，先端具锐尖头，中央及基部呈黄褐色，边缘膜质，白色，有睫毛；花药淡黄色。蒴果圆锥形，长 2.5~3 毫米，在中下部盖裂；种子 2，矩圆形，黑棕色。花期 6—8 月，果期 7—9 月。

生于盐化草甸、盐湖边缘及盐化、碱化湿地。

产　　地：陈巴尔虎旗、新巴尔虎左旗、新巴尔虎右旗。

**北车前** *Plantago media* L.（图 529）

**别　　名：**中车前。

**形态特征：**多年生草本。叶基生，椭圆状倒披针形、倒卵形或倒披针形，长 5~10 厘米，宽 1~3.5 厘米，全缘；叶柄扁，长 1.5~4.5 厘米。花葶少数，高 20~50 厘米，直立或下部斜升；穗状花序椭圆形、长卵形或短圆柱形，长 5~8 厘米，花密集；花萼裂片矩圆形，长 1.5~2.5 毫米，宽约 0.7 毫米；花冠裂片狭卵形、矩圆形或长卵形，长 1.2~2 毫米，白色，有光泽，先端锐尖，全缘；花丝长 3~5 毫米，花药长卵形或矩圆形；花柱与柱

（图 528）盐生车前 *Plantago maritima* L. var. *salsa*（Pall.）Pilger

（图 529）北车前 *Plantago media* L.

头密被短柔毛。蒴果半椭圆形或圆锥形，淡黄色；种子2~4，长约2毫米，褐色或暗棕色，稍平滑。花、果期6—10月。

生于草甸、河滩、沟谷、湿地。

产　　地：扎兰屯市、满洲里市、莫力达瓦达斡尔族自治旗。

平车前 *Plantago depressa* Willd.（图 530）

别　　名：车前草、车轱辘菜、车串串。

形态特征：一或二年生草本。叶基生，直立或平铺，椭圆形、矩圆形、倒披针形或披针形，长 4~14 厘米，宽 1~5.5 厘米。花葶 1~10，直立或斜升，高 4~40 厘米，被疏短柔毛，有浅纵沟；穗状花序圆柱形，长 2~18 厘米；苞片三角状卵形，长 1~2 毫米，背部具绿色龙骨状凸起，边缘膜质；萼裂片椭圆形或矩圆形，长约 2 毫米，先端钝尖，龙骨状凸起宽，绿色，边缘宽膜质；花冠裂片卵形或三角形，先端锐尖，有时有细齿。蒴果圆锥形，褐黄色，长 2~3 毫米，成熟时在中下部盖裂；种子矩圆形，长 1.5~2 毫米，黑棕色，光滑。花、果期 6—10 月。

生于草甸、轻度盐化草甸、也见于路旁、田野、居民点附近。

产　　地：全市。

（图 530）平车前 *Plantago depressa* Willd.

车前 *Plantago asiatica* L.（图 531）

别　　名：大车前、车轱辘菜、车串串。

形态特征：多年生草本。叶基生，椭圆形、宽椭圆形、卵状椭圆形或宽卵形，长 4~12 厘米，宽 3~9 厘米，边缘近全缘、波状或有疏齿至弯缺；叶柄长 2~10 厘米。花葶少数，直立或斜升，高 20~50 厘米；穗状花序圆柱形，长 5~20 厘米，具多花，上部较密集；苞片宽三角形，较花萼短，背部龙骨状凸起宽而呈暗绿色；花萼具短柄，裂片倒卵状椭圆形或椭圆形，长 2~2.5 毫米，边缘白色膜质，背暗龙骨状凸起宽而呈绿色；花冠裂片披针形或长三角形，长约 1 毫米，先端渐尖，反卷，淡绿色。蒴果椭圆形或卵形，长 2~4 毫米；种子 5~8，矩圆形，长约 1.5~1.8 毫米，黑褐色。花、果期 6—10 月。

　　生于草甸、沟谷、耕地、田野及路边。

　　产　　　地：全市。

（图 531）车前 *Plantago asiatica* L.

# 八十六、茜草科 Rubiaceae

## 拉拉藤属 *Galium* L.

**北方拉拉藤 *Galium boreale* L.（图 532）**

　　别　　　名：砧草。

　　形态特征：多年生草本。茎直立，高 15~65 厘米，节部微被毛或近无毛，具 4 纵棱。叶 4 片轮生，披针形或狭披针形，长 1~3（5）厘米，宽 3~5（7）毫米。顶生聚伞圆锥花序，长可达 25 厘米；苞片具毛；花小，白色，花梗长约 2 毫米；萼筒密被钩状毛；花冠长 2 毫米，4 裂，裂片椭圆状卵形、宽椭圆形或椭圆形，外被极疏的短柔毛；雄蕊 4，花药椭圆形，长 0.2 毫米，花丝长 0.7 毫米，光滑；子房下位，花柱 2 裂至近基部，长约 1 毫米，柱头球状。果小，扁球形，长约 1 毫米，果爿单生或双生，密被黄白色钩状毛。花期 7 月，果期 9 月。

　　生于山地林下、林缘、灌丛及草甸中，也有少量生于杂类草草甸草原。

　　产　　　地：鄂温克族自治旗、额尔古纳市、鄂伦春自治旗、扎兰屯市。

**蓬子菜 *Galium verum* L.（图 533）**

　　别　　　名：松叶草。

　　形态特征：多年生草本，近直立，基部稍木质。地下茎横走，暗棕色。茎高 25~65 厘米，具 4 纵棱，被短柔毛。叶 6~8（10）片轮生，条形或狭条形，长 1~3（4.5）厘米，宽 1~2 毫米，先端尖，基部稍狭，上面深绿色，下面灰绿色，两面均无毛，中脉 1 条，背面凸起，边缘反卷，无毛；无柄。聚伞圆锥花序顶生或上部叶腋

（图 532）北方拉拉藤 *Galium boreale* L.

生，长 5~20 厘米；花小，黄色，具短梗，被疏短柔毛；萼筒长 1 毫米，无毛；花冠长约 2.2 毫米，裂片 4，卵形，长 2 毫米，宽 1 毫米；雄蕊 4，长约 1.3 毫米，花柱 2 裂至中部，长约 1 毫米，柱头头状。果小，果爿双生，近球状，径约 2 毫米，无毛。花期 7 月，果期 8—9 月。

生于草甸草原、杂类草草甸、山地林缘及灌丛中。

产　　地：全市。

（图 533）蓬子菜 *Galium verum* L.

## 茜草属 *Rubia* L.

**茜草 *Rubia cordifolia* L.（图 534）**

别　　名：红丝线、粘粘草。

形态特征：多年生攀援草本。茎粗糙，基部稍木质化；小枝四棱形，棱上具倒生小刺。叶 4~6（8）片轮生，卵状披针形或卵形，长 1~6 厘米，宽 6~25 毫米，全缘，边缘具倒生小刺；叶柄长 0.5~5 厘米，沿棱具倒生小刺。聚伞花序顶生或腋生，通常组成大而疏松的圆锥花序；小苞片披针形，长 1~2 毫米。花小，黄白色，具短梗；花萼筒近球形，无毛；花冠辐状，长约 2 毫米，筒部极短，檐部 5 裂，裂片长圆状披针形，先端渐尖；雄蕊 5，着生于花冠筒喉部，花丝极短，花药椭圆形；花柱 2 深裂，柱头头状。果实近球形，径 4~5 毫米，橙红色，熟时不变黑，内有 1 粒种子。花期 7 月，果期 9 月。

生于山地杂木林下、林缘、路旁草丛、沟谷草甸及河边。

产　　地：鄂伦春自治旗、鄂温克族自治旗、牙克石市、阿荣旗。

**披针叶茜草 *Rubia lanceolata* Hayata（图 535）**

形态特征：多年生草本，攀援状或披散状，长达 1 米。茎具棱，棱上具倒向小皮刺。叶 4 片轮生，草质或近草质，叶片披针形或卵状披针形，长 1~3 厘米，宽 3.5~8 毫米，先端渐尖，基部浅心形至近圆形，全缘，边缘反卷，具倒向小刺，上面绿色，有光泽，下面暗绿色，两面脉上均被糙毛或短硬毛，基出脉 3，表面凹下，背面

（图 534）茜草 *Rubia cordifolia* L.

（图 535）披针叶茜草 *Rubia lanceolata* Hayata

凸起。聚伞花序排成大而疏散的圆锥花序，顶生或腋生；总花梗长而直，花梗长 3~5 毫米，均具倒向小刺；小苞片披针形，长 3~5 毫米；花萼筒近球形，无毛；花冠辐状，黄绿色，筒部极短，檐部 5 裂，裂片宽三角形或卵形至卵状披针形；雄蕊 5，着生于花冠喉部；花柱 2 深裂，柱头头状。果实球形，直径 4~5 毫米，成熟后黑色，光滑无毛。花期 6—7 月，果期 8—9 月。

生于山沟、山坡林下、湖岸石壁、沙丘灌丛下与河滩草地。

产　　地：新巴尔虎右旗。

# 八十七、忍冬科 Caprifoliaceae

## 忍冬属 Lonicera L.

蓝锭果忍冬 Lonicera caerulea L. var. edulis Turcz. ex Herd.（图 536）

别　　名：甘肃金银花。

形态特征：灌木，高 1~1.5 米。小枝紫褐色；冬芽暗褐色，被 2 枚舟形外鳞片所包，有时具副芽，光滑。叶矩圆形、披针形或卵状椭圆形，长 1.5~5.5 厘米，宽 0.9~2.3 厘米，全缘，具短睫毛，上面深绿色，中脉下陷，网脉凸起，被疏短柔毛，或仅脉上有毛，下面淡绿色，密被柔毛，脉上尤密；叶柄长 2~4 毫米，被长毛。花腋生于短梗，苞片条形，比萼筒长 2~3 倍，小苞片合生成坛状壳斗，完全包围子房，成熟时成肉质；花冠黄白色，长 0.7~1.5 厘米，外被短柔毛，基部具浅囊；雄蕊 5，稍伸出花冠；花柱较花冠长，无毛。浆果球形或椭圆形，深蓝黑色，长 1~1.7 厘米。花期 5 月，果期 7—8 月。

生于山地杂木林下或灌丛中，可成为山地灌丛的优势种之一。

产　　地：根河市、鄂伦春自治旗。

（图 536）蓝锭果忍冬 Lonicera caerulea L. var. edulis Turcz. ex Herd.

**黄花忍冬** *Lonicera chrysantha* Turcz.（图 537）

别　　名：黄金银花、金花忍冬。

形态特征：灌木，高 1~2 米。小枝被长柔毛，后变光滑。叶菱状卵形至菱状披针形或卵状披针形，长 4~7.5 厘米，宽 1~4.5 厘米，全缘。苞片与子房等长或较长，小苞片卵状矩圆形至近圆形，长为子房的 1/3~1/2，边缘具睫毛，背部具腺毛；总梗长 1.5~2.3 厘米，被柔毛：花黄色，长 12 毫米，花冠外被柔毛，花冠筒基部一侧浅囊状，上唇 4 浅裂，裂片卵圆形，下唇长椭圆形；雄蕊 5，花丝长 10 毫米，中部以下与花冠筒合生，被密柔毛，花药长椭圆形，长 2 毫米；花柱长 11 毫米，被短柔毛，柱头圆球状，子房矩圆状卵圆形，具腺毛。浆果红色，径约 5~6 毫米，种子多数。花期 6 月，果期 9 月。

生于山地阴坡杂木林下或沟谷灌丛中。

产　　地：扎兰屯市、鄂温克族自治旗、鄂伦春自治旗。

（图 537）黄花忍冬 *Lonicera chrysantha* Turcz.

## 接骨木属 *Sambucus* L.

**接骨木** *Sambucus williamsii* Hance（图 538）

别　　名：野杨树。

形态特征：灌木，高约 3 米。树皮浅灰褐色。单数羽状复叶，小叶 5~7 枚，矩圆状卵形或矩圆形，长 5.5~9 厘米，宽 2~4 厘米，下部 2 对小叶具柄，顶端小叶较大，具长柄。圆锥花序，花带黄白色，径约 3 毫米，花轴、花梗无毛；花萼 5 裂，裂片三角形，长 0.8 毫米，宽 0.3 毫米，光滑；花期花冠裂片向外反折，裂片宽卵形，长约 2 毫米，宽 1.5 毫米，先端钝圆；雄蕊 5，着生于花冠上且与其互生，花药近球形，径约 1 毫米，黄色，花丝长约 1 毫米；子房下位，柱头 2 裂，近球形，几无花柱。果为浆果状核果，蓝紫色，径约 4~5 毫米，种子有皱纹。花期 5 月，果期 9 月。

生于山地灌丛、林缘及山麓、为中生灌木。

产　　地：根河市、额尔古纳市、牙克石市、扎兰屯市。

（图 538）接骨木 *Sambucus williamsii* Hance

**钩齿接骨木** *Sambucus foetidissima* Nakai et Kitag（图 539）

**别　　名：**马尿烧。

**形态特征：**直立灌木，高约 4 米。树皮暗带淡黄褐色，有小疣状凸起。单数羽状复叶，对生，小叶 5~7 枚，椭圆形，稀为长圆形，长 6~9（15）厘米，宽 1.5~4（7）厘米，先端突然长尾尖，长渐尖，基部宽楔形或楔形，上面深绿色，被稀疏小刚毛，沿中脉较密，下面淡绿色，具恶臭味；边缘具粗大锐密锯齿，齿成钩状向内方弯曲，先端锐尖；叶轴及叶柄有时被疏短毛。圆锥花序紧密，顶生，顶部稍平，花梗及小花均开展，无毛；萼筒状有棱角，萼裂片卵状三角形，花白色，后变淡黄色，有椭圆状裂片，具三条脉；花药卵形，紫色。核果近球形，成熟时红色，种子有皱纹。花期 5—6 月，果期 8—9 月。

生于山坡、林缘草地。

**产　　地：**鄂伦春自治旗、根河市。

**宽叶接骨木** *Sambucus latipinna* Nakai（图 540）

**形态特征：**灌木，高达 3 米。树皮淡褐色。小枝无毛，具细纵条纹，老枝黄褐色或紫褐色，有凸起的皮孔，髓褐色；冬芽卵形，褐色。单数羽状复叶，对生小叶 3~5 枚，具柄，先端小叶柄长达 2 厘米，小叶椭圆状卵形或长椭圆形，长 4~8 厘米，宽 2~3.5 厘米，上面暗绿色，无毛或在主脉上被短毛，下面淡绿色，无毛或在主脉上被稀柔毛，先端突渐尖或长渐尖，基部偏斜，楔形或宽楔形，稀圆形，边缘具锯齿；总叶柄被毛或无毛。花由聚伞花序组成的顶生圆锥花序，开展，卵圆形；花冠带黄绿色，裂片无毛；雄蕊 5，花药黄色，花柱紫色。果橙红色，径约 3 毫米；果梗无毛或有时被稀毛，种子有皱纹。花期 5 月，果期 8—9 月。

生于河岸、草甸及杂木林中。

**产　　地：**扎兰屯市、阿荣旗。

（图 539）钩齿接骨木 *Sambucus foetidissima* Nakai et Kitag

（图 540）宽叶接骨木 *Sambucus latipinna* Nakai

# 八十八、败酱科 Valerianaceae
## 败酱属 *Patrinia* Juss.

**西伯利亚败酱** *Patrinia sibirica* Juss（图 541）

**形态特征：** 多年生矮小草本。叶基生，倒披针形或狭椭圆形，长 2~3.5（5）厘米，全缘，或羽状深裂，先端圆、渐尖或有数裂齿，基部渐窄下延成柄，柄长 2.5~5 厘米。花茎由叶丛抽出，高 10~25 厘米，密被白毛，毛渐脱落；聚伞花序在枝端集成圆头状，花开后花梗增长呈顶生伞房状圆锥花序；花萼有细小 5 齿；花冠黄色，漏斗状管形，基部狭细，裂片 5，近圆形；雄蕊 4，伸出，花药大。瘦果卵形。长 3~4（6）毫米，顶端有冠状宿萼；苞片膜质，卵圆形，长 6~9 毫米，顶端圆钝，有时微 3 裂。花期 6—7 月，果期 7—8 月。

生于山地森林带及森林草原带或高山带的砾石质坡地，岩石露头的石隙中。

**产　　地：** 新巴尔虎左旗、鄂温克族自治旗、牙克石市、鄂伦春自治旗。

（图 541）西伯利亚败酱 *Patrinia sibirica* Juss

**岩败酱** *Patrinia rupestris*（Pall.）Juss.（图 542）

**形态特征：** 植株高（15）30~60 厘米。茎 1 至数枝。基生叶倒披针形，长 1.5~4 厘米；茎生叶对生，狭卵形至披针形，长 2.5~6（10）厘米，宽 1~3.5 厘米，羽状深裂至全裂；叶柄长约 1 厘米或近无柄。圆锥状聚伞花序多枝在枝顶集成伞房状，最下分枝处总苞叶羽状全裂，具 3~5 对较窄的条形裂片，花轴及花梗均密被细硬毛及腺毛；花黄色；花萼不明显；花冠筒状钟形，长 3~4 毫米，先端 5 裂，基部一侧稍膨大成短的囊距，雄蕊 4；子房不发育的 2 室果时肥厚扁平呈卵圆形或宽椭圆形。瘦果倒卵圆球形，背部贴生卵圆形或圆形膜质苞片；苞片网脉常具 3 条主脉，长 5 毫米以下。花期 7—8 月，果期 8—9 月。

生于草原带、森林草原带的石质丘陵顶部及砾石质草原群落中。

**产　　地：** 鄂伦春自治旗、牙克石市、额尔古纳市。

（图 542）岩败酱 *Patrinia rupestris*（ Pall. ）Juss.

**糙叶败酱** *Patrinia rupestris*（ Pall. ）Juss. subsp. *scabra*（ Bunge ）H. J. Wang（ 图 543 ）

**形态特征：**本亚种与正种的区别主要在于：花序下分枝处总苞条形，不裂或仅具 1（2）对条形侧裂片；果苞长 5.5 毫米以上，网脉常具 2 条主脉，极少为 3 主脉。花期 7—8 月，果期 8—9 月。

生于草原带、森林草原带的石质丘陵顶部及砾石质草原群落中。

**产　　　地：**新巴尔虎左旗、满洲里市、牙克石市、扎兰屯市。

## 缬草属 *Valeriana* L.

**毛节缬草** *Valeriana alternifolia* Bunge（ 图 544 ）

**别　　　名：**拔地麻。

**形态特征：**多年生草本。高 60~150 厘米，茎中空。基生叶丛生，为单数羽状复叶，小叶 9~15，全缘或具少数锯齿；茎生叶对生，单数羽状全裂呈复叶状，裂片（5）7~11（15），全缘或具疏锯齿。伞房状三出聚伞圆锥花序，总苞片羽裂，小苞片条形或狭披针形，先端及边缘常具睫毛状柔毛；花小，淡粉红色，后色渐浅至白色；花萼内卷；花冠狭筒状或筒状钟形，长 3~5 毫米，5 裂；雄蕊 3，较花冠管稍长；子房下位。瘦果狭卵形，长约 4 毫米，基部近平截，顶端有羽毛状宿萼多条。花期 6—8 月，果期 7—9 月。

生于山地落叶松林下、白桦林下、林缘、灌丛、山地草甸及草甸草原中。

**产　　　地：**牙克石市、鄂温克族自治旗、新巴尔虎左旗、鄂伦春自治旗、额尔古纳市。

# 八十九、川续断科 Dipsacaceae

## 蓝盆花属 *Scabiosa* L.

**窄叶蓝盆花** *Scabiosa comosa* Fisch. ex Roem. et Schult.（ 图 545 ）

**形态特征：**多年生草本。茎高可达 60 厘米，被短毛。基生叶丛生，窄椭圆形，羽状全裂，稀齿裂，裂片条形，具长柄；茎生叶对生，一至二回羽状深裂，裂片条形至窄披针形，叶柄短。头状花序顶生，直径 2~4 厘米，

（图 543）糙叶败酱 *Patrinia rupestris*（Pall.）Juss. subsp. *scabra*（Bunge）H. J. Wang

（图 544）毛节缬草 *Valeriana alternifolia* Bunge

（图 545）窄叶蓝盆花 *Scabiosa comosa* Fisch. ex Roem. et Schult.

（图 546）华北蓝盆花 *Scabiosa tschiliensis* Grunning

基部有钻状条形总苞片；总花梗长达 30 厘米；花萼 5 裂，裂片细长刺芒状；花冠浅蓝色至蓝紫色。边缘花花冠唇形，筒部短，外被密毛，上唇 3 裂，中裂较长，倒卵形，先端钝圆或微凹，下唇短，2 全裂；中央花冠较小，5 裂，上片较大；雄蕊 4；子房包于杯状小总苞内，小总苞具明显 4 棱，顶端有 8 凹穴，其檐部膜质；果序椭圆形，果实圆柱形，其顶端具萼刺 5，超出小总苞。花期 6—8 月，果期 8—10 月。

生于草原带及森林草原带的沙地与沙质草原中。

产　　　地：全市。

**华北蓝盆花** *Scabiosa tschiliensis* Grunning（图 546）

**形态特征**：多年生草本。茎斜升，高 20~50（80）厘米。基生叶椭圆形、矩圆形、卵状披针形至窄卵形；茎生叶羽状分裂，裂片 2~3 裂或再羽裂，最上部叶羽裂片呈条状披针形，长达 3 厘米，顶端裂片长 6~7 厘米，宽约 0.5 厘米，先端急尖。头状花序在茎顶成三出聚伞排列，直径 3~5 厘米，总花梗长 15~30 厘米，总苞片 14~16 片，条状披针形；边缘花较大而呈放射状；花萼 5 齿裂，刺毛状；花冠蓝紫色，筒状，先端 5 裂，裂片 3 大 2 小；雄蕊 4；子房包于杯状小总苞内。果序椭圆形或近圆形，小总苞略呈四面方柱状，每面有不甚显著中棱 1 条，被白毛，顶端有干膜质檐部，檐下在中棱与边棱间常有 8 个浅凹穴；瘦果包藏在小总苞内，其顶端具宿存的刺毛状萼针。花期 6—8 月，果期 8—10 月。

生于沙质草原、典型草原及草甸草原群落中。

产　　　地：全市。

# 九十、葫芦科 Cucurbitaceae

## 赤爮属 *Thladiantha* Bunge

**赤爮** *Thladiantha dubia* Bunge（图 547）

**形态特征**：多年生攀援草本。茎少分枝，有纵棱槽。卷须不分枝，与叶对生；叶片宽卵状心形，长 5~10 厘米，宽 4~8 厘米，先端锐尖，基部心形，边缘有大小不等的齿，两面均被柔毛，最基部 1 对叶脉沿叶基弯缺边

（图 547）赤爮 *Thladiantha dubia* Bunge

缘向外展开；叶柄长 2~6 厘米。花单性，雌雄异株；雌雄花均单生叶腋；花梗被长柔毛；花萼裂片披针形，被长柔毛，反折；花冠 5 深裂，裂片矩圆形，长 2~2.5 厘米，黄色，上部反折；雄蕊 5，离生，花丝有长柔毛，花药 1 室，通直；子房矩圆形或长椭圆形，密被长柔毛，花柱深 3 裂，柱头肾形；雄花具半球形退化子房；雌花具 5 个退化雄蕊。果实浆果状，卵状矩圆形，鲜红色，长 3~5 厘米，直径约 2~3 厘米，基部稍狭，有 10 条不明显纵纹；种子卵形，黑色。花期 7—8 月，果期 9 月。

生于村舍附近、沟谷、山地草丛中。

产　　地：扎兰屯市。

# 九十一、桔梗科 Campanulaceae

## 桔梗属 *Platycodon* A.DC.

桔梗 *Platycodon grandiflorus*（Jacq.）A. DC.（图 548）

别　　名：铃当花。

形态特征：多年生草本，高 40~50 厘米。茎直立，单一或分枝。叶 3 枚轮生，卵形或卵状披针形，长 2.5~4 厘米，宽 2~3 厘米，边缘有尖锯齿。花 1 至数朵生于茎及分枝顶端；花萼筒钟状，无毛，裂片 5，三角形至狭三角形，长 3~6 毫米；花冠蓝紫色，宽钟状，直径约 3.5 厘米，长约 3 厘米，5 浅裂，裂片宽三角形；雄蕊 5，与花冠裂片互生，长约 1.5 厘米，花药条形，长 8~10 毫米，黄色；花柱较雄蕊长，柱头 5 裂，裂片条形，反卷，被短毛。蒴果倒卵形，成熟时顶端 5 瓣裂；种子卵形，扁平，有三棱，长约 2 毫米，宽约 1 毫米，黑褐色，有光泽。花期 7—9 月，果期 8—10 月。

生于山地林缘草甸及沟谷草甸。

产　　地：牙克石市、鄂伦春自治旗、扎兰屯市、阿荣旗、莫力达瓦达斡尔族自治旗。

（图 548）桔梗 *Platycodon grandiflorus*（Jacq.）A. DC.

白花桔梗 *Platycodon grandiflorum* var. *album* Hort（图 549）

形态特征：多年生草本，高 50~100cm。直根圆柱形。茎直立，上部分枝，单叶互生，有时近轮生，叶片椭圆形，长 3~6cm，宽 1~2.5cm，先端渐尖，基部楔形至圆形，边缘具锐锯齿。花 1 至数朵生于枝端，花蕾僧帽状，花冠为开扩的钟状，5 裂，白色，花柱长。蒴果倒卵形，种子多数。花期 7—8 月，果期 9—10 月。喜生于向阳荒草坡、林缘草地及路旁。根供食用，亦为常用中药。

生于向阳干燥山坡、林缘灌丛间、干草甸。

产　　地：扎兰屯市，牙克石市、鄂温克族自治旗。

（图 549）白花桔梗 *Platycodon grandiflorum* var. *album* Hort

# 风铃草属 *Campanula* L.

紫斑风铃草 *Campanula punctata* Lamk.（图 550）

别　　名：山小菜、灯笼花。

形态特征：多年生草本，高 20~50 厘米。茎直立。基生叶具长柄，叶片卵形，基部心形；茎生叶有叶片下延的翼状柄或无柄，卵形或卵状披针形，长 4~5 厘米，宽 1.5~2.5 厘米。花单个，顶生或腋生；花萼被柔毛，萼筒长约 4 毫米，萼裂片直立，披针状狭三角形，长 1.5~2 厘米，基部宽约 5 毫米；花冠白色，有多数紫黑色斑点，钟状，长约 4 厘米，直径约 2.5 厘米；雄蕊 5，长约 1.2 厘米，花约狭条形，花丝有柔毛；子房下位，花柱长约 2.5 厘米，无毛，柱头 3 裂，条形。蒴果半球状倒锥形，自基部 3 瓣裂；种子灰褐色，矩圆形，稍扁，长约 1 毫米。花期 6—8 月，果期 7—9 月。

生于林间草甸、林缘及灌丛中。

产　　地：根河市、额尔古纳市、鄂伦春自治旗、牙克石市、扎兰屯市、阿荣旗。

（图 550）紫斑风铃草 *Campanula puntata* Lamk.

**聚花风铃草** *Campanula glomerata* L. subsp. *cephalotes*（Nakai）Hong（图 551）

**形态特征**：本亚种与正种的区别在于：植株高 40~125 厘米，根状茎粗短；茎有时上部分枝，茎叶几乎无毛或疏或密被白色细毛；基生叶基部浅心形，长 7~15 厘米，宽 1.7~7 厘米；花除于茎顶簇生外，下面还在多个叶腋簇生。

生于山地草甸及灌丛中。

**产　　地**：额尔古纳市、根河市、鄂伦春自治旗、鄂温克族自治旗、新巴尔虎左旗。

## 沙参属 *Adenophora* Fisch.

**长白沙参** *Adenophora pereskiifolia*（Fisch. ex Roem. et Schult.）G. Don（图 552）

**形态特征**：多年生草本，高 70~100 厘米。茎直立，单一，被柔毛。叶大部分 3~5 片轮生，少部分对生或互生，菱状倒卵形或狭倒卵形，长 3~7 厘米，宽 1.5~3.5 厘米，边缘具疏锯齿或牙齿，先端锐尖，基部楔形，上面绿色，下面淡绿色，近无毛或被稀疏短柔毛，沿脉毛较密。圆锥花序，分枝互生；花萼无毛，裂片 5，披针形，长 4~5 毫米，宽 1.5~2 毫米，全缘；花冠蓝紫色，宽钟状，长约 1.5 厘米，5 浅裂；雄蕊 5，长约 8 毫米，花药条形，长约 3.5 毫米，黄色，花丝下部加宽，边缘密生柔毛；花盘环状至短筒状，长 0.5~1.5 毫米；花柱略长于花冠或近等长。花期 7—8 月，果期 8—9 月。

中生植物，生于林缘、林间草甸。

**产　　地**：根河市、鄂伦春自治旗、牙克石市。

**狭叶沙参** *Adenophora gmelinii*（Spreng.）Fisch.（图 553）

**形态特征**：多年生草本。茎直立，高 40~60 厘米，单一或自基部抽出数条，无毛或被短硬毛。茎生叶互生，集中于中部，狭条形或条形，长 2~12 厘米，宽 1~5 毫米，全缘或极少有疏齿，两面无毛或被短硬毛，无柄。花

（图 551）聚花风铃草 *Campanula glomerata* L. subsp. *cephalotes*（Nakai）Hong

（图 552）长白沙参 *Adenophora pereskiifolia*（Fisch. ex Roem. et Schult.）G. Don

序总状或单生，通常 1~10 朵，下垂；花萼裂片 5，多为披针形或狭三角状披针形，长 4~6 毫米，宽 1.5~2 毫米，全缘，无毛或有短毛；花冠蓝紫色，宽钟状，长 1.5~2.3 厘米，外面无毛；花丝下部加宽，密被白色柔毛；花盘短筒状，长 2~3 毫米，被疏毛或无毛；花柱内藏，短于花冠。蒴果椭圆状，长 8~13 毫米，径 4~7 毫米；种子椭圆形，黄棕色，有一条翅状棱，长约 1.8 毫米。花期 7—8 月，果期 9 月。

生于林缘、山地草原及草甸草原。

产　　　地：全市。

（图 553）狭叶沙参 Adenophora gmelinii（Spreng.）Fisch.

**紫沙参** Adenophora paniculata Nannf.（图 554）

**形态特征**：多年生草本。茎直立，高 60~120 厘米，不分枝，无毛或近无毛。基生叶心形，边缘有不规则锯齿；茎生叶互生，条形或披针状条形，长 5~15 厘米，宽 0.3~1 厘米，全缘或极少具疏齿，两面疏生短毛或近无毛，无柄。圆锥花序顶生，长 20~40 厘米，多分枝，无毛或近无毛；花梗纤细，长 0.6~2 厘米，常弯曲；花萼无毛，裂片 5，丝状钻形或近丝形，长 3~5 毫米；花冠口部收缢，筒状坛形，蓝紫色、淡蓝紫色或白色，长 1~1.3 厘米，无毛，5 浅裂；雄蕊多少露出花冠，花丝基部加宽，密被柔毛；花盘圆筒状，长约 3 毫米，无毛或被毛；花柱明显伸出花冠，长 2~2.4 厘米。蒴果卵形至卵状矩圆形，长 7~9 毫米，茎 3~5 毫米；种子椭圆形，棕黄色，长约 1 毫米。花期 7—9 月，果期 9 月。

生于山地林缘、灌丛、沟谷草甸。

产　　　地：牙克石市、鄂伦春自治旗。

**轮叶沙参** Adenophora tetraphylla（Thunb. Fisch.）（图 555）

**别　　名**：南沙参。

**形态特征**：多年生草本，高 50~90 厘米。茎直立，单一，不分枝。茎生叶 4~5 片轮生，倒卵形、椭圆状倒卵形、狭倒卵形、倒披针形、披针形、条状披针形或条形，长 2.5~7 厘米，宽 0.3~2 厘米。圆锥花序，长达 20

（图 554）紫沙参 *Adenophora paniculata* Nannf.

（图 555）轮叶沙参 *Adenophora tetraphylla*（Thunb. Fisch.）

厘米，分枝轮生；花下垂，花梗长 3~5 毫米；小苞片细条形，长 1~5 毫米；萼裂片 5，丝状钻形，长 1.2~2 毫米，全缘；花冠蓝色，口部微缢缩呈坛状，长 6~9 毫米，5 浅裂；雄蕊 5，常稍伸出，花丝下部加宽，边缘有密柔毛；花盘短筒状，长约 2 毫米；花柱明显伸出，长达 1.5 厘米，被短毛，柱头 3 裂。蒴果倒卵球形，长约 5 毫米。花期 7—8 月，果期 9 月。

生于河滩草甸、山地林缘、固定沙丘间草甸。

产　　地：额尔古纳市、新巴尔虎左旗、鄂温克族自治旗、牙克石市、扎兰屯市。

**长柱沙参** Adenophora stenanthina（Ledeb.）Kitag.（图 556）

形态特征：多年生草本。茎直立，有时数条丛生，高 30~80 厘米，密生极短糙毛。基生叶早落；茎生叶互生，多集中于中部，条形，长 2~6 厘米，宽 2~4 毫米，全缘，两面被极短糙毛，无柄。圆锥花序顶生，多分枝，无毛；花下垂；花萼无毛，裂片 5，钻形，长 1.5~2.5 毫米；花冠蓝紫色，筒状坛形，长 1~1.3 厘米，直径 5~8 毫米，无毛，5 浅裂，裂片下部略收缢；雄蕊与花冠近等长；花盘长筒状，长约 5 毫米以上，无毛或具柔毛；花柱明显超出花冠约 1 倍，长 1.5~2 厘米，柱头 3 裂。花期 7—9 月，果期 7—10 月。

生于山地草甸草原、沟谷草甸、灌丛、石质丘陵、草原及沙丘上。

产　　地：额尔古纳市、新巴尔虎左旗、新巴尔虎右旗、鄂温克族自治旗、扎兰屯市。

（图 556）长柱沙参 Adenophora stenanthina（Ledeb.）Kitag.

**皱叶沙参** Adenophora stenanthina（Ledeb.）Kitag. var. crispata（Korsh.）Y. Z. Zhao（图 557）

形态特征：本变种与正种的区别在于：披针形至卵形，长 1.2~4 厘米，宽 5~15 毫米，边缘具深刻而尖锐的皱波状齿。

生于山坡草地、沟谷、撂荒地。

产　　地：满洲里市、海拉尔区。

（图 557）皱叶沙参 Adenophora stenanthina( Ledeb. )Kitag. var. crispata( Korsh. ) Y. Z. Zhao

**丘沙参** Adenophora stenanthina( Ledeb. )Kitag. var. collina( Kitag. )Y. Z. Zhao（ **图 558** ）

**形态特征**：长柱沙参的变种。多年生草本。茎直立，有时数条丛生，高 30~80 厘米，密生极短糙毛。基生叶早落；茎生叶互生，多集中于中部，条形至披针形。长 1.5~2.5 厘米，宽 2~8 毫米，边缘具锯齿，两面被极短糙毛，无柄。圆锥花序顶生，多分枝，无毛；花下垂；花萼无毛，裂片 5，钻形，长 1.5~2.5 毫米；花冠蓝紫色，筒状坛形，长 1~1.3 厘米，直径 5~8 毫米，无毛，5 浅裂，裂片下部略收缩；雄蕊与花冠近等长；花盘长筒状，长约 5 毫米以上，无毛或具柔毛；花柱明显超出花冠约 1 倍，长 1.5~2 厘米，柱头 3 裂。花期 7—9 月，果期 7—10 月。

生于山坡。

**产　　地**：鄂温克族自治旗、阿荣旗。

**草原沙参** Adenophora pratensis Y. Z. Zhao（ **图 559** ）

**形态特征**：多年生草本，高 50~70 厘米。茎直立，单一，密被极短糙毛或近无毛。基生叶早落；茎生叶互生，狭披针形或披针形，长 5~11 厘米，宽 5~15 毫米，先端渐尖或锐尖，基部渐狭，全缘或具疏齿，两面被极短糙毛或近无毛至无毛，无柄。圆锥花序，分枝，无毛；花下垂；花萼无毛，裂片 5，钻状三角形，长 3~4 毫米；花冠蓝紫色，钟状坛形，长 15~17 毫米，直径 8~10 毫米，无毛，5 浅裂，裂片下部略收缩；雄蕊与花冠近等长；花盘长筒状，长约 5 毫米，被柔毛；花柱超出花冠约 1/4，长约 20 毫米，柱头 3 裂。花期 7—8 月。

生于草原区的潮湿草甸。

**产　　地**：鄂温克族自治旗、海拉尔区、新巴尔虎左旗、新巴尔虎右旗。

（图 558）丘沙参 *Adenophora stenanthina*（ Ledeb. ）Kitag. var. *collina*（ Kitag. ）Y. Z. Zhao

（图 559）草原沙参 *Adenophora pratensis* Y. Z. Zhao

# 九十二、菊科 Compositae

## 泽兰属 Eupatorium L.

**林泽兰** *Eupatorium lindleyanum* DC.（图 560）

**别　　名**：白鼓钉、尖佩兰、佩兰、毛泽兰。

**形态特征**：植株高 30~60 厘米。茎直立，通常单一。叶对生；中部叶与上部叶条状披针形、披针形以至卵状披针形，长 3~8 厘米，宽 1~2 厘米；有时中部叶及上部叶 3 全裂或 3 深裂为 3 小叶状，而呈 6 叶轮状排列，中裂片较大，侧裂片较小。头状花序的总苞钟状，长 5~6 毫米，宽 2~3 毫米，总苞片 10~12 层，无毛，淡绿色或带紫色，边缘膜质，外层者较小，卵状披针形或长椭圆形，内层者矩圆状披针形，先端钝或尖；每花序具 5 小花，花冠管状，淡紫色，有时白色，长约 4 毫米。瘦果长约 2 厘米，黑色或暗褐色，有腺点；冠毛 1 层，白色，长约 4 毫米。花果期 7—9 月。

生于河滩草甸或沟谷中。

**产　　地**：牙克石市。

（图 560）林泽兰 *Eupatorium lindleyanum* DC.

## 一枝黄花属 *Solidago* L.

**兴安一枝黄花** *Solidago virgaurea* L. var. *dahurica* Kitag.（图 561）

**形态特征**：植株高 30~100 厘米。茎直立，单一。基生叶与茎下叶宽椭圆状披针形、椭圆状披针形、矩圆形或卵形，长 5~14 厘米，宽 2~5 厘米；中部及上部叶渐小，椭圆状披针形、矩圆状披针形、宽披针形或披针形，先端渐尖，基部楔形，边缘有锯齿或全缘，具短柄或近无柄。头状花序排列成总状或圆锥状，具细梗，密被短毛；总苞钟状，长 6~8 毫米，直径约 5 毫米，总苞片 4~6 层，中肋明显，边缘膜质，有缘毛，外层者卵形，长 2~3 毫米，内层者矩圆状披针形，长 5~6 毫米，先端锐尖或钝；舌状花长约 1 厘米；管状花长 3.5~6 毫米。瘦

（图 561）兴安一枝黄花 *Solidago virgaurea* L. var. *dahurica* Kitag.

果长约 2 毫米，中部以上或仅顶端疏被微毛，有时无毛。冠毛白色，长约 4 毫米。花果期 7—9 月。

生于山地林缘、草甸、灌丛或路旁。

产　　地：大兴安岭、额尔古纳市、鄂伦春自治旗。

## 马兰属 *Kalimeris* Cass.

全叶马兰 *Kalimeris integrifolia* Turcz. ex DC.（图 562）

别　　名：野粉团花、全叶鸡儿肠。

形态特征：植株高 30~70 厘米，茎直立，单一或帚状分枝。叶灰绿色；茎中部叶密生，条状披针形、条状倒披针形或披针形，长 1.5~5 厘米，宽 3~6 毫米，全缘。头状花序直径 1~2 厘米；总苞直径 7~8 毫米，总苞片 3 层，披针状，绿色，周边褐色或红紫色，先端尖或钝，背部有短硬毛及腺点，边缘膜质，有缘毛；舌状花 1 层，舌片淡紫色，长 6~11 毫米，宽 1~2 毫米，管状花长约 3 毫米，有毛。瘦果倒卵形，长约 2 毫米，淡褐色，扁平而有浅色边肋，或一面有肋而呈三棱形，上部有微毛及腺点。冠毛长 0.3~0.5 毫米，不等长，褐色，易脱落。花果期 8—9 月。

生于山地、林缘、草甸草原、河岸、砂质草地或固定沙丘上。

产　　地：新巴尔虎左旗、鄂温克族自治旗、额尔古纳市、莫力达瓦达斡尔族自治旗。

（图 562）全叶马兰 *Kalimeris integrifolia* Turcz. ex DC.

北方马兰 *Kalimeris mongolica*（Franch.）Kitam.（图 563）

别　　名：蒙古鸡儿肠、蒙古马兰。

形态特征：植株高 30~60 厘米。茎直立，单一或上部分枝。叶质薄，下部叶和中部叶倒披针形、披针形或椭圆状披针形，长 3~7 厘米，宽 4~20 毫米，全缘；上部叶渐小，条形或条状披针形，全缘。头状花序直径 3~4 厘米，总苞直径 10~15 毫米，总苞片 3 层，革质，边缘膜质，并具流苏状睫毛，背面被短柔毛或无毛，外层者椭圆形，长约 5 毫米，先端钝尖，内层者宽椭圆形或倒卵状椭圆形，长 6~7 毫米，先端钝或尖；舌状花 1 层，舌片淡蓝紫色，长 1.5~2 厘米；管状花长约 6 毫米。瘦果倒卵形，长约 3 毫米，淡褐色，有毛及腺点。冠毛长 0.5~1 毫米，不等长，褐色，易脱落。花果期 7—9 月。

生于河岸、路旁。

产　　　地：鄂温克族自治旗。

（图 563）北方马兰 *Kalimeris mongolica*（Franch.）Kitam.

## 狗娃花属 *Heteropappus* Less.

**阿尔泰狗娃花** *Heteropappus altaicus*（Willd.）Novopokr.（图 564）

别　　　名：阿尔泰紫菀。

**形态特征**：多年生草本，高（5）20~40 厘米。茎多由基部分枝，斜升，也有茎单一而不分枝或由上部分枝者。叶疏生或密生，条形、条状矩圆形、披针形、倒披针形，或近匙形，长（0.5）2~5 厘米，宽（1）2~4 毫米，全缘；上部叶渐小。头状花序直径（1）2~3（3.5）厘米，单生于枝顶或排成伞房状；总苞片草质，边缘膜质，条形或条状披针形，先端渐尖，外层者长 3~5 毫米，内层者长 5~6 毫米；舌状花淡蓝紫色，长（5）10~15 毫米，宽 1~2 毫米；管状花长约 6 毫米。瘦果矩圆状倒卵形，长 2~3 毫米，被绢毛。冠毛污白色或红褐色，为不等长的糙毛状，长达 4 毫米。花果期 7—10 月。

生于干草原与草甸草原带，也生于山地、丘陵坡地、砂质地、路旁。

产　　　地：陈巴尔虎旗、新巴尔虎左旗、新巴尔虎右旗、鄂温克族自治旗、海拉尔区。

**多叶阿尔泰狗娃花** *Heteropappus altaicus*（Willd.）Novopokr var. *millefolius*（Vant.）Wang（图 565）

**形态特征**：本变种与正种的区别在于：茎上中部以上多具近等长的分枝；叶密生，狭条状披针形；头状花序较多而小。

生境同正种。

产　　　地：牙克石市、海拉尔区、新巴尔虎左旗、鄂温克族自治旗。

（图 564）阿尔泰狗娃花 *Heteropappus altaicus*（Willd.）Novopokr.

（图 565）多叶阿尔泰狗娃花 *Heteropappus altaicus*（Willd.）Novopokr var. *millefolius*（Vant.）Wang

## 乳菀属 Galatella Cass.

**兴安乳菀 Galatella dahurica DC.（图 566）**

别　　名：乳菀。

形态特征：植株高 30~60 厘米。茎较坚硬，具纵条棱，绿色或带紫红色。茎中部叶条状披针形或条形，长 4~8 厘米，宽 2~6 毫米，先端长渐尖，基部渐狭，无柄，有明显的 3 脉；上部叶渐狭小。头状花序直径约 2.5 厘米；总苞近半球形，长 3.5~6 毫米，宽 8~12 毫米；总苞片 3~4 层，外层者较短，绿色，披针形，渐尖，内层者较长，黄绿色，矩圆形或矩圆状披针形，钝或长尖，背部具 3~5 脉，多少被短柔毛及缘毛；舌状花淡紫红色，长 15~17 毫米；管状花长 6~8 毫米，瘦果长 3.5~4 毫米，基部狭，密被长柔毛。冠毛与管状花冠等长或稍短，长 6~8 毫米，淡黄褐色。花果期 7—9 月。

生于山坡、砂质草地、灌丛、林下或林缘。

产　　地：额尔古纳市、根河市、鄂伦春自治旗、牙克石市、海拉尔区。

（图 566）兴安乳菀 Galatella dahurica DC.

## 紫菀属 Aster L.

**高山紫菀 Aster alpinus L.（图 567）**

别　　名：高岭紫菀。

形态特征：植株高 10~35 厘米。茎直立，单一，不分枝。基生叶匙状矩圆形或条状矩圆形，长 1~10 厘米，宽 4~10 毫米，全缘，两面多少被伏柔毛；中部叶及上部叶渐变狭小，无叶柄。头状花序单生于茎顶，直径 3~3.5 厘米，总苞半球形，直径 15~20 毫米，总苞片 2~3 层，披针形或条形，近等长，长 7~9 毫米，先端钝或稍尖，具狭或较宽的膜质边缘，背部被疏或密的伏柔毛；舌状花紫色、蓝色或淡红色，长 12~18 毫米，舌片宽约 2 毫米，花柱分枝披针形；管状花长约 5 毫米。瘦果长约 3 毫米，密被绢毛，另外，在周边杂有较短的硬毛。冠毛白色，长 5~6 毫米，花果期 7—8 月。

中旱生～高山寒生草原种。广泛生于森林草原地带和草原带的山地草原，也进入森林；喜碎石土壤。

产　　地：根河市、额尔古纳市、鄂伦春自治旗、牙克石市、陈巴尔虎旗、鄂温克族自治旗。

（图 567）高山紫菀 Aster alpinus L.

**紫菀 Aster tataricus L. f.（图 568）**

别　　名：青菀。

形态特征：植株高达 1 米。茎直立，单一，常带紫红色。基生叶大型，椭圆状或矩圆状匙形，长 20~30 厘米，宽 3~8 厘米；下部叶及中部叶椭圆状匙形、长椭圆形或披针形；上部叶狭小，披针形或条状披针形以至条形，全缘。头状花序直径 2.5~3.5 厘米，多数在茎顶排列成复伞房状；总苞半球形，直径 10~25 毫米，总苞片 3 层，外层者较短，长 3~5 毫米，内层者较长，长 6~9 毫米；舌状花蓝紫色，长 15~18 毫米；管状花长约 6 毫米。瘦果长 2.5~3 毫米，紫褐色，两面各有 1 或少有 3 脉，有毛。冠毛污白色或带红色，与管状花等长。花果期 7—9 月。

生于森林、草原地带的山地林下、灌丛中或山地河沟边。

产　　地：鄂伦春自治旗、鄂温克族自治旗、额尔古纳市、扎兰屯市、阿荣旗。

## 莎菀属 *Arctogeron* DC.

**莎菀 *Arctogeron gramineum*（L.）DC.（图 569）**

别　　名：禾矮翁。

形态特征：多年生垫状草本，高 5~10 厘米。茎自根颈处分枝。叶全部基生，在分枝顶端呈簇生状，狭条形，长（0.5）3~7 厘米，宽 0.3~0.5 毫米。花葶 2~6 个，长 3~10 厘米，密被长柔毛；头状花序单生于花葶顶端，直径约 1.5 厘米；总苞半球形，总苞片 3 层，长 5~7 毫米，宽约 1 毫米，外层者较短，内层者较长，条状披针形，先端长渐尖，背部具 3 脉；舌状花雌性，淡紫色，先端有齿，长约 10 毫米；管状花两性，长约 5 毫米，上端 5 齿裂，花柱分枝稍肥大。瘦果矩圆形，长约 3 毫米，两面无肋，密被银白色绢毛。冠毛糙毛状，多层，近

（图 568）紫菀 *Aster tataricus* L. f.

（图 569）莎菀 *Arctogeron gramineum*（L.）DC.

等长，白色，与管状花冠等长或稍长。花果期 5—6 月。

生于草原地带的石质山地或丘陵坡地上。

产　　地：陈巴尔虎旗、新巴尔虎左旗、新巴尔虎右旗。

## 碱菀属 *Tripolium* Nees

碱菀 *Tripolium vulgare* Nees（图 570）

别　　名：金盏菜、铁杆蒿、灯笼花。

形态特征：一年生草本，高 10~60 厘米。茎直立，具纵条棱。叶多少肉质，最下部叶矩圆形或披针形；中部叶条形或条状披针形，长（1）2~5 厘米，宽 2~8 毫米；上部叶渐变狭小，条形或条状披针形。头状花序直径 2~2.5 厘米；总苞倒卵形，长 5~7 毫米，宽约 8 毫米，总苞片 2~3 层，肉质，外层者卵状披针形，内层者矩圆状披针形，带红紫色，具 3 脉，有缘毛；舌状花雌性，蓝紫色；管状花两性；花药顶端无附片，基部钝；花柱分枝宽厚或伸长。瘦果狭矩圆形，有厚边肋，两面各有 1 细肋。冠毛多层，白色或浅红色，微粗糙，花时比管状花短，长约 5 毫米，果时长达 15 毫米。花期 8—9 月。

生于湖边、沼泽及盐碱地。

产　　地：陈巴尔虎旗、新巴尔虎左旗、新巴尔虎右旗、鄂温克族自治旗。

（图 570）碱菀 *Tripolium vulgare* Nees

## 短星菊属 *Brachyactis* Ledeb.

短星菊 *Brachyactis ciliata* Ledeb.（图 571）

形态特征：植株高 10~50 厘米。茎红紫色，具纵条棱，疏被弯曲柔毛。叶稍肉质，条状披针形或条形，长 1.5~5 厘米，宽 3~5 毫米，先端锐尖，基部无柄，半抱茎，边缘有软骨质缘毛，粗糙，两面无毛，有时上面疏被短毛。头状花序直径 1~2 厘米；总苞长 6~7 毫米，总苞片 3 层，条状倒披针形，外层者稍短，内层者较长，先端锐尖，背部无毛，边缘有睫毛；舌状花连同花柱长约 4.5 毫米，管部狭长，舌片矩圆形，长 1.5 毫米；管状花长约 4 毫米。瘦果褐色，长 2~2.2 毫米，宽 0.5 毫米，顶端截形，基部渐狭。冠毛长约 6 毫米。花果期 8—9 月。

生于盐碱湿地、水泡子边、砂质地、山坡石缝阴湿处。

产　　地：陈巴尔虎旗、新巴尔虎左旗、鄂温克族自治旗、海拉尔区、牙克石市。

（图 571）短星菊 *Brachyactis ciliata* Ledeb.

## 飞蓬属 *Erigeron* L.

**长茎飞蓬** *Erigeron elongatus* Ledeb.（图 572）

**别　　名**：紫苞长蓬。

**形态特征**：多年生草本，高 10~50 厘米。茎直立，中上部分枝。叶质较硬，全缘；基生叶与茎下部叶矩圆形或倒披针形，长 1~10 厘米，宽 1~10 毫米，全缘；中部与上部叶矩圆形或披针形，长 0.3~7 厘米，宽 0.7~8 毫米。头状花序直径约 1~2 厘米；总苞半球形，总苞片 3 层，条状披针形，长 4.5~9 毫米，外层者短，内层者较长；雌花二型：外层舌状小花，淡紫色，内层细管状小花，无色；两性的管状小花长 3.5~5 毫米，顶端裂片暗紫色，三者花冠管部上端均疏被微毛。瘦果矩圆状披针形，长 1.8~2.5 毫米，密被短伏毛。冠毛 2 层，白色，外层者甚短，内层者长达 7 毫米。花果期 6—9 月。

生于山坡和草甸子。

产　　地：鄂温克族自治旗、陈巴尔虎旗、额尔古纳市、牙克石市、鄂伦春自治旗。

## 白酒草属 *Conyza* Less.

**小蓬草** *Conyza canadensis*（L.）Crongq.（图 573）

**别　　名**：小飞蓬、加拿大飞蓬、小白酒草。

**形态特征**：一年生草本，高 501~00 厘米。根圆锥形。茎直立，具纵条棱，淡绿色，疏被硬毛，上部多分枝。叶条状披针形或矩圆状条形，长 3~10 厘米，宽 1~10 毫米，先端尖，基部渐狭，全缘或具微锯齿，两面及边缘疏被硬毛，无明显叶柄。头状花序直径 3~8 毫米，有短梗，在茎顶密集成长形的圆锥状或伞房式圆锥状；

（图 572）长茎飞蓬 *Erigeron elongatus* Ledeb.

（图 573）小蓬草 *Conyza canadensis*（L.）Crongq.

总苞片条状披针形，长约 4 毫米，外层者短，内层者较长，先端渐尖，背部近无毛或疏生硬毛舌状花直立，长约 2.5 毫米，舌片条形，先端不裂，淡紫色；管状花长约 2.5 毫米。瘦果矩圆形，长 1.25~1.5 毫米，有短状毛。冠毛污白色，长与花冠近相等。花果期 6—9 月。

生于田野、路旁、村舍附近。

产　　地：全市。

## 火绒草属 *Leontopodium* R. Br.

火绒草 *Leontopodium leontopodioides*（Willd.）Beauv.（图 574）

别　　名：火绒蒿、老头草、老头艾、薄雪草。

形态特征：植株高 10~40 厘米。茎直立或稍弯曲，较细，不分枝，被灰白色长柔毛或白色近绢状毛。下部叶较密；中部和上部叶较疏，条形或条状披针形，长 1~3 厘米，宽 2~4 毫米。头状花序直径约 7~10 毫米，3~7 个密集，稀 1 个或较多，或有较长的花序梗而排列成伞房状。总苞半球形，长 4~6 毫米，被白色绵毛；总苞片约 4 层，披针形，先端无色或浅褐色。小花雌雄异株，少同株；雄花花冠狭漏斗状，长 3.5 毫米；雌花花冠丝状，长 4.5~5 毫米。瘦果矩圆形，长约 1 毫米，有乳头状凸起或微毛；冠毛白色，基部稍黄色，长 4~6 毫米，雄花冠毛上端不粗厚，有毛状齿。花果期 7—10 月。

生于典型草原、山地草原及草原砂质地。

产　　地：全市。

（图 574）火绒草 *Leontopodium leontopodioides*（Willd.）Beauv.

**绢茸火绒草 *Leontopodium smithianum* Hand. -Mazz.（图 575）**

形态特征：植株高 10~30 厘米。茎直立或稍弯曲，被白色绵毛或常粘结的绢状毛。全部有等距而密生或上部疏生的叶；中部和上部叶多少开展或直立，条状披针形，长 2~5.5 厘米，宽 4~8 毫米。苞叶 3~10，长椭圆形或条状披针形，较花序稍长或较长 2~3 倍，边缘常反卷，两面被白色或灰白色厚绵毛。头状花序直径 6~9 毫米，常 3~25 个密集，或有花序梗而成伞房状。总苞半球形，长 4~6 毫米，被白色密绵毛；总苞片 3~4 层，披针形，先端浅或深褐色，尖或稍撕裂。小花异形，有少数雄花，或通常雌雄异株。花冠长 3~4 毫米；雄花花冠管状漏斗状；雌花花冠丝状。瘦果矩圆形，长约 1 毫米，有乳头状短毛；冠毛白色，较花冠稍长，雄花冠毛上端粗厚，有细锯齿。花果期 7—10 月。

生于山地草原及山地灌丛。

**产　　地：** 额尔古纳市、鄂伦春自治旗、牙克石市。

（图 575）绢茸火绒草 *Leontopodium smithianum* Hand. -Mazz.

## 鼠麴草属 *Gnaphalium* L.

**湿生鼠麴草 *Gnaphalium tranzschelii* Kirp.（图 576）**

**形态特征：** 植株高 15~25 厘米。茎单生或簇生，直立。基生叶小；中部叶和上部叶矩圆状条形或条状披针形，长 2~3.5 厘米，宽 2~5 毫米，先端锐尖，有小尖头，稀钝头，中部向下渐狭，无叶柄。头状花序直径 4.5~5 毫米，有短梗，在茎和枝顶密集成团伞状或成球状；总苞近杯状，长 2.5~3 毫米，宽约 4.5 毫米；总苞片 2~3 层，外层者卵形，较短，黄褐色；内层者矩圆形或披针形，较长，先端尖，淡黄色或麦秆黄色，先端尖，无毛。头状花序有极多的雌花；雌花花冠丝状，长约 2~2.5 毫米，上部有腺点，顶端有不明显的 3 细齿；两性花少数，约与雌花等长或稍短，花冠细管状，顶端变褐色。瘦果纺锤形，长约 0.7 毫米，有多数乳头状凸起；冠毛白色，长约 2 毫米。花果期 7—10 月。

生于草甸及沼泽化草甸，也见于河滩沙地及沟谷中。

**产　　地：** 牙克石市、陈巴尔虎旗、鄂温克族自治旗。

（图 576）湿生鼠麹草 *Gnaphalium tranzschelii* Kirp.

# 旋覆花属 *Inula* L.

**欧亚旋覆花** *Inula britanica* L.（图 577）

别　　名：旋覆花、大花旋覆花、金沸草。

形态特征：多年生草本，高 20~70 厘米。茎直立，单生或 2~3 个簇生。基生叶和下部叶在花期常枯萎；中部叶长椭圆形，长 5~11 厘米，宽 0.6~2.5 厘米；上部叶渐小。头状花序 1~5 个生于茎顶或枝端，直径 2.5~5 厘米；花序梗长 1~4 厘米，苞叶条状披针形。总苞半球形，直径 1.5~2.2 厘米，总苞片 4~5 层，外层者条状披针形，长约 8 毫米，先端长渐尖，基部稍宽，草质，被长柔毛、腺点和缘毛；内层者条形，长达 1 厘米，除中脉外干膜质。舌状花黄色，舌片条形，长 10~20 毫米；管状花长约 5 毫米。瘦果长 1~1.2 毫米，有浅沟，被短毛；冠毛 1 层，白色，与管状花冠等长。花果期 7—10 月。

生于草甸及湿润的农田、地埂和路旁。

产　　地：新巴尔虎左旗、新巴尔虎右旗、鄂温克族自治旗、牙克石市、扎兰屯市。

**棉毛旋覆花** *Inual britannica* L. var. *sublanata* Kom.（图 578）

形态特征：茎、花序梗、叶下面和总苞片外面均被棉状长柔毛。

产　　地：陈巴尔虎旗、新巴尔虎左旗、鄂温克族自治旗、海拉尔区、满洲里市、额尔古纳市。

饲用价值：劣等饲用植物。

**棉毛欧亚旋覆花** *Inula britanica* L. var. *sublanata* Kom.（图 579）

形态特征：欧亚旋覆花的变种。多年生草本；叶近革质或草质，长 5 厘米以上。叶草质，背面脉不凸起；瘦果有毛。叶长圆状披针形或广披针形，边缘不反卷，基部宽大，心形，有耳；总苞外面有毛及腺或无腺。茎、花序梗及叶背面均密被白色长棉毛。

（图 577）欧亚旋覆花 *Inula britanica* L.

（图 578）棉毛旋覆花 *Inual britannica* L. var. *sublanata* Kom.

生于草甸及湿润的农田和路旁。
产　　地：鄂温克族自治旗、陈巴尔虎旗、海拉尔区、满洲里市、额尔古纳市。

（图 579）棉毛欧亚旋覆花 *Inula britanica* L. var. *sublanata* Kom.

## 苍耳属 *Xanthium* L.

**苍耳** *Xanthium sibiricum* Patrin ex Widder（图 580）

**别　　名：**菓耳、苍耳子、老苍子、刺儿猫。

**形态特征：**植株高 20~60 厘米。茎直立。叶三角状卵形或心形，长 4~9 厘米，宽 3~9 厘米；叶柄长 3~11 厘米。雄头状花序直径 4~6 毫米，近无梗，总苞片矩圆状披针形，长 1~1.5 毫米，被短柔毛，雄花花冠钟状；雌头状花序椭圆形，外层总苞片披针形，长约 3 毫米，被短柔毛，内层总苞片宽卵形或椭圆形，成熟的具瘦果的总苞变坚硬，绿色、淡黄绿色或带红褐色，连同喙部长 12~15 毫米，宽 4~7 毫米，外面疏生具钩状的刺，刺长 1~2 毫米；喙坚硬，锥形，长 1.5~2.5 毫米，上端略弯曲，不等长。瘦果长约 1 厘米，灰黑色。花期 7—8 月，果期 9—10 月。

生于田野、路边。中生性田间杂草，并可形成密集的小片群聚。

产　　地：全市。

**蒙古苍耳** *Xanthium mongolicum* Kitag.（图 581）

**形态特征：**植株高可达 1 米。根粗壮，具多数纤维状根。茎直立，坚硬，圆柱形，有纵沟棱，被硬伏毛及腺点。叶三角状卵形或心形，长 5~9 厘米，宽 4~8 厘米，先端钝或尖，基部心形，与叶柄连接处成楔形，3~5 浅裂，边缘有缺刻及不规则的粗锯齿，具三基出脉，上面绿色，下面苍绿色，两面密被硬伏毛及腺点；叶柄长 4~9 厘米。成熟的具瘦果的总苞变坚硬，椭圆形，绿色，或黄褐色，连同喙部长 18~20 毫米，宽 8~10 毫米，外面具较疏的总苞刺，刺长 2~5.5 毫米（通常 5 毫米），直立，向上渐尖，顶端具细倒钩，基部增粗，中部以下被柔毛，常有腺点，上端无毛。瘦果长约 13 毫米，灰黑色。花期 7—8 月，果期 8—9 月。

生于山地及丘陵的砾石质坡地、沙地和田野。

产　　　地：新巴尔虎左旗、新巴尔虎右旗、陈巴尔虎旗、鄂温克族自治旗、阿荣旗。

（图 580）苍耳 *Xanthium sibiricum* Patrin ex Widder

（图 581）蒙古苍耳 *Xanthium mongolicum* Kitag.

# 鬼针草属 *Bidens* L.

**柳叶鬼针草** *Bidens cernua* L.（图 582）

**形态特征**：一年生草本，高 20~60 厘米。茎直立，麦秆色或带红色，中上部分枝。叶对生，稀轮生，不分裂，披针形或条状披针形，长 5~18 厘米，宽 5~35 毫米。头状花序单生于茎顶或枝端，直径 1~2.5 厘米，长 6~12 毫米。总苞盘状，总苞片 2 层，外层者 5~8 片，条状披针形；内层者膜质，椭圆形或倒卵形，背部有黑褐色纵条纹，具黄色薄膜质边缘，无毛；托片条状披针形，约与瘦果等长，膜质，先端带黄色，背部有数条褐色纵条纹。舌状花无性，舌片黄色，卵状椭圆形，长 8~12 毫米，宽 3~5 毫米，顶端锐尖或有 2~3 小齿；管状花长约 3 毫米，顶端 5 齿裂。瘦果狭楔形，长 5~6.5 毫米，具 4 棱，棱上有倒刺毛，顶端有芒刺 4 个，长 2~3 毫米，有倒刺毛。花果期 8—9 月。

生于草甸及沼泽边，有时生于浅水中。

**产　　地**：陈巴尔虎旗。

（图 582）柳叶鬼针草 *Bidens cernua* L.

**狼杷草** *Bidens tripartita* L.（图 583）

**别　　名**：鬼针、小鬼叉。

**形态特征**：一年生草本，高 20~50 厘米。茎直立或斜升。叶对生，下部叶较小；中部叶长 4~13 厘米。头状花序直径 1~3 厘米，单生，花序梗较长；总苞盘状，外层总苞片 5~9，全缘或有粗锯齿，有缘毛，叶状，内层者长椭圆形或卵状披针形，长 6~9 毫米，膜质，背部有褐色或黑灰色纵条纹，具透明而淡黄色的边缘；托片条状披针形，长 6~9 毫米，约与瘦果等长，背部有褐色条纹，边缘透明。无舌状花，管状花长 4~5 毫米，顶端 4 裂。瘦果扁，倒卵状楔形，长 6~11 毫米，宽 2~3 毫米，边缘有倒刺毛，顶端有芒刺 2 个，少有 3~4 个，长 2~4 毫米，两侧有倒刺毛。花果期 9—10 月。

生于路边及低湿滩地。

**产　　地**：全市。

（图 583）狼杷草 *Bidens tripartita* L.

**小花鬼针草** *Bidens parviflora* Willd.（图 584）

别　　名：一包针。

**形态特征：**一年生草本，高 20~70 厘米；茎直立，通常暗紫色或红紫色。叶对生，二至三回羽状全裂，小裂片具 1~2 个粗齿或再作第三回羽裂，最终裂片条形或条状披针形，宽约 2~4 毫米，先端锐尖，全缘或有粗齿；上部叶互生，二回或一回羽状分裂。头状花序单生茎顶和枝端，具长梗，开花时直径 1.5~2.5 毫米，长 7~10 毫米；总苞筒状，基部被短柔毛，外层总苞片 4~5 层，长约 5 毫米；内层者常仅 1 枚，托片状。无舌状花；管状花 6~12 朵，花冠长约 4 毫米，4 裂。瘦果条形，稍具 4 棱，长 13~15 毫米，宽约 1 毫米，黑灰色，顶端有芒刺 2 个，长 3~3.5 毫米，有倒刺毛。花果期 7—9 月。

生于田野、路旁、沟渠边。

产　　地：新巴尔虎右旗、牙克石市、扎兰屯市、阿荣旗、鄂伦春自治旗。

## 牛膝菊属 *Galinsoga* Ruiz et Pav.

**牛膝菊** *Galinsoga parviflora* Cav.（图 585）

别　　名：辣子草。

**形态特征：**一年生草本，高 30 余厘米。茎纤细，不分枝或自基部分枝，枝斜升，具纵条棱，疏被柔毛和腺毛。叶卵形至披针形，长 1~3 厘米，宽 0.5~1.5 厘米，先端渐尖或钝，基部圆形、宽楔形或楔形，边缘有波状浅锯齿或近全缘，掌状三出脉或不明显五出脉，两面疏被伏贴的柔毛，沿叶脉及叶柄上的毛较密；叶柄长 3~10 毫米。头状花序直径 3~4 毫米；总苞半球形；总苞片 1~2 层，约 5 个，外层者卵形，长仅 1 毫米，顶端稍尖，内层者宽卵形，长 3 毫米，端钝圆，绿色，近膜质；舌状花冠白色，顶端 3 齿裂，管部外面密被短柔毛；管状花冠长约 1 毫米，下部密被短柔毛。托片倒披针形，先端 3 裂或不裂。瘦果长 1~1.5 毫米，具 3 棱或中央的瘦果 4~5 棱，黑褐色，被微毛。舌状花的冠毛毛状，管状花的冠毛膜片状，白色，披针形。花果期 7—9 月。

生于田边、村屯周边和路旁。

产　　地：牙克石市、扎兰屯市、阿荣旗。

（图 584）小花鬼针草 *Bidens parviflora* Willd.

（图 585）牛膝菊 *Galinsoga parviflora* Cav.

# 蓍属 *Achillea* L.

**齿叶蓍** *Achillea acuminata*（Ledeb）Sch. -Bip.（图 586）

**别　　名**：单叶蓍。

**形态特征**：植株高 30~90 厘米。茎单生或数个，直立。基生叶和下部叶花期凋落，中部叶披针形或条状披针形，长 4~7 厘米，宽 3~7 毫米，上部叶渐小；头状花序较多数，在茎顶排列成疏伞房状；总苞半球形，长 3~4.5 毫米；总苞片 3 层，黄绿色，卵形至矩圆形，先端钝或尖，具隆起的中肋，边缘和顶端膜质，褐色，具篦齿状小齿，被较密的长柔毛；托片与总苞片近相似；舌状花 10~23 朵，白色，舌片卵圆形，长约 4 毫米，宽约 3 毫米，顶端有 3 个圆齿；管状花长 2~3 毫米，白色。瘦果宽倒披针形，长约 2.5 毫米。花果期 6—9 月。

生于低湿草甸。

**产　　地**：鄂温克族自治旗、新巴尔虎左旗、额尔古纳市、牙克石市、鄂伦春自治旗。

（图 586）齿叶蓍 *Achillea acuminata*（Ledeb）Sch. -Bip.

**蓍** *Achillea millefolium* L.（图 587）

**别　　名**：千叶蓍。

**形态特征**：植株高 40~60 厘米。茎直立，具细纵棱。叶无柄，叶片披针形、矩圆状披针形或近条形，长 4~7 厘米，宽 1~1.5 厘米，二至三回羽状全裂；茎下部和不育枝的叶长可达 20 厘米，宽 1~2.5 厘米。头状花序多数，在茎顶密集排列成复伞房状；总苞矩圆形或近卵形；托片矩圆状椭圆形，膜质，上部被短柔毛，背面散生黄色腺点；舌状花 5~7 朵，白色、粉红色或淡紫红色，舌片近圆形，长 1.5~3 毫米，宽 2~2.5 毫米，顶端具 2~3 齿；管状花黄色，长 2.2~3 毫米，外面具腺点。瘦果矩圆形，长约 2 毫米，淡绿色，具白色纵肋，无冠状冠毛。花果期 7—9 月。

生长于铁路沿线。

**产　　地**：全市。

（图 587）蓍 *Achillea millefolium* L.

**丝叶蓍** *Achillea setacea* Waldst（图 588）

**形态特征**：多年生草本。茎直立，高 30~70 厘米。叶条状披针形，二至三回羽状全裂；中部和上部叶无柄，一回裂片多数；下部叶有柄或几无柄，一回裂片向下渐疏小。头状花序多数，密集成直径 2.5~7 厘米的伞房花序；总苞狭矩圆形或卵状矩圆形，淡黄绿色；总苞片 3 层；花托锥状凸起；托片矩圆状披针形至披针形，无毛或上部有白色伏毛，散生黄色腺点；舌状花 5 朵；长约 3.2 毫米；舌片淡黄白色，半圆形或近圆形，长 1.2~1.3 毫米，宽 1.3~1.8 毫米，顶端近截形或有 3 圆齿，管部长约 2 毫米，稍扁，有腺点；盘花两性，管状，长 2.5 毫米，5 齿，管部长 1.5 毫米，有腺点。瘦果矩圆状楔形，长 1.8~2 毫米，宽约 0.8 毫米，顶端截形，有狭的淡色边肋，光滑。花果期 7—8 月。

生于山坡草地、林缘湿润地、草甸子，河岸沙质地及石质山坡。

**产　　地**：根河、额尔古纳市。

**高山蓍** *Achillea alpina* L.（图 589）

**别　　名**：蓍、蚰蜓草、锯齿草、羽衣草。

**形态特征**：植株高 30~70 厘米。茎直立，具纵沟棱，疏被贴生长柔毛，上部有分枝。下部叶花期凋落；中部叶条状披针形，长 3~9 厘米，宽 5~10 毫米，无柄，羽状浅裂或羽状深裂，裂片条形或条状披针形，先端锐尖，有不等长的缺刻状锯齿，裂片和齿端有软骨质小尖头，两面疏生长柔毛。头状花序多数，密集成伞房状。总苞钟状，长 4~5 毫米；总苞片 3 层，宽披针形，先端钝，具中肋，边缘膜质，褐色，疏被长柔毛；托片与总苞片相似。舌状花 7~8，白色，舌片卵圆形，长 1.5~2 毫米，宽约 2 毫米，顶端有 3 小齿；管状花白色，长 2~2.5 毫米。瘦果宽倒披针形，长约 3 毫米。花果期 7—9 月。

山地林缘、灌丛、沟谷草甸。

**产　　地**：鄂温克族自治旗。

（图 588）丝叶蓍 *Achillea setacea* Waldst

（图 589）高山蓍 *Achillea alpina* L.

## 小滨菊属 Leucanthemella Tzvel.

小滨菊 Leucanthemella linearis( Matsum. )Tzvel. ( 图 590 )

**别　　名：**线叶菊。

**形态特征：**植株高 10~40 厘米。茎多数，不分枝或有分枝。基生叶或茎下部叶花期枯萎；中部叶长 5~8 厘米，自中部以下羽状分裂；上部叶较小，条形，全缘，上面及边缘粗涩，有皮刺状凸起，下面有腺点。头状花序单生于茎顶或枝端，直径 2~4 厘米，通常 2~8 个排列成疏松的伞房状，梗长，被短柔毛；总苞长 4~10 毫米，宽 10~15 毫米，被短柔毛或无毛；外层总苞片条形或披针状条形；内层者长椭圆形。舌状花冠的舌片长 10~15 毫米，宽达 5 毫米，先端钝；管状花冠黄色，长 2~3 毫米。瘦果长 2~3 毫米，有 8~10 条纵肋，果顶具 8~12 个长 0.3 毫米的钝齿。花果期 8—9 月。

生于河滩草甸。

**产　　地：**鄂温克族自治旗、新巴尔虎左旗。

（图 590）小滨菊 Leucanthemella linearis（ Matsum. ）Tzvel.

## 菊属 Dendranthema( DC. )Des Moul.

细叶菊 Dendranthema maximowiczii( Kom. )Tzvel.( 图 591 )

**形态特征：**二年生草本，高 15~30 厘米。茎直立，单生，中上部有少数分枝。基生叶花期枯萎；中下部叶柄长 1~1.5 厘米，叶片卵形或宽卵形，长 1.5~2.5 厘米，宽长 2.5~3 厘米，二回羽状分裂；一回为全裂，侧裂片常 2 对；二回为全裂或几全裂，小裂片条形，宽 1~2 毫米，先端渐尖，两面无毛；上部叶渐小，羽状分裂。头状花序 2~4 个在茎枝顶端排列成疏伞房状，极少单生；总苞浅碟形，直径 8~15 毫米，总苞片 4 层，外层的条形，长 3.5~5 毫米，外面疏被微毛，中、内层的长椭圆形至倒披针形，长 7~8 毫米，全部苞片边缘具浅褐色或白色膜质；舌状花白色或粉红色，舌片长 8~15 毫米，先端具 3 微钝齿；管状花长约 2.5 毫米。瘦果倒卵形，长约 2 毫米，黑褐色。花果期 7—9 月。

生长于山坡灌丛中。

**产　　地：**陈巴尔虎旗、新巴尔虎左旗、满洲里市。

（图 591）细叶菊 *Dendranthema maximowiczii*（Kom.）Tzvel.

楔叶菊 *Dendranthema naktongense*（Nakai）Tzvel.（图 592）

**形态特征：** 多年生草本，高 15~50 厘米。茎直立。茎中部叶长椭圆形、椭圆形或卵形以至圆形，长 1~5 厘米，宽 1~2 厘米，掌式羽状或羽状 3~9 浅裂、半裂或深裂，裂片椭圆形或卵形；叶腋常簇生较小的叶；基生叶和茎下部叶与中部叶同形而较小；茎上部叶倒卵形、倒披针形或长倒披针形，3~5 裂或不裂。头状花序较大，直径 2.5~5 厘米，2~9 个在茎枝顶端排列成疏松伞房状。总苞碟状，长 4~6 毫米，直径 10~15 毫米；总苞片 5 层，外层者条形或条状披针形，先端圆形，扩大而膜质，中内层者椭圆形或长椭圆形，边缘及先端白色或褐色膜质，外层与中层者外面疏被柔毛或近无毛。舌状花白色、粉红色或淡红紫色，舌片长 1~2.5 厘米、宽 3~5 毫米，先端全缘或具 2 齿；管状花长 2~3 毫米。花期 7—8 月。

生长于山坡、林缘或沟谷。

**产　　　地：** 额尔古纳市、根河市、鄂温克族自治旗、新巴尔虎左旗。

（图 592）楔叶菊 *Dendranthema naktongense*（Nakai）Tzvel.

# 母菊属 *Matricaria* L.

同花母菊 *Matricaria matricarioides*（Less.）Porter ex Britton（图 593）

**形态特征：** 植株高 5~10 厘米。茎单一，直立，有分枝，无毛，有时被短柔毛。茎生叶轮廓长椭圆形，长 1~2 厘米，宽 3~5 毫米，二回羽状全裂，小裂片条形，宽约 0.5 毫米，先端锐尖，两面无毛或疏被柔毛，基部扩大而稍抱茎；上部叶渐变小。头状花序小，具短梗；总苞长约 3 毫米，直径 4~7 毫米；总苞片 3 层，椭圆形，先端钝圆，边缘宽膜质，外层者较短，中层和内层者近等长。舌状花缺；管状花冠长约 1.5 毫米，黄绿色，先端具 4 齿。瘦果矩圆形，长约 1.5 毫米，褐色，腹面具 3 纵肋；冠毛呈短冠状。花果期 7—9 月。

生于山坡路旁。

**产　　　地：** 牙克石市。

（图 593）同花母菊 *Matricaria matricarioides*（Less.）Porter ex Britton

## 菊蒿属 *Tanacetum* L.

菊蒿 *Tanacetum vulgare* L.（图 594）

**别　　名：**艾菊。

**形态特征：**植株高 30~60 厘米。茎直立，具纵沟棱，上部常有分枝。叶椭圆形或椭圆状卵形，长达 20 厘米，宽达 10 厘米，二回羽状深裂或全裂，裂片卵形至条状披针形，先端钝或尖，边缘有锯齿或再次羽状浅裂，稀深裂，小裂片卵形、三角形，先端锐尖，边缘有不规则小锯齿或全缘。头状花序多数在茎顶或枝端排列成复伞房状；总苞长 4~6 毫米，直径 5~8 毫米，总苞片草质，无毛或有疏柔毛，边缘狭膜质，外层者卵状披针形，内层者矩圆状披针形；外围雌花较短小，中央两性花长 1.5~2.4 毫米。瘦果长 1.2~1.8 毫米，冠毛冠状，顶端齿裂。花果期 7—9 月。

生于山地草甸、河滩草甸或路边。

**产　　地：**额尔古纳市、根河市、牙克石市。

## 亚菊属 *Ajania* Poljak.

蓍状亚菊 *Ajania achilloides*（Turcz.）Poljak. ex Grub.（图 595）

**别　　名：**蓍状艾菊。

**形态特征：**小半灌木，高 15~25 厘米。茎由基部多分枝，直立或倾斜。叶灰绿色，基生叶花期枯萎脱落；茎下部叶及中部叶长 10~15 毫米，宽 5~10 毫米，二回羽状全裂，小裂片狭条形或条状矩圆形，长 2~5 毫米，宽 0.5~1 毫米，先端钝或尖，叶无柄或具短柄；枝上部叶羽状全裂或不分裂；全部叶两面被绢状短柔毛及腺点。头状花序 3~6 个在枝端排列成伞房状，花梗纤细，长达 15 毫米，苞叶狭条形；总苞钟状；边缘雌花 6~8 枚，花冠细管状，长约 2 毫米，两性花花冠管状，长 2~2.5 毫米，外面有腺点。瘦果矩圆形，长约 1 毫米，褐色。花果

（图 594）菊蒿 *Tanacetum vulgare* L.

（图 595）蓍状亚菊 *Ajania achilloides*（Turcz.）Poljak. ex Grub.

期 8—9 月。

生于荒漠草原地带的砂质壤土上及碎石和石质坡地。

产　　　地：新巴尔虎右旗。

## 线叶菊属 *Filifolium* Kitam.

线叶菊 *Filifolium sibiricum*（L.）Kitam.（图 596）

形态特征：多年生草本，高 15~60 厘米。茎单生或数个，直立，具纵沟棱，无毛，基部密被褐色纤维鞘，不分枝或上部有分枝。叶深绿色，无毛；基生叶轮廓倒卵形或矩圆状椭圆形，长达 20 厘米，宽 3~6 厘米，有长柄；茎生叶较小，无柄；全部叶二至三回羽状全裂。头状花序多数，在枝端或茎顶排列成复伞房状；总苞球形或半球形，直径 4~5 毫米；总苞片 3 层，顶端圆形，外层者卵圆形，中层与内层者宽椭圆形；花序托凸起，圆锥形，无毛；有多数异形小花，外围有 1 层雌花，结实，管状，顶端 2~4 裂；中央有多数两性花，不结实，花冠管状，长 1.8~2.4 毫米，黄色，先端 5（4）齿裂。瘦果倒卵形，压扁长 1.8~2.5 毫米，宽 1.5~2 毫米，淡褐色，无毛，腹面具 2 条纹，无冠毛。花果期 7~9 月。

生于山地草甸、草甸草原、典型草原地带。

产　　　地：全市。

（图 596）线叶菊 *Filifolium sibiricum*（L.）Kitam.

## 蒿属 *Artemisia* L.

大籽蒿 *Artemisia sieversiana* Ehrhart ex Willd.（图 597）

别　　　名：白蒿。

形态特征：一、二年生草本，高 30~100 厘米。茎单生，直立，具纵条棱，多分枝。基生叶在花期枯萎；茎下部与中部叶宽卵形或宽三角形，长 4~10 厘米，宽 3~8 厘米，二至三回羽状全裂；上部叶及苞叶羽状全裂或不分裂。头状花序较大，半球形或近球形，直径 4~6 毫米，具短梗，稀近无梗，下垂，有条形小苞叶，多数在茎上排列成开展或稍狭窄的圆锥状；总苞片 3~4 层，外、中层的长卵形或椭圆形，背部被灰白色短柔毛或近无毛，内层的椭圆形，膜质；边缘雌花 2~3 层，20~30 枚，花冠狭圆锥状，中央两性花 80~120 枚，花冠管状。瘦果矩圆形，褐色。花果期 7—10 月。

生于农田、路旁、畜群点或水分较好的撂荒地上。

产　　　地：全市。

（图 597）大籽蒿 *Artemisia sieversiana* Ehrhart ex Willd.

**碱蒿** *Artemisia anethifolia* Web. ex Stechm.（图 598）

别　　　名：大莳萝蒿、糜糜蒿。

形态特征：一或二年生草本，高 10~40 厘米。茎单生，直立，具纵条棱，常带红褐色；基生叶椭圆形或长卵形，长 3~4.5 厘米，宽 1.5~3 厘米，二至三回羽状全裂；中部叶卵形、宽卵形或椭圆状卵形，一至二回羽状全裂；上部叶狭条形。头状花序半球形或宽卵形，直径 2~3（4）毫米，有小苞叶，多数在茎上排列成疏散而开展的圆锥状；总苞片 3~4 层，外、中层的椭圆形或披针形，内层的卵形；边缘雌花 3~6 枚，花冠狭管状，中央两性花 18~28 枚，花冠管状。瘦果椭圆形或倒卵形。花果期 8—10 月。

生长于盐渍化土壤上。

产　　　地：陈巴尔虎旗、新巴尔虎左旗、新巴尔虎右旗、鄂温克族自治旗。

**莳萝蒿** *Artemisia anethoides* Mattf.（图 599）

形态特征：一、二年生草本，高 20~70 厘米。茎单生，直立或斜升，具纵条棱，带紫红色，分枝多；基生叶与茎下部叶长卵形或卵形，长 3~4 厘米，宽 2~4 厘米，三至四回羽状全裂；中部叶宽卵形或卵形，长 2~4 厘米，宽 1~3 厘米，二至三回羽状全裂；上部叶与苞叶 3 全裂或不分裂，狭条形。头状花序近球形，直径 1.5~2 毫米，具短梗，下垂，有丝状条形的小苞叶，多数在茎上排列成开展的圆锥状；总苞片 3~4 层，外、中层的椭圆形或披针形，背部密被蛛丝状短柔毛，具绿色中肋，边缘膜质，内层的长卵形，近膜质，无毛；边缘雌花 3~6

（图 598）碱蒿 *Artemisia anethifolia* Web. ex Stechm.

（图 599）莳萝蒿 *Artemisia anethoides* Mattf.

枚，花冠狭管状，中央两性花 8~16 枚，花冠管状。花序托凸起，有托毛。瘦果倒卵形。花果期 7—10 月。

生于盐土或盐碱化的土壤上。

产　　地：陈巴尔虎旗、新巴尔虎左旗、新巴尔虎右旗。

**冷蒿 Artemisia frigida Willd.（图 600）**
别　　名：小白蒿、兔毛蒿。
形态特征：多年生草本，高 10~50 厘米。茎少数或多条常与营养枝形成疏松或密集的株丛；全株被灰白色或淡灰黄色绢毛。茎下部叶与营养枝叶矩圆形，二至三回羽状全裂；中部叶矩圆形或倒卵状矩圆形，一至二回羽状全裂；上部叶与苞叶羽状全裂或 3~5 全裂。头状花序半球形、球形或卵球形，具短梗，在茎上排列成总状或狭窄的总状花序式的圆锥状；总苞片 3~4 层，外、中层的卵形或长卵形，内层的长卵形或椭圆形，背部近无毛，膜质；边缘雌花 8~13 枚，花冠狭管状，中央两性花 20~30 枚，花冠管状。花序托有白色托毛。瘦果矩圆形或椭圆状倒卵形。花果期 8—10 月。

生于典型草原，喜沙质、沙砾质或砾石质土壤上。

产　　地：新巴尔虎左旗、新巴尔虎右旗、鄂温克族自治旗、海拉尔区、满洲里市。

（图 600）冷蒿 Artemisia frigida Willd.

**紫花冷蒿 Artemisia frigida Willd. var. atropurpurea Pamp.（图 601）**
形态特征：本变种与正种的区别在于：植株矮小；头状花序在茎上常排列成穗状，花冠檐部紫色。
生境同正种。

产　　地：新巴尔虎左旗、新巴尔虎右旗、鄂温克族自治旗、海拉尔区、满洲里市。

（图 601）紫花冷蒿 *Artemisia frigida* Willd. var. *atropurpurea* Pamp.

宽叶蒿 *Artemisia latifolia* Ledeb.（图 602）

形态特征：多年生草本，高 15~70 厘米。茎单生，直立，上部有分枝。基生叶矩圆形或长卵形，一至二回羽状分裂；茎下部与中部叶椭圆状矩圆形或长卵形，一至二回羽状深裂；苞叶条形，全缘。头状花序近球形或半球形，直径 3~4 毫米，具短梗，下垂，在茎上排列成狭窄的圆锥状；总苞片 3~4 层，外层的卵形，背部无毛，黄褐色，边缘宽膜质，褐色，常撕裂，中层的椭圆形或矩圆形，边缘宽膜质，内层膜质；边缘雌花 5~9 枚；花冠狭管状，外面有腺点，中央两性花 18~26 枚，花冠管状，外面也有腺点。花序托凸起。瘦果倒卵形或呈矩圆状扁三棱形，褐色。花果期 7—10 月。

生于林缘、林下与灌丛间。

产　　地：根河市、额尔古纳市、大兴安岭、新巴尔虎左旗、牙克石市。

白莲蒿 *Artemisia sacrorum* Ledeb.（图 603）

别　　名：万年蒿、铁秆蒿。

形态特征：半灌木状草本，高 50~100 厘米。茎多数，常成小丛，多分枝；茎下部叶与中部叶长卵形、三角状卵形或长椭圆状卵形，二至三回栉齿状羽状分裂；上部叶较小，一至二回栉齿状羽状分裂。头状花序近球形，直径 2~3.5 毫米，具短梗，下垂，多数在茎上排列成密集或稍开展的圆锥状；总苞片 3~4 层，外层的披针形或长椭圆形，初时密被短柔毛，后脱落无毛，中肋绿色，边缘膜质，中、内层的椭圆形，膜质，无毛；边缘雌花 10~12 枚，花冠狭管状，中央两性花 20~40 枚，花冠管状。花序托凸起。瘦果狭椭圆状卵形或狭圆锥形。花果期 8—10 月。

生于砾石地，砂质地。

产　　地：全市。

（图 602）宽叶蒿 *Artemisia latifolia* Ledeb.

（图 603）白莲蒿 *Artemisia sacrorum* Ledeb.

**密毛白莲蒿** *Artemisia sacrorum* Ledeb. var. *esserchmidtiana*（Bess.）Y. R. Ling（图 604）

**别　　名**：白万年蒿。

**形态特征**：半灌木状草本，高 50~100 厘米。茎多数，常成小丛，紫褐色或灰褐色，多分枝。茎下部叶与中部叶长卵形、三角状卵形或长椭圆状卵形，长 2~10 厘米，宽 3~8 厘米，二至三回栉齿状羽状分裂，第一回全裂，侧裂片 3~5 对，叶中轴两侧有栉齿，叶两面密被灰白色或淡灰黄色短柔毛；上部叶较小，一至二回栉齿状羽状分裂。头状花序近球形，直径 2~3.5 毫米，具短梗，下垂，多数在茎上排列成密集或稍开展的圆锥状；总苞片 3~4 层；边缘雌花 10~12 枚，花冠狭管状，中央两性花 20~40 枚，花冠管状。花序托凸起。瘦果狭椭圆状卵形或狭圆锥形。花果期 8—10 月。

生长于山坡、丘陵及路旁等处。

**产　　地**：新巴尔虎左旗、新巴尔虎右旗。

（图 604）密毛白莲蒿 *Artemisia sacrorum* Ledeb. var. *esserchmidtiana*（Bess.）Y. R. Ling

**黄花蒿** *Artemisia annua* L.（图 605）

**别　　名**：臭黄蒿。

**形态特征**：一年生草本，高达 1 米余。茎单生，多分枝。叶纸质，绿色；茎下部叶宽卵形或三角状卵形；中部叶二至三回栉齿状羽状深裂；上部叶与苞叶一至二回栉齿状羽状深裂。头状花序球形，直径 1.5~2.5 毫米，有短梗，下垂或倾斜，极多数在茎上排列成开展而呈金字塔形的圆锥状；总苞片 3~4 层，无毛，外层的长卵形或长椭圆形，中肋绿色，边缘膜质，中、内层的宽卵形或卵形，边缘宽膜质；边缘雌花 10~20 枚，花冠狭管状，外面有腺点，中央的两性花 10~30 枚，结实或中央少数花不结实，花冠管状。花序托凸起，半球形。瘦果椭圆状卵形，长 0.7 毫米，红褐色。花果期 8—10 月。

生于河边、沟谷或居民点附近。

**产　　地**：新巴尔虎左旗、新巴尔虎右旗、鄂温克族自治旗、扎兰屯市、鄂伦春自治旗。

（图 605）黄花蒿 *Artemisia annua* L.

黑蒿 *Artemisia palustris* L.（图 606）

**别　　名**：沼泽蒿。

**形态特征**：一年生草本，高 10~40 厘米。茎单生，上部有细分枝。叶薄纸质，茎下部与中部叶卵形或长卵形，一至二回羽状全裂；茎上部叶与苞叶小，一回羽状全裂。头状花序近球形，直径 2~3 毫米，无梗，每 2~10个在分枝或茎上密集成簇，少数间有单生，并排成短穗状，而在茎上再组成稍开展或狭窄的圆锥状；总苞 3~4层，近等长，外层的卵形，背部具绿色中肋，边缘膜质、棕褐色，中、内层的卵形或匙形，半膜质或膜质；边缘雌花 9~13 枚，花冠狭管状或狭圆锥状，中央两性花 20~25 枚，花冠管状，外面有腺点。花序托凸起，圆锥形。瘦果长卵形，稍扁，褐色。花果期 8—10 月。

生于森林草原地带，有时也出现于干草原带，生长在河岸低湿沙地上。

**产　　地**：陈巴尔虎旗、新巴尔虎左旗、新巴尔虎右旗、鄂温克族自治旗。

艾 *Artemisia argyi* Levl. et Van.（图 607）

**别　　名**：艾蒿、家艾。

**形态特征**：多年生草本，高 30~100 厘米。茎单生或少数；茎下部叶近圆形或宽卵形，羽状深裂；中部叶卵形、三角状卵形或近菱形，一至二回羽状深裂至半裂；上部叶与苞叶羽状半裂、浅裂、3 深裂或 3 浅裂。头状花序椭圆形，直径 2.5~3 毫米，无梗或近无梗，花后下倾，多数在茎上排列成狭窄、尖塔形的圆锥状；总苞片 3~4层，外、中层的卵形或狭卵形，背部密被蛛丝状绵毛，边缘膜质，内层的质薄，背部近无毛；边缘雌花 6~10枚，花冠狭管状，中央两性花 8~12 枚，花冠管状或高脚杯状，檐部紫色。花序托小。瘦果矩圆形或长卵形。花果期 7—10 月。

生于路旁及村庄附近，有时也分布到林缘、林下、灌丛间。

**产　　地**：新巴尔虎左旗、新巴尔虎右旗、鄂温克族自治旗、扎兰屯市、阿荣旗。

（图 606）黑蒿 *Artemisia palustris* L.

（图 607）艾 *Artemisia argyi* Levl. et Van.

**野艾蒿** *Artemisia lavandulaefolia* DC.（图 608）

**别　　名：** 荫地蒿、野艾。

**形态特征：** 多年生草本，高 60~100 厘米。茎少数，稀单生，多分枝；茎、枝被灰白色蛛丝状短柔毛。基生叶与茎下部叶宽卵形或近圆形，二回羽状全裂；中部叶卵形、矩圆形或近圆形，二回羽状全裂，侧裂片 2~3 对；上部叶羽状全裂。头状花序椭圆形或矩圆形，直径 2~2.5 毫米；总苞片 3~4 层，外层的短小，卵形或狭卵形，背部密被蛛丝状毛，边缘狭膜质，中层的长卵形，毛较疏，边缘宽膜质，内层的矩圆形或椭圆形，半膜质，近无毛；边缘雌花 4~9 枚，花冠狭管状，紫红色，中央两性花 10~20 枚，花冠管状，紫红色。花序托小，凸起。瘦果长卵形或倒卵形。花果期 7—10 月。

生于林缘、灌丛、农田、路旁、村庄附近。

**产　　地：** 鄂伦春自治旗、牙克石市、扎兰屯市、阿荣旗、莫力达瓦达斡尔族自治旗。

（图 608）野艾蒿 *Artemisia lavandulaefolia* DC.

**柳叶蒿** *Artemisia integrifolia* L.（图 609）

**别　　名：** 柳蒿。

**形态特征：** 多年生草本，高 30~70 厘米。茎通常单生，直立。基生叶与茎下部叶狭卵形或椭圆状卵形，边缘有少数深裂齿或锯齿；中部叶长椭圆形、椭圆状披针形或条状披针形；上部叶小，椭圆形或披针形，全缘或具数个小齿。头状花序椭圆形或矩圆形，直径 3~4 毫米，有短梗或近无梗，倾斜或直立，具披针形的小苞叶，多数在茎上部排列成狭窄的圆锥状；总苞片 3~4 层，外层的卵形，中层的长卵形，背部疏被蛛丝状毛，中肋绿色，边缘宽膜质，褐色，内层的长卵形，半膜质，近无毛；边缘雌花 10~15 枚，花冠狭管状；中央两性花 20~30 枚，花冠管状。花序托凸起。瘦果矩圆形。花果期 8—10 月。

生于森林和森林草原地带，散生于草甸、林缘、路旁、村庄附近的低湿处。

**产　　地：** 根河市、鄂伦春自治旗、扎兰屯市、莫力达瓦达斡尔族自治旗。

（图 609）柳叶蒿 *Artemisia integrifolia* L.

**蒙古蒿** *Artemisia mongolica* Fisch. ex Bess.（图 610）

**形态特征**：多年生草本，高 20~90 厘米。茎直立，多分枝。下部叶卵形或宽卵形，二回羽状全裂或深裂；中部叶卵形、近圆形或椭圆状卵形；上部叶与苞叶卵形或长卵形，3~5 全裂，裂片披针形或条形，全缘或偶有 1~3 枚浅裂齿，无柄。头状花序椭圆形，直径 1.5~2 毫米，无梗，直立或倾斜，有条形小苞叶，多数在茎上排列成狭窄或稍开展的圆锥状；总苞片 3~4 层，外层的较小，卵形或长卵形，背部密被蛛丝状毛，边缘狭膜质，中层的长卵形或椭圆形，背部密被蛛丝状毛，边缘宽膜质，内层的椭圆形，半膜质，背部近无毛；边缘雌花 5~10 枚，花冠狭管状，中央两性花 6~15 枚，花冠管状，檐部紫红色。花序托凸起。瘦果短圆状倒卵形。花果期 8—10 月。

生于沙地、河谷、撂荒地上，作为杂草常侵入到耕地、路旁，有时也侵入到草甸群落中。

**产　　地**：全市。

**龙蒿** *Artemisia dracunculus* L.（图 611）

**别　　名**：狭叶青蒿。

**形态特征**：半灌木状草本，高 20~100 厘米。茎通常多数，成丛，多分枝。叶无柄，下部叶在花期枯萎；中部叶条状披针形或条形，长 3~7 厘米，宽 2~3（6）毫米，全缘；上部叶与苞叶稍小，条形或条状披针形。头状花序近球形，直径 2~3 毫米，具短梗或近无梗，斜展或稍下垂，具条形小苞叶，多数在茎上排列成开展或稍狭窄的圆锥状；总苞片 3 层，外层的稍狭小，卵形，背部绿色，无毛，中、内层的卵圆形或长卵形，边缘宽膜质或全为膜质；边缘雌花 6~10 枚，花冠狭管状或近狭圆锥状，中央两性花 8~14 枚，花冠管状。花序托小，凸起。瘦果倒卵形或椭圆状倒卵形。花果期 7—10 月。

生于砂质和疏松的砂壤质土壤上，也进入撂荒地和村舍、路旁。

**产　　地**：全市。

（图 610）蒙古蒿 *Artemisia mongolica* Fisch. ex Bess.

（图 611）龙蒿 *Artemisia dracunculus* L.

差不嘎蒿 *Artemisia halodendron* Turcz. ex Bess.（图 612）

别　　名：盐蒿、沙蒿。

形态特征：半灌木，高 50~80 厘米。茎直立或斜向上，自基部开始分枝；叶质稍厚，茎下部与营养枝叶宽卵形或近圆形，二回羽状全裂；中部叶宽卵形或近圆形，一至二回羽状全裂；上部叶与苞叶 3~5 全裂或不分裂。头状花序卵球形，直径 3~4 毫米，直立，具短梗或近无梗，有小苞叶，多数在茎上排列成大型、开展的圆锥状；总苞片 3~4 层，外层的小，卵形，绿色，无毛，边缘膜质，中层的椭圆形，背部中间绿色，无毛，边缘宽膜质，内层的长椭圆形或矩圆形，半膜质；边缘雌花 4~8 枚，花冠狭圆锥形或狭管状，中央两性花 8~15 枚，花冠管状。花序托凸起。瘦果长卵形或倒卵状椭圆形。花果期 7—10 月。

生于固定、半固定沙丘、沙地。

产　　地：陈巴尔虎旗、新巴尔虎左旗、新巴尔虎右旗、鄂温克族自治旗。

（图 612）差不嘎蒿 *Artemisia halodendron* Turcz. ex Bess.

光沙蒿 *Artemisia oxycephala* Kitag.（图 613）

形态特征：半灌木状草本或半灌木状，高 30~60 厘米。茎数条，成丛。基生叶宽卵形，具长柄，花期枯萎；茎下部与中部叶宽卵形或近圆形，长 2~5 厘米，宽 2~3 厘米，二回羽状全裂；上部叶与苞叶 3~5 全裂或不分裂，丝状条形。头状花序长卵形，直径 1.5~2.5 毫米，具短梗或近无梗，基部有小苞叶，直立，多数在茎上排列成疏松开展或稍紧密的圆锥状；总苞片 3~4 层，外、中层的卵形或长卵形，背部有绿色中肋，无毛，边缘膜质，内层的长卵形或椭圆形，先端钝，半膜质；边缘雌花 2~7 枚，花冠狭圆锥状或狭管状，中央两性花 3~10 枚，花冠管状。花序托凸起。瘦果矩圆形。花果期 8—10 月。

生于干草原带的沙丘，沙地和覆沙高平原上。

产　　地：根河市、额尔古纳市、牙克石市、新巴尔虎左旗。

（图 613）光沙蒿 *Artemisia oxycephala* Kitag.

**柔毛蒿** *Artemisia pubescens* Ledeb.（图 614）

别　　名：变蒿、立沙蒿。

形态特征：多年生草本，高 20~70 厘米。茎多数，丛生。叶纸质，基生叶与营养枝叶卵形，二至三回羽状全裂；茎下部、中部叶卵形或长卵形，长（2.5）3~9 厘米，宽 1.5~3 厘米，二回羽状全裂；上部叶羽状全裂，无柄；苞叶 3 全裂或不分裂，狭条形，头状花序卵形或矩圆形，直径 1.5~2 毫米，具短梗及小苞叶，斜展或稍下垂；总苞片 3~4 层，无毛，外层的短小，卵形，背部有绿色中肋，边缘膜质，中层的长卵形，边缘宽膜质，内层的椭圆形，半膜质；边缘雌花 8~15 枚，花冠狭管状或狭圆锥状，中央两性花 10~15 枚，花冠管状。花序托凸起。瘦果矩圆形或长卵形。花果期 8—10 月。

生于森林草原及草原地带的山坡、林缘灌丛、草地或砂质地。

产　　地：额尔古纳市、扎兰屯市、陈巴尔虎旗、新巴尔虎左旗、鄂温克族自治旗。

**猪毛蒿** *Artemisia scoparia* Waldst. et Kit.（图 615）

别　　名：米蒿、黄蒿、臭蒿、东北茵陈蒿。

形态特征：多年生或近一、二年生草本。茎直立，单生，常自下部或中部开始分枝；基生叶近圆形、长卵形，二至三回羽状全裂；茎下部叶长卵形或椭圆形，二至三回羽状全裂；中部叶矩圆形或长卵形，一至二回羽状全裂；茎上部叶及苞叶 3~5 全裂或不分裂。头状花序小，球形或卵球形，直径 1~1.5 毫米，小苞叶丝状条形，极多数在茎上排列成大型而开展的圆锥状；总苞片 3~4 层，外层的草质、卵形、背部绿色，无毛，边缘膜质，中、内层的长卵形或椭圆形，半膜质；边缘雌花 5~7 枚，花冠狭管状，中央两性花 4~10 枚，花冠管状。花序托小，凸起。瘦果矩圆形或倒卵形，褐色。花果期 7—10 月。

生于草原带的沙质土壤上。

产　　地：全市。

（图 614）柔毛蒿 *Artemisia pubescens* Ledeb.

（图 615）猪毛蒿 *Artemisia scoparia* Waldst. et Kit.

东北牡蒿 Artemisia manshurica（Kom.）Kom.（图 616）

形态特征：多年生草本，高 40~100 厘米。茎数个丛生，稀单生。营养枝叶密集，叶片匙形或楔形，长 3~7 厘米，宽 8~15 毫米；茎下部叶倒卵形或倒卵状匙形，5 深裂或为不规则的裂齿；中部叶倒卵形或椭圆状倒卵形，长 2.5~3.5 厘米，宽 2~3 厘米，一至二回羽状或掌状式的全裂或深裂；上部叶宽楔形或椭圆状倒卵形。头状花序近球形或宽卵形，直径 1.5~2 毫米，具短梗及条形苞叶，下垂或斜展，极多数在茎上排列成狭长的圆锥状；总苞片 3~4 层，外层的披针形或狭卵形，中层的长卵形，背部均为绿色，无毛，边缘宽膜质，内层的长卵形，半膜质；边缘雌花 4~8 枚，花冠狭圆锥状或狭管状，中央两性花 6~10 枚，花冠管状。花序托凸起。瘦果倒卵形或卵形，褐色。花果期 8—10 月。

生于森林草原地带的山地、林缘、林下及灌丛间。

产　　地：鄂温克族自治旗、新巴尔虎左旗、莫力达瓦达斡尔族自治旗、鄂伦春自治旗。

（图 616）东北牡蒿 Artemisia manshurica（Kom.）Kom.

漠蒿 Artemisia desertorum Spreng.（图 617）

别　　名：沙蒿。

形态特征：多年生草本，高（10）30~90 厘米。茎单生，直立，上部有分枝；叶纸质，茎下部叶与营养枝叶二型：一型叶片为矩圆状匙形或矩圆状倒楔形，另一型叶片椭圆形，卵形或近圆形，二回羽状全裂或深裂；中部叶较小，长卵形或矩圆形，一至二回羽状深裂；上部叶 3~5 深裂；头状花序卵球形或近球形，多数在茎上排列成狭窄的圆锥状；总苞片 3~4 层，外层的较小，卵形，中层的长卵形，外、中层总苞片背部绿色或带紫色，内层的长卵形，半膜质，无毛；边缘雌花 4~8 枚，花冠狭圆锥状或狭管状，中央两性花 5~10 枚，花冠管状。花序托凸起。瘦果倒卵形或矩圆形。花果期 7—9 月。

生于砂质和砂砾质的土壤上。

产　　地：陈巴尔虎旗、新巴尔虎左旗、新巴尔虎右旗、鄂温克族自治旗、满洲里市。

（图 617）漠蒿 *Artemisia desertorum* Spreng.

## 绢蒿属 *Seriphidium*（Bess.）Poljak.

东北蛔蒿 *Seriphidium finitum*（Kitag.）Ling et Y. R. Ling（图 618）

**形态特征**：半灌木状草本，高 20~60 厘米。茎少数或单一，中部以上有多数分枝。茎下部叶及营养枝叶矩圆形或长卵形，长 2~3（5）厘米，宽 1~2 厘米，二回三回羽状全裂；中部叶卵形或长卵形，一至二回羽状全裂，小裂片狭条形或条状披针形，叶柄短，基部有羽状全裂的假托叶；上部叶与苞叶 3 全裂或不分裂；头状花序矩圆状倒卵形或矩圆形，直径 2~2.5 毫米，无梗或具短梗，基部有条形的小苞叶，多数在茎上排列成狭窄或稍开展的圆锥状；总苞片 4~5 层，外层的小，卵形，中层的长卵形，背部被蛛丝状毛，有绿色中肋，边缘狭或宽膜质，内层的长卵形或矩圆状倒卵形，半膜质，背部疏被毛或近无毛；两性花 3~9（13）枚，花冠管状。瘦果长倒卵形。花果期 8—9 月。

生于砂砾质或砾石质土壤上，也生长在盐碱化湖边草甸。

**产　　地**：新巴尔虎左旗、新巴尔虎右旗、海拉尔区、满洲里市。

## 兔儿伞属 *Syneilesis* Maxim.

兔儿伞 *Syneilesis aconitifolia*（Bunge）Maxim.（图 619）

**别　　名**：雨伞菜、帽头菜。

**形态特征**：植株高 70~100 厘米。茎直立，单一。基生叶花期枯萎；茎生叶 2，圆盾形，下部的较大，直径 20~30 厘米，掌状深裂，裂片 7~9 个，再形成二至三回叉状分裂，小裂片宽条形，宽 4~10 毫米，上面绿色，下面灰绿色，无毛，叶柄长 10~20 厘米；中部叶较小，直径 12~20 厘米，通常有裂片 4~5 个，叶柄长 2~6 厘米。头状花序多数，密集成复伞房状，梗长 5~30 毫米，苞叶条形；总苞长 9~12 毫米，宽 3~4 毫米，紫褐色；总苞片矩圆状披针形，先端钝，背部无毛；管状花 8~11 枚，长约 10 毫米。瘦果长约 5 毫米，暗褐色；冠毛淡红褐色，与管状花等长。花果期 7—9 月。

生于山地林下及林缘草甸。

**产　　地**：鄂伦春自治旗、牙克石市、扎兰屯市。

（图 618）东北蛔蒿 *Seriphidium finitum*（Kitag.）Ling et Y. R. Ling

（图 619）兔儿伞 *Syneilesis aconitifolia*（Bunge）Maxim.

# 蟹甲草属 *Cacalia* L.

山尖子 *Cacalia hastata* L.（图 620）

**别　　名：** 山尖菜、戟叶兔儿伞。

**形态特征：** 植株高 40~150 厘米。茎直立，粗壮。下部叶花期枯萎凋落；中部叶三角状戟形，长 5~15 厘米，宽 13~17 厘米，先端锐尖或渐尖，基部戟形或近心形，中间楔状下延成有狭翅的叶柄。有密或较密的柔毛；上部叶渐小，三角形或近菱形，先端渐尖，基部近截形或宽楔形。头状花序多数，下垂，在茎顶排列成圆锥状，梗长 4~20 毫米，密被腺状短柔毛，苞叶披针形或条形；总苞筒形，长 9~11 毫米，宽 5~8 毫米；总苞片 8 层，条形或披针形，先端尖，背部密被腺状短柔毛；管状花 7~20，白色，长约 7 毫米。瘦果黄褐色，长约 7 毫米；冠毛与瘦果等长。花果期 7—8 月。

生于林下、河滩杂类草草甸。

**产　　地：** 根河市、牙克石市、鄂温克族自治旗、扎兰屯市。

（图 620）山尖子 *Cacalia hastata* L.

无毛山尖子 *Cacalia hastam* L. var. *glabra* Ledeb.（图 621）

**形态特征：** 植株高 40~150 厘米。茎直立。下部叶花期枯萎凋落；中部叶三角状戟形，长 5~15 厘米，宽 13~17 厘米，边缘有不大规则的尖齿，基部的两个侧裂片，有时再分出 1 个缺刻状小裂片，上面绿色，无毛或有疏短毛，下面淡绿色；上部叶渐小，三角形或近菱形，先端渐尖，基部近截形或宽楔形。头状花序多数，下垂，在茎顶排列成圆锥状，梗长 4~20 毫米，密被腺状短柔毛，苞叶披针形或条形；总苞筒形，长 9~11 毫米，宽 5~8 毫米；总苞片 8 层，条形或披针形，先端尖；管状花 7~20 枚，白色，长约 7 毫米。瘦果黄褐色，长约 7 毫米；冠毛与瘦果等长。花果期 7—8 月。

山地林缘草甸伴生种，也生于林下、河滩杂类草草甸。

**产　　地：** 鄂温克族自治旗、额尔古纳市、根河市、鄂伦春自治旗。

（图 621）无毛山尖子 *Cacalia hastam* L. var. *glabra* Ledeb.

## 栉叶蒿属 *Neopallasia* Poljak.

栉叶蒿 *Neopallasia pectinata*（Pall.）Poljak.（图 622）

别　　名：篦齿蒿。

形态特征：一、二年生草本，高 15~50 厘米。茎草一或自基部以上分枝。茎生叶无柄，矩圆状椭圆形，长 1.5~3 厘米，宽 0.5~1 厘米，一至二回栉齿状的羽状全裂。头状花序卵形或宽卵形，长 3~4（5）毫米，直径 2.5~3 毫米，几无梗，3 至数枚在分枝或茎端排列成稀疏的穗状；边缘雌花 3~4 枚，结实，花冠狭管状，顶端截形或微凹，无明显裂齿；中央小花两性，9~16 枚，有 4~8 枚着生于花序托下部，结实，其余着生于花序托顶部的不结实，全部两性花花冠管状钟形，5 裂；花序托圆锥形，裸露。瘦果椭圆形，长 1.2~1.5 毫米，深褐色，具不明显纵肋，在花序托下部排成一圈。花期 7—8 月，果期 8—9 月。

生于干草原带的壤质或黏壤质的土壤上。

产　　地：新巴尔虎左旗、新巴尔虎右旗。

（图 622）栉叶蒿 *Neopallasia pectinata*（Pall.）Poljak.

## 狗舌草属 *Tephroseris*（Reichenb.）Reichenb.

狗舌草 *Tephroseris kirilowii*（Turcz. ex DC.）Holub（图 623）

形态特征：多年生草本，高 15~50 厘米。茎直立，单一。基生叶及茎下部叶较密，呈莲座状，全缘；茎中部叶少数，条形或条状披针形，长 2~5 厘米，宽 0.5~1 厘米，全缘，基部半抱茎；茎上部叶狭条形，全缘。头状花序 5~10 朵，于茎顶排列成伞房状，具长短不等的花序梗，苞叶 3~8 片，狭条形，总苞钟形，长 6~9 毫米，宽 8~11 毫米；总苞片条形或披针形，背面被蛛丝状毛，边缘膜质；舌状花黄色或橙黄色，长 9~17 毫米，子房具微毛；管状花长 6~8 毫米，子房具毛。瘦果圆柱形，长约 2.5 毫米，具纵肋，被毛；冠毛白色，长 5~7 毫米。花果期 6—7 月。

生于草原、草甸草原及山地林缘。

产　　地：根河市、牙克石市、鄂伦春自治旗、阿荣旗。

（图 623）狗舌草 *Tephroseris kirilowii*（Turcz. ex DC.）Holub

红轮狗舌草 Tephroseris flammea ( Turcz. ex DC. ) Holub ( 图 624 )

别　　名：红轮千里光。

形态特征：多年生草本，高 20~70 厘米。茎直立，单一，上部分枝。基生叶花时枯萎；茎下部矩圆形或卵形，长 5~15 厘米，宽 2~3 厘米；茎中部叶披针形，长 5~12 厘米，宽 1.5~3 厘米；茎上部叶狭条形，一般全缘，无柄。头状花序 5~15 朵，在茎顶排列成伞房状；总苞杯形，长 5~7 毫米，宽 5~13 毫米，总苞片约 20 片，黑紫色，条形，宽约 1.5 毫米；无外层小苞片；舌状花 8~12 枚，条形或狭条形，长 13~25 毫米，宽 1~2 毫米，舌片红色、紫红色，成熟后常反卷；管状花长 6~9 毫米，紫红色。瘦果圆柱形，棕色长 2~3 毫米，被短柔毛，冠毛污白色，长 8~10 毫米。

生于具丰富杂类草的草甸及林缘灌丛。

产　　地：根河市、额尔古纳市、鄂伦春自治旗、牙克石市。

（图 624）红轮狗舌草 Tephroseris flammea ( Turcz. ex DC. ) Holub

## 千里光属 Senecio L.

欧洲千里光 Senecio vulgaris L. ( 图 625 )

形态特征：一年生草本，高 15~40 厘米。茎直立，多分枝。基生叶与茎下部叶倒卵状匙形或矩圆状匙形；茎中部叶倒卵状匙形、倒披针形以至矩圆形，长 3~10 厘米，宽 1~3 厘米，羽状浅裂或深裂，边缘具不整齐波状小浅齿，叶先端钝或圆形，向下渐狭基部常扩大而抱茎，两面近无毛；上部叶较小，条形，有齿或全缘。头状花序多数，在茎顶和枝端排列成伞房状，花序梗细长，被蛛丝状毛；苞叶条形或狭条形；总苞近钟状，长 6~8 毫米，宽 4~5 毫米；总苞片可达 20 片，披针状条形，先端渐尖，边缘膜质，外层小苞片 2~7 片，披针状条形，长 1.5~2 毫米，先端渐尖，常呈黑色；无舌状花；管状花长约 5 毫米，黄色。瘦果圆柱形，长 2.5~3 毫米，有纵沟，被微毛，冠毛白色，长约 5 毫米。花果期 7—8 月。

生于山坡及路旁。

产　　地：牙克石市、根河市、额尔古纳市。

（图 625）欧洲千里光 *Senecio vulgaris* L.

湿生千里光 *Sencio arcticus* Rupr.（图 626）

形态特征：二年生草本，高 20~100 厘米。茎单一，上部分枝，中空。基生叶及下部叶密集，矩圆形或披针形，长 10~15 厘米，宽约 2 厘米，先端钝，基部半抱茎，边缘具缺刻状锯齿、波状齿或近于状半裂，通常两面无毛，具宽叶柄或无柄；茎中部叶卵状披针形或披针形，基部抱茎，通常两面被曲柔毛；上部叶较小，具较密的曲毛和腺毛。头状花序在枝端排列成聚伞状，花序梗被曲柔毛和腺毛，苞叶狭条形；总苞种形，长 5~6 毫米，宽 5~8 毫米，总苞片条形，基部密生曲柔毛，边缘膜质，无外层小总苞片；舌状花亮黄色，长约 10 毫米；管状花长 6~7 毫米。瘦果圆柱形，长 2~3 毫米，棕色，光滑，具明显的纵肋；冠毛白色，长约 15 毫米。花果期 6—7 月。

生于湖边沙地或沼泽，有时可形成密集的群落片段。

产　　地：牙克石市、新巴尔虎左旗、新巴尔虎右旗、鄂温克族自治旗、陈巴尔虎旗。

麻叶千里光 *Senecio cannabifolius* Less.（图 627）

形态特征：多年生草本，高 60~150 厘米。茎直立，单一。茎下部叶花期枯萎；中部叶较大，羽状深裂，长 10~15 厘米，先端尖锐，基部下延，上面绿色，被疏柔毛，下面淡绿色，沿叶脉被短柔毛，无柄或具短柄；茎上部叶裂片少或不分裂，条形，具微锯齿或全缘。头状花序多数，在茎顶和枝端排列成复伞房状；总苞钟形，长约 6 毫米，宽约 5~7 毫米，总苞片 10~15 片，条形，背部被短柔毛，边缘膜质；外层小总苞片约 6 个，狭条形，长 4~5 毫米；舌状花黄色，5~10 枚，长约 13 毫米；子房光滑；管状花多数，长约 10 毫米。瘦果圆柱形，长约 3 毫米，光滑；冠毛污黄白色，长约 7 毫米。花果期 7—9 月。

生于林缘及河边草甸。

产　　地：牙克石市、额尔古纳市、鄂伦春自治旗、鄂温克族自治旗。

（图 626）湿生千里光 *Sencio arcticus* Rupr.

（图 627）麻叶千里光 *Senecio cannabifolius* Less.

**额河千里光** *Senecio argunensis* Turcz.（图 628）

**别　　名**：羽叶千里光。

**形态特征**：多年生草本，高 30~100 厘米。茎直立，单一，中部以上有分枝。茎下部叶花期枯萎；中部叶卵形或椭圆形，长 5~15 厘米，宽 2~5 厘米，羽状半裂、深裂，有的近二回羽裂；上部叶较小，裂片较少。头状花序多数，在茎顶排列成复伞房状，花序梗被蛛丝状毛；小苞片条形或狭条形；总苞钟形，长 4~8 毫米，宽 4~10 毫米；总苞片约 10 层，披针形，边缘宽膜质，背部常被蛛丝状毛，外层小总苞片约 10 个，狭条形，比总苞片略短；舌状花黄色，10~12 枚，舌片条形或狭条形，长 12~15 毫米；管状花长 7~9 毫米，子房无毛。瘦果圆柱形，长 2~2.5 毫米，光滑，黄棕色；冠毛白色，长 5~7 毫米。花果期 7—9 月。

中生植物。生于林缘及河边草甸，河边柳灌丛。

**产　　地**：新巴尔虎左旗、新巴尔虎右旗、鄂温克族自治旗、莫力达瓦达斡尔族自治旗。

（图 628）额河千里光 *Senecio argunensis* Turcz.

**林阴千里光** *Senecio nemorensis* L.（图 629）

**别　　名**：黄菀。

**形态特征**：多年生草本，高 45~100 厘米。茎直立，单一，上部分枝。基生叶及茎下部叶花期枯萎；中部叶卵状披针形或矩圆状披针形，长 5~15 厘米，宽 1~3 厘米，先端渐尖，基部渐狭，边缘具疏牙齿；上部叶条状披针形或条形，较小。头状花序多数，在茎顶排列成伞房状，花序梗细长，苞叶条形或狭条形；总苞钟形，长 6~8 毫米，宽 5~10 毫米，总苞片 10~12 层，条形，背面被短柔毛，边缘膜质；外层小苞片狭条形，与总苞片等长，被短柔毛，舌状花 5~10 枚，黄色，长约 18 毫米；管状花长约 10 毫米。瘦果圆柱形，长约 1.5 毫米，光滑，淡棕褐色，具纵肋；冠毛白色，长 5~7 毫米。花果期 7—8 月。

生于林缘及河边草甸。

**产　　地**：牙克石市、鄂伦春族自治旗、额尔古纳市。

（图 629）林阴千里光 *Senecio nemorensis* L.

## 橐吾属 Ligularia Cass.

蹄叶橐吾 Ligularia fischeri ( Ledeb. ) Turcz. ( 图 630 )

别　　名：肾叶橐吾、马蹄叶、葫芦七。

形态特征：植株高 20~120 厘米。茎直立。基生叶和茎下部叶具柄，柄长 10~45 厘米，基部鞘状，叶片肾形或心形，长 7~20 厘米，宽 8~30 厘米，先端钝圆或稍尖，基部心形，边缘有整齐的牙齿，两面无毛或下面疏被褐色有节短毛，叶脉掌状，明显凸起；茎中上部叶小，具短柄，鞘膨大。头状花序在茎顶排列成总状，长 20~50 厘米；花序梗 5~15 毫米，基部有卵形或卵状披针形苞叶；舌状花 5~9 枚，舌片矩圆形，长 15~20 毫米，宽 4~5 毫米；管状花多数，长 10~11 毫米。瘦果圆柱形，长约 7 毫米，暗褐色；冠毛红褐色，长 6~8 毫米。花果期 7—9 月。

生于林缘及河滩草甸、河边灌丛。

产　　地：根河市、牙克石市、新巴尔虎左旗、鄂温克族自治旗、扎兰屯市、鄂伦春自治旗。

（图 630）蹄叶橐吾 Ligularia fischeri ( Ledeb. ) Turcz.

黑龙江橐吾 Ligularia sachalinensis Nakai （图 631）

形态特征：植株高 6~150 厘米。茎直立。基生叶和茎下部叶具柄，叶片肾形或肾状心形，长 3~12 厘米，宽 5~14 厘米，边缘有整齐的牙齿，上面近无毛，下面密被黄褐色有节短柔毛，稀仅脉上有毛，叶脉掌状；茎中上部叶与下部者同形而较小，具短柄至无柄，鞘膨大，被与叶柄上一样的毛。头状花序在茎顶排列成总状，长 8~20 厘米；苞叶卵状披针形至披针形，向上渐小，先端渐尖，边缘有齿及睫毛；总苞钟形，长 10~11 毫米，宽 5~7 毫米，总苞片 5~7 层，矩圆形，先端三角形，背部密被黄褐色有节短柔毛，内层边缘膜质；舌状花 5~7 枚，舌片矩圆形，长 12~18 毫米，宽 2~4 毫米；管状花多数，长 10~11 毫米。瘦果圆柱形，长约 6 毫米；冠毛黄褐色，长 5~7 毫米。花期 7—8 月。

生于草甸及山坡草地。

产　　地：大兴安岭、鄂温克族自治旗。

（图 631）黑龙江橐吾 *Ligularia sachalinensis* Nakai

（图 632）驴欺口 *Echinops latifolius* Tausch.

# 蓝刺头属 Echinops L.

**驴欺口** *Echinops latifolius* Tausch.（图 632）

别　　名：单州漏芦、火绒草、蓝刺头。

形态特征：多年生草本，高 30~70 厘米。茎直立；茎下部与中部叶二回羽状深裂，一回裂片卵形或披针形，先端锐尖或渐尖，具刺尖头，有缺刻状小裂片，全部边缘具不规则刺齿或三角形齿刺；茎上部叶渐小，长椭圆形羽状分裂，基部抱茎。复头状花序单生于茎顶或枝端，直径约 4 厘米，蓝色；外层总苞片较短，长 6~8 毫米，淡蓝色，边缘有少数睫毛；中层者较长，长达 15 毫米，淡蓝色；内层者长 13~15 毫米，长椭圆形或条形；花冠管部长 5~6 毫米，白色，有腺点，花冠裂片条形，淡蓝色，长约 8 毫米。瘦果圆柱形；冠毛长约 1 毫米，中下部连合。花期 6 月，果期 7—8 月。

生于森林草原和草原地带的杂类草群中。

产　　　地：全市。

**砂蓝刺头** *Echinops gmelinii* Turcz.（图 633）

别　　名：刺头、火绒草。

形态特征：一年生草本，高 15~40 厘米。茎直立，不分枝或有分枝。叶条形或条状披针形，长 1~6 厘米，宽 3~10 毫米，基部半抱茎，无柄，边缘有具白色硬刺的牙齿，刺长达 5 毫米。复头状花序单生于枝端，直径 1~3 厘米，白色或淡蓝色；头状花序长约 15 毫米；外层总苞片较短，长约 6 毫米；中层者较长，长约 12 毫米，先端渐尖成芒刺状，边缘有睫毛；内层者长约 11 毫米，长矩圆形，先端芒裂，基部深褐色，背部被蛛丝状长毛；花冠管部长约 3 毫米，白色，有毛和腺点，花冠裂片条形，淡蓝色。瘦果倒圆锥形，长约 6 毫米，密被贴伏的棕黄色长毛；冠毛长约 1 毫米，下部连合。花期 6 月，果期 8—9 月。

生于草原地带及居民点、畜群点周围。

产　　　地：陈巴尔虎旗、新巴尔虎左旗、新巴尔虎右旗。

（图 633）砂蓝刺头 *Echinops gmelinii* Turcz.

## 苍术属 Atractylodes DC.

苍术 Atractylodes lancea（Thunb.）DC.（图 634）

别　　名：北苍术、枪头菜、山刺菜。

形态特征：植株高 30~50 厘米。茎直立，不分枝或上部稍分枝。叶革质，无毛；下部叶与中部叶倒卵形、长卵形、椭圆形、宽椭圆形，长 2~8 厘米，宽 1.5~4 厘米，不分裂或大头羽状 3~5（7~9）浅裂或深裂，边缘有具硬刺的牙齿；上部叶变小，披针形或长椭圆形，不分裂或羽状分裂，叶缘具硬刺状齿。头状花序单生于枝端，直径约 1 厘米，长约 1.5 厘米；总苞杯状，总苞片 6~8 层，外层者长卵形，中层者矩圆形，内层者矩圆状披针形，管状花白色，长约 1 厘米，狭管部与具裂片的檐部近等长。瘦果圆柱形，长约 5 毫米，密被向上而呈银白色长柔毛；冠毛淡褐色，长 6~7 毫米。花果期 7—10 月。

生于夏绿阔叶林区草甸地带的山地阳坡、半阴坡灌丛中。

产　　地：扎兰屯市、阿荣旗、牙克石市、莫力达瓦达斡尔族自治旗。

（图 634）苍术 Atractylodes lancea（Thunb.）DC.

## 风毛菊属 Saussurea DC.

美花风毛菊 Saussurea pulchella（Fisch.）Fisch.（图 635）

别　　名：球花风毛菊。

形态特征：多年生草本，高 30~90 厘米。茎直立，有纵沟棱，带红褐色，上部分枝。基生叶具长柄，矩圆形或椭圆形，长 12~15 厘米，宽 4~6 厘米，羽状深裂或全裂；茎下部叶及中部叶与基生叶相似；上部叶披针形或条形。头状花序在茎顶或枝端排列成密集的伞房状，具长或短梗，总苞球形或球状钟形，直径 10~15 毫米；总苞片 6~7 层，疏被短柔毛，外层者卵形或披针形，内层者条形或条状披针形，两者顶端有膜质粉红色圆形而具齿的附片；花冠淡紫色，长 12~13 毫米，狭管部长 7~8 毫米，檐部长 4~5 毫米。瘦果圆柱形，长约 3 毫米。冠毛 2 层，淡褐色，内层者长约 8 毫米。花果期 8—9 月。

生于森林草原地带林缘、灌丛及沟谷草甸。

产　　地：牙克石市、鄂温克族自治旗、新巴尔虎左旗、鄂伦春自治旗。

（图 635）美花风毛菊 *Saussurea pulchella*（Fisch.）Fisch.

草地风毛菊 Saussurea amara（ L. ）DC.（ 图 636 ）

别　　名：驴耳风毛菊、羊耳朵。

形态特征：多年生草本，高 20~50 厘米。茎直立。基生叶与下部叶椭圆形、宽椭圆形或矩圆状椭圆形，长 10~15 厘米，宽 1.5~8 厘米；上部叶渐变小，披针形或条状披针形，全缘。头状花序多数，在茎顶和枝端排列成伞房状，总苞钟形或狭钟形，长 12~15 毫米，直径 8~12 毫米；总苞片 4 层，疏被蛛丝状毛和短柔毛，外层者披针形或卵状，先端尖，中层和内层者矩圆形或条形，顶端有近圆形膜质，粉红色而有齿的附片；花冠粉红色，长约 15 毫米；狭管部长约 10 毫米，檐部长约 5 毫米，有腺点。瘦果矩圆形，长约 3 毫米；冠毛 2 层，外层者白色，内层者长约 10 毫米，淡褐色。花期 8—9 月。

生于草甸、村旁、路边。

产　　地：全市。

（图 636）草地风毛菊 Saussurea amara（ L. ）DC.

翼茎风毛菊 Saussurea japonica（ Thunb. ）DC. var. alata（ Regel ）Kom.（ 图 637 ）

形态特征：本种为风毛菊的变种，区别在于：叶基部沿茎下沿成翅，锯牙齿或全缘。

生于草原地带山地、草甸草原、河岸草甸、路旁及撂荒地。

产　　地：根河市、牙克石市、扎兰屯市、莫力达瓦达斡尔族自治旗。

达乌里风毛菊 Saussurea davurica Adam.（ 图 638 ）

别　　名：毛苞风毛菊。

形态特征：多年生草本，高 4~15 厘米。茎单一或 2~3 个。基生叶披针形或长椭圆形，长约 2~10 厘米，宽 0.5~2 厘米；茎生叶 2~5 片，无柄或具短柄，半抱茎；全部叶近无毛或被微毛，密布腺点，边缘有糙硬毛。头状花序少数或多数，在茎顶密集排列成半球状或球状伞房状；总苞狭筒状，长 10~12 毫米，直径（3）5~6 毫米；总苞片 6~7 层，外层者卵形，顶端稍尖，内层者矩圆形，边缘被短柔毛，上部带紫红色；花冠粉红色，长约 15

（图 637）翼茎风毛菊 *Saussurea japonica*（Thunb.）DC. var. *alata*（Regel）Kom.

（图 638）达乌里风毛菊 *Saussurea davurica* Adam.

毫米，狭管部长约 8 毫米，檐部长约 7 毫米。瘦果圆柱状，长 2~3 毫米，顶端有短的小冠；冠毛 2 层，白色，内层长 11~12 毫米。花、果期 8—9 月。

生于草原盐渍化低湿地和盐化草甸。

产　　地：新巴尔虎右旗、新巴尔虎左旗。

**柳叶风毛菊** *Saussurea salicifolia*（L.）DC.（图 639）

**形态特征**：多年生半灌状草本，高 15~40 厘米。茎多数丛生，直立。叶多数，条形或条状披针形，长 2~10 厘米，宽 3~5 毫米，全缘。头状花序在枝端排列成伞房状；总苞筒状钟形，长 8~12 毫米，直径 4~7 毫米；总苞片 4~5 层，红紫色，疏被蛛丝状毛，外层者卵形，顶端锐尖，内层者条状披针形，顶端渐尖或稍钝；花冠粉红色，长约 15 毫米，狭管长 6~7 毫米，檐部长约 6~7 毫米。瘦果圆柱形，褐色，长约 4 毫米；冠毛 2 层，白色，内层者长约 10 毫米，花果期 8—9 月。

生于山地草甸地带和典型草原。

产　　地：额尔古纳市、鄂温克族自治旗、新巴尔虎左旗、新巴尔虎右旗、满洲里市。

（图 639）柳叶风毛菊 *Saussurea salicifolia*（L.）DC.

**碱地风毛菊** *Saussurea runcinata* DC.（图 640）

**别　　名**：倒羽叶风毛菊。

**形态特征**：多年生草本，高 5~50 厘米。茎直立，单一或数个丛生，上部或基部有分枝。基生与茎下部叶椭圆形或倒披针形、披针形或条状倒披针形，长 4~20 厘米，宽 0.5~7 厘米，大头羽状全裂或深裂，稀上部全缘；中部及上部叶较小，条形或条状披针形，全缘或具疏齿。头状花序少数或多数在茎顶与枝端排列成复伞房状或伞房状圆锥形；花冠紫红色，长 10~14 毫米，狭管部长约 7 毫米，檐部长达 7 毫米，有腺点。瘦果圆柱形，长 2~3 毫米，黑褐色；冠毛 2 层，淡黄褐色，外层短，糙毛状，内层长，长 7~9 毫米，羽状毛。花果期 8—9 月。

生于典型草原地带的盐化草地。

产　　地：陈巴尔虎旗、鄂温克族自治旗、新巴尔虎左旗、新巴尔虎右旗、满洲里市。

（图 640）碱地风毛菊 *Saussurea runcinata* DC.

**羽叶风毛菊 *Saussurea maximowiczii* Herd.（图 641）**

**形态特征：** 多年生草本，高 50~100 厘米。茎单一，直立，上部有分枝。基生叶与下部叶长卵形、长椭圆形或长三角形，长 10~15 厘米，宽 3~5 厘米；边缘被糙硬毛，反卷，叶具长柄，柄基扩大成鞘状；中部叶与下部叶相似，向上渐变小，具短柄，基部半抱茎；上部叶长椭圆形或披针形，无柄，全缘或羽状深裂。头状花序少数在茎顶排列成疏伞房状，具短梗；总苞筒状钟形，长 10~15 毫米，直径 6~7 毫米，被蛛丝状长柔毛；总苞片 7~8 层，边缘带紫色，外层者卵形，顶端锐尖，内层者披针状条形，顶端稍钝；花冠紫红色，长约 11~13 毫米，狭管部长 6~7 毫米，檐部长 5~6 毫米。瘦果圆柱形，暗褐色，长约 5 毫米；冠毛 2 层，淡褐色，内层者长约 1 厘米。花果期 7—9 月。

生于大兴安岭及南部山地草甸及林缘。

产　　地：根河市、额尔古纳市、牙克石市、鄂温克族自治旗、扎兰屯市、鄂伦春自治旗。

**密花风毛菊 *Saussurea acuminata* Turcz.（图 642）**

**形态特征：** 多年生草本，高 30~60 厘米。茎单一，直立，不分枝。叶质厚，基生叶矩圆状披针形或披针形，长 10~18 厘米，宽 2~2.5 厘米，花期常凋落，茎生叶披针形或条状披针形，先端长渐尖，基部渐狭成具翅的柄，柄基半抱茎，全缘，两面无毛，边缘被糙硬毛，反卷；上部叶条形或条状披针形，无柄。头状花序多数在茎端密集排列成半球形伞房状；总苞筒状钟形，长 10~15 毫米，宽 5~6 毫米；总苞片 4 层，疏被柔毛，外层者卵形，先端长尾尖，常反折，中层者矩圆形，顶端尖，内层者条形或条状披针形，先端常带紫红色；花冠淡紫色，长 12~15 毫米，狭管部长约 8 毫米，檐部长约 7 毫米。瘦果圆柱状，长约 1.5~2 毫米；冠毛 2 层，白色，内层者长约 14 毫米。花、果期 8—9 月。

生于森林草原地区、河谷草甸。

产　　地：新巴尔虎左旗、鄂温克族自治旗、额尔古纳市、牙克石市。

（图 641）羽叶风毛菊 *Saussurea maximowiczii* Herd.

（图 642）密花风毛菊 *Saussurea acuminata* Turcz.

（图 643）飞廉 *Carduus crispus* L.

## 飞廉属 *Carduus* L.

飞廉 *Carduus crispus* L.（图 643）

**形态特征：** 二年生草本，高 70~90 厘米。茎直立，具绿色纵向下延的翅，上部有分枝。下部叶椭圆状披针形，长 5~15 厘米，宽 3~5 厘米，羽状半裂或深裂，齿端叶缘有不等长的细刺；中部叶与上部叶矩圆形或披针形，羽状深裂，边缘具刺齿。头状花序常 2~3 个聚生于枝端，直径 1.5~2.5 厘米；总苞钟形，长 1.5~2 厘米；总苞片 7~8 层；中层者条状披针形，先端长渐尖成刺状，向外反曲；内层者条形，先端近膜质，稍带紫色，三者背部均被微毛，边缘具小刺状缘毛。管状花冠紫红色，稀白色，长 15~16 毫米，狭管部与具裂片的檐部近等长，花冠裂片条形，长约 5 毫米。瘦果长椭圆形，长约 3 毫米，褐色，顶端平截，基部稍狭；冠毛白色或灰白色，长约 15 毫米。花果期 6—8 月。

生于路旁，田边。

**产　　地：** 新巴尔虎左旗、鄂温克族自治旗、额尔古纳市、扎兰屯市、阿荣旗。

## 鳍蓟属 *Olgaea* Iljin

鳍蓟 *Olgaea leucophylla*（Turcz.）Iljin（图 644）

**别　　名：** 白山蓟、白背、火媒草。

**形态特征：** 植株高 15~70 厘米。茎粗壮，不分枝或少分枝。叶长椭圆形或椭圆状披针形，长 5~25 厘米，宽 2~4 厘米，具长针刺，基部沿茎下延成或宽或窄的翅。头状花序较大，直径 3~5 厘米，结果后可达 10 厘米，单生于枝端；总苞钟状或卵状钟形；总苞片多层，条状披针形，外层者较短，绿色，质硬而外弯，内层者较长，紫红色，开展或直立；管状花粉红色，长 25~38 毫米，花冠裂片长约 5 毫米，无毛，花药无毛，附片长约 1.5 毫米。瘦果矩圆形，长约 1 厘米，苍白色，稍扁，具隆起的纵纹与褐斑；冠毛黄褐色，长达 25 毫米。花果期 6—9 月。

生于砂质、砂壤质栗钙、棕钙土及固定沙地。

**产　　地：** 新巴尔虎右旗、新巴尔虎左旗。

（图 644）鳍蓟 *Olgaea leucophylla*（Turcz.）Iljin

## 蓟属 *Cirsium* Mill. emend. Scop.

绒背蓟 *Cirsium vlassovianum* Fisch.（图 645）

**形态特征：** 多年生草本，高 30~100 厘米。茎直立，上部分枝。基生叶与茎下部叶披针形；茎中部叶矩圆状披针形或卵状披针形，长 3~7 厘米，宽 5~20 厘米，基部近圆形或稍狭，无柄，稍抱茎或不抱茎，边缘密生细刺或有刺尖齿，上面绿色，疏被多细胞长节毛，下面密被灰白色蛛丝状丛卷毛，有时无毛；上部叶渐变小。头状花序直径 2~2.5（3.5）厘米，单生于枝端，直立；总苞钟状球形，长 15~20 毫米，宽 20~30 毫米，基部凹形，疏被蛛丝状毛；总苞片 6 层，披针状条形，先端长渐尖，有刺尖头，内层者先端渐尖，干膜质，全部总苞片外面有黑色黏腺；花冠紫红色，大约 16 毫米，狭管部比檐部短，长约 7 毫米。瘦果矩圆形，长 3.5~4 毫米，扁、麦秆黄色，有紫色条斑；冠毛长 13~15 毫米，淡褐色。

生于林缘、山坡草地、河岸、草甸。

**产　　地：** 额尔古纳市、根河市、鄂伦春自治旗，牙克石市、鄂温克族自治旗。

（图 645）绒背蓟 *Cirsium vlassovianum* Fisch.

莲座蓟 *Cirsium esculentum*（Sievers）C.A.Mey.（图 646）

**别　　名：** 食用蓟。

**形态特征：** 多年生无茎或近无茎草本。基生叶簇生，矩圆状倒披针形，长 7~20 厘米，宽 2~6 厘米，羽状深裂，全部边缘有钝齿与或长或短的针刺，刺长 3~5 毫米，两面被皱曲多细胞长柔毛。头状花序数个密集于莲座状的叶丛中，无梗或有短梗；总苞长达 25 毫米，无毛，基部有 1~3 个披针形或条形苞叶；总苞片 6 层，外层者条状披针形，刺尖头，稍有睫毛；中层者矩圆状披针形，先端具长尖头；内层者长条形，长渐尖。花冠红紫色，长 25~33 毫米，狭管部长 15~20 毫米。瘦果矩圆形，长约 3 毫米，褐色，有毛；冠毛白色而下部带淡褐色，与花冠近等长。花果期 7—9 月。

生于森林草原地带河漫滩阶地、典型草原。

产　　地：额尔古纳市、鄂温克族自治旗、新巴尔虎左旗、鄂伦春自治旗。

（图 646）莲座蓟 *Cirsium esculentum*（Sievers）C.A.Mey.

**烟管蓟 *Cirsium pendulum* Fisch. ex DC.（图 647）**

**形态特征：**二年生或多年生草本，高 1 米左右。茎直立，上部有分枝。基生叶与茎下部叶宽椭圆形或宽披针形，长 15~30 厘米，宽 2~8 厘米，二回羽状深裂；茎中部叶椭圆形，长 10~20 厘米，无柄，稍抱茎或不抱茎；上部叶渐小，裂片条形。头状花序直径 3~4 厘米，下垂，多数在茎上部排列成总状，有长梗或短梗，梗长达 15 厘米，密被蛛丝状毛；总苞卵形，长约 2 厘米，宽 1.5~4 厘米，基部凹形，总苞片 8 层，条状披针形，先端具刺尖，常向外反曲，中肋暗紫色，背部多少有蛛丝状毛，边缘有短睫毛，外层者较短，内层者较长；花冠紫色，长 17~23 毫米，狭管部丝状，长 14~16 毫米，檐部长 3~7 毫米。瘦果矩圆形，长 3~3.5 毫米，稍扁，灰褐色；冠毛长 20~28 毫米，淡褐色。花果期 7—9 月。

生于森林草原与草原地带河漫滩草甸、湖滨草甸、沟谷。

产　　地：全市。

**刺儿菜 *Cirsium segetum* Bunge（图 648）**

别　　名：小蓟、刺蓟。

**形态特征：**多年生草本，高 20~60 厘米。茎直立。基生叶花期枯萎；下部叶及中部叶椭圆形或长椭圆状披针形，长 5~10 厘米，宽（0.5）1.5~2.5 厘米，边缘及齿端有刺；上部叶变小。雌雄异株，头状花序通常单生或数个生于茎顶或枝端，直立，总苞钟形，总苞片 8 层，外层者较短，内层者较长；雄株头状花序较小，总苞长约 18 毫米，雄花花冠紫红色，长 17~25 毫米；雌株头状花序较大，总苞片长约 23 毫米，雌花花冠紫红色，长 26~28 毫米。瘦果椭圆形或长卵形，略扁平，长约 3 毫米，无毛；冠毛淡褐色，先端稍粗而弯曲，出比花冠短，果熟时稍较花冠长或与之近等长。花果期 7—9 月。

生于田间、荒地和路旁。

产　　地：全市。

（图 647）烟管蓟 *Cirsium pendulum* Fisch. ex DC.

**大刺儿菜** *Cirsium setosum*（Willd.）MB.（图 649）

别　　名：大蓟、刺蓟、刺儿菜、刻叶刺儿菜。

形态特征：多年生草本，高 50~100 厘米。茎直立，上部有分枝。基生叶花期枯萎；下部叶及中部叶矩圆形或长椭圆状披针形，长 5~12 厘米，宽 2~5 厘米。雌雄异株，头状花序多数集生于茎的上部，排列成疏松的伞房状；总苞片 8 层，外层者较短，内层者较长，暗紫色；雄株头状花序较小，总苞长约 13 毫米；雌株头状花序较大，总苞长 16~20 毫米；雌花花冠紫红色，长 17~19 毫米，狭管部长为檐部的 4~5 倍，花冠裂片深裂至檐部的基部。瘦果倒卵形或矩圆形，长 2.5~3.5 毫米，浅褐色，无色；冠毛白色或基部带褐色，初期长 11~13 毫米，果熟时长达 30 毫米。花果期 7—9 月。

生于森林草原、典型草原地带退耕撂荒地上，也见于严重退化的放牧场和农田。

产　　地：牙克石市、新巴尔虎左旗、扎兰屯市、阿荣旗、莫力达瓦达斡尔族自治旗。

## 麻花头属 *Serratula* L.

**伪泥胡菜** *Serratula coronata* L.（图 650）

形态特征：植株高 50~100 厘米。茎直立，绿色或红紫色；叶卵形或椭圆形，长 10~20 厘米，宽 5~10 厘米，羽状深裂或羽状全裂；下部叶有长柄；上部叶无柄，最上部叶小，羽状分裂或全缘。头状花序 1~3，单生于枝端，具短梗；总苞钟形或筒状钟形，长 2~2.5 厘米；宽 1~2 厘米；总苞片 6~7 层，紫褐色，密被褐色贴伏短毛，外层者卵形，顶端渐尖或锐尖，具刺尖头；内层者条状披针形，顶端长渐尖。管状花紫红色，长约 20 毫米，狭管部与檐部近等长，缘花 4 裂，雌性，盘花 5 裂，两性。瘦果矩圆形，长约 5 毫米，淡褐色，无毛；冠毛淡褐色，长 8~10 毫米。花果期 7—9 月。

生于森林地区，森林草原以及干旱、半干旱地区的山地。

产　　地：牙克石市、鄂温克族自治旗、新巴尔虎左旗、扎兰屯市、鄂伦春自治旗。

（图 648）刺儿菜 *Cirsium segetum* Bunge

（图 649）大刺儿菜 *Cirsium setosum*（Willd.）MB.

（图 650）伪泥胡菜 Serratula coronata L.

**麻花头** Serratula centauroides L.（**图 651**）

别　　名：花儿柴。

形态特征：植株高 30~60 厘米。茎直立，基部常带紫红色。基生叶与茎下部叶椭圆形，长 8~12 厘米，宽 3~5 厘米，羽状深裂或羽状全裂；中部叶及上部叶渐变小。头状花序数个单生于枝顶端；总苞卵形或长卵形，长 15~25 毫米，宽 15~20 毫米；总苞片 10~12 层，黄绿色，具刺尖头，刺长 0.5 毫米，有 5 条脉纹，并被蛛丝状毛，外层者较短，卵形，中层者卵状披针形，内层者披针状条形，顶端渐变成直立而呈皱曲干膜质的附片；管状花淡紫色或白色，长约 21 毫米，狭管部长约 9 毫米，檐部长 12 毫米。瘦果矩圆形，长约 5 毫米，褐色；冠毛淡黄色，长 5~8 毫米。花果期 6—8 月。

生于森林草原、典型草原地带以及夏绿阔叶林地区。

产　　地：额尔古纳市、鄂伦春自治旗、新巴尔虎左旗、新巴尔虎右旗、阿荣旗。

## 山牛蒡属 Synurus Iljin

**山牛蒡** Synurus deltoides（Ait.）Nakai（**图 652**）

别　　名：老鼠愁。

形态特征：植株高 50~100 厘米。茎直立，单一。基生叶花期枯萎；下部叶卵形、卵状矩圆形或三角形，叶片长达 20 厘米，宽达 15 厘米。头状花序单生于枝端或茎顶，直径 3~5 厘米；总苞钟形，总苞片多层，条状披针形，宽约 1.5 毫米，先端渐狭成长刺尖，带暗紫色，有蛛丝状毛，外层者短，常开展，内层者长而直伸。管状花深紫色，长约 25 毫米，狭管部长 6~7 毫米，远比具裂片的檐部短。瘦果长约 7 毫米；冠毛淡黄色，长 12~17 毫米。花果期 8~9 月。

生于山地森林草原地带、林缘、灌丛、草原。

产　　地：额尔古纳市、牙克石市、鄂温克族自治旗、鄂伦春自治旗。

（图 651）麻花头 *Serratula centauroides* L.

## 漏芦属 *Stemmacantha* Cass.

漏芦 *Stemmacantha uniflora*（L.）Dittrich（图 653）

别　　名：祁州漏芦、和尚头、大口袋花、牛馒头

形态特征：植株高 20~60 厘米。茎直立，单一。基生叶与下部叶片长椭圆形，长 10~20 厘米，宽 2~6 厘米，羽状深裂至全裂；中部叶及上部叶较小，有短柄或无柄。头状花序直径 3~6 厘米；总苞宽钟状，基部凹入；总苞片上部干膜质，外层与中层者卵形或宽卵形，成掌状撕裂，内层者披针形或条形；管状花花冠淡紫红色，长 2.5~3.3 厘米，狭管部与具裂片的檐部近等长。瘦果长 5~6 毫米，棕褐色；冠毛淡褐色，不等长，具羽状短毛，长达 2 厘米。花果期 6—8 月。

生于森林草原、草甸草原。

产　　地：牙克石市、鄂温克族自治旗、新巴尔虎左旗、扎兰屯市、鄂伦春自治旗、阿荣旗。

## 大丁草属 *Leibnitzia* Cass.

大丁草 *Leibnitzia anandria*（L.）Turcz.（图 654）

形态特征：多年生草本，有春秋二型：春型者植株较矮小，高 5~15 厘米，花葶纤细，直立；秋型者植株高达 30 厘米，叶倒披针状长椭圆形或椭圆状宽卵形，长 2~15 厘米，宽 1.5~3.5 厘米，裂片形状与春型者相似，但顶裂片先端短渐尖，下面无毛或疏被蛛丝状毛。春型的头状花序较小，直径 6~10 毫米，秋型者较大，直径 1.5~2.5 厘米；总苞钟状，外层总苞片较短，条形，内层者条状披针形，先端钝尖，边缘带紫红色，多少被蛛丝状毛或短柔毛；舌状花冠紫红色，长 10~12 毫米，管状花冠长约 7 毫米。瘦果长 5~6 毫米；冠毛淡棕色，长约 10 毫米。春型者花期 5—6 月，秋型者为 7—9 月。

生于山地林缘草甸及林下，也见于田边、路旁。

产　　地：额尔古纳市、牙克石市、鄂温克族自治旗、阿荣旗、新巴尔虎左旗。

（图 652）山牛蒡 *Synurus deltoides*（Ait.）Nakai

（图 653）漏芦 *Stemmacantha uniflora*（L.）Dittrich

（图 654）大丁草 *Leibnitzia anandria*（L.）Turcz.

## 猫儿菊属 Achyrophorus Adans.

猫儿菊 *Achyrophorus ciliatus*（Thunb.）Sch.-Bip.（图 655）

别　　名：黄金菊。

形态特征：植株高 15~60 厘米。茎直立，不分枝。基生叶匙状矩圆形或长椭圆形，长 6~20 厘米，宽 1~4 厘米；下部叶与基生叶相似；中部叶与上部叶矩圆形、椭圆形、宽椭圆形以至卵形或长卵形，无柄，基部耳状抱茎，边缘具尖齿，两面被硬毛。头状花序单生于茎顶；总苞半球形，直径 2.5~3 厘米，总苞片 3~4 层，外层者卵形或矩圆状卵形，先端钝，背部被硬毛，边缘紫红色，有睫毛，内层者披针形，边缘膜质；舌状花花冠橘黄色，长达 3 厘米，狭管部细长，长 15~17 毫米。瘦果长 5~8 毫米，淡黄褐色，无喙；冠毛黄褐色，长约 15 毫米。花果期 7—8 月。

生于山地林缘、草甸。旱中生植物。

产　　地：额尔古纳市、牙克石市、鄂温克族自治旗、扎兰屯市。

（图 655）猫儿菊 *Achyrophorus ciliatus*（Thunb.）Sch.-Bip.

## 婆罗门参属 Tragopogon L.

东方婆罗门参 *Ttragopogon orientalis* L.（图 656）

形态特征：二年生草本，高达 30 厘米，全株无毛。根圆柱形，褐色。茎直立，具纵条纹，单一或有分枝。叶灰绿色，条形或条状披针形，长 51~5 厘米，宽 38~ 毫米，先端长渐尖，基部扩大而抱茎，茎上部叶渐变短小，披针形，叶的中部长条形。总苞矩圆形或圆柱形，长 15~30 毫米，宽 5~15 毫米；总苞片 8~10 层，披针形或条状披针形，先端长渐尖；舌状花黄色。瘦果长纺锤形，长 15~20 毫米，褐色，稍弯，具长喙；冠毛长 10~15 毫米；污黄色。花果期 6—9 月。

生于林下及山地草甸。

产　　地：大兴安岭。

（图 656）东方婆罗门参 *Ttragopogon orientalis* L.

# 鸦葱属 *Scorzonera* L.

**笔管草** *Scorzonera albicaulis* Bunge（图 657）

**别　　名：** 华北鸦葱、白茎鸦葱、细叶鸦葱。

**形态特征：** 多年生草本，高 20~90 厘米。茎直立，中空，单一。叶条形或宽条形，先端渐尖，基部渐狭成有翅的长柄，柄基稍扩大，边缘平展，具 5~7 脉，基生叶长达 40 厘米，宽 0.7~2 厘米。头状花序数个，在茎顶和侧生花梗顶端排成伞房状，有时成长伞形；总苞钟状筒形，长 2.5~4.5 厘米，宽 8~15 毫米；总苞片 5 层，先端锐尖，边缘膜质，被霉状蛛丝状毛或近无毛，外层者小，三角状卵形，中层者卵状披针形，内层者甚长，条状披针形；舌状花黄色，干后变红紫色，长 20~35 毫米。瘦果圆柱形，长达 25 毫米，黄褐色，稍弯，上部狭窄成喙，具多数纵肋；冠毛黄褐色，长约 2 厘米。花果期 7—8 月。

生于山坡林下、林缘、灌丛、草甸及路旁。

**产　　地：** 根河市、鄂伦春自治旗、牙克石市、鄂温克族自治旗、扎兰屯市。

**毛梗鸦葱** *Scorzonera radiata* Fisch.（图 658）

**别　　名：** 狭叶鸦葱。

**形态特征：** 多年生草本，高 10~30 厘米。茎单一，稀 2~3，直立。基生叶条形、条状披针形或披针形，长 5~30 厘米，宽 3~12 毫米，先端渐尖，基部渐狭成有翅的叶柄，柄基扩大成鞘状，边缘平展，具 3~5 脉；茎生叶 1~3，条形或披针形，较基生叶短而狭，顶部叶鳞片状，无柄。头状花序单生于茎顶，大，长 2.5~4 厘米；总苞筒状，宽 1~1.5 厘米；总苞片 5 层，先端尖或稍钝，常带红褐色，边缘膜质，无毛或被蛛丝状短柔毛，外层者卵状披针形，较小，内层者条形；舌状花黄色，长 25~37 毫米。瘦果圆柱形，黄褐色，长 7~10 毫米，无毛；冠毛污白色，长达 17 毫米。花果期 5—7 月。

生于山地林下、林缘、草甸及河滩砾石地。

产　　　地：鄂温克族自治旗、阿荣旗、扎兰屯市、莫力达瓦达斡尔族自治旗、鄂伦春自治旗。

（图 657）笔管草 *Scorzonera albicaulis* Bunge

（图 658）毛梗鸦葱 *Scorzonera radiata* Fisch.

丝叶鸦葱 Scorzonera curvata（Popl.）Lipsch.（图 659）

形态特征：多年生草本，高 3~9 厘米。根粗壮，圆柱状，褐色；根颈部被稠密而厚实的纤维状撕裂的鞘状残遗物、鞘内有稠密的厚绵毛。茎极短，具纵条棱，疏被短柔毛。基生叶丝状，灰绿色，直立或平展，与植株等高或超过，常呈蜿蜒状扭转，长 2~10 厘米，宽 1~1.5 毫米，先端尖，基部扩展或扩大成鞘状，两面近无毛，但下部边缘及背面疏被蛛丝状毛或短柔毛；茎生叶 1~2，较短小，条状披针形，基部半抱茎。头状花序单生于茎顶；总苞宽圆筒状，长 1.5~2.5 厘米，宽 7~10 毫米；总苞片 4 层，顶端钝或稍尖，边缘膜质，无毛或被微毛；外层者三角状披针形，内层者矩圆状披针形；舌状花黄色，干后带红紫色，长 17~20 毫米；冠毛淡褐色或污白色，长约 10 毫米，基部连合成环，整体脱落。花期 5—6 月。

生长于典型草原地带的丘陵坡地及干燥山坡。

产　　地：新巴尔虎右旗、新巴尔虎左旗。

（图 659）丝叶鸦葱 Scorzonera curvata（Popl.）Lipsch.

桃叶鸦葱 Scorzonera sinensis Lipsch.（图 660）

别　　名：老虎嘴。

形态特征：多年生草本，高 5~10 厘米。茎单生或 3~4 个聚生。基生叶灰绿色，披针形或宽披针形，长 5~20 厘米，宽 1~2 厘米，柄基扩大成鞘状而抱茎，边缘显著呈波状皱曲，两面无毛，有白粉，具弧状脉，中脉隆起，白色；茎生叶小，长椭圆状披针形，鳞片状，近无柄，半抱茎。头状花序单生于茎顶，长 2~3.5 厘米；总苞筒形，长 2~3 厘米；总苞片 4~5 层，外层者短，三角形或宽卵形，最内层者长披针形或条状披针形；舌状花黄色，外面玫瑰色，长 20~30 毫米。瘦果圆柱状，长 12~14 毫米，暗黄色或白色，稍弯曲，无毛，无喙；冠毛白色，长约 15 毫米。花果期 5—6 月。

生于草原地带的山地、丘陵与沟谷中。

产　　地：陈巴尔虎旗、新巴尔虎左旗、新巴尔虎右旗、鄂温克族自治旗。

（图 660）桃叶鸦葱 *Scorzonera sinensis* Lipsch.

## 毛连菜属 *Picris* L.

**毛连菜** *Picris davurica* Fisch.（图 661）

**别　　名**：枪刀菜。

**形态特征**：二年生草本，高 30~80 厘米。茎直立，具纵沟棱，有钩状分叉的硬毛，基部稍带紫红色，上部有分枝。基生叶花期凋萎；下部叶矩圆状披针形或矩圆状倒披针形，长 6~20 厘米，宽 1~3 厘米，先端钝尖，基部渐狭成具窄翅的叶柄，边缘有微牙齿，两面被具钩状分叉的硬毛；中部叶披针形，无叶柄，稍抱茎；上部叶小，条状披针形。头状花序多数在茎顶排列成伞房圆锥状，梗较细长，有条形苞叶；总苞筒状钟形，长 8~12 毫米，宽约 10 毫米；总苞片 3 层，黑绿色，先端渐尖，背面被硬毛和短柔毛，外层者短，条形，内层者较长，条状披针形；舌状花淡黄色，长约 12 毫米，舌片基部疏生柔毛。瘦果长 3.5~4.5 毫米，稍弯曲，红褐色；冠毛污白色，长达 7 毫米。花果期 7—8 月。

生于山野路旁、林缘、林下或沟谷中。

**产　　　地**：额尔古纳市、牙克石市、鄂温克族自治旗、新巴尔虎左旗、扎兰屯市。

**日本毛连菜** *Picris japonica* Thunb（图 662）

**别　　名**：枪刀菜。

**形态特征**：多年生草本，高 30~120 厘米。茎直立，上部伞房状或伞房圆锥状分枝。下部茎叶倒披针形、椭圆状披针形或椭圆状倒披针形，长 12~20 厘米，宽 1~3 厘米；中部叶披针，无柄，基部稍抱茎；上部茎叶渐小，线状披针形。头状花序多数，在茎枝顶端排成伞房花序或伞房圆锥花序。总苞圆柱状钟形，总苞片 3 层，外层线形，内层长圆状披针形或线状披针形，全部总苞片外面被黑色或近黑色的硬毛。舌状小花黄色，舌片基部被稀疏的短柔毛。瘦果椭圆状，长 3~5 毫米，棕褐色，有高起的纵肋，肋上及肋间有横皱纹。冠毛污白色，外层极短，糙毛状，内层长，羽毛状，长 7 毫米。花果期 6—10 月。

生于山坡草地、林缘林下、灌丛中或林间荒地或田边、河边、沟边。

产　　地：新巴尔虎左旗、新巴尔虎右旗，鄂温克族自治旗。

（图 661）毛连菜 *Picris davurica* Fisch.

（图 662）日本毛连菜 *Picris japonica* Thunb

# 蒲公英属 *Taraxacum* Weber

白花蒲公英 *Taraxacum pseudo-albidum* Kitag.（图 663 ）

生于原野或路旁。

产　　　地：陈巴尔虎旗、新巴尔虎左旗、新巴尔虎右旗、鄂温克族自治旗、满洲里市。

（图 663 ）白花蒲公英 *Taraxacum pseudo-albidum* Kitag.

东北蒲公英 *Taraxacum ohwianum* Kitam.（图 664 ）

生于山坡路旁、河边。

产　　　地：大兴安岭、鄂温克族自治旗、牙克石市、扎兰屯市、阿荣旗、莫力达瓦达斡尔族自治旗。

蒲公英 *Taraxacum mongolicum* Hand. -Mazz.（图 665 ）

生于山坡草地、路旁、田野、河岸砂质地。

产　　　地：陈巴尔虎旗、新巴尔虎左旗、新巴尔虎右旗、鄂温克族自治旗、海拉尔区、满洲里市、扎兰屯市、莫力达瓦达斡尔族自治旗、鄂伦春自治旗。

兴安蒲公英 *Taraxacum falcilobum* Kitag.（图 666 ）

生于山野、稍干燥的砂质地。

产　　　地：海拉尔区、新巴尔虎右旗、鄂温克族自治旗、牙克石市、莫力达瓦达斡尔族自治旗。

异苞蒲公英 *Taraxacum heterolepis* Nakai et Koidz. ex Kitag.（图 667 ）

生于山野。

产　　　地：新巴尔虎右旗。

（图 664）东北蒲公英 *Taraxacum ohwianum* Kitam.

（图 665）蒲公英 *Taraxacum mongolicum* Hand. -Mazz.

（图 666）兴安蒲公英 *Taraxacum falcilobum* Kitag.

（图 667）异苞蒲公英 *Taraxacum heterolepis* Nakai et Koidz. ex Kitag.

**光苞蒲公英** *Taraxacum lamprolepis* Kitag.（图 668）

生于林缘、路旁。

产　　地：新巴尔虎右旗。

（图 668）光苞蒲公英 *Taraxacum lamprolepis* Kitag.

**红梗蒲公英** *Taraxacum erythropodium* Kitag.（图 669）

**形态特征：**多年生草本。根圆柱形，褐色。叶长圆状倒披针形，基部渐狭成柄，鲜红紫色；叶片羽状深裂，表面绿色，有黑紫色斑点，背面苍白色，光滑，中脉粗厚有光泽，常为淡紫色，顶裂片三角形或长椭圆形，先端钝圆，有小突尖，裂片三角状椭圆形，常下向，先端钝，全缘或具小齿。花葶近花期与叶等长，鲜红紫色，上部密或疏被蛛丝状绵毛，后渐无毛；总苞花期长 15~17 毫米，基部圆形，总苞片 3 层，外层短，卵形，背部先端具小角状凸起，内层线状披针形，绿色，先端紫色，有胼胝体；舌状花深黄色，长 3~4 厘米，宽 3 毫米，背面有黑色条纹；花序托无托片。瘦果狭倒卵形，长 4 毫米，宽 5 毫米，淡绿色，中间有龙骨状凸起，两面有 2 条深沟槽，基部具瘤状小凸起，上部具刺状凸起，喙长 6~8 毫米；冠毛白色，长 7 毫米。花果期 6—8 月。

生于草地、山坡、路边、轻碱地上。

产　　地：海拉尔区、额尔古纳市。

## 苦苣菜属 *Sonchus* L.

**苣荬菜** *Sonchus arvensis* L.（图 670）

别　　名：取麻菜、甜苣、苦菜。

**形态特征：**多年生本草本，高 20~80 厘米。茎直立，下部常带紫红色，通常不分枝。叶灰绿色，基生叶与茎下部叶宽披针形、矩圆状披针形或长椭圆形，长 4~20 厘米，宽 1~3 厘米，半抱茎；中部叶与基生叶相似，抱茎；最上部叶小，披针形或条状披针形。头状花序多数或少数在茎顶排列成伞房状，有时单生，直径 2~4 厘米。总苞钟状，长 1.5~2 厘米，宽 10~15 毫米；总苞片 3 层，先端钝，背部被短柔毛或微毛，外层者较短，长卵形，

（图 669）红梗蒲公英 *Taraxacum erythropodium* Kitag.

内层者较长，披针形；舌状花黄色，长约 2 厘米。瘦果矩圆形，长约 3 毫米，褐色，稍扁，两面各有 3~5 条纵肋，微粗糙；冠毛白色，长达 12 毫米。花果期 6—9 月。

生于田间、村舍附近及路边。

产　　　地：全市。

## 山莴苣属 *Lagedium* Sojak

山莴苣 *Lagedium sibiricum*（L.）Sojak（图 671）

别　　　名：北山莴苣、山苦菜、西伯利亚山莴苣。

形态特征：多年生草本，高 20~90 厘米。茎直立，单一，红紫色，上部有分枝。叶披针形、长椭圆状披针形或条状披针形，长 7~12 厘米，宽 0.5~2 厘米。头状花序少数或多数，在茎顶或枝端排列成疏伞房状或伞房圆锥状，梗细，无毛；总苞长 8~10 毫米，宽 3~5 毫米；总苞片 3~4 层，紫红色，先端钝，背部有短柔毛或微毛，外层者披针形，内层者条状披针形，边缘膜质；舌状花蓝紫色，长 1.2~1.5 厘米。瘦果椭圆形，长约 4 毫米，压扁，边缘加宽加厚，灰色，每面有 4~7 条细脉纹，上部极短收窄，但不成喙；冠毛污白色，长约 1 厘米。花果期 7—8 月。

生于林中、林缘、草甸、河边、湖边。

产　　　地：牙克石市、鄂温克族自治旗。

## 莴苣属 *Lactuca* L.

野莴苣 *Lactuca seriola* Torner（图 672）

形态特征：一年生草本，高 50~80 厘米。茎单生，直立，无毛或有时有白色茎刺，上部圆锥状花序分枝或自基部分枝。中下部茎叶倒披针形或长椭圆形，长 3~7.5 厘米，宽 1~4.5 厘米，倒向羽状浅裂、半裂或深裂，有时茎叶不裂，无柄，基部箭头状抱茎，侧裂片 3~6 对，镰刀形、三角状镰刀形或卵状镰刀形，全部叶或裂片

（图 670）苣荬菜 *Sonchus arvensis* L.

（图 671）山莴苣 *Lagedium sibiricum*（L.）Sojak

（图 672）野莴苣 *Lactuca seriola* Torner

边缘有细齿或刺齿或细刺或全缘，下面沿中脉有刺毛。头状花序多数，在茎枝顶端排成圆锥状花序。总苞果期卵球形；总苞片约 5 层，外层及最外层小，中内层披针形，全部总苞片顶端急尖。舌状小花 15~25 枚，黄色。瘦果倒披针形，压扁，浅褐色，上部有稀疏的上指的短糙毛，每面有 8~10 条高起的细肋。冠毛白色，微锯齿状，长 6 毫米。花果期 6—8 月。

生于荒地、路旁、河滩砾石地、山坡石缝中及草地。

产　　　地：扎兰屯市、阿荣旗、海拉尔区、鄂温克族自治旗。

## 还阳参属 *Crepis* L.

**屋根草 *Crepis tectorum* L.**（图 673）

**形态特征**：一年生草本，高 30~90 厘米。茎直立。基生叶与茎下部叶倒披针形或披针状条形，长 2~15 厘米，宽 0.3~1（2）厘米；中部叶与下部叶相似，抱茎；上部叶披针状条形或条形，全缘。头状花序在茎顶排列成伞房圆锥状，梗细长，苞叶丝状；总苞狭钟状，长 7~9 毫米，宽 3~5 毫米，被蛛丝状毛并混生腺毛；总苞片 2 层，外层者短小，8~10 层，条形，内层者较长，12~16 层，矩圆状披针形，先端尖，边缘膜质；舌状花黄色，长 10~13 毫米，下部狭管疏被短柔毛。瘦果纺锤形，长 3 毫米，黑褐色，顶端狭窄，具 10 条纵肋；冠毛白色，长 4~6 毫米。花果期 6—8 月。

生于房前屋后、路边、农田。

产　　　地：牙克石市、鄂伦春自治旗、鄂温克族自治旗。

（图 673）屋根草 *Crepis tectorum* L.

**还阳参 *Crepis crocea*（Lam.）Babc.**（图 674）

别　　　名：屠还阳参、驴打滚儿、还羊参。

**形态特征**：多年生草本，高 5~30 厘米。茎直立。基生叶丛生，倒披针形，长 2~17 厘米，宽 0.8~2 厘米；茎上部叶披针形或条形，全缘或羽状分裂，无柄；最上部叶小，苞叶状。头状花序单生于枝端，或 2~4 在茎顶排列成疏伞房状；总苞钟状，长 10~15 毫米，宽 4~10 毫米，混生蛛丝状毛、长硬毛以及腺毛，外层总苞片 6~8

层，不等长，条状披针形，先端尖，内层者 13 层，较长，矩圆状披针形，边缘膜质，先端钝或尖，舌状花黄色，长 12~18 毫米。瘦果纺锤形，长 5~6 毫米，暗紫色或黑色，直或稍弯，具 10~12 条纵肋，上部有小刺；冠毛白色，长 7~8 毫米。花果期 6—7 月。

生于典型草原的丘陵砂砾石质坡地以及田边、路旁。

产　　地：鄂温克族自治旗、新巴尔虎左旗、新巴尔虎右旗。

（图 674）还阳参 *Crepis crocea*（Lam.）Babc.

## 黄鹌菜属 *Youngia* Cass.

**细茎黄鹌菜 *Youngia tenuicaulis*（Babc. et. Stebb.）Czerep.（图 675）**

形态特征：多年生草本，高（5）10~40 厘米。茎多数，直立，由基部强烈分枝，二叉状，开展。基生叶多数，长 3~10 厘米，宽 0.5~3 厘米，羽状全裂，全缘或具 1~2 小裂片；下部叶及中部叶与基生叶相似，上部叶或有的中部叶不分裂，全缘；最上部叶很小，头状花序具 10~12 小花，多数在茎枝顶端排列成聚伞圆锥状；总苞圆柱形；总苞片无毛，顶端鸡冠状，背面近顶端有角状凸起，5~10 层，短小，卵形或矩圆状披针形，先端尖，不等长；内层者 5~8 层，较长，矩圆状条形，先端钝，有缘毛，边缘膜质；舌状花花冠长 10~11.5 毫米。瘦果纺锤形，长 4~5.5 毫米，黑色，具 10~11 条粗细不等的纵肋，有向上的小刺毛，向上收缩成喙状；冠毛白色，长 4~6 毫米。花果期 7—8 月。

多生于山坡或山顶的基岩石隙中。

产　　地：新巴尔虎左旗、新巴尔虎右旗。

**细叶黄鹌菜 *Youngia tenuifolia*（Willd.）Babc. et Stebb.（图 676）**

别　　名：蒲公幌。

形态特征：多年生草本，高 10~45 厘米。茎数个簇生或单一，直立，上部有分枝。基生叶多数，丛生，长 5~20 厘米，宽 2~6 厘米，羽状全裂或羽状深裂；下部叶及中部叶与基生叶相似；上部叶不分裂或羽状分裂。头

（图 675）细茎黄鹌菜 *Youngia tenuicaulis*（ Babc. et. Stebb. ）Czerep.

（图 676）细叶黄鹌菜 *Youngia tenuifolia*（ Willd. ）Babc. et Stebb.

状花序具（5）8~15小花，多数在茎上排列成聚伞圆锥状；总苞圆柱形，长8~11毫米，宽2.5~3.5毫米，总苞片顶端鸡冠状，背面近顶端有角状凸起，5~8层，短小；内层者较长，（5）7~9层，矩圆状条形；舌状花花冠长10~15毫米。瘦果纺锤形，长4~6.5毫米，黑色，具10~12条粗细不等的纵肋，有向上的小刺毛，向上收缩成喙状；冠毛白色，长4~6毫米。花果期7—9月。

生于山坡草甸或灌丛中。

产　　　地：牙克石市、鄂温克族自治旗、新巴尔虎左旗、新巴尔虎右旗、扎兰屯市。

## 苦荬菜属 *Ixeris* Cass.

抱茎苦荬菜 *Ixeris sonchifolia*（Bunge）Hance（图677）

别　　　名：苦荬菜、苦碟子。

形态特征：多年生草本，高30~50厘米，无毛。茎直立。基生叶多数，铺散，矩圆形，长3.5~8厘米，宽1~2厘米；茎生叶较狭小，卵状矩圆形或矩圆形，长2~6厘米，宽0.5~1.5（3）厘米，基部扩大成耳形或戟形而抱茎，羽状浅裂或深裂或具不规则缺刻状牙齿。头状花序多数，排列成密集或疏散的伞房状，具细梗；总苞圆筒形，长5~6毫米，宽2~2.5毫米，5层，短小，卵形，内层者8~9层，较长，条状披针形，背部各具中肋1条；舌状花黄色；长7~8毫米。瘦果纺锤形，长2~3毫米，黑褐色，喙短，约为果身的1/4，通常为黄白色；冠毛白色，长3~4毫米。花果期6—7月。

生于草甸、山野、路旁、撂荒地。

产　　　地：鄂温克族自治旗、新巴尔虎左旗、扎兰屯市、阿荣旗、鄂伦春自治旗。

（图677）抱茎苦荬菜 *Ixeris sonchifolia*（Bunge）Hance

山苦荬 *Ixeris chinensis*（Thunb.）Nakai（图678）

别　　　名：苦菜、燕儿尾。

形态特征：多年生草本，高10~30厘米。茎少数或多数簇生。基生叶莲座状，条状披针形、倒披针形或条形，长2~15厘米，宽（0.2）0.5~1厘米，全缘或具疏小牙齿或呈不规则羽状浅裂与深裂，两面灰绿色；茎生叶

1~3 层，与基生叶相似，基部稍抱茎。头状花序多数，排列成稀疏的伞房状，梗细；总苞圆筒状或长卵形，长 7~9 毫米，宽 2~3 毫米；总苞片无毛；6~8 层，短小，三角形或宽卵形，内层者 7~8 层，较长，条状披针形，舌状花 20~25，花冠黄色、白色或变淡紫色，长 10~12 毫米。瘦果狭披针形，稍扁，长 4~6 毫米，红棕色，喙长约 2 毫米；冠毛白色，长 4~5 毫米。花果期 6—7 月。

生于山野、田间、撂荒地、路旁。

产　　地：新巴尔虎左旗、新巴尔虎右旗、鄂温克族自治旗、阿荣旗、鄂伦春自治旗。

（图 678）山苦荬 *Ixeris chinensis*（Thunb.）Nakai

## 山柳菊属 *Hieracium* L.

**全缘山柳菊** *Hieracium hololeion* Maxim.（图 679）

别　　名：全光菊。

形态特征：植株高 30~100 厘米。具根状茎，匍匐。茎直立，具纵沟棱，无毛，上部有分枝。基生叶条状披针形或长倒披针形，长 15~30 厘米，宽 5~20 毫米，先端渐尖，基部渐狭成具翅的长柄。头状花序多数，在茎顶排列成疏伞房状，梗长 1~3.5 厘米，纤细，无毛。总苞圆筒形，长 10~14 毫米，宽约 5 毫米；总苞片 3~4 层，外层者较短，卵形至卵状披针形，先端钝，带紫色，被疏缘毛，中层与内层者较长，条状披针形，先端钝或尖，被微毛和缘毛。舌状花淡黄色，长约 20 毫米，下部狭管长约 4 毫米。瘦果圆柱形，稍扁，具 4 棱，长 4~6 毫米，浅棕色；冠毛棕色，长约 7 毫米。花果期 7—9 月。

生于草甸，沼泽草甸及溪流附近的低湿地。

产　　地：牙克石市、鄂伦春自治旗、扎兰屯市、新巴尔虎右旗。

**山柳菊** *Hieracium umbellatum* L.（图 680）

别　　名：伞花山柳菊。

形态特征：植株高 40~100 厘米。茎直立，基部红紫色，不分枝。基生叶花期枯萎；茎生叶披针形、条状披针形或条形，长 3~11 厘米，宽 0.5~1.5 厘米；上部叶变小，披针形至狭条形，全缘或有齿。头状花序多数，在茎顶排列成伞房状，梗长 1~6 厘米，纤细，密被短柔毛混生短糙硬毛；总苞宽钟状或倒圆锥形，长 8~11 毫米；

（图 679）全缘山柳菊 *Hieracium hololeion* Maxim.

总苞片 3~4 层，黑绿色，先端钝或稍尖，有微毛，外层者较短，披针形，内层者矩圆状披针形；舌状花黄色，长 15~20 毫米，下部有长柔毛。瘦果五棱圆柱状体，长约 3 毫米，黑紫色，具光泽，有 10 条棱，无毛；冠毛浅棕色，长 6~7 毫米。花果期 8—9 月。

生于山地草甸、林缘、林下。

产　　地：额尔古纳市、牙克石市、鄂温克族自治旗、陈巴尔虎旗、新巴尔虎左旗。

## 金光菊属 *Rudbeckia* L.

**黑心金光菊 *Rudbeckia hirta* L.（图 681）**

**形态特征：**一年生或二年生草本，高 30~100 厘米。茎不分枝或上部分枝。下部叶长卵圆形，长圆形或匙形，顶端尖或渐尖，基部楔状下延，有三出脉，边缘有细锯齿，有具翅的柄，长 8~12 厘米，上部叶长圆披针形，顶端渐尖，边缘有细至粗疏锯齿或全缘，无柄或具短柄，长 3~5 厘米，宽 1~1.5 厘米，两面被白色密刺毛。头状花序径 5~7 厘米，有长花序梗。总苞片外层长圆形，长 12~17 毫米；内层较短，披针状线形，顶端钝，全部被白色刺毛。花托圆锥形；托片线形，对折呈龙骨瓣状，长约 5 毫米，边缘有纤毛。舌状花鲜黄色；舌片长圆形，通常 10~14 个，长 20~40 毫米，顶端有 2~3 个不整齐短齿。管状花暗褐色或暗紫色。瘦果四棱形，黑褐色，长 2 毫米，无冠毛。

生于村屯周边及路旁。

产　　地：鄂伦春自治旗。

# 九十三、香蒲科 Typhaceae

## 香蒲属 *Typha* L.

**宽叶香蒲 *Typha latifolia* L.（图 682）**

**形态特征：**多年生草本。根状茎粗壮，白色，横走泥中，具多数淡褐色、细圆柱形的根。茎直立，高 1~3 米，粗壮，中实，具白色的髓，叶扁平，条形，长 50~100 厘米，宽 1~2 厘米，基部具长叶鞘，鞘宽 2~3 厘米，两边具白色膜质的边缘。穗状花序长 15~30 厘米，雄花序与雌花序相互连接；雄花序长 7~15 厘米，雄花具

（图 680）山柳菊 *Hieracium umbellatum* L.

（图 681）黑心金光菊 *Rudbeckia hirta* L.

（图 682）宽叶香蒲 *Typha latifolia* L.

2~3雄蕊，花丝丝状，下部合生，花药长矩圆形，长约2.5毫米，落粉后呈螺旋状扭转，花粉四合体；雌花序圆柱形，长10~20厘米，雌花无苞片，基部着生有淡褐色分枝的毛，比柱头短，子房狭椭圆形，具细长的柄，花柱丝状，细长，柱头菱状披针形，先端紫黑色，不育花有退化子房，稍短于毛。花果期7—8月。

生于溪渠、湖泊和浅水中。

产　　　地：牙克石市、扎兰屯市、阿荣旗、莫力达瓦达斡尔族自治旗。

**水烛** *Typha angustifolia* L.（图683）

别　　　名：狭叶香蒲、蒲草。

**形态特征**：多年生草本，高1.5~2米。根茎短粗，须根多数，褐色，圆柱形。茎直立，具白色的髓部。叶狭条形，宽4~8（10）毫米，下部具圆筒形叶鞘，边缘膜质，白色。穗状花序长30~60厘米，雌雄花序不连接，中间相距（0.5）3~8（12）厘米；雄花序狭圆柱形，长20~30厘米，雄花具2~3雄蕊，基部具毛，较雄蕊长，花粉单粒；雌花序长10~30厘米，雌花具匙形小苞片，先端淡褐色，比柱头短，子房长椭圆形，具细长的柄，基部具多数乳白色分枝的毛，稍短于柱头，与小苞片约等长，柱头条形，褐色。小坚果褐色。花果期6—8月。

生于河边、池塘、湖泊边浅水中。

产　　　地：牙克石市、额尔古纳市、新巴尔虎右旗、莫力达瓦达斡尔族自治旗。

（图683）水烛 *Typha angustifolia* L.

**小香蒲** *Typha minima* Funk（图684）

**形态特征**：多年生草本。根状茎横走泥中，褐色，直径3~5毫米，茎直立，高20~50厘米。叶条形，宽1~1.5毫米，基部具褐色宽叶鞘，边缘膜质，花茎下部只有膜质叶鞘。穗状花序，长6~10厘米，雌雄花序不连接，中间相距5~10厘米；雄花序圆柱形，长3~5厘米，直径约5毫米，在雄花序基部常有淡褐色膜质苞片，与花序约等长，雄花具1雄蕊，基部无毛，花药长矩圆形，长约2毫米，花粉为四合体，花丝丝状；雌花序长椭圆形，长1.5~3厘米，直径5~7毫米，成熟后直径达1厘米，在基部有1褐色膜质的叶状苞片，比全花序稍长，子房长椭圆形，具细长的柄，柱头条形稍长于白色长毛，毛先端稍膨大，小苞片与毛近等长，比柱头短。果实褐色，椭圆形，具长柄。花果期5—7月。

　　生于河、湖边浅水或河滩、低湿地，可耐盐碱。

　　产　　　地：新巴尔虎左旗、新巴尔虎右旗、陈巴尔虎旗、鄂温克族自治旗、满洲里市。

（图684）小香蒲 Typha minima Funk

　　**拉氏香蒲** Typha laxmanni Lepech.（图685）

　　**形态特征：**多年生草本，高80~100厘米。根状茎褐色，直径约8毫米，横走泥中，须根多数，纤细，圆柱形，土黄色。茎直立。叶狭条形，长30~50厘米，宽2~4（10）毫米，基部具长宽的鞘，两边稍膜质。穗状花序长20厘米，雌雄花序通常不连接，中间相距1~2厘米；雄花序长圆柱形，长7~10厘米，雄花具2~3雄蕊，花药矩圆形，长约1.5毫米，花丝丝状，下部合生，花粉单粒，花序轴具毛，雌花序圆柱形，长5~9厘米，成熟后直径14~17毫米，雌花无小苞片，不育雌蕊倒卵形，先端圆形，褐色，比毛短，子房条形，花柱很细，柱头菱状披针形，棕色，向一侧弯曲，基部具乳白色的长毛，比柱头短。果实狭椭圆形，褐色，具细长的柄。花果期7—9月。

　　生于水沟、水塘、河岸边等浅水中。

　　产　　　地：牙克石市、鄂伦春自治旗、根河市。

# 九十四、黑三棱科 Sparganiaceae

## 黑三棱属 *Sparganium* L.

　　**黑三棱** Sparganium stoloniferum（Graebn.）Buch.-Ham. ex Juz.（图686）

　　别　　　名：京三棱。

　　**形态特征：**多年生草本。茎直立，伸出水面，高50~120厘米，上部多分枝。叶条形，长60~95厘米，宽8~19毫米，圆锥花序开展，长30~50厘米，具3~5（7）个侧枝，每侧枝下部具1~3个雌性头状花序，上部具

（图 685）拉氏香蒲 *Typha laxmanni* Lepech.

（图 686）黑三棱 *Sparganium stoloniferum*（Graebn.）Buch. -Ham. ex Juz.

数个雄性头状花序，雌性头状花序呈球形，雌花密集，花被片 4~5，红褐色，倒卵形，长 5~7 毫米，膜质，先端较厚；子房纺锤形，长约 4 毫米，花柱与子房近等长，柱头钻形，单一或分叉；雄花具花被片 3~4，膜质，匙形，长约 2 毫米，有细长的爪，雄蕊 3，花丝丝状，花药黄色。果实倒圆锥形，呈不规则四棱状，褐色，长 5~8 毫米，顶端急收缩，具喙，近无柄。花果期 7—9 月。

生于河边或池塘边浅水中。

产　　地：额尔古纳市、新巴尔虎左旗、鄂温克族自治旗、牙克石市、扎兰屯市。


**小黑三棱** *Sparganium simplex* Huds.（图 687）

别　　名：单歧黑三棱。

形态特征：多年生草本。茎直立，高 30~60 厘米，通常不分枝。叶条形、长 12~35 厘米，宽 3~8 毫米。花序枝顶生，长 15~25 厘米；雌头状花序 2~4 个生于花序下部，雌花密集，花被片 3~5，褐色，膜质，匙形或条形，长 2.5~~3 毫米，宽约 0.5 毫米，子房纺锤形，长约 2 毫米，花柱长约 1.5 毫米，柱头钻形，长约 2 毫米，基部具短柄；雄头状花序 5~7 个生花序顶端，直径约 1 厘米，花被片膜质，狭条形，长约 2.5 毫米，先端通常锐尖；花药黄色，长约 1.5 毫米，花丝丝状，长 6~7 毫米。聚花果直径约 1 厘米，果实纺锤形，长约 3 毫米，顶端渐尖，基部渐狭具短柄。花果期 8—10 月。

生于河边及水塘边浅水中。

产　　地：额尔古纳市、扎兰屯市、新巴尔虎左旗、鄂温克族自治旗、牙克石市。

（图 687）小黑三棱 *Sparganium simplex* Huds.


# 九十五、眼子菜科 Potamogetonacese

## 眼子菜属 *Potamogeton* L.

**穿叶眼子菜** *Potamogeton perfoliatus* L.（图 688）

形态特征：多年生草本。根状茎横生土中，伸长，淡黄白色，直径约 3 毫米，节部生出许多不定根。茎常多分枝，稍扁，长 30~50（~100）厘米，直径 2~3 毫米，节间长 0.5~3 毫米。叶全部沉水，互生，花序梗基部叶对生，质较薄，宽卵形或披针状卵形，长 1.5~5 厘米，宽 1~2.5 厘米，先端钝渐尖，基部心形且抱茎，全缘且有波状皱褶，中脉在下面明显凸起，每边具弧状侧脉 1~2 条，侧脉间常具细脉 2 条，无柄；托叶透明膜质，白色，宽卵形，长 0.5~2 厘米，与叶分离，早落。花序梗圆柱形，长 2.5~4 厘米；穗状花序密生，多花，长 1.5~2 厘米，直径约 5 毫米。小坚果扁斜宽卵形，长约 3 毫米，宽约 2 毫米，腹面明显凸出，具锐尖的脊，背部具 3 条圆形的脊，但侧脊不明显。花期 6—7 月，果期 8—9 月。

生于湖泊、水沟或池沼中。

产　　地：新巴尔虎左旗、新巴尔虎右旗、鄂温克族自治旗、鄂伦春自治旗。

（图 688）穿叶眼子菜 *Potamogeton perfoliatus* L.

# 九十六、水麦冬科 Juncaginaceae

## 水麦冬属 *Triglochin* L.

海韭菜 *Triglochin maritimum* L.（图 689）

别　　名：圆果水麦冬。

形态特征：多年生草本，高 20~50 厘米。根状茎粗壮，斜生或横生，被棕色残叶鞘，有多数须根。叶基生，条形，横切面半圆形，长 7~30 厘米，宽 1~2 毫米，较花序短，稍肉质，光滑，生于花葶两侧，基部具宽叶鞘，叶舌长 3~5 毫米，花葶直立，圆柱形，光滑，中上部着生多数花，总状花序，花梗长约 1 毫米，果熟后可延长为 2~4 毫米。花小，直径约 2 毫米；花被 6 片，两轮排列，卵形，内轮较狭，绿色；雄蕊 6，心皮 6，柱头毛刷状。蒴果椭圆形或卵形，长 3~5 毫米，宽约 2 毫米，具 6 棱。花期 6 月，果期 7—8 月。

生于河湖边盐渍化草甸。

产　　地：新巴尔虎左旗、新巴尔虎右旗、陈巴尔虎旗、鄂温克族自治旗。

（图 689）海韭菜 *Triglochin maritimum* L.

（图 690）水麦冬 *Triglochin palustre* L.

水麦冬 *Triglochin palustre* L.（图 690 ）

形态特征：多年生草本。根茎缩短，秋季增粗，有密而细的须根。叶基生，条形，一般较花葶短，长 10~40 厘米，宽约 1.5 毫米，基部具宽叶鞘，叶鞘边缘膜质，宿存叶鞘纤维状，叶舌膜质，叶片光滑。花葶直立，高 20~60 厘米，圆柱形光滑，总状花序顶生，花多数，排列疏散，花梗长 2~4 毫米；花小，直径约 2 毫米，花被片 6，鳞片状，宽卵形，绿色；雄蕊 6，花药 2 室，花丝很短；心皮 3，柱头毛刷状。果实棒状条形，长 6~10 毫米，宽约 1.5 毫米。花期 6 月，果期 7—8 月。

生于河滩及林缘草甸。

产　　地：全市。

# 九十七、泽泻科 Alismataceae

## 泽泻属 *Alisma* L.

泽泻 *Alisma orientale*（ G.Sam. ）Juz.（ 图 691 ）

形态特征：多年生草本。根状茎缩短，呈块状增粗，须根多数，黄褐色。叶基生，叶片卵形或椭圆形，长 3~16 厘米，宽 2~8 厘米，先端渐尖，基部圆形或心形，具纵脉 5~7，弧形，横脉多数，两面光滑，具长柄，质地松软，基部渐宽成鞘状。花茎高 30~100 厘米，中上部分枝，花序分枝轮生，每轮 3 至多数，组成圆锥状复伞形花序；花直径 3~5 毫米，具长梗，萼片 3，宽卵形，长 2~2.5 毫米，宽约 1.5 毫米，绿色，果期宿存；花瓣 3，倒卵圆形，长 3~4 毫米，薄膜质，白色，易脱落；雄蕊 6，花药淡黄色，长约 1 毫米；心皮多数，离生，花柱侧生，宿存。瘦果多数，倒卵形，长 2~2.5 毫米，宽 1.5~2 毫米，光滑，两侧压扁，紧密地排列于花托上。花期 6—7 月，果期 8—9 月。

生于沼泽。

产　　地：全市。

（图 691 ）泽泻 *Alisma orientale*（ G.Sam. ）Juz.

**草泽泻** *Alisma gramineum* Lejeune（图 692）

**形态特征：** 多年生草本。根状茎缩短。须根多数，黄褐色，茎直立，一般自下半部分枝。叶基生。水生叶条形，长可达 1 米，宽 3~10 毫米，全缘，无柄；陆生叶长圆状披针形、披针形或条状披针形，长 3~10 厘米，宽 0.5~2 厘米，先端渐尖，基部楔形，具纵脉 3~5，弧形，横脉多数，两面光滑，叶柄约与叶等长。花茎高于或低于叶，花序分枝轮生，组成圆锥状复伞形花序；花直径约 3 毫米，萼片 3，宽卵形，长约 2 毫米，淡红色，宿存；花瓣 3，白色，质薄，果期脱落；雄蕊 6，花药球形，花丝分离；心皮多数，离生，花柱侧生于腹缝线，比子房短，顶端钩状弯曲，果期宿存。瘦果多数，倒卵形，长约 2 毫米，背部常具 1~2 条沟纹及龙骨状凸起，光滑，紧密地排列于花托上。花期 6 月，果期 8 月。

生于沼泽、池塘及水边。

**产　　地：** 陈巴尔虎旗、海拉尔区。

（图 692）草泽泻 *Alisma gramineum* Lejeune

## 慈姑属 *Sagittaria* L.

**野慈姑** *Sagittaria trifolia* L.（图 693）

**形态特征：** 多年生草本。根状茎球状，须根多数，绳状。叶箭形，连同裂片长 5~20 厘米，基部宽 1~4 厘米，先端渐尖，基部具 2 裂片，两面光滑，具 3~7 条弧形脉，脉间具多数横脉，叶柄长 10~60 厘米，基部具宽叶鞘，叶鞘边缘膜质，2 枚裂片较叶片狭长，有的几成条形。花茎单一或分枝，高 20~80 厘米，花 3 朵轮生，形成总状花序，花梗长 1~2 厘米，苞片卵形，长 3~7 毫米，宽 2~4 毫米，宿存；花单一，萼片 3，卵形，长 3~6 毫米，宽 2~3 毫米，宿存；花瓣 3，近圆形，明显大于萼片，白色，膜质，果期脱落；雄蕊多数；花药多数；心皮多数，聚成球形。瘦果扁平，斜倒卵形，长约 3.5 毫米，宽约 2.5 毫米，具宽翅。花期 7 月，果期 8—9 月。

生于浅水及水边沼泽。

**产　　地：** 全市。

（图 693）野慈姑 *Sagittaria trifolia* L.

**浮叶慈姑** *Sagittaria natans* Pall.（图 694）
**形态特征：**叶戟形或箭头形，基部裂片的长度仅为叶全长的 1/4 至 1/3，稀叶为披针形或长圆形，基部

（图 694）浮叶慈姑 *Sagittaria natans* Pall.

（图 695）花蔺 *Butomus umbellatus* L.

圆形。

生于沼泽、池塘及水边。

产　　地：新巴尔虎左旗、鄂温克族自治旗、陈巴尔虎旗。

# 九十八、花蔺科 Butomaceae

## 花蔺属 *Butomus* L.

花蔺 *Butomus umbellatus* L.（图 695）

**形态特征：** 多年生草本。根状茎匍匐，粗壮，须根多数，细绳状。叶基生，条形，基部三棱形，长 40~100 厘米，宽 3~7 毫米，先端渐尖，基部具叶鞘，叶鞘边缘膜质。花葶直立，圆柱形，光滑，具纵条棱，伞形花序，花多数；苞片 3，卵形或三角形，长 10~20 毫米，宽 5~8 毫米，先端锐尖；花梗长 5~8 厘米；花直径 1~2 厘米，外轮花被片 3，卵形，淡红色，基部颜色较深，内轮花被片 3，较外轮花被片长，颜色较淡；雄蕊 9，花丝粉红色，基部稍宽；心皮 6，粉红色，柱头向外弯曲。蓇葖果具喙。种子多数。花期 7 月，果期 8 月。

生于水边沼泽。

产　　地：全市。

# 九十九、禾本科 Gramineae

## 菰属 *Zizania* L.

菰 *Zizania latifolia*（Griseb.）Turcz.ex Stapf（图 696）

别　　名：茭白。

**形态特征：** 多年生，具长根茎。秆直立，高 70~120（200）厘米。叶鞘肥厚，无毛；叶舌膜质，顶端钝圆；叶片扁平，长可达 1 米，宽约 2 厘米，上面点状粗糙，下面无毛，圆锥花序长 35~45 厘米，分枝多数簇生，上

（图 696）菰 *Zizania latifolia*（Griseb.）Turcz.ex Stapf

部分枝上升，多紧缩，基部者略开展；雄性小穗具短柄，带紫色，长 8~12.5 毫米（芒除外）；外稃膜质，具 5 脉，脉上有时被微刺毛，其余部分光滑无毛，顶端具长 3~5 毫米的短芒，芒粗糙；内稃与外稃等长，先端尖，具 3 脉；雄蕊 6；雌小穗长 1.3~2 厘米；外稃厚纸质，具 5 条粗糙的脉，先端具芒，芒长 14~20 毫米；内稃与外稃等长，边缘为其外稃边缘抱卷，具 3 脉。花果期 7—9 月。

生于水中，水泡子边缘。

产　　地：鄂温克族自治旗。

## 芦苇属 *Phragmites* Adans.

芦苇 *Phragmites australis*（Cav.）Trin. ex Steudel（图 697）

别　　名：芦草、苇子。

形态特征：秆直立，坚硬，高 0.5~2.5 米，直径 2~10 毫米，节下通常被白粉。叶鞘无毛或被细毛；叶舌短，类似横的线痕，密生短毛；叶片扁平，长 15~35 厘米，宽 1~3.5 厘米，光滑或边缘粗糙。圆锥花序稠密，开展，微下垂，长 8~30 厘米，分枝及小枝粗糙；小穗长 12~16 毫米，通常含 3~5 小花；两颖均具 3 脉，第一颖长 4~6 毫米，第二颖长 6~9 毫米；外稃具 3 脉，第一小花常为雄花，其外稃狭长披针形，长 10~14.5 毫米，内稃长 3~4 毫米；第二外稃长 10~15 毫米，先端长渐尖，基盘细长，有长 6~12 毫米的柔毛；内稃长约 3.5 毫米，脊上粗糙。花果期 7—9 月。

生于池塘、河边、湖泊、盐碱地、沙丘。

产　　地：全市。

（图 697）芦苇 *Phragmites australis*（Cav.）Trin. ex Steudel

## 臭草属 *Melica* L.

大臭草 *Melica turczaninowiana* Ohwi（图 698）

形态特征：秆直立，丛生，高 70~130 厘米。叶鞘无毛，闭合达鞘口；叶舌透明膜质，长 2~4 毫米，顶端呈撕裂状；叶片扁平，长 7~18 厘米，宽 3~6 毫米，上面被柔毛，下面粗糙。圆锥花序开展，长 10~20 厘米；每节具分枝 2~3，分枝细弱，上升或开展，基部主枝长 9 厘米左右；小穗柄弯曲，顶端稍膨大被微毛，侧生者长 3~7 毫米；小穗紫色，具 2~3 枚能育小花，长 8~13 毫米；颖卵状矩圆形，两颖几等长，先端钝或稍尖，具 5~7 脉，长 9~11 毫米；外稃先端稍钝，边缘宽膜质，具 7~9 脉或在基部具 11 脉，中部以下在脉上被糙毛，长 8~9 毫米；内稃倒卵状矩圆形，长为外稃的 2/3，先端变窄成短钝头，脊上无毛；花药长 1.5~2 毫米。花果期 6—8 月。

生于山地林缘、针叶林及白桦林内、山地灌丛、草甸。

产　　地：根河市、牙克石市、鄂温克族自治旗。

（图 698）大臭草 *Melica turczaninowiana* Ohwi

## 甜茅属 *Glyceria* R. Br.

水甜茅 *Glyceria triflora*( Korsh. )Kom.（图 699）

形态特征：秆单生，直立，粗壮，高 50~80 厘米，基部径达 6~8 毫米。叶鞘无毛，具横脉纹，闭合几达顶端；叶舌膜质透明，稍硬，先端钝圆，长 2~4 毫米；叶片长 15~23 厘米，宽 7~10 毫米。圆锥花序开展，长达 25 厘米，每节有 3~4 分枝；小穗卵形或长圆形，长 5~7 毫米，含 5~7 小花，淡绿色或成熟后带紫色；第一颖长 1.5~2 毫米，第二颖长 2~3 毫米；外稃顶端钝圆，长 2.5~3 毫米；内稃较短或等长于外稃，先端截平，有时凹陷；雄蕊 3，花药长 1~1.5 毫米。花期 7—8 月，果期 8—9 月。

生于河流、小溪、湖泊沿岸、泥潭和低湿地。

产　　地：额尔古纳市、鄂伦春自治旗、新巴尔虎左旗、鄂温克族自治旗、扎兰屯市。

## 沿沟草属 *Catabrosa* Beauv.

沿沟草 *Catabrosa aquatica*( L. )Beauv.（图 700）

形态特征：秆直立，质地柔软，基部斜倚，并于节处生根，高 30~60 厘米。叶鞘松弛；叶舌透明薄膜质，长 2~4 毫米；叶片扁平，柔软，长 5~20 厘米，宽 4~8 毫米。圆锥花序开展，长 10~20 厘米，宽达 4 厘米；分

（图 699）水甜茅 *Glyceria triflora*（Korsh.）Kom.

（图 700）沿沟草 *Catabrosa aquatica*（L.）Beauv.

枝细长，斜升或几与主轴垂直，基部各节者多成半轮生，近基部常无小穗或具排列稀疏的小穗；小穗柄长于 0.5 毫米；小穗长 2~3 毫米，含 1~2 小花；颖半透明膜质，先端钝圆或近于截平，第一颖长约 1 毫米，第二颖长约 1.5 毫米；外稃边缘及脉间质薄，先端截平，具隆起 3 脉，长约 3 毫米；内稃与外稃等长，具 2 脉；花药长约 1 毫米。花期 6—7 月，果期 7—8 月。

生于森林区和草原的河边、湖旁和积水洼地的草甸上。

产　　　地：新巴尔虎左旗、鄂温克族自治旗。

## 羊茅属 *Festuca* L.

**达乌里羊茅** *Festuca dahurica*（St.-Yves）V. Krecz. et Bobr.（图 701）

**形态特征**：秆密丛生，直立，高 30~60 厘米，光滑。基部具残存叶鞘；叶长 20~30 厘米，宽（0.6）0.8~1 毫米，坚韧。光滑，横切面圆形，具较粗的 3 束厚壁组织。圆锥花序较紧缩，长 6~8 厘米，花序轴及分枝被短柔毛，近小穗处毛较密；小穗矩圆状椭圆形，长 7~8.5 毫米，具 4~6 小花，绿色，有时淡紫色；颖披针形，先端尖锐，光滑，第一颖长 3~4 毫米，第二颖长 4~5 毫米；外稃披针形，长 5~5.5 毫米，被细短柔毛或粗糙，先端锐尖，无芒；内稃等于或稍短于外稃，光滑；花药 2.5~3 毫米。花果期 6—7 月。

生于典型草原带的沙地及沙丘上，为沙生旱生植物。

产　　　地：扎兰屯市、鄂温克族自治旗。

（图 701）达乌里羊茅 *Festuca dahurica*（St.-Yves）V. Krecz. et Bobr.

**羊茅** *Festuca ovina* L.（图 702）

**形态特征**：秆密丛生，具条棱，高 30~60 厘米，光滑，仅近花序处具柔毛。叶鞘光滑，基部具残存叶鞘；叶丝状，脆涩，宽约 0.3 毫米，常具稀而短的刺毛，横切面圆形，厚壁组织不成束状，为一完整的马蹄形，圆锥花序穗状，长 2~5 厘米，分枝常偏向一侧；小穗椭圆形，长 4~6 毫米，具 3~6 小花，淡绿色，有时淡紫色；颖披针形，先端渐尖，光滑，边缘常具稀疏细睫毛，第一颖长 2~2.5 毫米，第二颖长 3~3.5 毫米；外稃披针形，长 3~4 毫米；光滑或顶部具短柔毛，芒长 1.5~2 毫米；花药长约 2 毫米。花果期 6—7 月。

生于山地林缘草甸。

产　　地：根河市。

（图 702）羊茅 *Festuca ovina* L.

## 早熟禾属 *Poa* L.

**散穗早熟禾 *Poa subfastigiata* Trin.（图 703 ）**

**形态特征：**多年生草本，具粗壮根茎。秆直立，高 30~60 厘米，多单生，粗壮，光滑。叶鞘松弛裹茎，光滑无毛；叶舌纸质，长 0.5~3 毫米；叶片扁平，长 3~21 厘米，宽 2~5 毫米。圆锥花序大而疏展，金字塔形。长 10~25 厘米，花序占秆的 1/3 以上，宽 10~23 厘米，每节具 2~3 分枝，粗糙，近中部或中部以上再行分枝；小穗卵形，稍带紫色，长 7~9 毫米，含 3~5 小花；颖宽披针形，脊上稍粗糙，第一颖长 3~4.5 毫米，具 1 脉，第二颖长 4~5.5 毫米，具 3 脉；外稃宽披针形，全部无毛，具 5 脉，第一外稃长 4~6 毫米；内稃等长于或稍短于外稃，上部者亦可稍长，先端微凹，脊上具纤毛；花药长 3~3.5 毫米。花期 6—7 月。

多生于河谷滩地草甸。

产　　地：全市。

**草地早熟禾 *Poa pratensis* L.（图 704 ）**

**形态特征：**多年生草本，具根茎。秆单生或疏丛生，直立，高 30~75 厘米。叶片条形，扁平或有时内卷，上面微粗糙，下面光滑，长 6~15 厘米，蘖生者长可超过 40 厘米，宽 2~5 毫米。圆锥花序卵圆形或金字塔形，开展，长 10~20 厘米，宽 2~5 厘米，每节具 3~5 分枝；小穗卵圆形，绿色或罕见稍带紫色，成熟后成草黄色，长 4~6 毫米，含 2~5 小花；颖卵状披针形，先端渐尖，脊上稍粗糙，第一颖长 2.5~3 毫米，第二颖长 3~3.5 毫米；外稃披针形，先端尖且略膜质，脊下部 2/3 或 1/2 与边脉基部 1/2 或 1/3 具长柔毛，基盘具稠密而长的白色绵毛，第一外稃长 3~4 毫米；内稃稍短于或最上者等长于外稃，脊具微纤毛；花药长 1.5~2 毫米。花期 6—7 月，果期 7—8 月。

生于草甸、草甸化草原、山地林缘及林下。

产　　地：新巴尔虎左旗、鄂温克族自治旗、牙克石市、扎兰屯市。

（图 703）散穗早熟禾 *Poa subfastigiata* Trin.

（图 704）草地早熟禾 *Poa pratensis* L.

硬质早熟禾 *Leymus sphondylodes*（ Trin. ）Bunge（ 图 705 ）

形态特征：多年生草本。须根纤细，根外常具砂套。秆直立，密丛生，高 20~60 厘米，近花序下稍粗糙。叶鞘长于节间，无毛，基部者常呈淡紫色；叶舌膜质，先端锐尖，易撕裂，长 3~5 毫米；叶片扁平，长 2~9 厘米，宽 1~1.5 毫米，稍粗糙。圆锥花序紧缩，长 3~10 厘米，宽约 1 厘米，每节具 2~5 分枝，粗糙；小穗绿色，成熟后呈草黄色，长 5~7 毫米，含 3~6 小花；颖披针形，先端锐尖，稍粗糙，第一颖长约 2.5 毫米，第二颖长约 3 毫米；外稃披针形，先端狭膜质，脊下部 2/3 与边脉基部 1/2 具较长柔毛，基盘具中量的长绵毛，第一外稃长约 3 毫米；内稃稍短于或上部小花者可稍长于外稃，先端微凹，脊上粗糙以至具极短纤毛；花药长 1~1.5 毫米。花期 6 月，果期 7 月。

生于草原、沙地、山地、草甸和盐化草甸。

产　　地：全市。

（图 705 ）硬质早熟禾 *Leymus sphondylodes*（ Trin. ）Bunge

## 碱茅属 *Puccinellia* Parl.

星星草 *Puccinellia tenuiflora*（ Griseb. ）Scribn.et Merr.（ 图 706 ）

形态特征：多年生。秆丛生，直立或基部膝曲，灰绿色，高 30~40 厘米。叶鞘光滑无毛；叶舌干膜质，长约 1 毫米，先端半圆形，叶片通常内卷，长 3~8 厘米，宽 1~2（3）毫米，上面微粗糙，下面光滑。圆锥花序开展，长 8~15 厘米，主轴平滑，分枝细弱，多平展，与小穗柄微粗糙；小穗长 3.2~4.2 毫米，含 3~4 小花，紫色，稀为绿色；第一颖长约 0.6 毫米，先端较尖，具 1 脉，第二颖长约 1.2 毫米，具 3 脉，先端钝；外稃先端钝，基部光滑或略被微毛，第一外稃长 1.5~2 毫米；内稃平滑或脊上部微粗糙；花药条形，长 1~1.2 毫米。

生于盐化草甸，也可见于草原区盐渍低地的盐生植被中。

产　　地：鄂温克族自治旗、满洲里市、新巴尔虎左旗、新巴尔虎右旗、陈巴尔虎旗。

（图 706）星星草 *Puccinellia tenuiflora*（Griseb.）Scribn.et Merr.

## 雀麦属 *Bromus* L.

**无芒雀麦 *Bromus inermis* Leyss.**（图 707）

别　　名：禾萱草、无芒草。

**形态特征：** 多年生，具短横走根状茎。秆直立，高 50~100 厘米。叶片扁平，长 5~25 厘米，宽 5~10 毫米，通常无毛。圆锥花序开展，长 10~20 厘米，每节具 2~5 分枝，分枝细长，微粗糙，着生 1~5 枚小穗；小穗长（10）15~30（35）毫米，含（5）7~10 小花，小穗轴节间长 2~3 毫米，具小刺毛；颖披针形，先端渐尖，边缘膜质，第一颖长（4）5~7 毫米，具 1 脉，第二颖长（5）6~9 毫米，具 3 脉；外稃宽披针形，具 5~7 脉，无毛或基部疏生短毛，通常无芒或稀具长 1~2 毫米的短芒，第一外稃长（6）8~11 毫米；内稃稍短于外稃，膜质，脊具纤毛，花药长 3~4.5 毫米。花期 7—8 月，果期 8—9 月。

生于草甸、林缘、山间谷地、河边及路旁。

产　　地：全市。

## 披碱草属 *Elymus* L.

**垂穗披碱草 *Elymus nutans* Griseb.**（图 708）

**形态特征：** 秆直立，基部稍膝曲，高 40~70 厘米。叶片扁平或内卷，上面粗糙或疏生柔毛，下面平滑或有时粗糙，长（3）7~11.5 厘米，宽 2~5 毫米。穗状花序曲折而下垂，长 5~9（12）厘米，穗轴边缘粗糙或具小纤毛；小穗在穗轴上排列较紧密且多少偏于一侧，绿色，熟后带紫色，长 12~15 毫米，含（2）3~4 小花，通常仅 2~3 小花发育，小穗轴密生微毛；颖矩圆形，长 3~4（5）毫米。几等长，脉明显而粗糙，先端渐尖，或具长 2~5 毫米之短芒；外稃矩圆状披针形，脉在基部不明显，背部全体被微小短毛，先端芒粗糙，向外反曲，长 10~20 毫米，第一外稃长 7~10 毫米；内稃与外稃等长或稍长，先端钝圆或截平，脊上的纤毛向基部渐少而不显，脊间被稀少微小短毛；花药熟后变为黑色。花果期 6—8 月。

生于山地森林草原带的林下、林缘、草甸、路旁。

产　　地：新巴尔虎左旗、新巴尔虎右旗、陈巴尔虎旗、鄂温克族自治旗。

（图 707）无芒雀麦 *Bromus inermis* Leyss.

（图 708）垂穗披碱草 *Elymus nutans* Griseb.

披碱草 *Elymus dahuricus* Turcz. ex Griseb.（图 709）

别　　名：直穗大麦草。

形态特征：秆疏丛生，直立，基部常膝曲，高 70~85（140）厘米。叶片扁平或干后内卷，上面粗糙，下面光滑，长 10~20 厘米，宽 3.5~7 毫米。穗状花序直立，长 10~18.5 厘米，宽 6~10 毫米；中部各节具 2 小穗而接近顶端和基部各节只具 1 小穗；颖披针形或条状披针形，具 3~5 脉，脉显明而粗糙或稀可被短纤毛，长 7~11 毫米（2 颖几等长），先端具短芒，长 3~6 毫米；外稃披针形，脉在上部明显，全部密生短小糙毛，顶端芒粗糙，熟后向外展开，长 9~21 毫米，第一外稃长 9~10 毫米；内稃与外稃等长，先端截平，脊上具纤毛，毛向基部渐少而不明显，脊间被稀少短毛。花果期 7—9 月。

生于河谷草甸、沼泽草甸、轻度盐化草甸以及田野、山坡、路旁。

产　　地：全市。

（图 709）披碱草 *Elymus dahuricus* Turcz. ex Griseb.

圆柱披碱草 *Elymus cylindricus*（Franch.）Honda（图 710）

形态特征：秆细弱，高 35~45 厘米，具 2~3 节。叶鞘无毛；叶舌长 0.2~0.5 毫米，先端钝圆，撕裂；叶片扁平，干后内卷，长 4.5~14.5 厘米，宽 2~4 毫米，上面粗糙，边缘疏生长柔毛，下面无毛而平滑。穗状花序瘦细，直立，长 6~8 厘米，宽 4~5 毫米，穗轴边缘具小纤毛；小穗绿色或带有紫色，长 7~10 毫米，含 2~3 小花而仅 1~2 小花发育，小穗轴密生微毛；颖条状披针形，长（5）7~8 毫米，3~5 脉，脉明显而粗糙，先端具芒长 2~3（4）毫米；外稃披针形，全部被微小短毛，顶端芒粗糙，直立或稍向外展，长 7~17（20）毫米，第一外稃长 7~8.5 毫米；内稃与外稃等长，先端钝圆，脊上有纤毛，脊间被微小短毛。花果期 7—9 月。

生于山坡、林缘草甸、路旁草地、田野。

产　　地：新巴尔虎左旗。

（图 710）圆柱披碱草 *Elymus cylindricus*（Franch.）Honda

## 鹅观草属 *Roegneria* C.Koch

**紫穗鹅观草** *Roegneria purpurascens* Keng（图 711）

**形态特征：**根外常具沙套。秆单生或成疏丛，直立，有时基部屈膝而略倾斜，质较坚硬，无毛，高 60~75 厘米。叶鞘疏松，光滑；叶舌截平，纸质；叶质较硬，内卷，长 9~20 厘米，宽 2.5~4.5 毫米，上面被毛，沿边缘粗糙，下面无毛。穗状花序下垂，长 11~14 厘米（芒除外）；小穗微带紫色，长 13~17 毫米（芒除外），含 4~7 小花，小穗轴被微毛；颖矩圆状披针形，先端锐尖，显著具 3~5 脉，粗糙，第一颖长 6.5~8 毫米，第二颖长 9~10 毫米。外稃披针形，背部粗糙或具微小硬毛，上部具显著 5 脉，基盘两侧的毛长约 0.5 毫米，第一外稃长 10~12 毫米，芒粗壮，糙涩，紫色，反曲，长 17~30 毫米；内稃与外稃近于等长，脊上部 1/3 具短纤毛，向基部渐稀至无毛，脊间被微毛，先端较多。花期 7 月。

生于山坡、林缘、丘陵地。

产　　地：鄂伦春自治旗、鄂温克族自治旗。

## 偃麦草属 *Elytrigia* Desv.

**偃麦草** *Elytrigia repens*（L.）Desv. ex Nevski（图 712）

别　　名：速生草。

**形态特征：**秆疏丛生，直立或基部倾斜，光滑，高 40~60 厘米。叶鞘无毛或分蘖叶鞘具毛，叶耳膜质，长约 1 毫米；叶舌长约 0.5 毫米，撕裂，或缺；叶片长（4.5）9~14 厘米，宽 3.5~6 毫米，上面疏被柔毛，下面粗糙。穗状花序长 8~18 厘米，宽约 1 厘米，棱边具短纤毛；小穗长 1.1~1.5 厘米，含（3）4~6（~10），小穗轴无毛；颖披针形，边缘膜质，具 5（~7）脉，长 7~8.5 毫米，先端具短尖头；外稃顶端具长不及 1~1.2 毫米的芒尖，第一外稃长约 9.5 毫米；内稃短于外稃 1 毫米左右，先端凹缺，脊上具纤毛，脊间先端具微毛。

生于寒温带针叶林带的沟谷草甸。

产　　地：全市。

（图 711）紫穗鹅观草 *Roegneria purpurascens* Keng

（图 712）偃麦草 *Elytrigia repens*（L.）Desv. ex Nevski

## 冰草属 *Agropyron* Gaertn.

冰草 *Agropyron cristatum*（L.）Gaertn.（图 713）

形态特征：须根稠密，外具沙套。秆疏丛生或密丛，直立或基部节微膝曲，高 15~75 厘米。叶鞘紧密裹茎；叶舌膜质，顶端截平而微有细齿；叶片质较硬而粗糙，边缘常内卷，长 4~18 厘米，宽 2~5 毫米。穗状花序较粗壮，矩圆形或两端微窄，长（1.5）2~7 厘米，宽（7）8~15 毫米，穗轴生短毛，节间短，长 0.5~1 毫米；小穗紧密平行排列成 2 行，整齐呈篦齿状，含（3）5~7 小花；颖舟形，脊上或连同背部脉间被密或疏的长柔毛，第一颖长 2~4 毫米，第二颖长 4~4.5 毫米，具略短或稍长于颖体之芒；外稃舟形，被有稠密的长柔毛或显著地被有稀疏柔毛，边缘狭膜质，被短刺毛，第一外稃长 4.5~6 毫米。顶端芒长 2~4 毫米；内稃与外稃略等长，先端尖且 2 裂，脊具短小刺毛。花果期 7—9 月。

生于干燥草地、山坡、丘陵以及沙地。

产　　　地：全市。

（图 713）冰草 *Agropyron cristatum*（L.）Gaertn.

## 赖草属 *Leymus* Hochst.

羊草 *Leymus chinensis*（Trin.）Tzvel.（图 714）

别　　　名：碱草。

形态特征：秆成疏丛或单生，直立，无毛，高 45~85 厘米。叶片质厚而硬，扁平或干后内卷，长 6~20 厘米，宽 2~6 毫米。穗状花序劲直，长 7.5~16.5（26）厘米；小穗粉绿色，熟后呈黄色，通常在每节孪生或在花序上端及基部者为单生，长 8~15（25）毫米，含 4~10 小花，小穗轴节间光滑；颖锥状，质厚而硬，具 1 脉，上部粗糙，边缘具微细纤毛，其余部分光滑，第一颖长（3）5~7 毫米，第二颖长 6~8 毫米；外稃披针形，光滑，边缘具狭膜质，顶端渐尖或形成芒状尖头，基盘光滑，第一外稃长 7~10 毫米；内稃与外稃等长，先端微 2 裂，脊上半部具微细纤毛或近于无毛。花果期 6—8 月。

生于山地草甸、草甸草原、典型草原，喜黑钙土、栗钙土、碱化草甸土。

产　　地：全市。

（图714）羊草 *Leymus chinensis*（Trin.）Tzvel.

赖草 *Leymus secalinus*（Georgi）Tzvel.（图715）

别　　名：老披碱、厚穗碱草。

形态特征：秆单生或成疏丛、质硬、直立，高45~90厘米。叶片扁平或干时内卷，长6~25厘米，宽2~6毫米。髓状花序直立，灰绿色，长7~16厘米，穗轴被短柔毛，每节着生小穗2~4枚；小穗长10~17毫米，含5~7小花，小穗轴贴生微柔毛；颖锥形，先端尖如芒状，具1脉，上半部粗糙，边缘具纤毛，第一颖长8~10（13）毫米，第二颖长11~14（17）毫米；外稃披针形，背部被短柔毛，边缘的毛尤长且密，先端渐尖或具长1~4毫米的短芒，脉在中部以上明显，基盘具长约1毫米的毛，第一外稃长8~11（14）毫米；内稃与外稃等长，先端微2裂，脊的上部具纤毛。花果期6~9月。

生于芨芨草盐化草甸和马蔺盐化草甸群落中。也见于沙地、丘陵地、山坡、田间、路旁。

产　　地：全市。

## 大麦属 *Hordeum* L.

短芒大麦草 *Hordeum brevisubulatum*（Trin.）Link（图716）

别　　名：野黑麦。

形态特征：多年生，常具根状茎。秆成疏丛，直立或下部节常膝曲，高25~70厘米，光滑。叶鞘无毛或基部疏生短柔毛；叶舌膜质，截平，长0.5~1毫米；叶片绿色或灰绿色，长2~12厘米，宽2~5毫米。穗状花序顶生，长3~9厘米，宽2.5~5毫米。绿色或成熟后带紫褐色；穗轴节间长约2~6毫米；三联小穗两侧者不育，具长约1毫米的柄，颖针状，长4~5毫米，外稃长约5毫米，无芒；中间小穗无柄，颖长4~6毫米，外稃长6~7毫米，平滑或具微刺毛，先端具1~2毫米的短芒，内稃与外稃近等长，花果期7—9月。

生于盐碱滩、河岸低湿地。

产　　地：新巴尔虎左旗、新巴尔虎右旗、扎兰屯市、鄂伦春自治旗。

（图 715）赖草 *Leymus secalinus*（Georgi）Tzvel.

（图 716）短芒大麦草 *Hordeum brevisubulatum*（Trin.）Link

芒麦草 Hordeum jubatum Linn（图 717）

别　　名：芒麦草。

形态特征：多年生，秆丛生，直立或基部稍倾斜，高 20~60 厘米，径 1~2 毫米，具 3~5 节，无毛。叶鞘长于或短于节间，下部者常被短柔毛，开裂几至基部叶舌干膜质，平截，长约 0.5 毫米；叶片扁平，长 5~13 厘米，宽 1.5~2.5 毫米，两面粗糙。穗状花序柔软，长达 12 厘米（包括芒）；穗轴易逐节断落节间长约 1 毫米；小穗 3 枚簇生于每节，侧生小穗柄长约 1 毫米，颖芒状，长 5~6 厘米，其小花常退化为芒状稀为雄性，中间小穗无柄，颖亦为长 4.5~6.5 芒状，具不明显的 5 脉，长 5~6 毫米，宽约 1.5 毫米，顶端具一长 4~5 厘米放入细软长芒，内稃与外稃近等长。子房中部以上具毛。花果期 5—8 月。

生于草原、路旁或田野。

产　　地：新巴尔虎左旗、新巴尔虎右旗、陈巴尔虎旗、鄂温克族自治旗。

（图 717）芒麦草 Hordeum jubatum Linn

## 落草属 Koeleria Pers.

落草 Koeleria cristata（L.）Pers.（图 718）

别　　名：六月禾

形态特征：秆直立，高 20~60 厘米，具 2~3 节。叶片扁平或内卷，灰绿色，长 1.5~7 厘米，宽 1~2 毫米，蘖生叶密集，长 5~20（30）厘米，宽约 1 毫米，被短柔毛或上面无毛，上部叶近于无毛。圆锥花序紧缩呈穗状，下部间断，长 5~12 厘米，宽 7~13（18）毫米，有光泽，草黄色或黄褐色，分枝长 0.5~1 厘米；小穗长 4~5 毫米，含 2~3 小花，小穗轴被微毛或近于无毛；颖长圆状披针形，边缘膜质，先端尖，第一颖具 1 脉，长 2.5~3.5 毫米，第二颖具 3 脉，长 3~4.5 毫米；外稃披针形，第一外稃长约 4 毫米，背部微粗糙，无芒，先端尖或稀具短尖头；内稃稍短于外稃。花果期 6—7 月。

生于壤质、沙壤质的黑钙土、栗钙土以及固定沙地上。

产　　地：全市。

（图 718）落草 Koeleria cristata（L.）Pers.

## 燕麦属 Avena L.

**野燕麦 Avena fatua L.（图 719）**

形态特征：秆直立，高 60~120 厘米。叶鞘光滑或基部有毛；叶舌膜质，长 1~5 毫米；叶片长 7~20 厘米，宽 5~10 毫米。圆锥花序开展，长达 20 厘米，宽约 10 厘米；小穗长 18~25 毫米，含 2~3 小花，小穗轴易脱节；颖卵状或短圆状披针形，长 2~2.5 厘米，长于第一小花，具白膜质边缘，先端长渐尖；外稃质坚硬，具 5 脉，背面中部以下具淡棕色或白色硬毛，芒自外稃中部或稍下方伸出，长约 3 厘米；内稃与外稃近等长。颖果黄褐色，长 6~8 毫米，腹面具纵沟，不易与稃片分离。

生长于山坡林缘、田间路旁。

产　　　地：陈巴尔虎旗、莫力达瓦达斡尔族自治旗、牙克石市。

## 黄花茅属 Anthoxanthum L.

**光稃茅香 Hierochloa glabra Trin.（图 720）**

形态特征：植株较低矮，具细弱根茎。秆高 12~25 厘米。叶鞘密生微毛至平滑无毛；叶舌透明膜质，长 1~1.5 毫米，先端钝；叶片扁平，长 2.5~10 厘米，宽 1.5~3 毫米，两面无毛或略粗糙，边缘具微小刺状纤毛。圆锥花序卵形至三角状卵形，长 3~4.5 厘米，宽 1.5~2 厘米，分枝细，无毛；小穗黄褐色，有光泽，长约 3 毫米；颖膜质，具 1 脉，第一颖长约 2.5 毫米，第二颖较宽，长约 3 毫米；雄花外稃长于颖或与第二颖等长，先端具膜质而钝，背部平滑至粗糙，向上渐被微毛，边缘具密生粗纤毛，孕花外稃披针形，先端渐尖，较密的被有纤毛，其余部分光滑无毛；内稃与外稃等长或较短，具 1 脉，脊的上部疏生微纤毛。花果期 7—9 月。

生于草原带、森林草原带的河谷草甸、湿润草地和田野。

产　　　地：全市。

（图 719）野燕麦 *Avena fatua* L.

## 看麦娘属 *Alopecurus* L.

**短穗看麦娘** *Alopecurus brachystachyus* Bieb.（图 721）

**形态特征**：多年生，具根茎。秆直立，单生或少数丛生，基部节有膝曲，高 45~55 厘米。叶鞘光滑无毛；叶舌膜质，长 1.5~2.5 毫米，先端钝圆或有微裂；叶片斜向上升，长 8~19 厘米，宽 1~4.5 毫米，上面粗糙，脉上疏被微刺毛，下面平滑。圆锥花序矩圆状卵形或圆柱形，长 1.5~3 厘米，宽（6）7~10 毫米；小穗长 3~5 毫米；颖基部 1/4 连合，脊上具长 1.5~2 毫米的柔毛，两侧密生长柔毛；外稃与颖等长或稍短，边缘膜质，先端边缘具微毛，芒膝曲，长 5~8 毫米，自稃体近基部 1/4 处伸出。花果期 7—9 月。

生于河滩草地、潮湿草原、山沟湿地。

产　　地：全市。

**苇状看麦娘** *Alopecurus arundinaceus* Poir.（图 722）

**形态特征**：多年生，具根茎。秆常单生，直立，高 60~75 厘米。叶鞘平滑无毛；叶舌膜质，先端渐尖，撕裂，长 5~7 毫米；叶片长 10~20 厘米，宽 4~7 毫米；上面粗糙，下面平滑。圆锥花序圆柱状，长 3.5~7.5 厘米，宽 8~9 毫米，灰绿色；小穗长 3.5~4.5 毫米；颖基部 1/4 连合，顶端尖，向外曲张，脊上具长 1~2 毫米的纤毛，两侧及边缘疏生长纤毛或微毛；外稃稍短于颖，先端及脊上具微毛，芒直。自稃体中部伸出，近于光滑，长 1.5~4 毫米，隐藏于颖内或稍外露，花果期 7—9 月。

生于沟谷河滩草甸、沼泽草甸及山坡草地。

产　　地：鄂温克族自治旗。

（图 720）光稃茅香 *Hierochloa glabra* Trin.

（图 721）短穗看麦娘 *Alopecurus brachystachyus* Bieb.

（图 722）苇状看麦娘 *Alopecurus arundinaceus* Poir.

**看麦娘** *Alopecurus aequalis* Sobol.（图 723）

**形态特征**：一年生。秆细弱，基部节处常膝曲，高 25~45 厘米。叶鞘无毛；叶舌薄膜质。先端渐尖，长 3~6 毫米；叶片扁平，长 3.5~11 厘米，宽 1~3 毫米，上面脉上疏被微刺毛，下面粗糙。圆锥花序细条状圆柱形，长 3.5~6 厘米，宽 3~5 毫米；小穗长 2~2.5 毫米；颖于近基部连合，脊上生柔毛，侧脉或有时连同边缘生细微纤毛；外稃膜质，稍长于颖或与之等长，芒自基部 1/3 处伸出，长 2~2.5 毫米，隐藏或稍伸出颖外。花果期 7—9 月。

生于河滩、潮湿低地草甸、田边。

产　　地：额尔古纳市、鄂温克族自治旗、扎兰屯市、鄂伦春族自治旗。

（图 723）看麦娘 *Alopecurus aequalis* Sobol.

## 拂子茅属 Calamagrostis Adans.

**大拂子茅** *Calamagrostis macrolepis* Litv.（图 724）

**形态特征**：植株高大粗壮，具根茎。秆直立，高 75~95 厘米，径 3~4 毫米，平滑无毛。叶鞘无毛；叶舌膜质或较厚，先端尖，易撕裂，长（3.5）5~7 毫米；叶片长 13~30 厘米（或更长），宽 5~7 毫米，扁平，两面及边缘糙涩。圆锥花序劲直，紧密，狭披针形，有间断，长 17~22 厘米，最宽处可达 3 厘米，分枝直立斜上，被微小短刺毛；小穗长 7~10 毫米；颖披针状锥形，脊上及先端粗糙，第一颖具 1 脉，第二颖较第一颖短 1~1.5 毫米，具 1 脉或有时下部可具 2~3 脉；外稃质较薄，长 3.5~4 毫米，先端 2 裂，背部被微细刺毛，中部以上或近裂齿间伸出 1 细直芒，芒长 3~3.5 毫米；基盘之长柔毛 5~7 毫米；内稃长约为外稃的 2/3。花果期 7—9 月。

生于森林草原、草原带的山地沟谷草甸、沙丘间草甸及路旁。

产　　地：全市。

（图 724）大拂子茅 *Calamagrostis macrolepis* Litv.

**拂子茅** *Calamagrostis epigejos*（L.）Roth（图 725）

**形态特征**：植株具根茎。秆直立，高 75~135 厘米，径可达 3 毫米，平滑无毛。叶鞘平滑无毛；叶舌膜质，长 5~6 毫米，先端尖或 2 裂；叶片扁平或内卷，长 10~29 厘米，宽 2~5 毫米，上面及边缘糙涩，下面较平滑。圆锥花序直立，有间断，长 10.5~17 厘米，宽 2~2.5 厘米，分枝直立或斜上，粗糙；小穗条状锥形，长 6~7.5 毫米，黄绿色或带紫色；2 颖近于相等或第二颖稍短，先端长渐尖，具 1~3 脉；外稃透明膜质，长约为颖体的 1/2（或稍超逾 1/2），先端齿裂，基盘之长柔毛几与颖等长或较之略短，背部中部附近伸出 1 细直芒，芒长 2.5~3 毫米；内稃透明膜质，长为外稃的 2/3，先端微齿裂。花果期 7—9 月。

生于森林草原、山地草甸以及沟谷、低地、沙地。

**产　　地**：全市。

**假苇拂子茅** *Calamagrostis pseudophragmites*（Hall. f.）Koeler.（图 726）

**形态特征**：秆直立，高 30~60 厘米，平滑无毛。叶鞘平滑无毛；叶舌膜质，背部粗糙，先端 2 裂或多撕裂，长 5~8 毫米；叶片常内卷，长 8~16 厘米，宽 1~3 毫米，上面及边缘点状粗糙，下面较粗糙。圆锥花序开展，长 10~19 厘米，主轴无毛，分枝簇生，细弱，斜升，稍粗糙，小穗熟后带紫色，长 5~7 毫米；颖条状锥形，具 1~3 脉，粗糙，第二颖较第一颖短 2~3 毫米，成熟后 2 颖张开；外稃透明膜质，长 3~3.5 毫米，先端微齿裂，基盘之长柔毛与小穗近等长或稍短，芒自近顶端处伸出，细直，长约 3 毫米；内稃膜质透明，长为外稃的 2/5~2/3。花果期 7—9 月。

生于河滩、沟谷、低地、沙地、山坡草地或阴湿之处。

**产　　地**：新巴尔虎左旗、新巴尔虎右旗、陈巴尔虎旗、鄂温克族自治旗。

（图 725）拂子茅 *Calamagrostis epigejos*（L.）Roth

（图 726）假苇拂子茅 *Calamagrostis pseudophragmites*（Hall. f.）Koeler.

## 野青茅属 *Deyeuxia* Clarion ex Beauv.

**大叶章** *Deyeuxia langsdorffii*（Link）Kunth（图 727）

**形态特征**：植株具横走根茎。秆直立，高 75~110 厘米，平滑无毛。叶鞘平滑无毛；叶舌膜质，先端深 2 裂或不规则撕裂，长 5~10 毫米；叶片扁平，长 12~26 厘米，宽 1.5~6 毫米，平滑无毛或稍糙涩。圆锥花序开展，长 10~16 厘米，分枝细弱，粗糙，簇生，斜升；小穗棕黄色或带紫色，长 3.5~4 毫米；颖近等长，狭卵状披针形，先端尖，边缘膜质，点状粗糙并被短纤毛，具 1~3 脉；外稃膜质，长 2.5~3 毫米，先端 2 裂，自背部中部附近伸出 1 细直芒，芒长 2~2.5 毫米，基盘具与稃体等长的丝状柔毛；内稃通常长为外稃的 2/3，膜质透明，先端细齿裂；延伸小穗轴长 0.5 毫米左右，与其上柔毛共长约 3 毫米。花果期 6—9 月。

生于山地、林缘、沼泽草甸、河谷及潮湿草地。

**产　　地**：全市。

（图 727）大叶章 *Deyeuxia langsdorffii*（Link）Kunth

## 翦股颖属 *Agrostis* L.

**巨序翦股颖** *Agrostis gigantea* Roth（图 728）

**别　　名**：小糠草、红顶草。

**形态特征**：植株具根头及匍匐根茎。秆丛生，直立或下部的节膝曲而斜升，高 60~115 厘米。叶鞘无毛；叶舌膜质，长 5~6 毫米，先端具缺刻状齿裂，背部微粗糙；叶片扁平，长 5~16（22）厘米，宽 3~5（6）毫米，上面微粗糙，边缘及下面具微小刺毛。圆锥花序开展，长 9~17 厘米，宽 3.5~8 厘米。每节具（3）4~6 分枝，分枝微粗糙，基部即可具小穗；小穗长 2~2.5 毫米，柄长 1~2.5 毫米，先端膨大；两颖近于等长，脊的上部及先端微粗糙；外稃长约 2 毫米，无毛，不具芒；内稃长 1.5~1.6 毫米，长为外稃的 3/4，具 2 脉，先端全缘或微有齿。花期 6—7 月。

生于林缘、沟底、山沟溪边以及路旁。

产　　地：全市。

（图 728）巨序剪股颖 *Agrostis gigantea* Roth

**歧序剪股颖** *Agrostis divaricatissima* Mez（图 729）

别　　名：蒙古剪股颖。

**形态特征：** 多年生，具短根茎。秆直立，基部节常膝曲，高 42~70 厘米，平滑无毛。叶鞘平滑无毛或微粗糙，常染有紫色；叶舌膜质，背面被微毛，长 1.5~2.5 毫米；叶片条形，扁平，长 4~8（~15）厘米，宽 1~2.5毫米，两面脉上及边缘粗糙。圆锥花序开展，长 11~17 厘米，宽可达 11 厘米，分枝斜升，细毛发状，粗糙，基部不着生小穗，长 6~12 厘米，小穗长 2~2.5 毫米，深紫色；颖几等长或第二颖稍短，脊上粗糙；外稃透明膜质，长 1.5~1.8 毫米，先端微齿裂，裂齿下方有时具 1 微细直芒。长约 0.5 毫米；内稃长约为外稃的 3/5~2/3；先端钝，细齿裂，花药长约 1.2 毫米。花果期 7—9 月。

生于河滩、谷地、低地草甸。

产　　地：新巴尔虎右旗、鄂温克族自治旗、额尔古纳市、鄂伦春自治旗。

## 茵草属 *Beckmannia* Host

**茵草** *Beckmannia syzigachne*（Steud.）Fernald（图 730）

**形态特征：** 一年生。秆基部节微膝曲，高 45~65 厘米，平滑。叶鞘无毛；叶舌透明膜质，背部具微毛，先端尖或撕裂，长 4~7 毫米；叶片扁平，长 6~13 厘米，宽 2~7 毫米，两面无毛或粗糙或被微细丝状毛。圆锥花序狭窄，长 15~25 厘米，分枝直立或斜上；小穗压扁，倒卵圆形至圆形，长 2.5~3 毫米；颖背部较厚，灰绿色，边缘近膜质，绿白色，全体被微刺毛，近基部疏生微细纤毛；外稃略超出于颖体，质薄，全体疏被微毛，先端具芒尖，长约 0.5 毫米；内稃等长于外稃或稍短。花果期 6—9 月。

生于水边、潮湿之处。

产　　地：全市。

（图 729）歧序翦股颖 *Agrostis divaricatissima* Mez

（图 730）茵草 *Beckmannia syzigachne*（Steud.）Fernald

# 针茅属 *Stipa* L.

**克氏针茅** *Stipa krylovii* Roshev.（图 731）

别　　名：西北针茅。

**形态特征：** 秆直立，高 30~60 厘米，叶鞘光滑；叶舌披针形，白色膜质，长 1~3 毫米；叶上面光滑，下面粗糙，秆生叶长 10~20 厘米，基生叶长达 30 厘米，圆锥花序基部包于叶鞘内，长 10~30 厘米，分枝细弱，2~4 枝簇生，向上伸展，被短刺毛；小穗稀疏；颖披针形，草绿色，成熟后淡紫色，光滑，先端白色膜质，长（17）20~28 毫米，第一颖略长，具 3 脉，第二颖稍短，具 4~5 脉；外稃长 9~11.5 毫米；顶端关节处被短毛，基盘长约 3 毫米，密生白色柔毛；芒二回膝曲，光滑，第一芒柱扭转，长 2~2.5 厘米，第二芒柱长约 1 厘米，芒针丝状弯曲，长 7~12 厘米。花果期 7—8 月。

多年生密丛型旱生草本植物。

**产　　地：** 新巴尔虎左旗、新巴尔虎右旗。

**小针茅** *Stipa klemanzii* Roshev.（图 732）

别　　名：克里门茨针茅。

**形态特征：** 秆斜升或直立，基部节处膝曲，高（10）20~40 厘米。叶片上面光滑，下面脉上被短刺毛，秆生叶长 2~4 厘米，基生叶长可达 20 厘米。圆锥花序被膨大的顶生叶鞘包裹，顶生叶鞘常超出圆锥花序；小穗稀疏；颖狭披针形，长 25~35 毫米，绿色，上部及边缘宽膜质，顶端延伸成丝状尾尖，二颖近等长，第一颖具 3 脉，第二颖具 3~4 脉，外稃长约 10 毫米，顶端关节处光滑或具稀疏短毛，基盘尖锐，长 2~3 毫米，密被柔毛。芒一回膝曲，芒柱扭转，光滑，长 2~2.5 厘米，芒针弧状弯曲，长 10~13 厘米，着生长 3~6 毫米的柔毛，芒针顶端的柔毛较短。花果期 6—7 月。

生于典型草原。

产　　地：新巴尔虎右旗、新巴尔虎左旗。

（图 731）克氏针茅 *Stipa krylovii* Roshev.

（图 732）小针茅 *Stipa klemanzii* Roshev.

贝加尔针茅 *Stipa baicalensis* Roshev.（图 733）

别　　名：狼针草。

形态特征：秆直立，高 50~80 厘米。叶舌披针形，白色膜质，长 1.5~3 毫米；上面被短刺毛或粗糙，下面脉上被密集的短刺毛；秆生叶长 20~30 厘米，基生叶长达 40 厘米。圆锥花序基部包于叶鞘内，长 20~40 厘米，分枝细弱，2~4 枝簇生，向上伸展，被短刺毛；小穗稀疏；颖披针形，长 23~30 毫米，淡紫色，光滑，边缘膜质，顶端延伸成尾尖，第一颖略长，具 3 脉，第二颖稍短，具 5 脉；外稃长 12~14 毫米，顶端关节处被短毛，基盘长约 4 毫米，密生白色柔毛；芒二回膝曲，粗糙，第一芒柱扭转，长 3~4 厘米，第二芒柱长 1.5~2 厘米，芒针丝状卷曲，长 8~13 厘米。花果期 7—8 月。

生于山地草甸、草甸草原。

产　　地：全市。

（图 733）贝加尔针茅 *Stipa baicalensis* Roshev.

大针茅 *Stipa grandis* P. Smirn.（图 734）

形态特征：秆直立，高 50~100 厘米，叶鞘粗糙；叶舌披针形，白色膜质，长 3~5 毫米；叶上面光滑，下面密生短刺毛，秆生叶较短，基生叶长可达 50 厘米以上。圆锥花序基部包于叶鞘内，长 20~50 厘米，分枝细弱，2~4 枝簇生，向上伸展，被短刺毛。小穗稀疏；颖披针形，成熟后淡紫色，中上部白色膜质，顶端延伸成长尾尖，长（27）30~40（45）毫米，第一颖略长，具 3 脉，第二颖略短，具 5 脉；外稃长（14.5）15~17 毫米，顶端关节处被短毛，基盘长约 4 毫米，密生白色柔毛，芒二回膝曲，光滑或微粗糙，第一芒柱长 6~10 厘米，第二芒柱长 2~2.5 厘米，芒针丝状卷曲，长 10~18 厘米。花果期 7—8 月。

生于典型草原。

产　　地：新巴尔虎左旗、新巴尔虎右旗、陈巴尔虎旗、鄂温克族自治旗。

（图 734）大针茅 *Stipa grandis* P. Smirn.

## 芨芨草属 *Achnatherum* Beauv

**芨芨草** *Achnatherum splendens*（Trin.）Nevski（图 735）

**别　　名：** 积机草。

**形态特征：** 秆密丛生，直立或斜升，坚硬，高 80~200 厘米。叶片坚韧，长 30~60 厘米，宽 3~7 毫米。圆锥花序开展，长 30~60 厘米，分枝数枚簇生，细弱，长达 19 厘米，基部裸露；小穗披针形，长 4.5~6.5 毫米；颖披针形或矩圆状披针形，膜质，顶端尖或锐尖，具 1~3 脉，第一颖显著短于第二颖，具微毛，基部常呈紫褐色；外稃长 4~5 毫米，具 5 脉，密被柔毛，顶端具 2 微齿；基盘钝圆，长约 0.5 毫米，有柔毛；芒长 5~10 毫米，自外稃齿间伸出，直立或微曲，但不膝曲扭转，微粗糙，易断落；内稃脉间有柔毛，成熟后背多少露出外稃之外；花药条形，长 2.5~3 毫米，顶端具毫毛。花果期 6—9 月。

生于干旱及半干旱区盐化草甸。

**产　　地：** 新巴尔虎左旗、新巴尔虎右旗、陈巴尔虎旗、鄂温克族自治旗。

**羽茅** *Achnatherum sibiricum*（L.）Keng（图 736）

**别　　名：** 西伯利亚羽茅，光颖芨芨草。

**形态特征：** 秆直立，高 50~150 厘米。叶片通常卷折，长 20~60 厘米，宽 3~7 毫米。圆锥花序较紧缩，狭长，长 15~30 厘米，每节具（2）3~5 枚分枝；小穗草绿色或灰绿色，成熟时变紫色；颖近等长或第一颖稍短，矩圆状披针形，膜质，具 3~4 脉，光滑无毛或脉上疏生细小刺毛；外稃长 6~7.5 毫米，背部密生较长的柔毛，具 3 脉，脉于先端汇合；基盘锐尖，长 0.8~1 毫米。密生白色长柔毛；芒长约 2.5 厘米，一回或不明显地二回膝曲，中部以下扭转，具较密的细小刺毛或微毛；内稃与外稃近等长或稍短于外稃，脉间具较长的柔毛；花药条形，长约 4 毫米，顶端具毫毛。花果期 6—9 月。

生于草原、草甸草原、山地草原、草原化草甸以及林缘和灌丛群落中。

产　　地：全市。

（图 735）芨芨草 *Achnatherum splendens*（Trin.）Nevski

（图 736）羽茅 *Achnatherum sibiricum*（L.）Keng

# 画眉草属 *Eragrostis* Wolf

**画眉草** *Eragrostia pilosa*（L.）Beauv.（图 737）

**别　　名**：星星草。

**形态特征**：一年生。秆较细弱，直立、斜生或基部铺散，节常膝曲，高 10~30（45）厘米；叶舌短，为一圈长约 0.5 毫米的细纤毛；叶片扁平或内卷，长 5~15 厘米，宽 1.5~3.5 毫米，两面平滑无毛。圆锥花序展开，长 7~15 厘米，分枝平展或斜上，基部分枝近于轮生，枝腋具长柔毛；小穗熟后带紫色，长 2.5~6 毫米，宽约 1.2 毫米，含 4~8 小花；颖膜质，先端钝或尖，第一颖常无脉，长 0.4~0.6（0.8）毫米，第二颖具 1 脉，长 1~1.2（1.4）毫米；外稃先端尖或钝，第一外稃长 1.4~2 毫米；内稃弓形弯曲，短于外稃，常宿存，脊上粗糙。花果期 7—9 月。

生于田野、撂荒地、路边。

**产　　地**：新巴尔虎右旗、鄂温克族自治旗、扎兰屯市、莫力达瓦达翰尔族自治旗。

（图 737）画眉草 *Eragrostia pilosa*（L.）Beauv.

**无毛画眉草** *Eragrostis pilosa*（L.）Beauv. var. *imberbis* Franch.（图 738）

**形态特征**：本种为画眉草的变种。一年生。秆较细弱，直立、斜升或基部铺散，节常膝曲，高 10~30（45）厘米。叶鞘疏松裹茎，多少压扁，具脊，鞘口常具长柔毛，其余部分光滑；叶舌短，为一圈长约 0.5 毫米的细纤毛；叶片扁平或内卷，长 5~15 厘米，宽 1.5~3.5 毫米，两面平滑无毛。圆锥花序开展，长 7~15 厘米，分枝平展或斜上，基部分枝近于轮生，花序分枝腋间无柔毛；小穗熟后带紫色，长 2.5~6 毫米，宽约 1.2 毫米，含 4~8 小花；颖膜质，先端钝或尖，第一颖常无脉，长 0.4~0.6（0.8）毫米，第二颖具 1 脉，长 1~1.2（1.4）毫米；外稃先端尖或钝，第一外稃长 1.4~2 毫米；内稃弓形弯曲，短于外稃，常宿存，脊上粗糙。花果期 7—9 月。

生于田野、路旁。

**产　　地**：鄂温克族自治旗、新巴尔虎右旗。

（图 738）无毛画眉草 Eragrostis pilosa（L.）Beauv. var. imberbis Franch.

**小画眉草 Eragrostis minor Host（图 739）**

形态特征：秆直立或自基部向四周扩展而斜升，节常膝曲，高 10~20（35）厘米，叶鞘脉上具腺点，鞘口具长柔毛，脉间亦疏被长柔毛；叶舌为一圈细纤毛，长 0.5~1 毫米；叶片扁平，长 3~11.5 厘米，宽 2~5.5 毫米，上面粗糙，背面平滑，脉上及边缘具腺体。圆锥花序疏松而开展，长 5~20 厘米，宽 4~12 厘米，分枝单生，腋间无毛；小穗卵状披针形至条状矩圆形，绿色或带紫色，长 4~9 毫米，宽 1.2~2 毫米，含 4 至多数小花，小穗柄具腺体；颖卵形或卵状披针形，先端尖，第一颖长 1~1.4 毫米，第二颖长 1.4~2 毫米，通常具一脉，脉上常具腺体；外稃宽卵圆形，先端钝，第一外稃长 1.4~2.2 毫米；内稃稍短于外稃，宿存，脊上具极短的纤毛。花果期 7—9 月。

生于田野、路边和撂荒地。

产　　　地：新巴尔虎左旗、海拉尔区、满洲里市、扎兰屯市、莫力达瓦达斡尔族自治旗。

## 隐子草属 Cleistogenes Keng

**糙隐子草 Cleistogenes squarrosa（Trin.）Keng（图 740）**

形态特征：植株通常绿色，秋后常呈红褐色。秆密丛生，直立或铺散，纤细，高 10~30 厘米，干后常成蜿蜒状或螺旋状弯曲。叶鞘层层包裹，直达花序基部；叶舌具短纤毛；叶片狭条形，长 3~6 厘米，宽 1~2 毫米，扁平或内卷，粗糙。圆锥花序狭窄，长 4~7 厘米，宽 5~10 毫米；小穗长 5~7 毫米，含 2~3 小花，绿色或带紫色；颖具 1 脉，边缘膜质，第一颖长 1~2 毫米，第二颖长 3~5 毫米；外稃披针形，5 脉，第一外稃长 5~6 毫米，先端常具较稃体为短的芒；内稃狭窄，与外稃近等长；花药长约 2 毫米。花果期 7—9 月。

生于典型草原。

产　　　地：新巴尔虎左旗、新巴尔虎右旗、陈巴尔虎旗、满洲里市、牙克石市。

（图 739）小画眉草 *Eragrostis minor* Host

（图 740）糙隐子草 *Cleistogenes squarrosa*（Trin.）Keng

**中华隐子草** *Cleistogenes chinensis*（Maxim.）Keng（图 741）

**形态特征：** 多年生草本。秆丛生，纤细，直立，高 15~50 厘米，径 0.5~1 毫米，基部密生贴近根头的鳞芽。叶鞘鞘口常具柔毛；叶舌短，边缘具纤毛；叶片长 3~7 厘米，宽 1~2 毫米，扁平或内卷。圆锥花序疏展，长 5~10 厘米，具 3~5 分枝，具多数小穗，分枝斜上，平展或下垂；小穗黄绿色或稍带紫色，长 7~9 毫米，含 3~5 小花；颖披针形，先端渐尖，第一颖长 3~4.5 毫米，第二颖长 4~5 毫米；外稃披针形，边缘具长柔毛，5 脉，第一外稃长 5~6 毫米，先端芒长 1~2（3）毫米；内稃与外稃近等长。花果期 7—10 月。

生于山地丘陵、灌丛、草原。

**产　　地：** 牙克石市、扎兰屯市、鄂伦春自治旗、阿荣旗、莫力达瓦达斡尔族自治旗。

（图 741）中华隐子草 *Cleistogenes chinensis*（Maxim.）Keng

## 草沙蚕属 *Tripogon* Roem. et Schult.

**中华草沙蚕** *Tripogon chinensis*（Fr.）Hack.（图 742）

**形态特征：** 多年生密丛草本，须根纤细而稠密。秆直立，高 10~30 厘米，细弱，光滑无毛。叶舌膜质；叶片狭条形，常内卷成刺毛状，上面微粗糙且向基部疏生柔毛、下面平滑无毛，长 5~15 厘米，宽约 1 毫米。穗状花序细弱，长 8~11（15）厘米，穗轴三棱形，多平滑无毛，宽约 0.5 毫米；小穗条状披针形，浅绿色，长 5~8（10）毫米，含 3~5 小花；颖具宽而透明的膜质边缘，第一颖长 1.5~2 毫米，第二颖长 2.5~3.5 毫米；外稃质薄似膜质，先端 2 裂，具 3 脉，主脉延伸成短且直的芒，芒长 1~2 毫米，侧脉可延伸成长 0.2~0.5 毫米的芒状小尖头，第一外稃长 3~4 毫米，基盘被长约 1 毫米的柔毛；内浮膜质，等长或稍短于外稃，脊上粗糙，具微小纤毛；花药长 1~1.5 毫米。花果期 7—9 月。

生于山地中山带的石质及砾石质陡壁和坡地。

**产　　地：** 全市。

（图 742）中华草沙蚕 *Tripogon chinensis*（Fr.）Hack.

## 虎尾草属 *Chloris* Swartz

**虎尾草** *Chloris virgata* Swartz（图 743）

**形态特征**：一年生。秆无毛，斜升、铺散或直立，基部节处常膝曲，高 10~35 厘米。叶鞘背部具脊，上部叶鞘常膨大而包藏花序；叶舌膜质，长 0.5~1 毫米，顶端截平，具微齿；叶片长 2~15 厘米，宽 1.5~5 毫米，平滑无毛或上面及边缘粗糙。穗状花序长 2~5 厘米，数枚簇生于秆顶；小穗灰白色或黄褐色，长 2.5~4 毫米（芒除外）；颖膜质，第一颖长 1.5~2 毫米，第二颖长 2.5~3 毫米，先端具长 0.5~2 毫米的芒；第一外稃长 2.5~3.5 毫米，具 3 脉，脊上微曲，边缘近顶处具长柔毛，背部主脉两侧及边缘下部亦被柔毛，芒自顶端稍下处伸出，长 5~12 毫米；内稃稍短于外稃，脊上具微纤毛；不孕外稃狭窄，顶端截平，芒长 4.5~9 毫米。花果期 6—9 月。

生于农田、撂荒地及路边。

**产　　地**：新巴尔虎右旗、鄂温克族自治旗、牙克石市、扎兰屯市、莫力达瓦达斡尔族自治旗。

## 稗属 *Echinochloa* Beauv.

**无芒稗** *Echinochloa crusgalli*（L.）Beauv. var. *mitis*（Pursh）Peterm.（图 744）

**别　　名**：落地稗。

**形态特征**：本种为稗的变种。与正种的区别是小穗卵状椭圆形，长约 3 毫米，无芒或具极短的芒，如有芒，其芒长不超过 0.5 毫米。圆锥花序稍疏松，直立，其分枝不作弓形弯曲，挺直，常再分枝。第二颖比谷粒长。花期 7—8 月。

生于田野、路旁、沟渠、沼泽。

**产　　地**：全市。

（图 743）虎尾草 *Chloris virgata* Swartz

（图 744）无芒稗 *Echinochloa crusgalli*（ L. ）Beauv. var. *mitis*（ Pursh ）Peterm.

**长芒稗** *Echinochloa canudata* Roshev.（图745）

**别　　名：**长芒野稗。

**形态特征：**秆疏丛生，直立或基部倾斜，高1~2米，径4~7毫米。叶片条形或宽条形，长10~45厘米，宽10~20毫米。圆锥花序稍紧密，柔软而下垂，长10~25厘米，宽1.5~4厘米；小穗密集排列于穗轴的一侧，单生或不规则簇生，常带紫色；第一颖三角形，第二颖与小穗等长，草质，顶端具长约0.1~0.2毫米的芒，具5脉；第一外稃草质，具5脉，先端延伸成一较粗壮的芒，芒长1.5~5厘米，第一内稃与其外稃几等长；第二外稃革质，顶端具小尖头；光亮，边缘包着同质的内稃；鳞被楔形，具5脉。谷粒易脱落，椭圆形，白色或淡黄色，长2~3毫米，宽1~2毫米。花果期6—9月。

生于田野、宅旁、路边、耕地旁、渠沟边水湿地和沼泽地、水稻田中。

**产　　地：**新巴尔虎左旗、新巴尔虎右旗、鄂温克族自治旗、扎兰屯市。

（图745）长芒稗 *Echinochloa canudata* Roshev.

## 马唐属 *Digitaria* Haller

**升马唐** *Digitaria ciliaris*（Retz.）Koel.（图746）

**形态特征：**一年生。秆基部展开或斜升，高15~60厘米。无毛。叶鞘疏松裹茎，疏生疣毛；叶舌膜质，长1.5~3毫米，叶片条状披针形，长4~12厘米，宽3~10毫米，两面疏生柔毛或无毛，边缘较厚而粗糙，被微刺毛。穗状总状花序4~6枚生于秆顶呈指状，长5~12厘米，穗轴边缘常具细齿；小穗狭披针形，灰绿色，长3.5~4毫米，通常2枚生于每节，其中1具长柄1具极短的柄；第一颖微小，略呈三角形，长约0.2毫米，薄膜质，第二颖长为小穗的1/2~3/4，狭窄，具不明显的3脉，被丝状长柔毛；第一外稃与小穗等长，具5~7脉，在两侧具丝状长柔毛且可杂有疣毛。花果期7—9月。

生于田野、路旁。

**产　　地：**扎兰屯市、陈巴尔虎旗。

（图 746）升马唐 *Digitaria ciliaris*（Retz.）Koel.

## 狼尾草属 *Pennisetum* Rich.

白草 *Pennisetum centrasiaticum* Tzvel.（图 747）

形态特征：多年生，具横走根茎。秆单生或丛生，直立或基部略倾斜，高 35~55 厘米。叶舌膜质，顶端具纤毛；叶片条形，长 6~24 厘米，宽 3~8 毫米。穗状圆锥花序呈圆柱形，直立或微弯曲，长 7~12 厘米，宽 1~2 厘米，小穗簇总梗极短，最长不及 0.5 毫米，刚毛绿白色或紫色，长 3~14 毫米，具向上微小刺毛；小穗多数单生，有时 2~3 枚簇生，长 4~7 毫米，总梗不显著；第一颖长 0.5~1.5 毫米，先端尖或钝，脉不显，第二颖长 2.5~4 毫米，先端尖，具 3~5 脉；第一外稃与小穗等长，具 7~9 脉，先端渐尖成芒状小尖头，内稃膜质而较之为短或退化，具 3 雄蕊或退化；第二外稃与小穗等长，先端亦具芒状小尖头，具 3 脉，脉向下渐不明显，内稃较之略短。花果期 7—9 月。

生于干燥的丘陵坡地、沙地、沙丘间洼地、田野。

产　　地：陈巴尔虎旗、海拉尔区。

## 狗尾草属 *Setaria* Beauv.

金色狗尾草 *Setaria glauca*（L.）Beauv.（图 748）

形态特征：一年生，秆直立或基部稍膝曲，高 20~80 厘米，光滑无毛，或仅在花序基部粗糙。叶鞘下部扁压具脊；叶舌退化为一圈长约 1 毫米的纤毛；叶片条状披针形或狭披针形，长 5~15 厘米，宽 4~7 毫米，上面粗糙或在基部有长柔毛，下面光滑无毛。圆锥花序密集成圆柱状，长 2~6（8）厘米，宽约 1 厘米（刚毛包括在内），直立，主轴具短柔毛，刚毛金黄色，粗糙，长 6~8 毫米，5~20 根为一丛；小穗长 3 毫米，椭圆形，先端尖，通常在一簇中仅有 1 枚发育；第一颖广卵形，先端尖，具 3 脉；第一外稃与小穗等长，具 5 脉，内稃膜质，短于小穗或与之几等长，并且与小穗几乎等宽；第二外稃骨质。谷粒先端尖，成熟时具有明显的横皱纹，背部极隆起。花果期 7—9 月。

生于田野、路边、荒地、山坡等处。

产　　　地：全市。

（图 747）白草 *Pennisetum centrasiaticum* Tzvel.

（图 748）金色狗尾草 *Setaria glauca*（L.）Beauv.

**断穗狗尾草** *Setaria arenaria* Kitag.（图 749）

**形态特征**：一年生；秆直立，细，<u>丛生</u>或近于<u>丛生</u>，高 15~45 厘米，光滑无毛。叶鞘口边缘具纤毛，基部叶鞘上常具瘤或瘤毛；叶舌由一圈长约 1 毫米的纤毛所组成；叶片狭条形，稍粗糙，长 6~12 厘米，宽 2~6 毫米。圆锥花序紧密呈细圆柱形，直立，其下部常有疏隔间断现象，花序长 1~8 厘米，宽 2~7 毫米（刚毛除外），刚毛较短，且数目较少（以其他种相比），长 4~7 毫米，上举，粗糙；小穗狭卵形，长约 2 毫米；第一颖卵形，长约为小穗的 1/3，先端稍尖，第二颖卵形，与小穗等长；第一外稃与小穗等长，其内稃膜质狭窄；第二外稃狭椭圆形，先端微尖，有轻微的横皱纹。花果期 7—9 月。

生于沙地、沙丘、阳坡或下湿滩地。

**产　　地**：扎兰屯市、海拉尔区、陈巴尔虎旗。

（图 749）断穗狗尾草 *Setaria arenaria* Kitag.

**狗尾草** *Setaria viridis*（L.）Beauv.（图 750）

**别　　名**：毛莠莠。

**形态特征**：一年生，秆高 20~60 厘米；叶片扁平，条形或披针形，长 10~30 厘米，宽 2~10（15）毫米；绿色，先端渐尖，基部略呈钝圆形或渐窄，上面极粗糙，下面稍粗糙，边缘粗糙。圆锥花序紧密呈圆柱状，直立，有时下垂，长 2~8 厘米，宽 4~8 毫米（刚毛除外），刚毛长于小穗的 2~4 倍，粗糙，绿色、黄色或稍带紫色；小穗椭圆形，先端钝，长 2~2.5 毫米，第一颖卵形，长约为小穗的 1/3，具 3 脉，第二颖与小穗几乎等长，具 5 脉，第一外稃与小穗等长，具 5 脉，内稃狭窄；第二稃具有细点皱纹。谷粒长圆形，顶端钝，成熟时稍肿胀。花期 7—9 月。

生于荒地、田野、河边、坡地。

**产　　地**：全市。

（图 750）狗尾草 *Setaria viridis*（L.）Beauv.

**紫穗狗尾草** *Setaria viridis*（L.）Beauv. var. *purpursaxens* Maxim.（图 751）

**形态特征：** 一年生，秆高 20~60 厘米。直立或基部稍膝曲，单生或疏丛生。叶鞘较松弛，无毛或具柔毛；叶舌由一圈长 1~2 毫米的纤毛所成；叶片扁平，条形或披针形，长 10~30 厘米，宽 2~10（15）毫米。圆锥花序紧密成圆柱状，直立，有时下垂，长 2~8 厘米，宽 4~8 毫米（刚毛除外），刚毛长于小穗的 2~4 倍，粗糙，刚毛或连同小穗的颖片及外稃均变为紫红色至紫褐色。小穗椭圆形，先端钝，长 2~2.5 毫米；第一颖卵形，长约为小穗的 1/3，具 3 脉，第二颖与小穗几乎等长，具 5 脉；第一外稃与小穗等长，具 5 脉，内稃狭窄；第二外稃具有细点皱纹。谷粒长圆形，顶端钝，成熟时稍肿胀。花期 7—9 月。

生于沙丘、田野、河边、水边等地。

产　　地：新巴尔虎左旗、新巴尔虎右旗、鄂温克族自治旗、陈巴尔虎旗，扎兰屯市。

## 大油芒属 *Spodiopogon* Trin.

**大油芒** *Spodiopogon sibiricus* Trin.（图 752）

别　　名：大荻、山黄菅。

**形态特征：** 植株具长根茎且密被覆瓦状鳞片。秆直立，高 60~100（150）厘米。叶片宽条形至披针形，长 7~18 厘米，宽 4~10 毫米。圆锥花序狭窄，长 11~18 厘米，宽 2~4 厘米；总状分枝近于轮生，小枝具 2~4 节；小穗灰绿色或草黄色或略带紫色，长 5~6.5 毫米；颖几等长，具 5~9（11）脉，第二颖背具脊；第一小花雄性，具 3 雄蕊，外稃卵状披针形，先端尖，具 1~3 脉，上部生微毛，与小穗几等长，内稃稍短；第二小花两性，外稃狭披针形，稍短于小穗，顶端深裂达稃体的 2/3，裂齿间芒长 9~12.5 毫米，中部膝曲，内稃稍短于外稃；雄蕊 3；子房光滑无毛，柱头紫色。花果期 7—9 月。

生于山地阳坡、砾石质草原、山地灌丛、草甸。

产　　地：牙克石市、扎兰屯市、阿荣旗、莫力达瓦达斡尔族自治旗。

（图 751）紫穗狗尾草 *Setaria viridis*（L.）Beauv. var. *purpursaxens* Maxim.

（图 752）大油芒 *Spodiopogon sibiricus* Trin.

# 一〇〇、莎草科 Cyperaceae

## 藨草属 *Scirpus* L.

**荆三棱** *Scirpus yagara* Ohwi（图 753）

别　　名：三棱草。

**形态特征**：多年生草本。秆高 70~100 厘米，锐三棱形，具纵条纹。基生叶 1~2 枚，秆生叶 2~4 枚，均具长叶鞘。叶片条形，宽约 4~8 毫米。苞片 2~4 枚，叶状，不等长，最下部苞叶超出花序 2~3 倍。长侧枝聚伞花序，具 5~8 个辐射枝，顶端着生 1~3 枚小穗；小穗卵状椭圆形，褐色，长 0.8~1.5 厘米，宽 3~6 毫米；鳞片卵形，龙骨状，长 6~8 毫米，膜质，背部具短硬毛，上部边缘具稀疏的锯齿，顶端凹陷，中脉延伸成刺芒，长 1~2 毫米，向后稍反曲；下位刚毛 6 条，与小坚果近等长，具倒刺；柱头 3。小坚果倒卵形、三棱形，长 3~3.2 毫米，褐色，有光泽，表面具小点。花果期 7—9 月。

生于稻田、浅水沼泽。

产　　地：新巴尔虎左旗、新巴尔虎右旗、额尔古纳市。

（图 753）荆三棱 *Scirpus yagara* Ohwi in Mem.

**扁秆藨草** *Scirpus planiculmis* Fr. Schmidt（图 754）

**形态特征**：多年生草本；根状茎匍匐，其顶端增粗成球形或倒卵形的块茎，黑褐色。秆单一，高 10~85 厘米，三棱形。基部叶鞘黄褐色，脉间具横隔；叶片长条形，扁平，宽 2~4（5）毫米。苞片 1~3，比花序长数倍；长侧枝聚伞花序短缩成头状或有时具 1 至数枚短的辐射枝，辐射枝常具 1~4（6）小穗；小穗卵形或矩圆状卵形，长 1~1.5（2）厘米，宽 4~7 毫米，黄褐色或深棕褐色，具多数花；鳞片卵状披针形或近椭圆形，长 5~7 毫米，先端微凹或撕裂，深棕色，背部绿色，具 1 脉，顶端延伸成 1~2 毫米的外反曲的短芒；下位刚毛 2~4 条，等于或短于小坚果的一半，具倒刺；雄蕊 3，花药长约 4 毫米，黄色。小坚果倒卵形，长 3~3.5 毫米，扁平或中部微凹。花果期 7—9 月。

生于河边盐化草甸及沼泽中。

产　　　地：新巴尔虎左旗、新巴尔虎右旗、陈巴尔虎旗、鄂温克族自治旗。

（图 754）扁秆藨草 *Scirpus planiculmis* Fr. Schmidt

**单穗藨草 *Scirpus radicans* Schkuhr（图 755）**

别　　　名：东北藨草。

形态特征：多年生草本；具短的根状茎。秆粗壮，高 60~90 厘米，钝三棱形。叶鞘疏松；叶片条形，扁平，宽 4~9 毫米，边缘粗糙。苞片 3~4 枚，叶状；长侧枝聚伞花序多次复出，大型，开展，长 7~14 厘米，宽 10~15 厘米，具多数辐射枝，数回分枝，长 1~9 厘米，每一小穗柄具 1 小穗；小穗矩圆状卵形或披针形，长 6~7 毫米，宽约 2 毫米；鳞片矩圆形，长 1.5~2.2 毫米，宽约 1 毫米，铅灰色，上部边缘具纤毛，具 1 脉；下位刚毛 6 条，比小坚果长 2~3 倍，屈曲，平滑，仅在顶部具倒刺；雄蕊 3，花药长约 1 毫米。小坚果倒卵状三棱形，长约 1 毫米；柱头 3。花果期 7—9 月。

生于森林和草原地区的河、湖低地及浅水沼泽。

产　　　地：根河市、额尔古纳市、新巴尔虎左旗、鄂温克族自治旗、牙克石市。

**东方藨草 *Scirpus orientalis* Ohwi（图 756）**

别　　　名：朔北林生藨草。

形态特征：多年生草本；具短的根状茎。秆粗壮，高 30~90 厘米，钝三棱形。叶鞘疏松，脉间具小横隔；叶片条形，宽 4~10 毫米。苞片 2~3，叶状，下面 1~2 枚常长于花序数倍；长侧枝聚伞花序多次复出，长 3~10 厘米，宽 3.5~13 厘米，数回分枝，辐射枝及小穗柄均粗糙，每一小穗柄着生 1~3 小穗；小穗狭卵形或披针形，长 4~6 毫米，宽 1.5~2 毫米，铅灰色；鳞片宽卵形，长 1.5 毫米，宽 1.2~1.5 毫米，具 3 脉，铅灰色，下位刚毛 6 条，与小坚果近等长，直伸，具倒刺；雄蕊 3。小坚果倒卵形，三棱形，长 1.2~1.5 毫米，宽 0.7~0.9 毫米，浅黄色；柱头 3。花果期 7—9 月。

生于浅水沼泽和沼泽草甸上。

产　　　地：鄂温克族自治旗、新巴尔虎右旗、牙克石市、莫力达瓦达斡尔族自治旗。

（图 755）单穗藨草 *Scirpus radicans* Schkuhr

（图 756）东方藨草 *Scirpus orientalis* Ohwi

水葱 *Scirpus tabernaemontani* Gmel.（图 757）

**形态特征：** 多年生草本；根状茎粗壮，匍匐，褐色。秆高 30~130 厘米，径 3~15 毫米，圆柱形，中空，平滑。叶鞘疏松，淡褐色，脉间具横隔，常无叶片，仅上部具短而狭窄的叶片。苞片 1~2，其中 1 枚稍长，为秆之延伸，短于花序，直立；长侧枝聚伞花序假侧生，辐射枝 3~8，不等长，常 1~2 次分枝；小穗卵形或矩圆形，长 8 毫米，宽约 4 毫米，单生或 2~3 枚聚生，红棕色或红褐色；鳞片宽卵形或矩圆形，长 3.5 毫米，宽 2.2 毫米，红棕色或红褐色，常具紫红色疣状凸起，背部具 1 淡绿色中脉，边缘近膜质，具缘毛，先端凹缺，其中脉延伸成短尖；下位刚毛 6 条，与小坚果近等长，具倒刺；雄蕊 3。小坚果倒卵形，长 2 毫米，宽 1.5 毫米，平凸状，灰褐色，平滑；柱头 2。花果期 7—9 月。

生于浅水沼泽，沼泽化草甸中。

**产　　地：** 全市。

（图 757）水葱 *Scirpus tabernaemontani* Gmel.

## 羊胡子草属 Eriophorum L.

羊胡子草 *Eriophorum vaginatum* L.（图 758）

**别　　名：** 白毛羊胡子草。

**形态特征：** 多年生草本。秆丛生，高 20~40 厘米，三棱形。基生叶三棱形，狭条形，宽约 1 毫米，质硬，秆生叶 1~2，退化成鞘状。苞片鳞片状，卵形，灰褐色或灰黑色，边缘白色膜质，先端尖；花序顶生，仅具 1 小穗，小穗花期矩圆形，灰褐色，长约 1.5 厘米，宽 8~10 毫米，果期倒卵形或近球形，长 1.5~3 厘米，宽 1~2 厘米；鳞片卵状披针形，或三角状披针形，长 5 毫米，宽 1.5~3 毫米，灰黑色，边缘白色；下位刚毛多数，白色，花后伸长，长 1.5~2.5 厘米；雄蕊 3。小坚果倒卵形，长约 2 毫米，宽 1 毫米，先端具短尖；上部边缘平滑；柱头 3 个。花果期 7—9 月。

生于森林区和森林草原区的河边沼泽草甸和沼泽中。

**产　　地：** 额尔古纳市、牙克石市。

（图 758）羊胡子草 *Eriophorum vaginatum* L.

东方羊胡子草 *Eriophorum polystachion* L.（图 759）

别　　名：宽叶羊胡子草。

形态特征：多年生草本，具匍匐根状茎。秆散生，直立，高 30~85 厘米。基生叶短于或等长于秆，叶鞘红褐色，叶片扁平，革质；秆生叶鞘闭合，鞘口处常呈紫褐色或黑褐色，叶片披针状条形，扁平或对折，长 3~6 厘米，宽 2~6 毫米。苞片 2~3，下部鞘状褐色，上部叶状，三棱形；长侧枝聚伞花序简单，辐射枝不等长，稍下垂，具 2~6（10）小穗；小穗花期卵圆形或长椭圆形；鳞片灰褐色；下位刚毛多数，白色，柔软，花后伸长，长 2.5~3.5 厘米；雄蕊 3，花药黄色，长 3~4 毫米。小坚果深褐色，长倒卵状扁三棱形，先端具短尖，长 2.5~3 毫米，宽约 1 毫米；柱头 3。花果期 7—9 月。

生于河、湖边沼泽中。

产　　地：海拉尔市、额尔古纳市、根河市、新巴尔虎左旗、牙克石市。

（图 759）东方羊胡子草 *Eriophorum polystachion* L.

## 荸荠属 *Eleocharis* R.Br.

卵穗荸荠 *Eleocharis ovata*（Roth）Roem. et Schult.（图 760）

别　　名：卵穗针蔺。

形态特征：一年生草本，具须根，无根状茎。秆丛生，高 20~30 厘米，淡灰绿色，具浅沟，基部具叶鞘 1~3；叶鞘长筒形，长 5~30 厘米，鞘口斜截形，上部淡黄绿色，下部微红色。小穗卵形，顶端尖，长 4~8 毫米，宽 3~4 毫米，铁锈色，基部有无花鳞片 2，其余鳞片皆具花，鳞片卵形或矩圆状卵形，长 3~4 毫米，红褐色，中部绿色，具 1 中脉，边缘宽膜质；下位刚毛通常 5~6，长于小坚果，具倒刺；雄蕊 3；小坚果褐黄色，倒卵形，长 1.4~1.5 毫米，宽 1.2~1.4 毫米，近平滑；花柱基扁三角形，背腹压扁呈薄片状，高 0.5~0.6 毫米，宽 0.6~0.7 毫米，顶端渐尖，不为海绵质；柱头 2。

生于水边沼泽。

产　　地：根河市、新巴尔虎右旗。

（图 760）卵穗荸荠 *Eleocharis ovata*（Roth）Roem. et Schult.

**中间型荸荠** *Eleocharis intersita* Zinserl.（图 761）

别　　名：中间型针蔺。

形态特征：多年生草本，具匍匐根状茎。秆丛生，直立，高 20~40 厘米，直径 1~3 毫米，具纵沟。叶鞘长筒形，紧贴秆，长可达 7 厘米，基部红褐色，鞘口截平。小穗矩圆状卵形或卵状披针形，长 5~15 厘米，宽 3~5 毫米，红褐色，花两性，多数；鳞片矩圆状卵形，先端急尖，长约 3.2 毫米，宽约 1 毫米，具红褐色纵条纹，中间黄绿色，边缘白色宽膜质，上部和基部膜质较宽；下位刚毛通常 4，长于小坚果，具细倒刺；雄蕊 3，小坚果倒卵形或宽倒卵形，长约 1.2 毫米，宽约 0.8 毫米，光滑；花柱基三角状圆锥形，高约 0.3 毫米，略大于宽度，海绵质；柱头 2。花果期 6—7 月。

生于河边及泉边沼泽和盐化草甸。

产　　地：额尔古纳市、新巴尔虎左旗、鄂温克族自治旗、满洲里市、鄂伦春自治旗。

## 水莎草属 *Juncellus*（Kunth）C. B. Clarke

**花穗水莎草** *Juncellus pannonicus*（Jacq.）（图 762）

形态特征：多年生草本，具短的根状茎，须根多数。秆密丛生，高 7~20 厘米，扁三棱形，平滑。基部叶鞘 3~4，红褐色，仅上部 1 枚具叶片；叶片狭条形，宽 0.5~1 毫米。苞片 2，下部长，上部较短，下部苞片基部较宽，直立，似秆之延伸；长侧枝聚伞花序短缩成头状，稀仅具 1 枚小穗，假侧生，小穗 1~7（12）；小穗长 5~10 毫米，宽 3 毫米，卵状矩圆形或宽披针形，肿胀，含 10~20（22）花；鳞片宽卵形，长 2~2.5 毫米，宽约 2.5 毫米，两侧黑褐色，中部淡褐色，具多数脉，先端具短尖；雄蕊 3。小坚果平凸状，椭圆形或近圆形，长 1.8~2 毫米，宽 1.2~1.5 毫米，黄褐色，有光泽，具网纹，柱头 2。花果期 7—9 月。

生于盐化草甸沼泽中。

产　　地：新巴尔虎左旗、新巴尔虎右旗。

（图 761）中间型荸荠 *Eleocharis intersita* Zinserl.

（图 762）花穗水莎草 *Juncellus pannonicus*（Jacq.）

## 扁莎属 *Pycreus* **Beauv.**

**球穗扁莎** *Pycreus globosus*（All.）Reichb.（图 763）

**形态特征**：多年生草本，具极短的根状茎。秆纤细，三棱形，高 5~22 厘米，平滑。叶鞘红褐色；叶片条形，短于秆，宽 1~2 毫米，边缘稍粗糙。苞片 2~3，不等长；长侧枝聚伞花序简单，辐射枝 1~4，长 1~4.5 厘米，有的甚短缩，不发育；辐射枝延伸，近顶部形成穗状花序，球形或宽卵圆形，具 5~23 小穗；小穗条形或狭披针形，长 10~20 毫米，宽 1.5~2 毫米，具 20~30 花；小穗轴四棱形，鳞片卵圆形或长椭圆状卵形，长 2 毫米，宽 1 毫米，背部黄绿色，具 3 脉，两侧红棕色，或黄棕色，边缘白色膜质，先端钝，雄蕊 2。小坚果倒卵形，双凸状，先端具短尖，长约 1 毫米，宽约 0.5 毫米。黄褐色，具细点，柱头 2。花果期 7—9 月。

生于沼泽化草甸及浅水中。

**产　　地**：牙克石市。

（图 763）球穗扁莎 *Pycreus globosus*（All.）Reichb.

## 苔草属 *Carex* **L.**

**尖嘴苔草** *Carex leiorhyncha* C. A. Mey.（图 764）

**形态特征**：多年生草本。秆丛生，三棱形，平滑，下部生叶；叶片扁平，稍硬，淡绿色，长于或短于秆，宽 2.5~5 毫米，两面密生锈色斑点。穗状花序圆柱形，基部小穗稍疏生，长 2.5~8 厘米；小穗多数，雄雌顺序，卵形或矩圆状卵形；雌花鳞片矩圆状卵形或卵状披针形，具 3 脉；果囊膜质，矩圆状卵形或卵状披针形，平凸状，长 3~4 毫米，淡黄色或浅绿色，上部具紫红色小点，平滑，两面具多数凸起细脉，边缘具微增厚的边，无翅，基部无海绵状组织，具短柄，顶端渐狭成较长喙，喙平滑，喙口 2 齿裂。小坚果疏松包于果中，倒卵状椭圆形或近圆形，微双凸状，长 1~1.2 毫米，具短柄，顶端圆形，具小尖；花柱长，基部不增大，柱头 2，花果期 6—7 月。

生于山地林缘草甸、溪边沼泽化草甸。

**产　　地**：根河市、鄂伦春自治旗、牙克石市、额尔古纳市、阿荣旗。

（图 764）尖嘴苔草 *Carex leiorhyncha* C. A. Mey.

**假尖嘴苔草** *Carex laevissima* Nakai（图 765）

**形态特征：**多年生草本。秆疏丛生，锐三棱形，下部生叶。叶片扁平，稍硬，短于秆，宽 1.3~3.5 毫米，边缘微粗糙。穗状花序圆柱状，长 2~6 厘米；苞片小，鳞片状，长卵形或矩圆形，带锈色，基部 1~2 枚较小穗为长，其余短于小穗；小穗多数，雄雌顺序，卵形或宽卵形，长 3~6 毫米，下部者有时分枝，有时亦混有雌小穗；雌花鳞片卵形或椭圆状卵形，长约 3 毫米，锈褐色，具 3 脉，先端渐尖，边缘白色膜质状，短于果囊；果囊膜质，卵状披针形，平凸状，长 3~3.5 毫米，淡绿黄色，平滑，两面具多数细脉，无翅，基部具极短的柄，顶端渐狭为长喙；喙微粗糙，喙口 2 齿裂。小坚果疏松包于果囊中，椭圆形，平凸状或微双凸状，长 1~1.2 毫米，基部具短柄，顶端具小尖；花柱基部不增大，柱头 2。果期 7—8 月。

生于林缘草甸和沼泽化草甸。

**产　　地：**根河市、牙克石市、鄂温克族自治旗、扎兰屯市、阿荣旗。

**寸草苔** *Carex duriuscula* C. A. Mey.（图 766）

**别　　名：**寸草、柳穗苔草。

**形态特征：**多年生草本。秆疏丛生，纤细，高 5~20 厘米。基部叶鞘无叶片；叶片内卷成针状。穗状花序通常卵形或宽卵形，长 7~12 毫米，宽 5~10 毫米；包片鳞片状；小穗 3~6 个；雌花鳞片宽卵形或宽椭圆形，锈褐色，具白色膜质狭边缘；果囊革质，宽卵形或近圆形，长 3~3.2 毫米，平凸状，褐色或暗褐色，成熟后微有光泽，两面无脉或具 1~5 条不明显脉，边缘无翅，基部近圆形，具海绵状组织及短柄，顶端急收缩为短喙，喙缘稍粗糙，喙口斜形，白色，膜质，浅 2 齿裂。小坚果疏松包于果囊中，宽卵形或宽椭圆形，长 1.5~2 毫米；花柱短，基部稍膨大，柱头 2。花果期 4—7 月。

生于轻度盐渍低地及沙质地。

**产　　地：**扎兰屯市、新巴尔虎左旗、新巴尔虎右旗、鄂温克族自治旗。

（图 765）假尖嘴苔草 *Carex laevissima* Nakai

（图 766）寸草苔 *Carex duriuscula* C. A. Mey.

**砾苔草** *Carex stenophylloides* V. Krecz.（图 767）

**别　　名：** 中亚苔草。

**形态特征：** 多年生草本。秆成束状丛生，较细，高 5~25 厘米，钝三棱形，基部生叶。叶片近扁平或内卷成针状。穗状花序卵形或矩圆形，长 1~2.5 厘米，宽 5~7 毫米，淡褐色或淡白色；苞片鳞片状，褐色，短于小穗；小穗 3~7 个；雌花鳞片卵形或宽卵形，长 3.5~4 毫米，宽约 1.8 毫米；果囊革质，卵形或卵状椭圆形，平凸状，长 3.5~4.5 毫米，宽约 2 毫米，淡褐色或紫褐色，有光泽，两面近基部具 10~15 条脉。小坚果稍疏松地包于果囊中，椭圆形，长 1.6~2 毫米，宽 1~1.4 毫米，褐色或黄褐色，表面具较密的小凸起；花柱基部不膨大，柱头 2。花果期 4—7 月。

生于沙质及砾石质草原、盐化草甸。

**产　　地：** 新巴尔虎左旗、海拉尔区、牙克石市。

（图 767）砾苔草 *Carex stenophylloides* V. Krecz.

**小粒苔草** *Carex karoi* Freyn（图 768）

**形态特征：** 多年生草本。秆密丛生，高 10~50 厘米，圆三棱形，平滑，下部生叶。叶片扁平，下部稍对折，淡绿色，稍硬，短于秆，宽 1.5~2 毫米。苞片叶状或上方苞片刚毛状。小穗 4~6 个；雌花鳞片宽卵形或宽倒卵形，长 1.4~2 毫米，淡锈色，具 1~3 条脉，沿脉淡绿色，具白色膜质宽边缘，短于果囊；果囊膜质，倒卵状椭圆形、宽倒卵形近圆形，长 1.2~2 毫米，膨大三棱状，淡绿色，后呈淡棕色，无脉，平滑，无光泽，基部渐狭，顶端急收缩为短喙；喙圆锥状，喙缘及果囊顶部具少数短刺毛，喙口白色膜质，近斜截形。小坚果疏松包于果囊中，倒卵形，三棱状，长 1.2~1.5 毫米，具小尖及短柄；花柱基部不膨大，柱头 3。果期 6—7 月。

生于沙丘旁湿地，山沟溪旁，草甸及沼泽化草甸。

**产　　地：** 新巴尔虎左旗、新巴尔虎右旗。

（图 768）小粒苔草 Carex karoi Freyn

**细形苔草** Carex tenuiformis Levl. （图 769）

**形态特征**：多年生草本。秆密丛生，下部生叶。叶片扁平，稍软，略短于秆，宽 1.5~2.5 毫米，边缘微粗糙。苞片叶状，最下 1 片短于小穗，具苞鞘，鞘长 2.5~3 厘米；小穗通常 3 个，远离生；顶生者为雄小穗，披针形或条形，长 1.3~1.7 厘米，明显超出相邻次一雌小穗，雄花鳞片矩圆形，锈色，具 1 脉，先端钝；其余为雌小穗，着花 10 余朵；雌花鳞片椭圆形或倒卵状矩圆形，锈色，中部具 1 脉，沿脉淡绿色；果囊膜质，近直立，狭椭圆形，扁三棱形，淡绿色后变暗棕色，无光泽，无脉，具短柄，顶端渐狭为长喙；喙圆锥形，略外倾，带锈色，边缘粗糙，喙口白色膜质，斜截形。小坚果疏松包于果囊中，倒卵形，三棱状，长 1.7~2 毫米，具小尖；花柱基部不膨大，柱头 3。果期 6—7 月。

生于林下或林缘沼泽、草甸。

**产　　地**：牙克石市、额尔古纳右旗。

**脚苔草** Carex pediformis C. A. Mey.（图 770）

**别　　名**：日荫菅、柄状苔草、硬叶苔草。

**形态特征**：多年生草本。秆密丛生，高 18~40 厘米；下部生叶，叶片稍硬，扁平或稍对折，边缘粗糙。苞片佛焰苞状，苞鞘边缘狭膜质，鞘口常截形；小穗 3~4 个，上方 2 个常接近生，或全部远离生，顶生者为雄小穗；雄花鳞片矩圆形，锈色或淡锈色；侧生 2~3 个为雌小穗，矩圆状条形；穗轴通常直，稍弯曲；雌花鳞片卵形，锈色或淡锈色，中部淡绿色，具 1~3 条脉；果囊倒卵形，钝三棱状，长 3~3.5 毫米，中部以上密被白色短毛，背面无脉或基部稍有脉，腹面凸起，顶端骤缩为外倾的喙。小坚果紧包于果囊中，倒卵形，三棱状，具短柄；柱头 3。花果期 5—7 月。

生于山地、丘陵坡地、湿润沙地、草原、林下及林缘。

**产　　地**：全市。

（图 769）细形苔草 *Carex tenuiformis* Levl.

（图 770）脚苔草 *Carex pediformis* C. A. Mey.

**离穗苔草** *Carex eremopyroides* V. Krecz.（图 771）

**形态特征**：多年生草本。秆密丛生，高 5~27 厘米，平滑。叶片扁平，宽 2~2.3 毫米。苞片叶状，最下 1 片长于花序，具苞鞘，鞘长约 8 毫米；小穗 4~5 个；上部 1~2 个为雄小穗，棒状，雄花鳞片矩圆形或卵状披针形，苍白色，具 3 条脉；其余为雌小穗，花密生，雌花鳞片卵形，苍白色，具 3 条脉；果囊海绵质，背腹扁，卵状披针形或矩圆状卵形，平凸状，长 5~6 毫米，淡绿色，后变淡褐色，无毛，背面具（2）3~4 条细脉，腹面无脉或具 1 条脉，边缘具锯齿状狭翼，基部圆形，具短柄，顶端渐狭为长喙；喙扁平，微弯，喙口膜质，深二齿裂。小坚果稍紧包于果囊中，矩圆形，扁三棱状，长约 2.9 毫米，黑褐色，密披细小颗粒，顶端具小尖，基部具柄；花柱基部不弯曲，柱头 3。果期 6—7 月。

生于草原区湖边沙地草甸和轻度盐化的草甸、林间湿地。

**产　　地**：新巴尔虎右旗、海拉尔区。

（图 771）离穗苔草 *Carex eremopyroides* V. Krecz.

**扁囊苔草** *Carex corirophora* Fisch.et Mey. ex Kunth（图 772）

**别　　名**：贝加尔苔草。

**形态特征**：多年生草本。秆较粗壮，高 50~75 厘米，三棱形，平滑，下部生叶。叶片扁平。苞片叶状；小穗（2）3~6（7）个；顶生 1（2）个为雄小穗，矩圆状椭圆形，雄花鳞片矩圆状倒卵形，淡锈色，具 1 条脉；雌小穗 3~4 个，侧生，矩圆形，弯曲或下垂；雌花鳞片矩圆状披针形；果囊膜质，宽椭圆形，极压扁三棱形，沿边淡黄绿色，上部边缘疏生小刺毛，基部近圆形，具短柄，先端骤缩为细柱状短喙；喙缘微粗糙，喙口白色膜质，斜截形而具 2 微齿。小坚果疏松包于果囊中，倒卵状椭圆形，长约 1 毫米，三棱形，具长达 1 毫米的柄；花柱细，基部不膨大，柱头 3。果期 6—8 月。

生于踏头沼泽及沼泽化草甸、林下、灌丛。

**产　　地**：额尔古纳市、牙克石市、新巴尔虎左旗、莫力达瓦达斡尔族自治旗。

（图 772）扁囊苔草 *Carex corirophora* Fisch.et Mey. ex Kunth

**黄囊苔草** *Carex korshinskyi* Kom.（图 773）

**形态特征：**多年生草本。秆疏丛生，纤细，高 20~36 厘米，下部生叶；叶片狭，扁平或对折，灰绿色，短于秆或近等长，宽 1~2 毫米。苞片先端刚毛状或芒状；小穗 2~3 个；顶生者为雄小穗；雄花鳞片狭长卵形或披针形，具白色膜质宽边缘，侧生 1~2 个为雌小穗，近球形，卵形或矩圆形，长 0.6~1 厘米，具 5~12 朵花，无柄；雌花鳞片卵形，长约 3 毫米，淡棕色，中部色浅，先端急尖，具白色膜质宽边缘，与果囊近等长；果囊革质，倒卵形或椭圆形，钝三棱状，金黄色，长约 3 毫米，背面具多数脉，腹面脉少，平滑，具光泽，基部近楔形，顶端急收缩成短喙；喙平滑，喙口膜质，斜截形。小坚果紧包于果囊中，倒卵形，钝三棱形，长约 1.8 毫米；花柱基部略增大，弯斜，柱头 3。果期 6—8 月。

生于草原、沙丘、石质山坡。

**产　　地：**额尔古纳市、新巴尔虎左旗、新巴尔虎右旗、鄂温克族自治旗、扎兰屯市。

# 一〇一、天南星科 Araceae

## 菖蒲属 *Acorus* L.

**菖蒲** *Acorus calamus* L.（图 774）

**别　　名：**石菖蒲、白菖蒲、水菖蒲。

**形态特征：**多年生草本。叶基生，剑形，两行排列，叶片向上直伸，长 40~70 厘米，宽 1~2 厘米，先端渐尖，基部宽而对褶，边缘膜质，具明显凸起的中脉；花序柄三棱形，长 30~50 厘米；佛焰苞叶状剑形；肉穗花序斜向上，近圆柱形，长 3.5~5 厘米，直径 5~10 毫米；两性花，黄绿色，花被片倒披针形，长约 2.5 毫米，宽约 1 毫米，上部宽三角形，内弯；雄蕊 6，花丝扁平与花被片约等长，花药淡黄色，卵形，稍伸出花被；子房长椭圆形，长约 3 毫米，直径约 1.5 毫米，具 2~3 室，每室含数个胚珠，花柱短，柱头小。浆果红色，矩圆形，紧密靠合，果序直径可达 1.6 厘米。花果期 6—8 月。

生于沼泽、河流边、湖泊边。

产　　　地：鄂温克族自治旗、额尔古纳市、莫力达瓦达斡尔族自治旗、鄂伦春自治旗。

（图 773）黄囊苔草 *Carex korshinskyi* Kom.

（图 774）菖蒲 *Acorus calamus* L.

# 一〇二、浮萍科 Lemnaceae

## 浮萍属 *Lemna* L.

浮萍 *Lemna minor* L.（图 775）

**形态特征**：植物体漂浮于水面。叶状体近圆形或倒卵形，长 3~6 毫米，宽 2~3 毫米，全缘，两面绿色，不透明，光滑，具不明显的三条脉纹，假根纤细，根鞘无附属物，根冠钝圆或截形。花着生于叶状体边缘开裂处；膜质苞鞘囊状，内有雌花 1 朵和雄花 2 朵；雌花具 1 胚珠，弯生。果实圆形，近陀螺状，具深纵脉纹，无翅或具狭翅；种子 1，具不规则的突出脉。花期 6—7 月。

生于静水中、小水池及河湖边缘。

**产　　地**：全市。

（图 775）浮萍 *Lemna minor* L.

## 紫萍属 *Spirodela* Schleid.

紫萍 *Spirodela polyrhiza*（L.）Schleid.（图 776）

**形态特征**：植物体浮于水面，常几个簇生，叶状体卵形，长 5~8 毫米，宽 4~7 毫米，全缘，上面绿色，下面紫色，两面光滑，具不明显的 7~11 条脉纹，下面具 1 束细假根，根冠尖锐；假根着生处的一侧产生新芽，成熟后脱落母体。花着生于叶状体边缘的缺刻内；膜质苞鞘袋状，内有 1 雌花和 2 雄花；雌花具 2 胚珠。果实圆形，具翅。花期 6—7 月。

生于静水中，水池及河湖的边缘。

**产　　地**：新巴尔虎左旗、新巴尔虎右旗、阿荣旗。

（图 776）紫萍 *Spirodela polyrhiza*（L.）Schleid.

# 一〇三、鸭跖草科 Commelinaceae

## 鸭跖草属 *Commelina* L.

**鸭跖草** *Commelina communis* L.（图 777）

**形态特征：**一年生草本。茎基部匍匐，上部斜生，多分枝。叶卵状披针形或披针形，长 4~8 厘米，宽 1~2 厘米；聚伞花序，生于枝上部者有花 3~4 朵，生于枝下部者具花 1~2 朵；总苞片佛焰苞状，心形；萼片 3，膜质，卵形，长约 4 毫米，宽 2~3 毫米；花瓣深蓝色，3 片，不等形，1 片位于发育雄蕊的一边，较小，倒披针形，其他 2 片较大，位于不育雄蕊的一边，近圆形；发育雄蕊 3 枚，其中 1 枚花丝长约 5 毫米，花药箭形，长约 2.5 毫米，其他 2 枚花丝长 7 毫米，花药椭圆形，长约 2 毫米，不育雄蕊 3 枚，花丝长约 3 毫米，花药呈蝴蝶状；子房椭圆形，花柱条形。蒴果椭圆形，长 6~7 毫米，2 室，每室有 2 种子；种子扁圆形，直径 2~3 毫米，深褐色，表面具网孔。花果期 7—9 月。

湿中生植物。生于山沟溪边林下、山坡阴湿处、田间。

产　　地：鄂伦春自治旗、扎兰屯市、阿荣旗、莫力达瓦达斡尔族自治旗。

# 一〇四、灯心草科 Juncaceae

## 灯心草属 *Juncus* L.

**小灯心草** *Juncus bufonius* L.（图 778）

**形态特征：**一年生草本，高 5~25 厘米。茎丛生，直立或斜升，基部有时红褐色。叶基生和茎生，扁平，狭条形，长 2~8 厘米，宽约 1 毫米；叶鞘边缘膜质，向上渐狭，无明显叶耳。花序呈不规则二歧聚伞状，每分枝上常顶生和侧生 2~4 花；总苞片叶状，较花序短；小苞片 2~3，卵形，膜质；花被片绿白色，背脊部绿色，披

（图 777）鸭跖草 *Commelina communis* L.

（图 778）小灯心草 *Juncus bufonius* L.

针形，外轮明显较长，长 4~5 毫米，先端长渐尖，内轮较短，长 3.5~4 毫米，先端长渐尖；雄蕊 6，长 1.5~2 毫米，花药狭矩圆形，比花丝短。蒴果三棱状矩圆形，褐色，与内轮花被片等长或较短。种子卵形，黄褐色，具纵纹。花果期 6—9 月。

生于沼泽草甸和盐化沼泽草甸。

产　　　地：新巴尔虎左旗、新巴尔虎右旗、陈巴尔虎旗、鄂温克族自治旗、扎兰屯市。

**细灯心草** *Juncus gracillimus*（Buch.）Krecz. et Gontsch.（图 779）

形态特征：多年生草本，高 30~50 厘米。茎丛生，直立，绿色，直径约 1 毫米。基生叶 2~3 片，茎生叶 2~3 片，叶片狭条形，长 5~15 厘米，宽 0.5~1 毫米；叶鞘长 2.5~6 厘米。复聚伞花序生茎顶部，具多数花；总苞片叶状，常 1 片；从总苞片腋部发出多个长短不一的花序分枝，其顶部有 1 至数回的聚伞花序。花小，彼此分离；小苞片 2，三角状卵形或卵形，长约 1 毫米，膜质；花被片近等长，卵状披针形，长约 2 毫米，先端钝圆，边缘膜质，常稍向内卷成兜状；雄蕊 6，短于花被片，花药狭矩圆形，与花丝近等长；花柱短，柱头三分叉。蒴果卵形或近球形，长 2.5~3 毫米，超出花被片，先端具短尖，褐色，具光泽。种子褐色，斜倒卵形，长约 0.3 毫米，表面具纵向梯纹。花果期 6—8 月。

生于河边、湖边，沼泽化草甸或沼泽中。

产　　　地：新巴尔虎左旗、新巴尔虎右旗、鄂温克族自治旗、扎兰屯市。

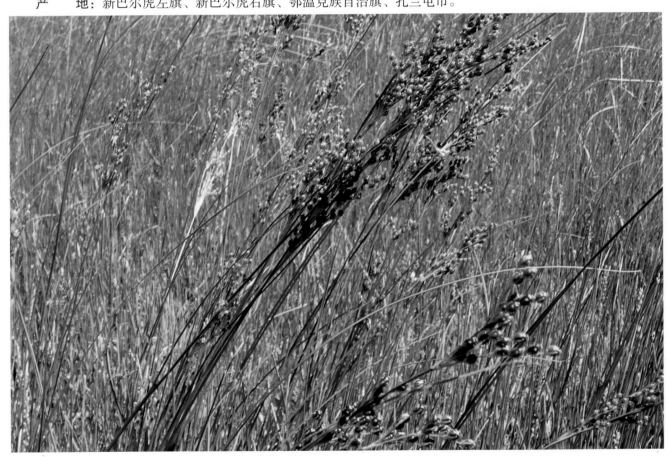

（图 779）细灯心草 *Juncus gracillimus*（Buch.）Krecz. et Gontsch.

# 一〇五、百合科 Liliaceae

## 棋盘花属 *Zigadenus* Rich.

**棋盘花** *Zigadenus sibiricus*（L）. A. Gray（图 780）

形态特征：高 30~70 厘米。鳞茎小葱头状，外层鳞茎皮黑褐色，有时上部稍撕裂为纤维状。须根纤细，黑褐色。叶基生，条形，长 15~30 厘米，宽 3~5 毫米，在花葶下部常有 1~2 枚短叶。总状花序或圆锥花序具疏松的花，花黄绿色或淡黄色；花梗较长，长 5~20 毫米；苞片着生于花梗基部，卵状披针形至披针形，长 5~10 毫米，宽 2~7 毫米；花被片离生，倒卵状矩圆形至矩圆形，长 6~9 毫米，宽 2~3 毫米，中央沿脉绿色，边缘淡黄色，内面近基部有 1 顶端 2 裂的肉质腺体；雄蕊稍短于花被片，花丝逐渐向下部扩大，花药近肾形；子房圆锥形，长约 4 毫米，花柱 3，近果期稍伸出花被外，外卷。蒴果圆锥形，长约 15 毫米；种子矩圆形，长约 5 毫米，有翅。花期 7—8 月，果期 8—9 月。

　　生于山地林下及林缘草甸。

　　**产　　地**：额尔古纳市、鄂伦春自治旗、牙克石市。

（图 780）棋盘花 *Zigadenus sibiricus*（L）. A. Gray

## 藜芦属 *Veratrum* L.

藜芦 *Veratrum nigrun* L.（图 781）

　　**别　　名**：黑藜芦。

　　**形态特征**：植株高 60~100 厘米。叶椭圆形至卵状披针形，通常长 20~25 厘米，宽 5~10 厘米。圆锥花序，通常疏生较短的侧生花序；侧生总状花序近直立伸展，长 4~8（10）厘米，通常具雄花；顶生总状花序较侧生花序长 2 倍以上，几乎全部着生两性花；总轴和分枝轴被白色绵毛；小花多数，密生；小苞片披针形，长约 1.5 毫米，边缘或背部被绵毛；花梗长 1~6 毫米，被绵毛；花被片黑紫色，矩圆形，长 3~6 毫米，宽约 3 毫米，先端钝，基部略收缩，全缘，开展或略反折；雄蕊长为花被片的一半；子房无毛。蒴果长 1.5~2 厘米，宽约 1 厘米。花期 7—8 月，果期 8—9 月。

　　生于林缘、草甸或山坡林下。

　　**产　　地**：陈巴尔虎旗、鄂伦春自治旗、鄂温克族自治旗、额尔古纳右旗、牙克石市。

（图 781）藜芦 *Veratrum nigrun* L.

**兴安藜芦** *Veratrum dahuricum*（Turcz.）Loes. f.（图 782）

**形态特征**：植株高 70~150 厘米，茎粗壮，基部直径 8~15 毫米，仅具纵脉的叶鞘所包，枯死后残留形成无网眼的纤维束。叶椭圆形或卵状椭圆形，长 10~20 厘米，宽 5~10 厘米，平展，先端渐尖，基部无柄，抱茎，背面密生银白色柔毛。圆锥花序，近纺锤形，侧生总状花序多数，斜升，最下部者偶有再次分枝，与顶端总状序近等长；主轴和分枝轴密生短绵毛，小花多数，密生，小苞片近卵形，长约 3 毫米，背面和边缘有毛；花梗较长，长 3~7 毫米，被绵毛；花被片淡黄绿色，椭圆形或卵状椭圆形，长 7~10 毫米，宽 3~5 毫米，近直立或稍开展，先端锐尖或稍钝，基部收缩成柄，边缘啮蚀状，背面具短毛；雄蕊长约为花被片的一半；子房近圆锥形，密生柔毛。花期 7—8 月，果期 8—9 月。

生于山地草甸和草甸化草原。

产　　地：额尔古纳市、鄂伦春自治旗、牙克石市。

## 萱草属 *Hemerocallis* L.

**小黄花菜** *Hemerocallis minor* Mill.（图 783）

**别　　名**：黄花菜。

**形态特征**：须根粗壮，绳索状，粗 1.5~2 毫米，表面具横皱纹。叶基生，长 20~50 厘米，宽 5~15 毫米。花葶长于叶或近等长，花序不分枝或稀为假二歧状的分枝，常具 1~2 花，稀具 3~4 花；花梗长短极不一致；苞片卵状披针形至披针形，长 8~20 毫米，宽 4~8 毫米，花被淡黄色，花被管通常长 1~2.5（3）厘米；花被裂片长 4~6 厘米，内三片宽 1~2 厘米。蒴果椭圆形或矩圆形，长 2~3 厘米，宽 1~1.5 厘米。花期 6—7 月；果期 7—8 月。

草甸种，生于山地草原、林缘、灌丛中。

产　　地：全市。

（图 782）兴安黎芦 *Veratrum dahuricum*（Turcz.）Loes. f.

（图 783）小黄花菜 *Hemerocallis minor* Mill.

## 顶冰花属 *Gagea* Salisb.

**少花顶冰花** *Gagea pauciflora* Turcz.（图 784）

**形态特征**：植株高 7~25 厘米，鳞茎球形或卵形，上端延伸成圆筒状，撕裂，抱茎。基生叶 1，长 8~22 厘米，宽 2~3 毫米；茎生叶通常 1~3，下部 1 枚长，可达 12 厘米，披针状条形，上部的渐小而成为苞片状。花 1~3 朵，排成近总状花序；花被片披针形，绿黄色，长 4~22 毫米，宽 1.5~4 毫米，先端渐尖或锐尖；雄蕊长为花被片的 1/2~2/3，花药条形，长 2~3.5 毫米，子房矩圆形，长 2.5~3.5 毫米；花柱与子房近等长或略短，柱头 3 深裂，裂片长度通常超过 1 毫米。蒴果近倒卵形，长为宿存花被片的 2/3。花期 5—6 月，果期 7 月。

生于山地草甸或灌丛。

**产　　地**：新巴尔虎左旗、新巴尔虎右旗、陈巴尔虎旗、鄂温克族自治旗。

（图 784）少花顶冰花 *Gagea pauciflora* Turcz.

## 贝母属 *Fritillaria* L.

**轮叶贝母** *Fritillaria maximowiczii* Freyn（图 785）

**别　　名**：一轮贝母。

**形态特征**：植株高 25~50 厘米。鳞茎由 4~5 枚或更多鳞片组成，周围又有许多米粒状小鳞片，直径 1~2 厘米，后者很容易脱落。叶条形或条状披针形，长 6~11 厘米，宽 4~7 毫米，先端不卷曲，通常每 3~6 排成一轮，极少 2 轮，向上有时还有 1~2 散生叶。花单生，紫色，稍有黄色小方块；叶状苞片 1，先端不卷；花被片长 2~3.5 厘米，宽 4~10 毫米，雄蕊长为花被片的 1/2~3/5；花药近基着；柱头裂片长约 5 毫米。蒴果长 2.5~3 厘米，宽 1.5~2 厘米，棱的翅宽约 4 毫米；种子扁平，多数呈不规则三角形，褐色。花期 6 月，果期 7—8 月。

生于林缘、河谷灌丛及草甸。

**产　　地**：根河市、鄂伦春自治旗、牙克石市、扎兰屯市。

（图 785）轮叶贝母 *Fritillaria maximowiczii* Freyn

（图 786）有斑百合 *Lilium concolor* Salisb. var. *pulchellum*（Fisch.）Regel

# 百合属 *Lilium* L.

**有斑百合** *Lilium concolor* Salisb. var. *pulchellum*（Fisch.）Regel（图 786）

**形态特征**：鳞茎卵状球形，高 1.5~3 厘米，直径 1.5~2 厘米，白色，鳞茎上方茎上生不定根。茎直立，高 28~60 厘米，有纵棱，有时近基部带紫色。叶散生，条形或条状披针形，长 2~7 厘米，宽 2~6 毫米，脉 3~7 条，边缘有小乳头状凸起，两面无毛。花 1 至数朵，生于茎顶端，花梗长 1.5~3 厘米；花直立，呈星状开展，深红色，有褐色斑点；花被片矩圆状披针形，长 3~4 厘米，宽 5~8 毫米，蜜腺两边具乳头状凸起；花丝长 1.8~2 厘米，无毛，花药长矩圆形，长 6~7 毫米；子房圆柱形，长约 1 厘米，径 1.5~2 毫米；花柱稍短于子房，柱头稍膨大。蒴果矩圆形，长约 2.5 厘米，径约 1 厘米。花期 6—7 月，果期 8—9 月。

生于山地草甸、林缘及草甸草原。

**产　　地**：鄂伦春自治旗、牙克石市、额尔古纳市、扎兰屯市、莫力达瓦达斡尔族自治旗。

**山丹** *Lilium pumilum* DC.（图 787）

**别　　名**：细叶百合、山丹丹花。

**形态特征**：鳞茎卵形或圆锥形，高 3~5 厘米，直径 2~3 厘米；鳞片矩圆形或长卵形，长 3~4 厘米，宽 1~1.5 毫米，白色。茎直立，高 25~66 厘米，密被小乳头状凸起。叶散生于茎中部，条形，长 3~9.5 厘米，宽 1.5~3 毫米，边缘密被小乳头状凸起。花 1 至数朵，生于茎顶部，鲜红色，无斑点，下垂，花被片反卷，长 3~5 厘米，宽 6~10 毫米，蜜腺两边有乳头状凸起；花丝长 2.4~3 厘米，无毛，花药长矩圆形，长 7.5~10 毫米，黄色，具红色花粉粒；子房圆柱形，长约 10 毫米；花柱长约 17 毫米，柱头膨大，径 3.5~4 毫米，3 裂。蒴果矩圆形，长约 2 厘米，直径 0.7~1.5 厘米。花期 7—8 月，果期 9—10 月。

生于草甸草原、山地草甸及山地林缘。

**产　　地**：全市。

（图 787）山丹 *Lilium pumilum* DC.

**毛百合** *Lilium dauricum* Ker. -Gawl. (图 788)

**形态特征**：鳞茎卵状球形，高约 3 厘米，直径约 2.5 毫米；鳞片卵形，长 1~1.4 厘米，宽 5~10 毫米，肉质，白色。茎直立，高 60~77 厘米，有纵棱。叶散生，茎顶端有 4~5 片轮生，叶条形或条状披针形，长 7~12 厘米，宽 4~10 毫米，边缘具白色绵毛，先端渐尖，基部有 1 簇白绵毛，边缘有小乳头状凸起，有的还有稀疏的白色绵毛。苞片叶状；花 1~2（3）顶生，橙红色，有紫红色斑点；外轮花被片倒披针形，长 6~7.5 厘米，宽 1.6~2 厘米，背面有疏绵毛；内轮花被片较窄，蜜腺两边有紫色乳头状凸起；花丝长 4.5~5 厘米，无毛，花药长矩圆形，长约 8 毫米；子房圆柱形；花柱比子房长 2 倍以上，柱头膨大，3 裂。蒴果矩圆形，长 4~5.5 厘米，宽 3 厘米。花期 7 月，果期 8—9 月。

生于山地灌丛间，疏林下及沟谷草甸。

**产　　地**：额尔古纳市、鄂伦春自治旗、牙克石市、扎兰屯市、莫力达瓦达斡尔族自治旗。

（图 788）毛百合 *Lilium dauricum* Ker. -Gawl.

# 葱属 *Allium* L.

**辉韭** *Allium strichum* Schard. (图 789)

**别　　名**：辉葱、条纹葱。

**形态特征**：鳞茎单生或 2 枚聚生。叶狭条形，短于花葶，宽 2~5 毫米。花葶圆柱状，高 40~70 厘米，粗 2~3 毫米；总苞片 2 裂，淡黄白色，宿存；伞形花序球状或半球形，具多而密集的花；小花梗近等长，长 0.5~1 厘米；花淡紫色至淡紫红色；花被片具暗紫色的中脉；外轮花被片矩圆状卵形；内轮花被片矩圆形至椭圆形；花丝等长，略长于花被片，基部合生与花被片贴生，外部者锥形，内轮的基部扩大，扩大部分常高于其宽，每侧常各具 1 短齿，或齿的上部有时又具 2~4 枚不规则的小齿；子房倒卵状球形，基部具凹陷的蜜穴；花柱稍伸出花被外。花果期 7—8 月。

生于山地林下、林缘、沟边、低湿地上。

**产　　地**：额尔古纳市、鄂伦春自治旗、陈巴尔虎旗、新巴尔虎左旗、鄂温克族自治旗。

（图 789）辉韭 *Allium strichum* Schard.

**野韭** *Allium ramosum* L.（图 790）

**形态特征**：根状茎粗壮，横生，略倾斜。叶三棱状条形，背面纵棱隆起呈龙骨状。花葶圆柱状，具纵棱或有时不明显，高 20~55 厘米，下部被叶鞘；总苞单侧开裂或 2 裂，白色，膜质，宿存；伞形花序半球状或近球状；小花梗近等长；花白色，稀粉红色；花被片常具红色中脉；外轮花被片矩圆状卵形至矩圆状披针形，先端具短尖头，通常与内轮花被片等长，但较狭窄，宽约 2 毫米；内轮花被片矩圆状倒卵形或矩圆形，先端亦具短尖头，长 6~7 毫米，宽 2.5~3 毫米；花丝等长，长为花被片的 1/2~3/4，基部合生并与花被片贴生，合生部位高约 1 毫米，分离部分呈狭三角形，内轮者稍宽；子房倒圆锥状球形，具 3 圆棱，外壁具疣状凸起；花柱不伸出花被外。花果期 7—9 月。

生于草原砾石质坡地、草甸草原、草原化草甸等群落中。

**产　　地**：新巴尔虎左旗、新巴尔虎右旗、鄂温克族自治旗、海拉尔区、满洲里市。

**碱韭** *Allium polyrhizum* Turcz.ex Regel（图 791）

**别　　名**：多根葱、碱葱。

**形态特征**：鳞茎多枚紧密簇生，圆柱状。叶半圆柱状，边缘具密的微糙齿，粗 0.3~1 毫米，短于花葶。花葶圆柱状，高 10~20 厘米，近基部被叶鞘；总苞 2 裂，膜质，宿存；伞形花序半球状，具多而密集的花；小花梗近等长，长 5~8 毫米；花紫红色至淡紫色，稀粉白色；外轮花被片狭卵形，长 2.5~3.5 毫米，宽 1.5~2 毫米；内轮花被片矩圆形，长 3.5~4 毫米，宽约 2 毫米；花丝等长，稍长于花被片，基部合生并与花被片贴生，外轮者锥形，内轮的基部扩大，扩大部分每侧各具 1 锐齿，极少无齿；子房卵形，不具凹陷的蜜穴；花柱伸出花被外。花果期 7—8 月。

生于干草原带的壤质、砂壤质棕钙土、淡栗钙土或石质残丘坡地上。

**产　　地**：新巴尔虎左旗、新巴尔虎右旗、陈巴尔虎旗、鄂温克族自治旗、海拉尔区、满洲里市。

（图 790）野韭 *Allium ramosum* L.

（图 791）碱韭 *Allium polyrhizum* Turcz.ex Regel

蒙古韭 *Allium mongolicum* Regel（图 792）

别　　名：蒙古葱。

形态特征：鳞茎数枚紧密丛生，圆柱状；鳞茎外皮灰褐色，撕裂成松撒的纤维状。叶半圆柱状至圆柱状，粗 0.5~1.5 毫米，短于花葶，花葶圆柱状，高 10~35 厘米，近基部被叶鞘；总苞单侧开裂，膜质，宿存；伞形花序半球状至球状，通常具多而密集的花；小花梗近等长，长 0.5~1.5 厘米，基部无小苞片；花较大，淡红色至紫红色；花被片卵状矩圆形，先端钝圆，外轮的长 6 毫米，宽 3 毫米，内轮的长 8 毫米，宽 4 毫米；花丝近等长，长约为花被片的 2/3，基部合生并与花被片贴生，外轮者锥形，内轮的基部约 1/2 扩大成狭卵形；子房卵状球形；花柱长于子房，但不伸出花被外。花果期 7—9 月。

生于荒漠草原及荒漠地带的砂地和干旱山坡。

产　　地：新巴尔虎右旗、满洲里市。

（图 792）蒙古韭 *Allium mongolicum* Regel

砂韭 *Allium bidentatum* Fisch. ex Prokh.（图 793）

别　　名：双齿葱。

形态特征：鳞茎数枚紧密聚生，圆柱状，粗 3~5 毫米。叶半圆柱状，宽 1~1.5 毫米。花葶圆柱状，高 10~35 厘米；总苞 2 裂，膜质，宿存；伞形花序半球状，具多而密集的花；小花梗近等长，长 3~12 毫米；花淡紫红色至淡紫色；外轮花被片矩圆状卵形，内轮花被片椭圆状矩圆形，先端截平，常具不规则小齿；花丝等长，稍短于或近等长于花被片，基部合生并与花被片贴生，外轮者锥形，内轮的基部 1/3~4/5 扩大成卵状矩圆形，扩大部分每侧各具 1 钝齿，稀无齿或仅一侧具齿，子房卵状球形，基部无凹陷的蜜穴；花柱略长于子房，但不伸出花被外，花果期 7—8 月。

生于草原地带和山地向阳坡上。

产　　地：新巴尔虎左旗、新巴尔虎右旗、满洲里市。

（图 793）砂韭 *Allium bidentatum* Fisch. ex Prokh.

**细叶韭** *Allium tenuissimum* L.（图 794）

**别　　名：**细叶葱、细丝韭、札麻。

**形态特征：**鳞茎近圆柱状，数枚聚生，多斜生。叶半圆柱状至近圆柱状，光滑，粗 0.3~1 毫米。花葶圆柱状，具纵棱，光滑，高 10~40 厘米；总苞单侧开裂，膜质，具长约 5 毫米之短喙，宿存；伞形花序半球状或近帚状，松散；小花梗近等长，长 5~15 毫米，基部无小苞片；花白色或淡红色，稀紫红色；外轮花被片卵状矩圆形，先端钝圆；内轮花被片倒卵状矩圆形，先端钝圆状平截；花丝长为花被片的 1/2~2/3。基部合生并与花被片贴生，外轮的稍短而呈锥形，有时基部稍扩大，内轮的下部扩大成卵圆形，扩大部分约为其花丝的 2/3，子房卵球状，花柱不伸出花被外。花果期 5—8 月。

生于草原、山地草原的山坡、沙地上。

**产　　地：**新巴尔虎左旗、新巴尔虎右旗、满洲里市。

**山韭** *Allium senescens* L.（图 795）

**别　　名：**山葱、岩葱。

**形态特征：**根状茎粗壮，横生，外皮黑褐色至黑色。叶条形，肥厚，基部近半圆柱状，上部扁平，长 5~25 厘米，宽 2~10 毫米。花葶近圆柱状，常具 2 纵棱，高 20~50 厘米，粗 2~5 毫米，近基部被叶鞘；总苞 2 裂，膜质，宿存；伞形花序半球状至近球状；小花梗近等长，长 10~20 毫米，基部通常具小苞片；花紫红色至淡紫色；花被片长 4~6 毫米，宽 2~3 毫米，先端具微齿；外轮者舟状，稍短而狭，内轮者矩圆状卵形，稍长而宽；花丝等长，比花被片长可达 1.5 倍，基部合生并与花被片贴生，外轮者锥形，内轮者披针状狭三角形；子房近球状，基部无凹陷的蜜穴；花柱伸出花被外。花果期 7—8 月。

生于草原、草甸草原或砾石质山坡上。

**产　　地：**全市。

（图 794）细叶韭 *Allium tenuissimum* L.

（图 795）山韭 *Allium senescens* L.

**矮韭** *Allium anisopodium* Ledeb.（图 796）

**别　　名**：矮葱。

**形态特征**：根状茎横生，外皮黑褐色。叶半圆柱状条形，背面中央的纵棱隆起而成三棱状狭条形，宽 1~2 毫米，短于或近等长于花葶；花葶圆柱状，具细纵棱，光滑，高 20~50 厘米，粗 1~2 毫米，下部被叶鞘；总苞单侧开裂，宿存；伞形花序近帚状，松散；小花梗不等长，长 1~3 厘米，具纵棱，稀沿纵棱略具细糙齿，基部无小苞片；花淡紫色至紫红色；外轮花被片倒卵状矩圆形；花丝长约为花被片的 2/3，基部合生并与花被片贴生，外轮的锥形，比内轮的稍短；子房卵球状，基部无凹陷的蜜穴；花柱短于或近等长于子房，不伸出花被外。花果期 6—8 月。

生于森林草原和草原地带的山坡、草地和固定沙地上。

**产　　地**：全市。

**黄花葱** *Allium condensatum* Turcz.（图 797）

**形态特征**：鳞茎近圆柱形，粗 1~2 厘米，外皮深红褐色，革质，有光泽，条裂，叶圆柱状或半圆柱状，具纵沟槽，中空，粗 1~2 毫米，短于花葶。花葶圆柱状，实心，高 30~60 厘米，近中下部被以具明显脉纹的膜质叶鞘；总苞 2 裂，膜质，宿存；伞形花序球状，具多而密集的花；小花梗近等长，长 5~15 毫米，基部具膜质小苞片；花淡黄色至白色，花被片卵状矩圆形，钝头，长 4~5 毫米，宽约 2 毫米，外轮略短；花丝等长，锥形，无齿，比花被片长 1/3~1/2，基部合生并与花被片贴生；子房倒卵形，腹缝线基部具短帘的凹陷蜜穴，花柱伸出花被外。果期 7—8 月。

生于山地草原、草原、草甸化草原及草甸中。

**产　　地**：新巴尔虎左旗、新巴尔虎右旗、鄂温克族自治旗、额尔古纳市。

（图 796）矮韭 *Allium anisopodium* Ledeb.

（图 797）黄花葱 *Allium condensatum* Turcz.

## 兰属 Convallaria L.

**铃兰** Convallaria majalis L.（图 798）

**形态特征**：多年生草本，高 19~37 厘米；具根状茎，呈白色而横走，须根束状。叶基生，通常 2，椭圆形、卵状披针形，长 10~14 厘米，宽 3~7 厘米，先端急尖，基部楔形，两面无毛；叶柄长 16~19 厘米，宽 2~3 毫米，呈鞘状互抱，下部具数枚鞘状的膜质鳞片。花葶由根状茎伸出，比叶柄长，顶端微弯；总状花序，偏侧生，具花 10 朵左右，花梗细，长 5~10 毫米，下垂；苞片披针形，先端尖，膜质，短于花梗；花乳白色，芳香，长 4~6 毫米，宽 6~8 毫米，广钟形，下垂；花被先端 6 裂，裂片卵状三角形，先端尖；花丝稍短于花药，向基部加宽，花药近矩圆形；花柱柱状，长约 2 毫米。浆果熟后红色，直径 6~9 毫米，下垂；种子扁圆形，直径 2.5~3 毫米。花期 6—7 月，果期 7—9 月。

生于林下、林间草甸及灌丛中。

**产　　地**：额尔古纳市、鄂伦春自治旗、牙克石市、扎兰屯市。

（图 798）铃兰 Convallaria majalis L.

## 舞鹤草属 Maianthemum Web.

**舞鹤草** Maianthemum bifolium（L.）F. W. Schmidt（图 799）

**形态特征**：茎直立，高 13~20 厘米。基生叶 1，花期凋萎；茎生叶 2（3）枚，互生于茎的上部，三角状卵形，长 2~5.5 厘米，宽 1~4.5 厘米，基部心形，完全张开。叶柄长 0.5~2.5 厘米，通常被柔毛。总状花序顶生，直立，长 2~4 厘米，有 12~25 朵花；花序轴有柔毛或乳状凸起；花白色，单生或成对；花梗细，长 2~5 毫米，顶端有关节；花被片矩圆形，排成 2 轮，平展至下弯，长约 2 毫米，有 1 脉；花丝比花被片短；花药卵形，长约 0.5 毫米，内向纵裂；子房球形；花柱与子房近等长，约 0.5 毫米，浅 3 裂。浆果球形，熟变红黑色，直径 2~4 毫米；种子卵圆形，种皮黄色，有颗粒状皱纹。花期 6 月，果期 7—8 月。

生于落叶松林和白桦林下。

**产　　地**：鄂伦春自治旗、牙克石市、额尔古纳市、根河市。

（图 799）舞鹤草 *Maianthemum bifolium*（L.）F. W. Schmidt

# 黄精属 *Polygonatum* Mill.

**小玉竹** *Polygonatum humile* Fisch. ex Maxim.（图 800）

**形态特征**：根状茎圆柱形，细长，直径 2~3 毫米，生有多数须根。茎直立，高 15~30 厘米，有纵棱。叶互生，椭圆形、卵状椭圆形至长椭圆形，长 5~6 厘米，宽 1.5~2.5 厘米，先端尖至略钝，基部圆形，下面淡绿色，被短糙毛。花序腋生，常具 1 花，花梗长 9~15 毫米，明显向下弯曲；花被筒状，白色顶端带淡绿色，全长 14~16 毫米，裂片长约 2 毫米；花丝长约 4 毫米，稍扁，粗糙，着生在花被筒近中部，花药长 3~3.5 毫米，黄色；子房长约 4 毫米，花柱长 10~12 毫米，不伸出花被之外。浆果球形，成熟时蓝黑色，直径约 6 毫米，有 2~3 颗种子。花期 6 月，果期 7—8 月。

生于林下、林缘、灌丛、山地草甸及草甸化草原。

产　　地：额尔古纳市、鄂伦春自治旗、新巴尔虎左旗、扎兰屯市、莫力达瓦达斡尔族自治旗。

**玉竹** *Polygonatum odoratum*（Mill.）Druce（图 801）

**别　　名**：萎蕤。

**形态特征**：根状茎粗壮，圆柱形，有节，黄白色，生有须根，直径 4~9 毫米，茎有纵棱，高 25~60 厘米，具 7~10 叶。叶互生，椭圆形至卵状矩圆形，长 6~15 厘米，宽 3~5 厘米，两面无毛，下面带灰白色或粉白色。花序具 1~3 花，腋生，总花梗长 0.6~1 厘米，花梗长（包括单花的梗长）0.3~1.6 厘米，具条状披针形苞片或无；花被白色带黄绿，长 14~20 毫米，花被筒较直，裂片长约 3.5 毫米；花丝扁平，近平滑至乳头状凸起，着生于花筒近中部，花药黄色，长约 4 毫米；子房长 3~4 毫米，花柱丝状，内藏，长 6~10 毫米。浆果球形，熟时蓝黑色，直径 4~7 毫米，有种子 3~4 颗。花期 6 月，果期 7—8 月。

生于林下、灌丛、山地草甸。

产　　地：全市。

（图 800）小玉竹 *Polygonatum humile* Fisch. ex Maxim.

黄精 *Polygonatum sibiricum* Redoute（图 802）

别　　名：鸡头黄精。

形态特征：根状茎肥厚，横生，圆柱形，一头粗，一头细，直径 0.5~1 厘米，黄白色。茎高 30~90 厘米。叶无柄，4~6 轮生，平滑无毛，条状披针形，长 5~10 厘米，宽 4~14 毫米，先端拳卷或弯曲呈钩形。花腋生，常有 2~4 朵花，呈伞形状，总花梗长 5~25 毫米，花梗长 2~9 毫米，下垂；花梗基部有苞片，膜质，白色，条状披针形，长 2~4 毫米；花被白色至淡黄色稍带绿色，全长 9~13 毫米，顶端裂片长约 3 毫米，花被筒中部稍缢缩；花丝很短，贴生于花被筒上部，花药长 2~2.5 毫米；子房长约 3 毫米，花柱长 4~5 毫米。浆果，直径 3~5 毫米，成熟时黑色，有种子 2~4 颗。花期 5—6 月，果期 7—8 月。

生于林下、灌丛或山地草甸。

产　　地：鄂温克族自治旗、扎兰屯市、鄂伦春自治旗、莫力达瓦达斡尔族自治旗。

## 天门冬属 *Asparagus* L.

兴安天门冬 *Asparagus dauricus* Link（图 803）

别　　名：山天冬。

形态特征：多年生草本。茎直立，高 20~70 厘米，分枝斜升。叶状枝 1~6 簇生，通常斜立或与分枝交成锐角，稀平展或下倾，稍扁的圆柱形，略有几条不明显的钝棱，长短极不一致，长 1~4（5）厘米，粗约 0.5 毫米，伸直或稍弧曲，有时具软骨质齿；鳞片状叶基部有极短的距，但无刺。花 2 朵腋生，黄绿色；雄花的花梗与花被片近等长，长 3~6 毫米，关节位于中部，花丝大部贴生于花被片上，离生部分很短，只有花药一半长；雌花极小，花被长约 1.5 毫米，短于花梗，花梗的关节位于上部。浆果球形，直径 6~7 毫米，红色或黑色，有 2~4（6）粒种子。花期 6—7 月，果期 7—8 月。

生于林缘、草甸化草原、草原及干燥的石质山坡等生境。

产　　地：鄂温克族自治旗、牙克石市、鄂伦春自治旗、阿荣旗、莫力达瓦达斡尔族自治旗。

（图 801）玉竹 *Polygonatum odoratum*（Mill.）Druce

（图 802）黄精 *Polygonatum sibiricum* Redoute

（图 803）兴安天门冬 *Asparagus dauricus* Link

（图 804）射干鸢尾 *Iris dichotoma* Pall.

# 一〇六、鸢尾科 Iridaceae

## 鸢尾属 *Iris* L.

**射干鸢尾** *Iris dichotoma* Pall.（图 804）

别　　名：歧花鸢尾、白射干、芭蕉扇。

形态特征：植株高 40~100 厘米。茎直立，多分枝；苞片披针形，长 3~10 厘米，绿色，边缘膜质；茎圆柱形，直径 2~5 毫米，光滑。叶基生，6~8 枚，排列于一个平面上，呈扇状；叶片剑形，长 20~30 厘米，宽 1.5~3 厘米；总苞干膜质。聚伞花序，有花 3~15 朵；花白色或淡紫红色，具紫褐色斑纹；外轮花被片矩圆形，薄片状，具紫褐色斑点，内轮花被片明显短于外轮，瓣片矩圆形或椭圆形，具紫色网纹；雄蕊 3，花药基底着生；花柱分枝 3，花瓣状，卵形，基部连合，柱头具 2 齿。蒴果圆柱形，长 3.5~5 厘米，具棱；种子暗褐色，椭圆形，两端翅状，花期 7 月，果期 8—9 月。

生于草原及山地林缘或灌丛。

产　　地：新巴尔虎左旗、鄂温克族自治旗、扎兰屯市、鄂伦春自治旗。

**细叶鸢尾** *Iris tenuifolia* Pall.（图 805）

形态特征：植株高 20~40 厘米，形成稠密草丛。根状茎匍匐；须根细绳状，黑褐色。植株基部被稠密的宿存叶鞘，丝状或薄片状，棕褐色，坚韧。基生叶丝状条形，纵卷，长达 40 厘米，宽 1~1.5 毫米，极坚韧，光滑，具 5~7 条纵脉，花葶长约 10 厘米；苞叶 3~4，披针形，鞘状膨大呈纺锤形，长 7~10 厘米，白色膜质，果期宿存，内有花 1~2 朵；花淡蓝色或蓝紫色，花被管细长，可达 8 厘米，花被片长 4~6 厘米，外轮花被片倒卵状披针形，基部狭，中上部较宽，上面有时被须毛，无沟纹，内轮花被片倒披针形，比外轮略短；花柱狭条形，顶端 2 裂。蒴果卵球形，具三棱，长 1~2 厘米。花期 5 月，果期 6—7 月。

生于草原、沙地及石质坡地。

产　　地：新巴尔虎左旗、新巴尔虎右旗、陈巴尔虎旗、鄂温克族自治旗。

（图 805）细叶鸢尾 *Iris tenuifolia* Pall.

囊花鸢尾 *Iris ventricosa* Pall.（图 806）

形态特征：植株高 30~60 厘米，形成大型稠密草丛。根状茎粗短，具多数黄褐色须根。植株基部具稠密的纤维状或片状宿存叶鞘。基生叶条形，长 20~50 厘米，宽 4~5 毫米，光滑，两面具突出的纵脉。花葶明显短于基生叶，长约 15 厘米；苞叶鞘状膨大，呈纺锤形，先端尖锐，长 6~8 厘米，光滑，密生纵脉，并具网状横脉；花 1~2 朵，蓝紫色，花被管较短，长约 2.5 厘米，外轮花被片狭倒卵形，长 4~5 厘米，顶部具爪，被紫红色斑纹，内轮花被片较短，披针形；花柱狭长，先端 2 裂。蒴果长圆形，长约 3 厘米，棱状，具长喙，三瓣裂；种子卵圆形，红褐色。花期 5—6 月，果期 7—8 月。

生于含丰富杂类草的典型草原，草甸草原及草原化草甸、林缘草甸。

产　　　地：全市。

（图 806）囊花鸢尾 *Iris ventricosa* Pall.

粗根鸢尾 *Iris tigridia* Bunge ex Ledeb.（图 807）

形态特征：植株高 10~30 厘米。根状茎短粗；须根多数，粗壮，稍肉质，直径 3 毫米，黄褐色。茎基部具较柔软的黄褐色宿存叶鞘。基生叶条形，先端渐尖，长 5~30 厘米，宽 1.5~4 毫米，光滑，两面叶脉突出。花葶高 7~10 厘米，短于基生叶；总苞 2，椭圆状披针形，长 3~5 厘米，顶端锐尖，膜质，具脉纹；花常单生，蓝紫色或淡紫红色，具深紫色脉纹，外轮花被片倒卵形，边缘稍波状，中部有髯毛，内轮花被片较狭较短，直立，顶端微凹；花柱裂片狭披针形，顶端 2 裂。蒴果椭圆形，长约 3 厘米，两端尖锐，具喙。花期 5 月，果期 6—7 月。

生于丘陵坡地，山地草原。

产　　　地：全市。

紫苞鸢尾 *Iris ruthenica* Ker. -Gawl.（图 808）

形态特征：植株花期高约 10 厘米，果期可达 30 厘米，根茎细长，匍匐，分枝，密生条状须根。植株基部及根状茎被褐色宿存纤维状叶鞘，基生叶条形，花期长 10 厘米，果期可达 30 厘米，宽 1.5~3.5 毫米，顶端长渐

（图 807）粗根鸢尾 *Iris tigridia* Bunge ex Ledeb.

（图 808）紫苞鸢尾 *Iris ruthenica* Ker. -Gawl.

尖，粗糙，两面具 2 或 3 条突出叶脉。总包 2，椭圆状披针形，长 3~4 厘米，先端渐尖，膜质；花葶长 5~7 厘米，短于基生叶；花单生，蓝紫色，花被管细长，长约 1.5 厘米，外轮花被片狭披针形，长 2~3 厘米，顶端圆形，具紫色脉纹，内轮花被片较短；花柱狭披针形，顶端 2 裂。蒴果球形，直径约 1 厘米，具棱，花期 5—6 月，果期 6—7 月。

生于坡地、山地草原。

产　　地：牙克石市、扎兰屯市。

**白花马蔺** *Iris lactea* Pall.（图 809）

**形态特征**：植株高 20~50 厘米。基生叶多数，剑形，顶端尖锐，长 20~50 厘米，宽 3~6 毫米，花期与花葶等长或稍超出，后渐渐明显超出花葶，光滑，两面具数条突出的纵脉，绿色或蓝绿色，叶基稍紫色。花葶丛生，高 10~30 厘米，下面被 2~3 叶片所包裹；叶状总苞狭矩圆形或披针形，顶端尖锐，长 6~7 毫米，淡绿色，边缘白色宽膜质，光滑，具多数纵脉；花 1~3 朵，乳白色；花被管较短，长 1~2 厘米，外轮花被片宽匙形，长 3~5 厘米，光滑，中部具黄色脉纹，内轮花被片较小，狭椭圆形，较直立；花柱花瓣状，顶端 2 裂。蒴果长椭圆形，长 4~6 厘米，具纵肋 6 条，顶端有短喙；种子近球形，棕褐色。花期 5 月，果期 6—7 月。

生于河滩，盐碱滩地。

产　　地：新巴尔虎左旗、新巴尔虎右旗。

（图 809）白花马蔺 *Iris lactea* Pall.

**马蔺** *Iris lactea* Pall. var *chinensis*（Fisch.）Koidz.（图 810）

**形态特征**：多年生中生草本，高 20~50 厘米，形成大型草丛。根状茎粗壮，着生多数绳状棕褐色须根。植株基部具稠密红褐色纤维状宿存叶鞘。基生叶多数，剑形，花期与花葶等长或稍超出，后渐明显超出花葶，光滑，两面具数条突出的纵脉，绿色或蓝绿色，叶基稍紫色。花葶丛生，高 10~30 厘米，下面被 2~3 叶片包裹；叶状总苞狭矩圆形或披针形，顶端尖锐，长 6~7 毫米，淡绿色，边缘白色宽膜质，光滑，具多数纵脉；花 1~3

朵，蓝紫色或淡蓝色；花被管较短，长1~2厘米，外轮花被片匙形，光滑，上部具蓝紫色脉纹，中部具黄褐色脉纹，内轮花被片较小，倒披针形；花柱花瓣状，顶端2裂。蒴果长椭圆形，长4~6厘米，具纵肋6条，有尖喙；种子近球形。棕褐色。花期5月，果期6—7月。

生于河滩、盐碱滩地。

产　　地：全市。

（图810）马蔺 *Iris lactea* Pall. var *chinensis*（Fisch.）Koidz.

**溪荪** *Iris sanguinea* Donn ex Horem（**图811**）

**形态特征**：根状茎粗壮，匍匐，着生淡黄色脆软的须根，植株基部及根状茎被黄褐色纤维状宿存叶鞘。茎直立，圆柱形，高50~70厘米，直径约5毫米，实心，光滑，具茎生叶1~2枚。基生叶宽条形，长于或与茎等长，宽（5）8~12毫米，光滑，具数条平行的纵脉，主脉不明显，总苞4~6，披针形，顶端较尖锐，长5~7厘米，光滑，具多条纵脉，近膜质；花2~3朵；花被管较短；外轮花被片倒卵形或椭圆形，蓝色或蓝紫色，中部及下部黄褐色，光滑，被深蓝色脉纹，内轮花被片倒披针形，明显短于外轮；花柱裂片较狭，顶端2裂。蒴果矩圆形或长椭圆形，长3~4厘米，具棱。花期7月，果期8月。

生于山地水边草甸，沼泽化草甸。

产　　地：额尔古纳市、牙克石市、扎兰屯市、新巴尔虎右旗。

**石生鸢尾** *Iris potaninii* Maxim.（**图812**）

**形态特征**：植株高6~15厘米。根状茎粗短；须根多数，土黄色，较粗，直径2~3毫米。植株基部着生黄褐色纤维状叶鞘。基生叶条形，长6~15厘米，宽1.5~3毫米，淡绿色。先端渐尖，粗糙，具多条纵脉，其中1~2条较突出。花葶较短，花期与基生叶等长或稍短，基部为2~3枚鞘状叶片所包裹；总苞2~3，披针形，顶端尖锐，长约2毫米，白色膜质花单生，花被管细长，顶端较宽，长约2厘米；外轮花被片椭圆形，顶端圆形，基部渐狭，黄色，具深褐色脉纹，中部淡蓝色；内轮花被片与外轮几等长，顶端尖锐，黄色；花柱矩圆形，顶端2

（图 811）溪荪 *Iris sanguinea* Donn ex Horem

齿。蒴果椭圆形。花期 5 月，果期 6—7 月。

生于草原带及荒漠草原亚带的干旱山坡。

产　　地：新巴尔虎右旗。

（图 812）石生鸢尾 *Iris potaninii* Maxim.

**黄花鸢尾** *Iris flavissima* Pall.（图 813）

**形态特征**：植株高 10~30 厘米。丛生。根状茎粗壮，着生多数土黄色细根。植株基部被片状宿存叶鞘，基生叶条形，质薄，较柔软，先端尖锐，长 10~20 厘米，宽 4~10 毫米，黄绿色，光滑，被多条纵脉，主脉不明显。花葶直立，花期稍超出基生叶，具茎生叶 2~3，基部为膜质叶鞘所包裹；总苞 3，椭圆形，顶端尖锐，长约 4 厘米，淡黄绿色，膜质；具花 2~4 朵，花被管顶端较宽，近与子房等长，短于花被片；外轮花被片倒卵形，顶端圆，长 3~4 厘米，亮黄色，具深褐色脉纹，内轮花被片稍短，黄色；花柱裂片矩圆状卵形，顶端狭，具齿，蒴果椭圆形，长 3~4 厘米，顶端具喙，基部较狭。花期 5—6 月，果期 7 月。

生于沙地林缘、灌丛。

产　　地：海拉尔区。

# 一○七、兰科 Orchidaceae

## 杓兰属 *Cypripedium* L.

**斑花杓兰** *Cypripedium guttatum* Sw.（图 814）

别　　名：紫点杓兰、紫斑杓兰、小口袋花。

**形态特征**：陆生兰，植株高 15~35 厘米。茎直立。叶 2 片，着生于茎的近中部，椭圆形或卵状椭圆形，长 6~12 厘米，宽 2.5~6.5 厘米，抱茎，全缘。花苞片叶状，卵状披针形或披针形；花 1 朵，直径 1.5~2.5 厘米，白色具紫色斑点；中萼片卵形或椭圆状卵形；合萼片狭椭圆形，顶端 2 齿；花瓣斜卵状披针形、半卵形或近提

（图 813）黄花鸢尾 *Iris flavissima* Pall.

（图 814）斑花杓兰 *Cypripedium guttatum* Sw.

琴形；唇瓣白色具紫斑，近球形，囊口部较小，内折的侧裂片很小；蕊柱长 4~6 毫米；退化雄蕊矩圆状椭圆形；花药扁球形，径约 1 毫米，花丝凸起长约 1.5 毫米；柱头近菱形，长 2~3 毫米；子房纺锤形，密被短柔毛。蒴果纺锤形，长 2~3 厘米，纵裂。花期 6—7 月，果期 8 月。

生于山地白桦林下或白桦云杉混交林下。

产　　地：根河市、鄂伦春自治旗、陈巴尔虎旗、牙克石市。

**大花杓兰** *Cypripedium macranthos* Sw.（图 815）

别　　名：大花囊兰。

形态特征：陆生兰，植株高 25~50 厘米。茎直立。叶 3~5，椭圆形或卵状椭圆形，长 8~16 厘米，宽 3~9 厘米，基部渐狭成鞘抱茎，全缘。花苞片与叶同形而较小；花常 1 朵，稀 2 朵，紫红色；中萼片宽卵形，合萼片卵形，先端具 2 齿；花瓣披针形或卵状披针形，长 4~6 厘米，先端渐尖，内面基部被长柔毛；唇瓣椭圆状球形，长 4~6 厘米，囊口直径约 1.5 厘米，边缘较狭，内折侧裂片舌状三角形；蕊柱长约 2 厘米；退化雄蕊矩圆状卵形；花药扁球形，径约 3.5 毫米；柱头近菱形；子房狭圆柱形，弧曲，长 1.5~2 厘米。蒴果纺锤形，长 3~5 厘米。花期 6—7 月，果期 8—9 月。

生于山地海拔 450~850 米的林间草甸，林缘草甸或林下。

产　　地：鄂伦春自治旗、扎兰屯市、牙克石市。

（图 815）大花杓兰 *Cypripedium macranthos* Sw.

## 红门兰属 *Orchis* L.

**宽叶红门兰** *Orchis latifolia* L.（图 816）

别　　名：蒙古红门兰。

形态特征：植株高 8~50 厘米，块茎粗大，肉质，两侧压扁，下部 3~5 掌状分裂。茎直立，基部具 2~3 棕色叶鞘。叶 3~6 片，条状披针形、披针形或长椭圆形，长 3~15 厘米，宽 7~22 毫米。总状花序密集似穗状，具多花，长 2~12 厘米；花苞片披针形；花紫红色或粉色；中萼片椭圆形或卵状；侧裂片斜卵状椭圆形，萼片均具脉

（图 816）宽叶红门兰 *Orchis latifolia* L.

3~5 条；花瓣直立，斜卵形；唇瓣近菱形，宽卵形或卵圆形，先端钝，上面有细乳头状凸起，边缘浅波状或具锯齿，前部不裂或微 3 裂；蕊柱长 3~4 毫米；花药长约 2 毫米；花粉块柄短，长约 1 毫米；粘盘小，圆形，藏于同一个粘囊之中；蕊喙小；子房扭转，无毛。花期 6—7 月。

生于水泡附近湿草甸或沼泽化草甸。

产　　地：鄂温克族自治旗、新巴尔虎左旗、海拉尔区、陈巴尔虎旗。

## 舌唇兰属 *Platanthera* Rich.

**密花舌唇兰** *Piatanthera hologlottis* Maxim.（图 817）

别　　名：沼兰。

形态特征：陆生兰，植株高 40~70 厘米。茎直立。叶 3~6 片，互生，条状披针形，长 7~17 厘米，宽 5~18 毫米，基部渐狭成抱茎叶鞘。总状花序具多数密生的花，似穗状，长 5~15 厘米，直径 1.5~2.5 厘米；花苞片披针形；花白色；中萼片卵形或椭圆状卵形；侧萼片椭圆状卵形；花瓣斜卵形，略小于中萼片，具多脉，唇瓣舌状，肉质；距细圆筒形，弯曲，向末端变细，端钝；蕊柱长约 2 毫米；药室平行，长约 1 毫米，基部的槽长约 1 毫米，药隔较宽，约 0.8 毫米；花粉块柄粗，长约 1 毫米，嵌入槽中；粘盘条形，长约 0.8 毫米，退化雄蕊小；子房扭转、弓曲，长 8~12 毫米，无毛。

生于沼泽化草甸、沼泽地。

产　　地：鄂伦春自治旗、牙克石市、扎兰屯市。

（图 817）密花舌唇兰 *Piatanthera hologlottis* Maxim.

## 角盘兰属 *Herminium* L.

**角盘兰** *Herminium monorchis*（L.）R. Br.（图 818）

别　　名：人头七。

形态特征：陆生兰，植株高 9~40 厘米。茎直立，下部常具叶 2~3（4）片，上部具 1~2 苞片状小叶。叶披针形、矩圆形、椭圆形或条形，长 2.5~11 厘米，宽（3~）5~20 毫米，抱茎，具网状弧曲脉序。总状花序圆柱状，长（1.5）2~14 厘米，直径 6~10 毫米，具多花；花苞片条状披针形或条形；花小，黄绿色，垂头，钩手状；中萼片卵形或卵状披针形，具 1 脉；侧萼片披针形，与中萼片近等长，具 1 脉；花瓣条状披针形。长 3~5 毫米，最宽处 1~1.5 毫米；唇瓣肉质增厚，与花瓣近等长，基部凹陷；蕊柱长约 0.7 毫米；退化雄蕊 2；柱头 2；子房无毛扭转。蒴果矩圆形。花期 6—7 月。

生于山地林缘草甸和林下。

产　　地：鄂温克族自治旗、牙克石市、鄂伦春自治旗。

（图 818）角盘兰 *Herminium monorchis*（L.）R. Br.

## 兜被兰属 *Neottianthe* Schltr.

二叶兜被兰 *Neottianthe cucullata*（L.）Schltr（图 819）

别　　名：鸟巢兰。

形态特征：植株高 10~26 厘米。块茎近球形或卵状椭圆形。茎纤细，直立，近无毛，中部至上部具 2~3 片小的苞片状叶，基部具 2 片基生叶。基生叶近对生，卵形、狭椭圆形或披针形，长 3~5 厘米，宽 1.5~3 厘米；苞叶状小叶狭披针形或条形。总状花序具几朵至 20 朵花，长 4~11 厘米，径 8~15 毫米，花偏向一侧；花淡红色或紫红色；花苞片小；萼片披针形；花瓣条形；唇瓣向前伸展；蕊柱长约 1 毫米；花药长约 0.8 毫米，矩圆形或卵形，先端钝或具短尖，向基部变狭；退化雄蕊近圆形；花粉块柄长约 0.2 毫米，粘盘近圆形；子房纺锤形，扭转，长 5~10 毫米，无毛。花期 8 月，果期 9 月。

生于山地林下、林缘或灌丛中。

产　　地：鄂伦春自治旗、牙克石市、鄂温克族自治旗。

（图 819）二叶兜被兰 *Neottianthe cucullata*（L.）Schltr

## 手参属 *Gymnadenia* R. Br.

**手掌参** *Gymnadenia conopsea*（L.）R. Br.（图 820）

别　　名：手参。

形态特征：植株高 20~75 厘米。块茎 1~2，肉质肥厚，两侧压扁，长 1~2 厘米，掌状分裂。茎直立，基部具 2~3 枚叶鞘；茎中部以下具 3~7 片叶，叶互生，舌状披针形或狭椭圆形，长 7~20 厘米，宽 1~3 厘米。总状花序密集，具多数花，圆柱状；花苞片披针形；花多为紫色或粉红色少为白色；中萼片矩圆状椭圆形或卵状披针形；侧萼片斜卵形或矩圆状椭圆形；花瓣较萼片宽，均具 3~5 脉；唇瓣倒宽卵形或菱形；蕊柱长约 2 毫米；花药椭圆形，先端微凹，花粉块柄长约 0.6 毫米；退化雄蕊矩圆形，蕊喙小；柱头 2 个，隆起，近棒状，从蕊柱凹穴伸出；子房纺锤形，长 8~10 毫米。花期 7—8 月。

生于沼泽化灌丛草甸、湿草甸、林缘草甸及林下。

产　　地：鄂伦春自治旗、鄂温克族自治旗、牙克石市、扎兰屯市、额尔古纳市。

## 绶草属 *Spiranthes* Rich

**绶草** *Spiranthes sinensis*（Pers.）Ames.（图 821）

别　　名：盘龙参、扭扭兰。

形态特征：植株高 15~40 厘米。茎直立，上部具苞片状小叶；近基部生叶 3~5 片，叶条状披针形或条形，长 2~12 厘米，宽 2~8 毫米；总状花序具多数密生的花，似穗状，螺旋状扭曲；花小，淡红色、紫红色或粉色；花瓣狭矩圆形，唇瓣矩圆状卵形，略内卷呈舟状，与萼片近等长，宽 2.5~3.5 毫米，先端圆形，基部具爪，长约 0.5 毫米，上部边缘啮齿状，强烈皱波状，中部以下全缘；蕊柱长 2~3 毫米；花药长约 1 毫米；花粉块较大；蕊喙裂片狭长，渐尖，长约 1 毫米；粘盘长纺锤形；柱头较大，呈马蹄形；子房卵形，扭转，长 4~5 毫米，具腺毛。蒴果具 3 棱，长约 5 毫米。花期 6—8 月。

生于沼泽化草甸或林缘草甸。

产　　地：鄂伦春自治旗、扎兰屯市、新巴尔虎左旗、鄂温克族自治旗、额尔古纳市。

（图 820）手掌参 *Gymnadenia conopsea*（L.）R. Br.

（图 821）绶草 *Spiranthes sinensis*（Pers.）Ames.